住房和城乡建设部“十四五”规划教材
全国住房和城乡建设职业教育教学指导委员会土建施工专业指导委员会规划推荐教材
高等职业教育本科土建施工类专业系列教材

# 建筑工程施工组织

危道军
程红艳 主编

刘红霞 副主编

胡兴福 主审

中国建筑工业出版社

**图书在版编目（CIP）数据**

建筑工程施工组织 / 危道军，程红艳主编 ；刘红霞副主编. — 北京 ：中国建筑工业出版社，2024.6

住房和城乡建设部“十四五”规划教材 全国住房和城乡建设职业教育教学指导委员会土建施工专业指导委员会规划推荐教材 高等职业教育本科土建施工类专业系列教材

ISBN 978-7-112-29798-6

Ⅰ. ①建… Ⅱ. ①危… ②程… ③刘… Ⅲ. ①建筑工程-施工组织-高等职业教育-教材 Ⅳ. ①TU721

中国国家版本馆 CIP 数据核字（2024）第 084179 号

本书包括绪论及 9 个项目，分别为：建筑工程施工准备工作、建筑工程流水施工、网络计划技术及其应用、施工组织总设计的编制、单位工程施工组织设计的编制、施工方案的编制、主要施工管理计划的编制、建筑施工进度计划的调整与控制及 BIM 技术在建筑施工组织中的综合应用。

本书适合高等职业教育本科土建施工类专业及其他相关专业使用。为方便教师授课，本教材作者自制免费课件，索取方式为：1. 邮箱 jckj@cabp. com. cn；2. 电话（010）58337285。

责任编辑：李天虹　李　阳
责任校对：芦欣甜

住房和城乡建设部“十四五”规划教材
全国住房和城乡建设职业教育教学指导委员会土建施工专业指导委员会规划推荐教材
高等职业教育本科土建施工类专业系列教材

**建筑工程施工组织**

危道军
程红艳 主　编
刘红霞　副主编
胡兴福　主　审

*

中国建筑工业出版社出版、发行(北京海淀三里河路 9 号)
各地新华书店、建筑书店经销
北京鸿文瀚海文化传媒有限公司制版
北京君升印刷有限公司印刷

*

开本：787 毫米×1092 毫米　1/16　印张：22½　插页：3　字数：582 千字
2024 年 7 月第一版　　2024 年 7 月第一次印刷
定价：**69.00** 元（赠教师课件）
ISBN 978-7-112-29798-6
（42773）

# 出版说明

党和国家高度重视教材建设。2016 年，中办国办印发了《关于加强和改进新形势下大中小学教材建设的意见》，提出要健全国家教材制度。2019 年 12 月，教育部牵头制定了《普通高等学校教材管理办法》和《职业院校教材管理办法》，旨在全面加强党的领导，切实提高教材建设的科学化水平，打造精品教材。住房和城乡建设部历来重视土建类学科专业教材建设，从“九五”开始组织部级规划教材立项工作，经过近 30 年的不断建设，规划教材提升了住房和城乡建设行业教材质量和认可度，出版了一系列精品教材，有效促进了行业部门引导专业教育，推动了行业高质量发展。

为进一步加强高等教育、职业教育住房和城乡建设领域学科专业教材建设工作，提高住房和城乡建设行业人才培养质量，2020 年 12 月，住房和城乡建设部办公厅印发《关于申报高等教育职业教育住房和城乡建设领域学科专业“十四五”规划教材的通知》（建办人函〔2020〕656 号），开展了住房和城乡建设部“十四五”规划教材选题的申报工作。经过专家评审和部人事司审核，512 项选题列入住房和城乡建设领域学科专业“十四五”规划教材（简称规划教材）。2021 年 9 月，住房和城乡建设部印发了《高等教育职业教育住房和城乡建设领域学科专业“十四五”规划教材选题的通知》（建人函〔2021〕36 号）。为做好“十四五”规划教材的编写、审核、出版等工作，《通知》要求：（1）规划教材的编著者应依据《住房和城乡建设领域学科专业“十四五”规划教材申请书》（简称《申请书》）中的立项目标、申报依据、工作安排及进度，按时编写出高质量的教材；（2）规划教材编著者所在单位应履行《申请书》中的学校保证计划实施的主要条件，支持编著者按计划完成书稿编写工作；（3）高等学校土建类专业课程教材与教学资源专家委员会、全国住房和城乡建设职业教育教学指导委员会、住房和城乡建设部中等职业教育专业指导委员会应做好规划教材的指导、协调和审稿等工作，保证编写质量；（4）规划教材出版单位应积极配合，做好编辑、出版、发行等工作；（5）规划教材封面和书脊应标注“住房和城乡建设部‘十四五’规划教材”字样和统一标识；（6）规划教材应在“十四五”期间完成出版，逾期不能完成的，不再作为《住房和城乡建设领域学科专业“十四五”规划教材》。

住房和城乡建设领域学科专业“十四五”规划教材的特点，一是重点以修订教育部、住房和城乡建设部“十二五”“十三五”规划教材为主；二是严格按照专业标准规范要求编写，体现新发展理念；三是系列教材具有明显特点，满足不同层次和类型的学校专业教学要求；四是配备了数字资源，适应现代化教学的要求。规划教材的出版凝聚了作者、主审及编辑的心血，得到了有关院校、出版单位的大力支持，教材建设管理过程有严格保障。希望广大院校及各专业师生在选用、使用过程中，对规划教材的编写、出版质量进行反馈，以促进规划教材建设质量不断提高。

住房和城乡建设部“十四五”规划教材办公室

2021 年 11 月

# 前言

本教材为住房和城乡建设部“十四五”规划教材，是全国住房和城乡建设职业教育教学指导委员会规划推荐的本科教材。

“建筑工程施工组织”是建筑工程专业的一门主干核心专业课，本教材依据教育部颁布的高等职业教育本科《建筑工程专业教学标准》，并结合《建筑与市政工程施工现场专业人员职业标准》和相关技术规范编写。主要内容包括：建筑工程施工准备工作、建筑工程流水施工、网络计划技术及其应用、施工组织总设计的编制、单位工程施工组织设计的编制、施工方案的编制、主要施工管理计划的编制、建筑施工进度计划的调整与控制、BIM技术在建筑施工组织中的综合应用等。通过本教材的学习，使学生掌握施工组织与管理的方法和手段，培养学生综合运用所学的技术与管理方法，解决实际问题，具备从事建筑施工组织管理的能力。

本版教材编写内容与形式主要创新点及显著的特色有：

1. 落实立德树人根本任务，系统设计并融入思政元素。本教材对接职业教育国家教学标准，将土建施工类专业精神、职业精神和工匠精神融入教材内容，强化职业素养养成和专业技术积累，以适应建设行业施工现场管理人员成长规律，为培养德智体美劳全面发展的高素质技术技能人才提供教学用书。

2. 对接产业转型升级需要，突出实践创新能力养成。结合装配式、BIM、智能建造、智慧工地等新业态、新岗位需求，用新观点、新思想审视和阐述传统建筑施工组织，以适应建筑行业技术进步的需要，及时更新新知识、新技术、新工艺与新方法，为学生职业生涯奠定良好的基础。

3. 建设MOOC资源，融合“1+X”证书教学内容。为适应建筑产业动态转型要求，融入智慧工地、装配式施工、施工进度控制、思政元素等信息化教学资源，建设MOOC资源。积极适应“1+X”证书制度需要，与建筑工程施工工艺实施与管理、装配式建筑构件制作与安装、智能建造设计与集成应用等职业技能等级证书内容有机衔接，做到“岗课赛证”融通。

本书紧贴近年来城乡建设中出现的新材料、新技术、新规范，从建设行业高层次从业人员的知识水平出发，力求贴近建设工作转型升级实际，满足施工组织本科阶段的学习需要。本书系统性、实用性强，可作为普通高职本科教材，以及成人本科教育和职业资格考试、职称能力测试培训教材，也可作为建筑施工现场相关管理人员的自学用书。

本书由住房和城乡建设部土建施工教学指导委员会组织多所学校和知名企业联合编写。危道军、程红艳任主编，刘红霞任副主编。绪论及项目1、项目2、项目3、项目4、项目9由危道军编写，项目5、项目6由刘红霞编写，项目 7、项目 8 由程红艳编写，袁明参与了项目 9 的部分编写，李娟、董娟、危莹、邹宏萍参与了项目 1、项目 4 的部分内容编写和资料收集。参与资料收集整理和编写工作的还有湖北亚太建设集团赵阳以及湖北建院袁明、宋述友等。中建三局潘寒、项旺保参与了项目 1、2、3、4 的施工案例中部分资料的收集工作，杭州品茗伍青峰参与了项目 5、8 施工案例中部分资料的收集工作。项建国、郭庆阳、李斌、殷庆红、桂顺军、王洪健等也为本书提供了相关资料。全书由危道军教授统稿定稿，四川建筑职业技术学院胡兴福教授主审。

本书编写过程中得到了武汉光谷职业学院、湖北城市建设职业技术学院、四川建筑职业技术学院、中建三局、武汉建工集团、湖北亚太建设集团、文华学院、武汉东湖学院、黑龙江建筑职业技术学院、广东建设职业技术学院、山西工程科技职业大学、浙江建筑职业技术学院、青海建筑职业技术学院、杭州品茗、深圳斯维尔、深圳松大科技等的大力支持，深表谢意。

本书经历多次修改完善最终成稿，在此对各位编审人员和其他对本书提供帮助的同志表示衷心感谢。编写过程中参考了一些专家、作者的相关文献，在此也一并表示衷心感谢。

由于编者知识能力水平有限，书中难免出现不当之处，敬请广大读者提出宝贵意见。

# 目录

# 绪　论

**项目岗位任务：**了解建设项目的组成及施工特点，为施工组织设计的编制做准备。

**项目知识地图：**

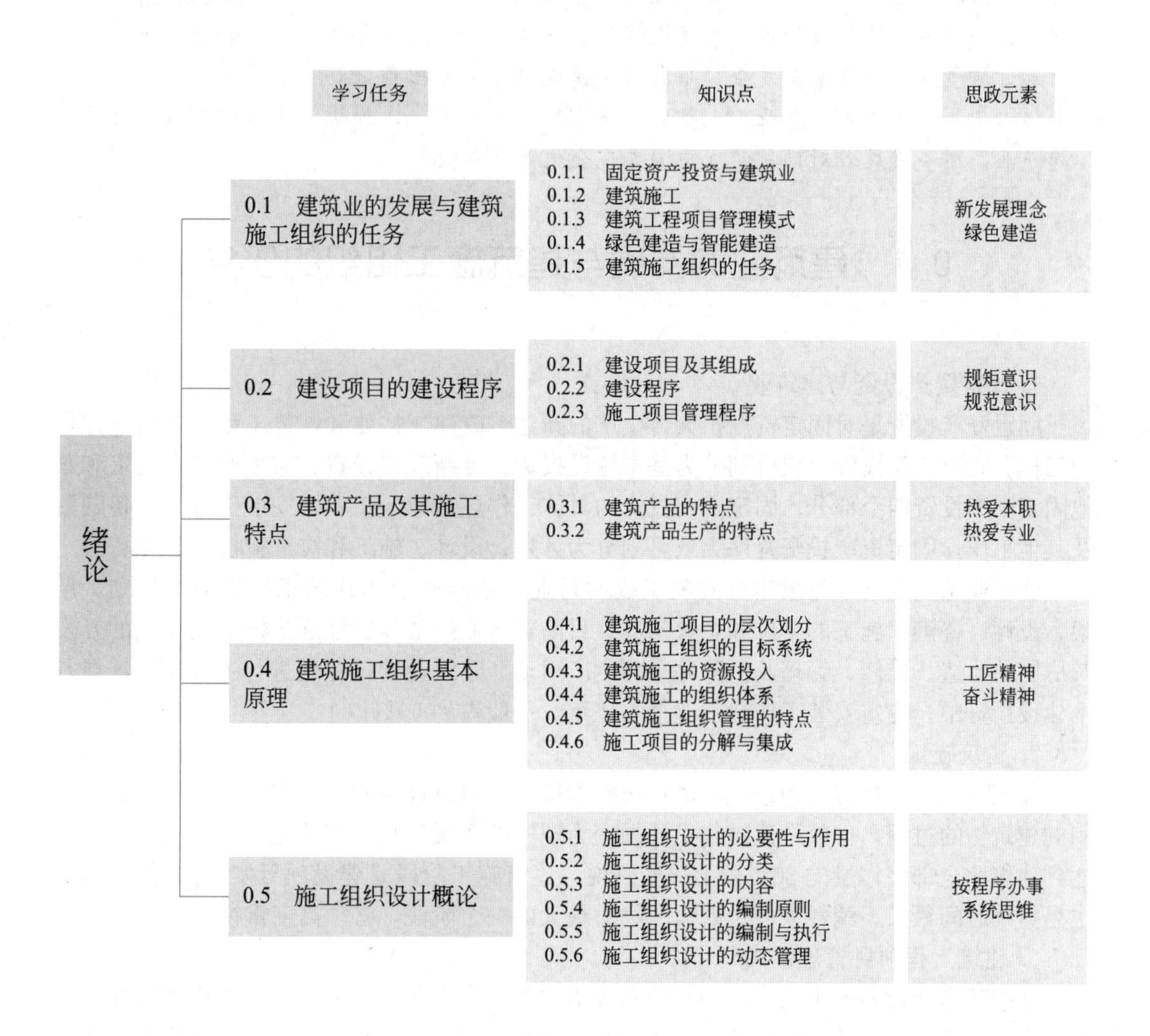


**项目素质要求：**贯彻新发展理念，厚植家国情怀；了解建筑产业文化，培育规范意识和按程序办事、按制度流程工作的习惯，感受我国建筑工程的发展成就和工匠精神。

**项目能力目标：**能够理解建筑施工的特点和施工组织设计的内容。

项目引导

建筑业是国民经济的支柱产业。改革开放 40 多年来，尤其是进入 21 世纪以来，我国建筑业快速发展，建造能力不断增强，产业规模不断扩大，吸纳了大量农村劳动力转移，带动了大量关联产业发展，对经济社会进步、城乡建设和民生改善作出了重大贡献。但我们也应该看到，建筑业的发展仍然不平衡、不充分，仍然大而不强，建筑设计水平有待提高，工程建设组织方式相对落后，质量安全事故时有发生，市场违法违规现象时有出现，企业核心竞争力不平衡，产业工人整体素质有待提高。因此，加快产业转型升级，促进建筑业高质量发展，对助推实现中国式现代化意义重大。

典型工程项目

# 0.1 建筑业的发展与建筑施工组织的任务

1. 固定资产投资与建筑业

固定资产投资是对固定资产扩大再生产的新建、改建、扩建和恢复工程及其与之连带的工作。固定资产投资领域可划分为基本建设投资、更新改造投资、房地产开发投资和其他固定资产投资四个部分。固定资产投资的具体工作包括建筑工程、安装工程、设备购置及其他工作。固定资产投资程序大致可划分为计划、设计、施工和竣工验收四个阶段。

建筑业是完成基本建设建筑安装工程的行业，由从事土木建筑工程活动的规划、勘察、设计、咨询、施工的单位和企业构成。目前建筑业的范围已经逐步发展到土地的开发及房屋的改造、维修、管理及拆除等全部生产活动。建筑业的任务是进行工程建设，在基本建设投资中，建筑安装工作量占有很大比重，一般占到 60%以上。

2. 建筑施工

建筑施工是通过有效的组织方法和技术途径，按照设计图和说明书的要求建成提供使用的建筑物的过程，也就是建筑物由计划变为现实的实现过程。建筑施工所完成的工作量达到建筑业全部工作量的 80%以上。所以说，建筑施工阶段是建设项目实施的关键阶段，也是持续时间最长，消耗人力、财力、物力最大的一个阶段，必须高度重视。

3. 建筑工程项目管理模式

随着基本建设领域市场模式的转变和投资主体的多元化发展，项目融资模式呈现出了更加多元化的发展。传统的建筑工程承包模式是设计-招标-施工，它是我国建筑工程最主要的承包模式。然而，越来越多的业主把合作经营看作是设计、建造和项目融资的一种手段，承包商靠提供有吸引力的融资条件，而不是更为先进的技术赢得合同。承包商将触角伸向建筑工程的前期，并向后期延伸，目的是体现自己的技术能力和管理水平，这样不仅能提高建筑工程承包的利润，还可以更有效地提高效率。例如，工程总承包模式和施工总承包模式已成为大型建筑工程项目中广为采用的模式。设计-建造模式（Design and Building，简称 D&B）和设计-采购-施工模式（Engineering Procurement and Construction，简称 EPC），在国外大型工程中使用得比较成熟。这些承包模式有两种发展趋势：

（1）这些通常应用于大型建筑工程项目的承包模式，开始应用于一般的建筑工程项目中；

（2）承包模式不断地根据项目管理的发展，繁衍出新的模式，例如 PPP 模式。

典型承包模式

4. 绿色建造与智能建造

绿色建造是在保证质量和安全的前提下，以人为本，建造过程着眼于工程的全生命期，通过科学管理和技术进步，最大限度地节约资源和保护环境，实现绿色施工要求，生产绿色建筑或绿色工程产品的生产活动。

智能建造是面向工程产品全生命期，实现泛在感知条件下及信息化驱动下的机械化建造——根据工程建造要求，通过智能化感知、人机交互、决策实施，实现工程立项、设计和施工信息协同处理、机器人和建造技术的深度融合，形成在信息化管理平台管控下的数字化设计和机器人完成各种工艺操作的建造方式。

5. 建筑施工组织的任务

随着社会经济的发展和建筑技术的进步，现代建筑产品的施工生产已成为一项多人员、多工种、多专业、多设备、高技术、现代化的综合而复杂的系统工程。要做到提高工程质量、缩短施工工期、降低工程成本、实现安全文明施工，就必须应用科学方法进行施工管理，统筹施工全过程。

建筑施工组织就是针对建筑工程施工的复杂性，研究工程建设的统筹安排与系统管理的客观规律，制定建筑工程施工最合理的组织与管理方法的一门科学。它是推进企业技术进步与转型，加强现代化施工管理的核心。

一个建筑物或构筑物的施工是一项特殊的生产活动，尤其现代化的建筑物和构筑物无论是规模上还是功能上都在不断发展，它们有的高耸入云，有的跨度大，有的深入地下、水下，有的体形庞大，有的管线纵横，这就给施工带来许多更为复杂的问题。解决施工中的各种问题，通常都有若干个可行的施工方案供施工人员选择。但是，不同的方案，其经济效果一般也是各不相同的。如何根据拟建工程的性质和规模、施工季节和环境、工期的长短、工人的素质和数量、机械装备程度、材料供应情况、构件生产方式、运输条件等各种技术经济条件，从经济和技术统一的全局出发，从许多可行的方案中选定最优的方案，这是施工人员在开始施工之前必须解决的问题。

施工组织的任务是：在党和政府有关建筑施工的方针政策指导下，全面贯彻“创新、协调、绿色、开放、共享”的发展理念，从施工的全局出发，根据具体的条件，以最优的方式解决上述施工组织的问题，对施工的各项活动做出全面的、科学的规划和部署，使人力、物力、财力、技术资源得到充分利用，优质、低耗、高速地完成施工任务。

## 0.2 建设项目的建设程序

对于一个建设项目来讲，基本建设程序至关重要，不能违背，必须严格遵守，这是工作职责，也是职业道德。要理解建设程序，首先应该知道建设项目如何组成。

1. 建设项目及其组成

(1) 项目

项目是指在一定的约束条件(如限定时间、限定费用及限定质量标准等)下,具有特定的明确目标和完整的组织结构的一次性任务或管理对象。根据这一定义,可以归纳出项目所具有的三个主要特征,即项目的一次性(单件性)、目标的明确性和项目的整体性。只有同时具备这三个特征的任务才能称为项目。而那些大批量的、重复进行的、目标不明确的、局部性的任务,不能称作项目。

项目的种类应当按其最终成果或专业特征为标志进行划分。按专业特征划分,项目主要包括:科学研究项目、工程项目、航天项目、维修项目、咨询项目等,还可以根据需要对每一类项目进一步进行分类。对项目进行分类是为了有针对性地进行管理,以提高完成任务的效果、水平。

工程项目是项目中数量最大的一类,既可以按照专业将其分为建筑工程、公路工程、水电工程、港口工程、铁路工程等项目,也可以按管理的差别将其划分为建设项目、设计项目、工程咨询项目和施工项目等。

(2) 建设项目

建设项目是固定资产投资项目,是作为建设单位的被管理对象的一次性建设任务,是投资经济科学的一个基本范畴。固定资产投资项目又包括基本建设项目(新建、扩建等扩大生产能力的项目)和技术改造项目(以改进技术、增加产品品种、提高产品质量、治理"三废"、劳动安全、节约资源为主要目的的项目)。建设项目由一个或多个单项工程组成,经济上统一核算、具有独立组织的形式。如一座完整的工厂、矿山或一所学校、医院,都可以是一个建设项目。

建设项目在一定的约束条件下,以形成固定资产为特定目标。约束条件:一是时间约束,即一个建设项目有合理的建设工期目标;二是资源的约束,即一个建设项目有一定的投资总量目标;三是质量约束,即一个建设项目有预期的生产能力、技术水平或使用效益目标。

(3) 施工项目

施工项目是施工企业自施工投标开始到保修期满为止的全过程中完成的项目,是作为施工企业被管理对象的一次性施工任务。

施工项目的管理主体是施工承包企业。施工项目的范围是由工程承包合同界定的,可能是建设项目的全部施工任务,也可能是建设项目中的一个单项工程或单位工程的施工任务。

(4) 建设项目的组成

按照建设项目分解管理的需要,可将建设项目分解为单项工程、单位工程(子单位工程)、分部工程(子分部工程)、分项工程和检验批,如图 0-1 所示。

典型建设项目组成

1) 单项工程(也称工程项目)

凡是具有独立的设计文件,竣工后可以独立发挥生产能力或效益的一组工程项目,称为一个单项工程。一个建设项目,可由一个单项工程组成,也可由若干个单项工程组成。单项工程体现了建设项目的

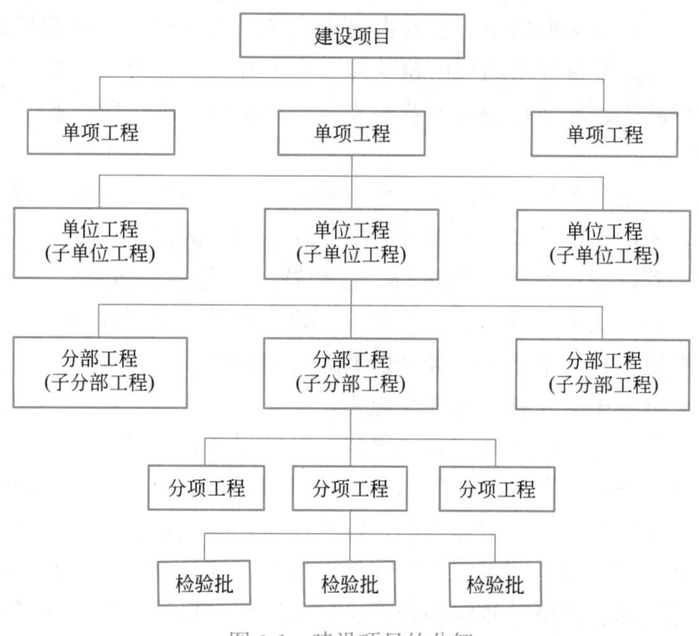


图 0-1　建设项目的分解

主要建设内容，其施工条件往往具有相对的独立性。如工业建筑的一条生产线、市政工程的一座桥梁、民用建筑中的医院门诊楼、学校教学楼等。

2）单位（子单位）工程

具备独立施工条件（具有单独的设计，可以独立施工），并能形成独立使用功能的建筑物及构筑物为一个单位工程。单位工程是单项工程的组成部分，一个单项工程一般都由若干个单位工程所组成。

一般情况下，单位工程是一个单体的建筑物或构筑物；建筑规模较大的单位工程，可将其能形成独立使用功能的部分作为一个子单位工程。如一栋建筑物的建筑与安装工程为一个单位工程，室外给水排水、供热、煤气等又为一个单位工程，道路、围墙为另一个单位工程。

3）分部（子分部）工程

组成单位工程的若干个分部称为分部工程。分部工程的划分应按专业性质、建筑部位确定。例如：一般建筑工程可划分为九大分部工程，即地基与基础、主体结构、装饰装修、屋面、给水排水及采暖、电气、智能建筑、通风与空调、电梯。分部工程较大或较复杂时，可按专业及类别划分为若干子分部工程，如主体结构可划分为混凝土结构、砌体结构、钢结构、木结构、网架或索膜结构等。

4）分项工程

组成分部工程的若干个施工过程称为分项工程。分项工程应按主要工种、材料、施工工艺、设备类别等进行划分。如混凝土结构可划分为模板、钢筋、混凝土、预应力、现浇结构、装配式结构；砌体结构可划分为砖砌体、混凝土小型空心砌块砌体、石砌体、填充墙砌体、配筋砖砌体等。

5）检验批

按现行《建筑工程施工质量验收统一标准》GB 50300 规定，建筑工程质量验收时，可将分项工程进一步划分为检验批。检验批是指按同一的生产条件或按规定的方式汇总起来供检验用的，由一定数量样本组成的检验体。一个分项工程可由一个或若干个检验批组成，检验批可根据施工及质量控制和专业验收需要按楼层、施工段、变形缝等进行划分。

2. 建设程序

把投资转化为固定资产的经济活动，是一种多行业、多部门密切配合的综合性比较强的经济活动，它涉及面广、环节多。因此，建设活动必须有组织、有计划、按顺序地进行，这个顺序就是建设程序。建设程序是建设项目从决策、设计、施工和竣工验收到投产交付使用的全过程中，各个阶段、各个步骤、各个环节的先后顺序，是拟建建设项目在整个建设过程中必须遵循的客观规律。

建设项目的建设程序

建设程序是人们进行建设活动中必须遵守的工作制度，是经过大量实践工作所总结出来的工程建设过程的客观规律的反映。一方面，建设程序反映了社会经济规律的制约关系。在国民经济体系中，各个部门之间比例要保持平衡，建设计划与国民经济计划要协调一致，成为国民经济计划的有机组成部分。因此，我国建设程序中的主要阶段和环节，都与国民经济计划密切相连。另一方面，建设程序反映了技术经济规律的要求。例如，在提出生产性建设项目建议书后，必须对建设项目进行可行性研究，从建设的必要性和可能性、技术的可行性与合理性、投产后正常生产条件等方面做出全面的、综合的论证。

建设项目按照建设程序进行建设是社会经济规律的要求，是建设项目技术经济规律的要求，也是建设项目的复杂性决定的。根据几十年建设的实践经验，我国已形成了一套科学的建设程序。我国的建设程序可划分为项目建议书、可行性研究、勘察设计、施工准备（包括招标投标）、建设实施、生产准备、竣工验收、后评价八个阶段。这八个阶段基本上反映了建设工作的全过程。这八个阶段还可以进一步概括为项目决策、建设准备、工程实施三大阶段。

（1）项目决策阶段

项目决策阶段以可行性研究为工作中心，还包括调查研究、提出设想、确定建设地点、编制可行性研究报告等内容。

1）项目建议书

项目建议书是建设单位向主管部门提出的要求建设某一项目的建议性文件，是对拟建项目的轮廓设想，是从拟建项目的必要性及宏观方面的可能性加以考虑的。

项目建议书经批准后，才能进行可行性研究，也就是说，项目建议书并不是项目的最终决策，而仅仅是为可行性研究提供依据和基础。

项目建议书的内容一般包括五个方面的内容：建设项目提出的必要性和依据；拟建工程规模和建设地点的初步设想；资源情况、建设条件、协作关系等的初步分析；投资估算和资金筹措的初步设想；经济效益和社会效益的估计。

项目建议书按要求编制完成后，报送有关部门审批。

2）可行性研究

项目建议书经批准后，紧接着应进行可行性研究工作。可行性研究是项目决策的核心，是对建设项目在技术上、工程上和经济上是否可行，进行全面的科学分析论证工作，是技术经济的深入论证阶段，为项目决策提供可靠的技术经济依据。其研究的内容主要包括以下方面（但不限于这些内容）：建设项目提出的背景、必要性、经济意义和依据；拟建项目规模、产品方案、市场预测；技术工艺、主要设备、建设标准；资源、材料、燃料供应和运输及水、电条件；建设地点、场地布置及项目设计方案；环境保护、防洪、防震等要求与相应措施；施工人员及培训；建设工期和进度建议；投资估算和资金筹措方式；经济效益和社会效益分析。

可行性研究的主要任务是对多种方案进行分析、比较，提出科学的评价意见，推荐最佳方案。在可行性研究的基础上，编制可行性研究报告。

我国对可行性研究报告的审批权限做出明确规定，必须按规定将编制好的可行性研究报告送交有关部门审批。

经批准的可行性研究报告是初步设计的依据，不得随意修改和变更。如果在建设规模、产品方案等主要内容上需要修改或突破投资控制数时，应经原批准单位复审同意。

（2）建设准备阶段

这个阶段的主要任务是根据批准的可行性研究报告，成立项目法人，进行工程地质勘察、初步设计和施工图设计，编制设计概算，安排年度建设计划及投资计划，进行工程发包，准备设备、材料，做好施工准备等工作，这个阶段的工作中心是勘察设计。

1）勘察设计

设计文件是安排建设项目和进行建筑施工的主要依据。设计文件一般由建设单位通过招标投标或直接委托有相应资质的设计单位进行设计。编制设计文件是一项复杂的工作，设计之前和设计之中都要进行大量的调查和勘测工作，在此基础之上，根据批准的可行性研究报告，将建设项目的要求逐步具体化成为指导施工的工程图纸及其说明书。

三阶段设计

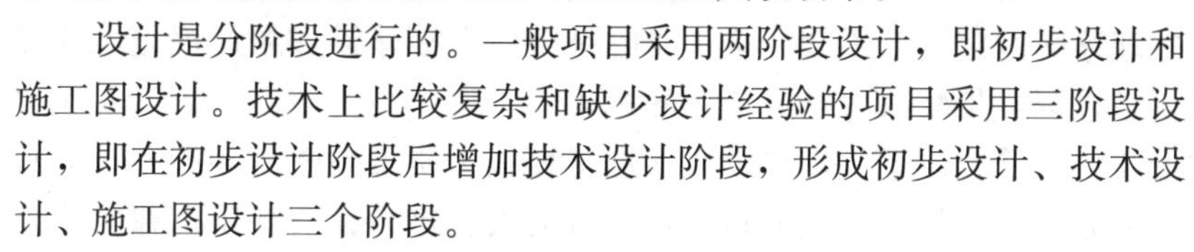

设计是分阶段进行的。一般项目采用两阶段设计，即初步设计和施工图设计。技术上比较复杂和缺少设计经验的项目采用三阶段设计，即在初步设计阶段后增加技术设计阶段，形成初步设计、技术设计、施工图设计三个阶段。

2）施工准备

施工准备工作在可行性研究报告批准后就可着手进行。通过技术、物资和组织等方面的准备，为工程施工创造有利条件，使建设项目能连续、均衡、有节奏地进行。其主要工作内容包括：征地、拆迁和场地平整；工程地质勘察；完成施工用水、电、通信及道路等工程；收集设计基础资料，组织设计文件的编审；组织设备和材料订货；组织施工招标投标，择优选定施工单位；办理开工报建手续。相关内容将在项目1中讲述。

施工准备工作基本完成，具备了工程开工条件之后，由建设单位向有关部门交出开工报告。有关部门对工程建设资金的来源、资金是否到位以及施工图出图情况等进行审查，符合要求后批准开工。

做好建设项目的准备工作，对于提高工程质量，降低工程成本，加快施工进度，都有着重要的保证作用。

（3）工程实施阶段

工程实施阶段是项目决策的实施、建成投产发挥投资效益的关键环节。该阶段是建设程序中时间最长、工作量最大、资源消耗最多的阶段。这个阶段的工作中心是根据设计图纸进行建筑施工，还包括做好生产或使用准备、试车运行、进行竣工验收、交付生产或使用等内容。

1）建设实施

建设实施即建筑施工，是将计划和施工图变为实物的过程，是建设程序中的一个重要环节。要做到计划、设计、施工三个环节互相衔接，投资、工程内容、施工图纸、设备材料、施工力量五个方面的落实，以保证建设计划的全面完成。

施工之前要认真做好图纸会审工作，编制施工图预算和施工组织设计，明确投资、进度、质量的控制要求。施工中要严格按照施工图和图纸会审记录施工，如需变动应取得建设单位和设计单位的同意；要严格执行有关施工标准和规范，确保工程质量；按合同规定的内容全面完成施工任务。

2）生产准备

生产准备是项目投产前由建设单位进行的一项重要工作。它是衔接建设和生产的桥梁，是建设阶段转入生产经营的必要条件。建设单位应及时组成专门班子或机构做好生产准备工作。

生产准备工作的内容根据工程类型的不同而有所区别，一般应包括下列主要内容：组建生产经营管理机构，制定管理制度和有关规定；招收并培训生产和管理人员，组织人员参加设备的安装、调试和验收；生产技术的准备和运营方案的确定；原材料、燃料、协作产品、工具、器具、备品和备件等生产物资的准备；其他必需的生产准备。

3）竣工验收

按批准的设计文件和合同规定的内容建成的工程项目，其中生产性项目经负荷试运转和试生产合格，并能够生产合格产品的；非生产性项目符合设计要求，能够正常使用的，都要及时组织验收，办理移交固定资产手续。竣工验收是全面考核建设成果、检验设计和工程质量的重要步骤，是投资成果转入生产或使用的标志。

建筑工程施工质量验收应符合以下基本要求：参加工程施工质量验收的各方人员应具备规定的资格；单位工程完工后，施工单位应自行组织有关人员进行检查评定，并向建设单位提交工程验收报告；建设单位收到工程验收报告后，应由建设单位（项目）负责人组织施工（含分包单位）、设计、监理等单位（项目）负责人进行单位（子单位）工程验收；单位工程质量验收合格后，建设单位应在规定时间内将工程竣工验收报告和有关文件报建设行政管理部门备案。

4）后评价

建设项目一般经过1～2年生产运营（或使用）后，要进行一次系统的项目后评价。

建设项目后评价是我国建设程序新增加的一项内容，目的是肯定成绩、总结经验、研究问题、吸取教训、提出建议、改进工作，不断提高项目决策水平和投资效果。项目后评价一般按项目法人的自我评价、项目行业的评价和计划部门（或主要投资方）的评价三个层次组织实施。建设项目的后评价包括以下主要内容：

影响评价：对项目投产后各方面的影响进行评价；

经济效益评价：对投资效益、财务效益、技术进步、规模效益、可行性研究深度等进行评价；

过程评价：对项目的立项、设计、施工、建设管理、竣工投产、生产运营等全过程进行评价。

3. 施工项目管理程序

施工项目管理是企业运用系统的观点、理论和科学技术的方法对施工项目进行的计划、组织、监督、控制、协调等全过程的管理。施工项目管理应体现管理的规律，企业应利用制度保证项目管理按规定程序运行，以提高建设工程施工项目管理水平，促进施工项目管理的科学化、规范化和法制化，适应建筑业高质量发展的需要。

施工项目管理程序是拟建工程项目在整个施工阶段中必须遵循的客观规律，它是长期施工实践经验的总结，反映了整个施工阶段必须遵循的先后次序。施工项目管理程序由下列各环节组成。

（1）编制项目管理规划大纲

项目管理规划分为项目管理规划大纲和项目管理实施规划。项目管理规划大纲是由企业管理层在投标之前编制的，作为投标依据、满足招标文件要求及签订合同要求的文件。当承包人以编制施工组织设计代替项目管理规划时，施工组织设计应满足项目管理规划的要求。

项目管理规划大纲（或施工组织设计）的内容应包括：项目概况、项目实施条件、项目投标活动及签订施工合同的策略、项目管理目标、项目组织结构、质量目标和施工方案、工期目标和施工总进度计划、成本目标、项目风险预测和安全目标、项目现场管理和施工平面图、投标和签订施工合同、文明施工及环境保护等。

（2）编制投标书并进行投标，签订施工合同

施工单位承接任务的方式一般有三种：国家或上级主管部门直接下达；受建设单位委托而承接；通过投标而中标承接。招标投标方式是最具有竞争机制、较为公平合理地承接施工任务的方式，在我国已广泛采用。

施工单位要从多方面掌握大量信息，编制既能使企业盈利，又有竞争力，有望中标的投标书。如果中标，则与招标方进行谈判，依法签订施工合同。签订施工合同之前要认真检查签订施工合同的必要条件是否已经具备，如工程项目是否有正式的批文、是否落实投资等。

（3）选定项目经理，组建项目经理部，签订“项目管理目标责任书”

签订施工合同后，施工单位应选定项目经理，项目经理接受企业法定代表人的委托组建项目经理部、配备管理人员。企业法定代表人根据施工合同和经营管理目标要求与项目经理签订“项目管理目标责任书”，明确规定项目经理部应达到的成本、质量、进度和安全等控制目标。

（4）项目经理部编制“项目管理实施规划”，进行项目开工前的准备

项目管理实施规划（或施工组织设计）是在工程开工之前由项目经理主持编制的，用于指导施工项目实施阶段管理活动的文件。

编制项目管理实施规划的依据是项目管理规划大纲、项目管理目标责任书和施工合同。项目管理实施规划的内容应包括：工程概况、施工部署、施工方案、施工进度计划、资源供应计划、施工准备工作计划、施工平面图、技术组织措施计划、项目风险管理、信息管理和技术经济指标分析等。

项目管理实施规划应经会审后，由项目经理签字并报企业主管领导人审批。

根据项目管理实施规划，对首批施工的各单位工程，应抓紧落实各项施工准备工作，使现场具备开工条件，有利于进行文明施工。具备开工条件后，提出开工申请报告，经审查批准后，即可正式开工。

(5) 施工期间按“项目管理实施规划”进行管理

施工过程是一个自开工至竣工的实施过程，是施工程序中的主要阶段。在这一过程中，项目经理部应从整个施工现场的全局出发，按照项目管理实施规划（或施工组织设计）进行管理，精心组织施工，加强各单位、各部门的配合与协作，协调解决各方面问题，使施工活动顺利开展，保证质量目标、进度目标、安全目标、成本目标的实现。

(6) 验收、交工与竣工结算

项目竣工验收是指承包人按施工合同完成了项目全部任务，经检验合格后，由发包人组织验收的过程。

项目经理应全面负责工程交付竣工验收前的各项准备工作，建立竣工收尾小组，编制项目竣工收尾计划并限期完成。项目经理部应在完成施工项目竣工收尾计划后，向企业报告，提交有关部门进行验收。承包人在企业内部验收合格并整理好各项交工验收的技术经济资料后，向发包人发出预约竣工验收的通知书，由发包人组织设计、施工、监理等单位进行项目竣工验收。

通过竣工验收程序，办完竣工结算后，承包人应在规定期限内向发包人办理工程移交手续。

(7) 项目考核评价

施工项目完成以后，项目经理部应对其进行经济分析，做出项目管理总结报告并送企业管理层有关职能部门。

企业管理层组织项目考核评价委员会，对项目管理工作进行考核评价。项目考核评价的目的是规范项目管理行为，鉴定项目管理水平，确认项目管理成果，对项目管理进行全面考核和评价。项目终结性考核的内容应包括确认阶段性考核的结果，确认项目管理的最终结果，确认该项目经理部是否具备“解体”的条件。经考核评价后，兑现“项目管理目标责任书”中的奖惩承诺，项目经理部解体。

(8) 项目回访保修

承包人在施工项目竣工验收后，对工程使用状况和质量问题向用户访问了解，并按照施工合同的约定和“工程质量保修书”的承诺，在保修期内对发生的质量问题进行修理并承担相应经济责任。

## 0.3 建筑产品及其施工特点

建筑产品是指建筑企业通过施工活动生产出来的最终产品。主要分为建筑物和构筑物两类。建筑产品与其他工业产品相比较，其产品本身及其生产过程都具有不同的特点。

1. 建筑产品的特点

(1) 建筑产品具有固定性

建筑产品都是在选定的地点上建造和使用的，与选定地点的土地不可分割，从建造开始直至拆除一般均不能移动。所以，建筑产品的建造和使用地点在空间上是固定的。

(2) 建筑产品具有多样性

建筑产品不但要满足各种使用功能的要求，而且还要体现各地区的民族风格，同时也受到各地区的自然条件等诸因素的限制，使建筑产品在建设规模、结构类型、构造形式、基础设计和装饰风格等诸方面变化纷繁，各不相同。即使是同一类型的建筑产品，也会因所在地点、环境条件等的不同而彼此有所区别。

(3) 建筑产品体形庞大

无论是复杂的建筑产品，还是简单的建筑产品，为了满足其使用功能的需要，都需要使用大量的物质资源，占据广阔的平面与空间。

(4) 建筑产品具有综合性

建筑产品是一个完整的实物体系，它不仅综合了土建工程的艺术风格、建筑功能、结构构造、装饰做法等多方面的技术成就，而且也综合了工艺设备、采暖通风、供水供电、通信网络、安全监控、卫生设备、信息技术等各类设施的时代水平，从而使建筑产品变得更加错综复杂。

2. 建筑产品生产的特点

(1) 建筑产品生产具有流动性

建筑产品的固定性决定了建筑产品生产的流动性。一般工业生产的生产地点、生产者和生产设备是固定的，产品是在生产线上流动的。而建筑产品的生产则相反，产品是固定的，参与施工的人员、机具设备等不仅要随着建筑产品的建造地点的变更而流动，而且还要随着建筑产品施工部位的改变而不断地在空间流动。这就要求事先必须有一个周密的项目管理规划（或施工组织设计），使流动的人员、机具、材料等互相协调配合，使建筑施工能有条不紊、连续均衡地进行。

(2) 建筑产品生产具有单件性

建筑产品地点的固定性和类型的多样性，决定了建筑产品生产的单件性。一般的工业生产，是在一定时期里按一定的工艺流程批量生产某一种产品。而建筑产品一般是按照建设单位的要求和规划，根据其使用功能、建设地点进行单独设计和施工。即使是选用标准设计、通用构件或配件，由于建筑产品所在地区的自然、技术、经济条件的不同，建筑产品的结构或构造、建筑材料、施工组织和施工方法等也要因地制宜地加以修改，从而使各建筑产品生产具有单件性。

(3) 建筑产品生产周期长

建筑产品体形庞大的特点决定了建筑产品生产周期长。建筑产品在施工过程中要投入大量的人力、物力和财力，还要受到生产技术、工艺流程和活动空间的限制，使其生产周期少则几个月，多则几年、几十年。

(4) 建筑产品生产具有地区性

建筑产品的固定性决定了同一使用功能的建筑产品，因其建造地点的不同，必然受到建设地区的自然、技术、经济和社会条件的约束，使其结构、构造、艺术形式、室内设施、材料、施工方案等方面均各异。因此建筑产品的生产具有地区性。

(5) 建筑产品生产的露天作业多

建筑产品生产地点的固定性和体形庞大的特点，决定了建筑产品生产露天作业多。建筑产品不能像其他工业产品一样在车间内生产，除装配式构件生产及部分装饰工程、设备安装工程外，大部分土建施工过程都是在室外完成的，受气候因素影响，工人劳动条件较差。

（6）建筑产品生产的高空作业多

建筑产品体形庞大的特点，决定了建筑产品生产高空作业多。特别是随着我国国民经济的不断发展和建筑技术的日益进步，高层和超高层建筑不断涌现，使得建筑产品生产高空作业多的特点越来越明显，同时也增加了作业环境的不安全因素。

（7）建筑产品生产的组织协作综合复杂

建筑产品生产是一个时间长、工作量大、资源消耗多、涉及面广的过程。随着我国工程项目体量越来越大，结构越来越复杂，施工智能化、工业化程度越来越高，它涉及力学、材料、建筑、结构、施工、水电、设备和数字技术、人工智能等不同专业，涉及企业内部各部门和人员，涉及企业外部建设、设计、监理单位以及消防、环境保护、材料供应、构件生产、水电供应、科研试验等社会各部门和领域，需要各部门和单位之间的协作配合，从而使建筑产品生产的组织协作综合复杂。

## 0.4 建筑施工组织基本原理

建筑施工是一个将建筑材料、设备、人工和技术、管理等要求有机组合在一起，按照计划要求完成一个工程项目建造的过程，因此我们可以将其视为一个投入产出的生产系统，包括输入、转换、输出和反馈四个环节。

系统的输入是指将生产诸要素及信息投入生产的过程，这是生产系统运行的第一个环节。系统的转换就是建筑生产过程，这是生产系统运行的重要环节。系统的输出是转换的结果，它包括产品和信息两个方面的内容。系统的反馈是将输出的信息回收到输入端或建筑生产过程，其目的是与输入的信息进行比较，发现差异，查明原因，采取措施，加以纠正，保证预定目标的实现。由此可见，反馈执行的是控制职能，这一环节在生产系统中起着非常重要的作用。

任何一个工程项目的施工生产均可作为一个多变量、多输入、多输出的系统。该系统通过“投入”（材料、人员、信息、资金、技术、能量等生产要素），经过“转换”（项目的建设实施和生产经营过程），最终实现“产出”（产品和提供服务）。系统的“转换”过程受到环境条件的制约，通过反馈子系统进行调整控制，以达到系统运转的适应性。以上这一系列的过程，就是现代工程项目管理理论的基础。

1. 建筑施工项目的层次划分

如前所述，建筑施工项目按照范围大小可分为建设项目、单项工程、单位工程、分部工程和分项工程，如图 0-2 所示。

2. 建筑施工组织的目标系统

建筑施工组织的目标系统是施工项目所要达到的最终状态的描述。通常施工项目都具有明确的目标，这些目标主要包括进度、成本、质量、安全等方面，是由项目任务书、技术规范、合同文件等定义或说明的。这些目标之间既互相联系，又互相制约，因此，通常不应该片面强调某一目标。工程项目进度、成本、质量三者之间的关系如图 0-3 所示。

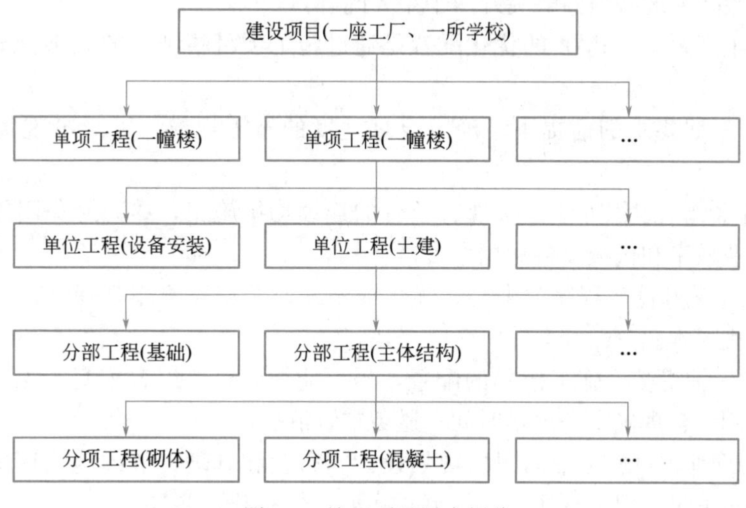


图 0-2　施工项目层次划分

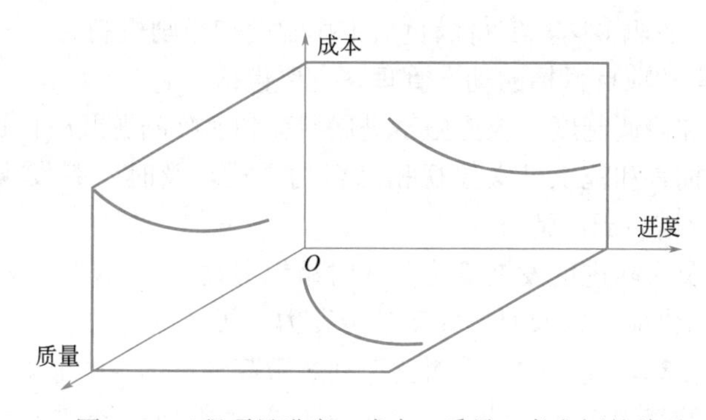


图 0-3　工程项目进度、成本、质量三者之间的关系

3. 建筑施工的资源投入

资源是施工的基础。建筑施工中要投入的资源有材料、机械、人力、资金和方法五种要素，称为 5M。整个建筑施工的过程就是将这五种生产要素通过优化配置和动态管理实现建筑产品的质量、成本、工期和安全目标的过程，如图 0-4 所示。

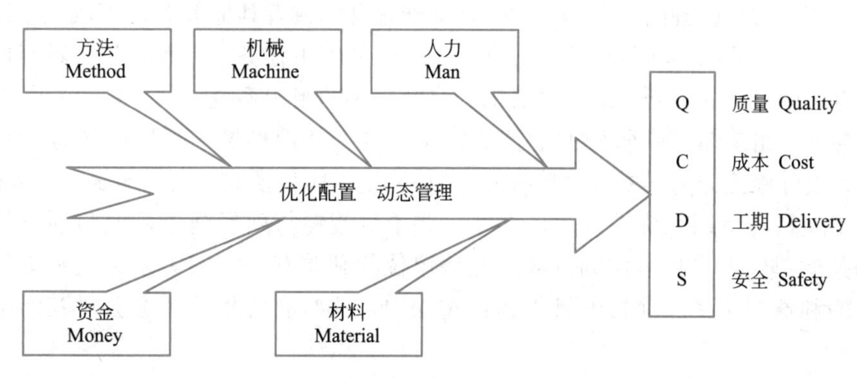


图 0-4　建筑施工投入与产出关系图

施工资源投入系统必须要解决好两个主要问题：

（1）施工生产要素（5M）的优化配置是通过施工项目精细化的施工计划来实现，主要包括：

① 在满足工期要求的前提下，确定合理适度的施工规模，以减少现场临时设施的数量。

② 应用流水施工组织方法，实现有节奏的连续均衡施工，尽力避免因组织不善造成窝工，提高作业效率和机械设备利用率。

③ 以技术工艺和施工程序为中心，优化或不断改善施工方案，保证工程质量，缩短工期和降低工程成本。

④ 各种主、辅机械、施工模具的配置，尽可能做到总体综合配套、先进适用、一机多能、周转使用。合理确定进出场时间，避免空置浪费。

⑤ 科学合理地进行施工平面图的规划设计、布置和管理，节约施工用地，减少材料物资场内二次运输量，保证现场文明规范、施工安全和降低成本。

⑥ 建立健全精干高效的现场施工管理组织机构，完善管理制度，提高施工指挥协调能力，提倡一专多能、一职多岗，实行满负荷工作制度和激励机制。

（2）施工生产要素和项目目标的动态管理，主要包括：

① 完善施工例会和协调制度，根据施工进展情况和实际问题及时协调施工各方关系。

② 以定期检查、抽查和施工日常巡视相结合的方式，及时跟踪发现工程质量、施工安全等问题，采取有效措施予以解决。

③ 按照施工计划及实际进度发展变化，及时组织劳动力、材料、构配件及工程用品、施工机械设备、模具的供应，以及对已完工的劳动力、机械设备的清退工作。

④ 加强工程成本核算，通过“三算对比”动态跟踪分析，及时做好成本纠偏控制。

⑤ 做好动态管理的基础工作，即施工企业实行并完善项目经理负责制，施工作业层和管理层的两分离，以及施工生产要素的内部模拟市场运作机制的建立等，为项目目标的动态管理创造内部环境条件。

4. 建筑施工的组织体系

建筑施工项目组织体系是由项目的行为主体构成。由于社会化大生产和专业分工，一个工程项目的参与方可能有几个、几十个甚至更多，包括业主、承包商、设计单位、监理单位、分包商、材料设备供应商等，他们之间通过合同或者其他关系连接成一个庞大的组织系统，为了实现共同的项目目标，分别承担不同的施工任务。因此，施工项目的组织体系是一个有明确目标的、开放的、动态的、自我完善的组织系统。

由于各方在组织体系中所处的地位和关系不同，从而形成了不同的工程项目管理模式。主要有设计施工分离式模式（传统）、设计施工一体化模式、EPC 模式、CM 模式等。

在施工项目的组织系统外部，还存在一些不直接参与项目施工，但与项目的管理运作间接相关的单位，项目运作的好坏与这些单位的利益有一定的关系。这些单位被称为施工项目的利益相关者。项目的管理运作过程中，这些利益相关者也会对其产生一定的影响。

5. 建筑施工组织管理的特点

建筑施工组织管理具有以下特点：

（1）总分包管理制度。施工总分包是项目业主将一项工程的施工安装任务，全部发包给一家资质符合要求的施工企业，并签订施工总承包合同，以明确双方的责任义务和权限；而后总承包方在法律规定的范围内，将工程按专业或部位进行分解后，再分别发包给一家或多家经营资质、信誉等条件经业主（发包方）或其（监理）工程师认可的分包商。

（2）两层分离制度。由于建筑工程的施工特点，建筑企业普遍采用的是管理层与劳务层分离的方式，施工总包企业只留有部分技术人员和管理人员，而将大量的操作人员从企业中剥离出来，单独成立分包公司或劳务公司。

两层分离的主要标志就是组织分开、管理分开和经济核算分开。组织分开就是企业经营管理和劳务作业队伍管理成为两个相互独立的企业管理子系统，并按照其任务的不同和特点，设置相应的组织机构、制度和运行机制。管理分开主要体现在管理职能上的区别，管理层从事企业经营、工程承包、项目管理，劳务层从事劳务队伍建设、作业承包、作业管理。经济核算分开是指在工程项目上，管理层实施以项目成本核算为主体的项目核算管理，劳务层实行施工作业成本核算为主体的施工作业核算。

两层分离的优点主要体现在两个方面：一方面可以充分发挥企业管理层在工程项目管理中的作用，使施工企业能够向施工总承包或工程总承包的方向发展，提高整体经营资质和综合管理能力。另一方面可以使原有的固定工队伍，甚至连同伙伴关系的合同工、外包工队伍，按照建筑劳务市场的特点和规律，组建施工劳务机构，既可面向本企业所承包的工程项目，也可面向社会、行业招揽的作业任务。

（3）项目经理负责制。施工项目经理负责制是施工企业进行承建工程项目施工管理的基本组织制度和责任制度。施工企业派出的项目经理，是该企业为履行工程承包合同和具体落实本企业对工程的施工经营方针和目标而派出的企业法定代表人的代理者，也是全面组织现场施工和管理的直接指挥者和领导者。

（4）滚动式施工计划管理。由于建筑工程自身的特点，施工计划采用的是依据上个阶段的完成情况来确定下一阶段工作进展的滚动计划管理方式。工程项目计划体系包括项目的施工组织设计和施工企业的年度、季度、月度、旬计划两大类。前者用于施工部署和施工进度的控制；后者用于作业管理和进度的控制。按照统筹安排、滚动实施的原理，将两类计划有机地结合起来，以保证工程项目计划工期目标的实现。

除了施工管理的时间计划外，还应该根据时间进度的要求，编制相应的施工材料、机械等采购供应计划，保证时间进度目标建立在有物资资源保证的基础上。

（5）全方位的施工监督管理。包括以下三个方面：

1）施工企业内部的监督。施工企业的各职能部门对施工项目相关业务工作的标准、程序等进行监督，以确保企业各项规章制度的贯彻执行，提高管理的标准化、规范化水平。特别是对施工的技术、质量和安全进行定期或例行的监督检查，包括分项工程施工质量检验、隐蔽工程验收、质量和安全事故的整改监督、施工质量检验评定、竣工验收检查等。

2）监理工程师的监督。施工阶段，驻现场监理工程师依据建设法规、监理合同、施工承包合同等，按照监理规划和实施细则，对施工全过程进行投资、质量、进度和安全等目标控制和监督。

3）工程质量监督站的监督。质量监督站主要是依法监督建设法规的执行、工程质量的可靠性与安全性、建设公害处理及环境保护措施等问题。主要是做到基础、主体、竣工施工“三部到位”，以确保每一阶段的施工质量不留隐患。

6. 施工项目的分解与集成

（1）工作分解结构。为了便于对施工项目进行计划和控制，需要在计划编制之前对工程施工所需要完成的全部工作进行归类和分解，明确工作的内容和先后次序，这个过程称为“工作分解结构”（WBS）。

（2）施工项目集成。集成是以系统思维的观点，将两个或两个以上的要素或系统整合为有机整体的过程。集成具有系统性、互补性、相容性、创造性和无序性等特性，因此集成需要进行科学的管理才能向着集成的目标前进。施工项目为了进行计划和控制，不仅要进行工作分解，更要讲究集成和集成化的管理。

施工项目集成管理是为确保施工各专项工作能够有机地协调和配合而开展的一种综合性和全局性的项目管理工作。它是以集成思想为指导，以高速发展的信息技术为基础，依据建设项目和管理的特点，以质量、成本、进度、安全四个要素组成的项目目标体系为核心，通过项目执行过程中各参与方之间的高效率信息交流沟通，实现参与方的协调和整体优化，并将集成思想贯穿于工程建设项目管理活动的全局和整个过程的项目管理模式。工程项目集成管理分为四个部分：即目标集成、过程集成、组织集成及信息系统集成。

## 0.5 施工组织设计概论

施工组织设计是以施工项目为对象编制的，用以指导施工的技术、经济和管理的综合性文件。即根据拟建工程的特点，对人力、材料、机械、资金、施工方法等方面的因素作全面的分析，进行科学合理的安排，从而形成指导拟建工程施工全过程各项活动的综合性文件。它不仅包含技术方面的内容，同时也涵盖了施工管理和造价控制方面的内容。该文件就称为施工组织设计。

建筑施工组织基本知识

1. 施工组织设计的必要性与作用

（1）施工组织设计的必要性

在建设工程项目实施过程中，我们必须要编制施工组织设计，这是因为编制施工组织设计，有利于反映项目施工客观实际，符合建筑产品及施工特点要求，也是建筑施工在工程建设中的地位决定的，更是建筑施工企业经营管理程序的需要。因此，编好并贯彻好施工组织设计，就可以保证拟建工程施工的顺利进行，取得好、快、省和安全的施工效果。

（2）施工组织设计的作用

施工组织设计是施工准备工作的重要组成部分，也是做好施工准备工作的主要依据和重要保证。

施工组织设计是对拟建工程施工全过程实行科学管理的重要手段，是编制施工预算和施工计划的主要依据，是建筑企业合理组织施工和加强项目管理的重要措施。

施工组织设计是检查工程施工进度、质量、安全、成本四大目标的依据，是建设单位与施工单位之间履行合同、处理关系的主要依据。

2. 施工组织设计的分类

（1）按设计阶段的不同分类

施工组织设计的编制一般是和勘察设计阶段相配合的，有以下两种分类方法。

1）设计按两个阶段进行时

施工组织设计分为施工组织总设计（扩大初步施工组织设计）和单位工程施工组织设计两种。

2）设计按三个阶段进行时

施工组织设计分为施工组织设计大纲（初步施工组织条件设计）、施工组织总设计和单位工程施工组织设计三种。

（2）按编制对象范围的不同分类

1）施工组织总设计

施工组织总设计是以单位工程组成的群体工程或特大型项目为主要对象编制的施工组织设计，对整个项目的施工过程起统筹规划、重点控制的作用。

2）单位工程施工组织设计

单位工程施工组织设计是以单位（子单位）工程为主要对象编制的施工组织设计，对单位（子单位）工程的施工过程起指导和制约作用。

3）施工方案

施工方案是以分部（分项）工程或专项工程为主要对象编制的施工技术与组织方案，用以具体指导其施工过程。

（3）根据编制阶段的不同分类

施工组织设计根据编制阶段的不同可以分为两类：一类是投标前编制的施工组织设计（简称标前施工组织设计），另一类是签订工程承包合同后编制的施工组织设计（简称标后施工组织设计）。两类施工组织设计的区别见表 0-1。

标前和标后施工组织设计的区别　　表 0-1

| 种类 | 服务范围 | 编制时间 | 编制者 | 主要特征 | 追求主要目标 |
|---|---|---|---|---|---|
| 标前 | 投标与签约 | 投标前 | 经营管理 | 规划性 | 中标和经济效益 |
| 标后 | 施工准备至验收 | 签约后 | 项目管理 | 作业性 | 施工效率和合理安排与使用的物力 |

（4）按编制内容的繁简程度分类

1）完整的施工组织设计；

2）简单的施工组织设计。

3. 施工组织设计的内容

不同类型的施工组织设计内容各不相同，但一个完整的施工组织设计一般应包括以下基本内容（具体内容将在后续相关项目中详述）：

1）工程概况；

2）施工部署（安排）；

3）施工进度计划；

4）施工准备与资源配置计划；

5）主要施工方案（方法）；

6）施工平面布置图；

7）主要施工管理计划；

8）主要技术经济指标；

9）结束语。

4. 施工组织设计的编制原则

编制施工组织设计应该遵循如下原则：

（1）符合施工合同或招标文件中有关工程进度、质量、安全、环境保护、造价等方面的要求。

（2）积极开发、使用新技术和新工艺，推广应用新材料和新设备，积极利用工程特点，组织开发、创新施工技术和施工工艺。

（3）坚持科学的施工程序和合理的施工顺序，采用流水施工和网络计划技术等方法，科学配置资源，合理布置现场，采取季节性施工措施，实现均衡施工，达到合理的经济技术指标。

（4）采取技术和管理措施，推广建筑节能和绿色施工。

（5）应与质量、环境和职业健康安全三个管理体系有效结合。

（6）应符合国家现行有关标准的规定，积极推广应用信息技术。

5. 施工组织设计的编制与执行

（1）施工组织设计编制的依据

施工组织设计编制的依据包括：

1）与工程建设有关的法律、法规和文件。

2）国家现行有关标准和技术经济指标。

3）工程所在地区行政主管部门的批准文件，建设单位对施工的要求。

4）工程施工合同和招标投标文件。

5）工程设计文件。

6）工程施工范围内的现场条件、工程地质及水文地质、气象等自然条件。

7）与工程有关的资源供应情况。

8）施工企业的生产能力、机具设备状况、技术水平等。

（2）施工组织设计的编制

当拟建工程中标后，施工单位必须编制建设工程施工组织设计。在编制时必须注意以下几个方面的问题：

1）建设工程实行总包和分包的，由总包单位负责编制施工组织设计或者分阶段施工组织设计。分包单位在总包单位的总体部署下，负责编制分包工程的施工组织设计。施工组织设计应根据合同工期及有关的规定进行编制，并且要广泛征求各协作施工单位的意见。

2）对结构复杂、施工难度大以及采用新工艺和新技术的工程项目，要进行专业性的研究，必要时组织专门会议，邀请有经验的专业工程技术人员参加，集中群众智慧，为施工组织设计的编制和实施打下坚实的群众基础。

3）在施工组织设计编制过程中，要充分发挥各职能部门的作用，吸收他们参加编制和审定；充分利用施工企业的技术素质和管理素质，统筹安排、扬长避短，发挥施工企业的优势，合理地进行工序交叉配合的程序设计。

4）当比较完整的施工组织设计方案提出之后，要组织参加编制的人员及单位进行讨论，逐项逐条地研究，修改后确定，最终形成正式文件，送主管部门审批。

（3）施工组织设计的审批

根据施工组织设计的分类，其审批要求如下：

1）施工组织总设计应由总承包单位技术负责人审批；单位工程施工组织设计应由施工单位技术负责人或技术负责人授权的技术人员审批；施工方案应由项目技术负责人审批；重点、难点分部（分项）工程和专项工程施工方案应由施工单位技术部门组织相关专家评审，施工单位技术负责人批准。

2）《建设工程安全生产管理条例》规定，对达到一定规模的危险性较大的分部（分项）工程应编制专项施工方案，并附具安全验算结果，经施工单位技术负责人、总监理工程师签字后实施，包括基坑支护与降水工程、土方开挖工程、模板工程、起重吊装工程、脚手架工程、拆除爆破工程和国务院建设行政主管部门或者其他有关部门规定的其他危险性较大的工程。这些工程中涉及深基坑、地下暗挖工程、高大模板工程的专项施工方案，施工单位还应当组织专家进行论证、审查。除上述规定的分部（分项）工程外，施工单位还应根据项目特点和地方政府部门有关规定，对具有一定规模的重点、难点分部（分项）工程进行相关论证。

3）由专业承包单位施工的分部（分项）工程或专项工程的施工方案，应由专业承包单位技术负责人或技术负责人授权的技术人员审批；有总承包单位时，应由总承包单位项目技术负责人核准备案。

4）规模较大的分部（分项）工程和专项工程的施工方案应按单位工程施工组织设计进行编制和审批。

另外，有些分部（分项）工程或专项工程，如主体结构为钢结构的大型建筑工程，其钢结构分部规模很大且在整个工程中占有重要的地位，需另行分包，遇有这种情况的分部（分项）工程或专项工程，其施工方案应按施工组织设计进行编制和审批。

（4）施工组织设计的执行

工程项目施工组织设计的编制，只是为实施拟建工程项目的生产过程提供了一个可行的方案。这个方案的效果如何，还必须通过实践验证。施工组织设计贯彻的实质，就是把一个静态平衡方案，放到不断变化的施工过程中，考核其效果和检查其优劣，以达到预定的目标。所以，施工组织设计贯彻落实的情况如何，意义深远。为了保证施工组织设计的顺利实施，应做好以下几个方面的工作：

1）制定有关贯彻落实施工组织设计的规章制度；

2）全面传达施工组织设计的内容和实施要求，做好施工组织设计的逐级交底工作；

3）推行项目经理责任制和项目成本核算制；

4）做好统筹安排和综合平衡；

5）切实做好施工准备工作；

6）项目施工过程中，应对施工组织设计的执行情况进行检查、分析并适时调整。

6. 施工组织设计的动态管理

工程项目施工过程中，如果发生以下情况之一时，施工组织设计应及时进行修改或补充：

1）工程设计有重大修改。当工程设计图纸发生重大修改时，如地基基础或主体结构的形式发生变化、装修材料或做法发生重大变化、机电设备系统发生大的调整等，需要对施工组织设计进行修改；对工程设计图纸的一般性修改，视变化情况对施工组织设计进行补充；对工程设计图纸的细微修改或更正，施工组织设计则不需调整。

2）有关法律、法规、规范和标准开始实施、修订和废止等。当有关法律、法规、规范和标准开始实施或发生变更，并涉及工程的实施、检查或验收时，施工组织设计需要进行修改或补充。

3）主要施工方法有重大调整。由于主客观条件的变化，施工方法有重大变更，原来的施工组织设计已不能正确地指导施工，影响到施工方法的变化或对施工进度、质量、安全、环境、造价等造成潜在的重大影响，需要对施工组织设计进行修改或补充。

4）施工环境有重大改变。当施工环境发生重大改变，如施工延期造成季节性施工方法变化，施工场地变化造成现场布置和施工方式改变等，致使原来的施工组织设计已不能正确地指导施工，需要对施工组织设计进行修改或补充。

经修改或补充的施工组织设计应重新审批后才能实施。

## 复习思考题

1. 什么叫建设项目？建设项目由哪些工作内容组成？
2. 简述建设程序和项目管理程序。
3. 试述建筑产品及其施工生产的特点。
4. 施工组织设计可分为哪几类？它包括哪些主要内容？
5. 标前施工组织设计和标后施工组织设计有何区别？
6. 编制施工组织设计应遵守哪些原则？
7. 找一找我国典型建筑工程项目的施工方案，比较其特点是什么。

## 职业活动训练

选择一个典型的大型建筑工程施工现场或校内实训基地参观。

1. 目标

了解建筑工程施工组织设计在施工现场的实施情况，初步了解项目施工的基本程序，感受建筑工程施工的特点，掌握施工组织设计的内容及其实施情况。沉浸式体验建筑施工职业规范，感受我国建筑业发展的辉煌成就。

2. 环境要求

（1）选择一个大中型建筑在建工程项目或较为完善的校内实训基地；

（2）施工现场管理规范，应为文明施工现场。

3. 步骤提示

（1）熟悉工程基本情况；

（2）现场技术人员介绍施工组织情况；

(3) 参观现场；

(4) 分组讨论。

4. 注意事项

(1) 注意现场安全；

(2) 学生进场前应了解工程情况。

5. 讨论与训练题

讨论 1：本工程有哪些特点?

讨论 2：本项目的施工组织设计包括哪些内容?

讨论 3：从项目现场感受到了什么样的工匠精神和职业操守?

讨论 4：你认为我国建筑业发展的成就有哪些?

# 项目 1　建筑工程施工准备工作

**项目岗位任务：**编制工程项目施工准备工作计划及开工报告，并进行技术交底。

**项目知识地图：**

**项目素质要求：**掌握马克思主义工作方法，具有环境保护、节约资源、绿色施工的意识及风险意识。

**项目能力目标：**能够进行建筑工程施工准备，能够编制简单工程的施工准备工作计划，会填写开工报告。

项目引导

某市一高层酒店工程项目，地处城市中心，工程量大，工期紧。但是在施工的过程中却屡次因为施工准备工作不到位造成停工和返工。例如，因为拆迁工作影响开工；由于施工技术工人不到位造成延期；由于特殊材料延迟到货造成局部停工；由于施工措施存在安全隐患造成返工等等。那么施工准备工作计划如何编制？包含哪些内容？怎样开展施工准备呢？

施工准备工作是为了保证工程项目顺利开工和施工活动正常进行而必须事先做好的各项工作。它不仅存在于开工之前，而且贯穿在整个工程建设的全过程。因此，应当自始至终坚持“不打无准备之仗”的原则来做好这项工作，否则就会在工作中丧失主动、处处被动，甚至使施工无法开展。

# 1.1 施工准备工作的分类及内容

## 1.1.1 施工准备工作的重要性

(1) 施工准备工作是建筑业企业生产经营管理的重要组成部分。现代企业管理理论认为，企业管理的重点是生产经营，而生产经营的核心是决策。施工准备工作作为生产经营管理的重要组成部分，对拟建工程目标、资源供应和施工方案及其空间布置和时间排列等诸方面进行了选择和施工决策，有利于企业绩效目标管理，实施技术经济责任制。

(2) 施工准备工作是建筑施工程序的重要阶段。现代工程项目施工生产活动十分复杂，其技术经济规律要求工程施工必须严格按照建筑施工程序进行。施工准备工作是保证整个工程施工和安装顺利进行的重要环节，可以为拟建工程的施工建立必要的技术和物质条件，统筹安排施工力量和施工现场。

(3) 做好施工准备工作，可以有效降低施工风险。由于建筑产品及其施工生产的特点，其生产过程受外界干扰及自然因素的影响较大，因而施工中可能遇到的风险较多。只有根据周密的分析和多年积累的施工经验，采取有效防范控制措施，做好充分的施工准备工作，才能提高应变能力，从而降低风险损失。

(4) 做好施工准备工作，提高企业综合经济效益。认真做好施工准备工作，有利于发挥企业优势，合理供应资源，加快施工进度，提高工程质量，降低工程成本，增加企业经济效益，赢得企业社会信誉，实现企业管理现代化，从而提高企业综合经济效益。

实践证明，只有重视且认真细致地做好施工准备工作，积极为工程项目创造一切有利的施工条件，才能保证施工顺利进行。否则，就会给工程的施工带来麻烦和损失，造成施工停顿、质量安全事故等恶果。

同时谨记，许多施工重大伤亡事故都与施工准备工作不到位有关，必须高度重视、珍视生命。

### 1.1.2 施工准备工作的分类

施工准备工作的分类方法有很多种，下面重点介绍两种。

1. 按施工准备工作的范围不同进行分类

(1) 施工总准备（全场性施工准备）。它是以整个建设项目为对象而进行的各项施工准备。其作用是为整个建设项目的顺利施工创造条件，既为全场性的施工活动服务，也兼顾单位工程施工条件的准备。

(2) 单项（单位）工程施工条件准备。它是以一个建筑物或构筑物为对象而进行的各项施工准备。其作用是为单项（单位）工程的顺利施工创造条件，既为单项（单位）工程做好一切准备，又要为分部（分项）工程施工进行作业条件的准备。

(3) 分部（分项）工程作业条件准备。它是以一个分部（分项）工程或冬雨期施工工程为对象而进行的作业条件准备。

2. 按工程所处的施工阶段不同进行分类

(1) 开工前的施工准备工作。它是在拟建工程正式开工之前所进行的带有全局性和总体性的施工准备。其作用是为工程开工创造必要的施工条件。它既包括全场性的施工准备，又包括单项（单位）工程施工条件准备。

(2) 各阶段施工前的施工准备。它是在工程开工后，某个单位工程或某个分部（分项）工程或某个施工阶段、某个施工环节施工前所进行的带有局部性或经常性的施工准备。其作用是为每个施工阶段创造必要的施工条件，它一方面是开工前施工准备工作的深化和具体化；另一方面，要根据各施工阶段的实际需要和变化情况，随时做出补充修正与调整。如一般框架结构建筑的施工，可以分为地基基础工程、主体结构工程、屋面工程、装饰装修工程等施工阶段，每个施工阶段的施工内容不同，所需要的技术条件、物资条件、组织措施要求和现场平面布置等方面也就不同，因此，在每个施工阶段开始之前，都必须做好相应的施工准备。

因此，施工准备工作具有整体性与阶段性的统一，并且贯穿施工全过程，必须有计划、有步骤、分期、分阶段地进行。此外，做好施工准备工作必须坚持系统思维和问题导向。

### 1.1.3 施工准备工作的内容

施工准备工作的内容一般可以归纳为以下几个方面：调查研究与收集资料、技术资料准备、资源准备、施工现场准备、季节施工准备，如图 1-1 所示。

由于每项工程的设计要求及其具备的条件不同，施工准备工作的内容繁简程度也不同。如只有一个单项工程的施工项目与包含多个单项工程的群体项目；一般小型项目与规模庞大的大中型项目；在未开发地区兴建的项目与在正开发且各种条件都具备的地区兴建的项目；结构简单、传统工艺施工的项目与采用新材料、新结构、新技术、新工艺施工的项目等。因工程的特殊需要和特殊条件而对施工准备工作提出不同的要求。只有按施工项目的规划来确定准备工作的内容，并拟定具体的、分阶段的施工准备工作实施计划，才能更好地为施工创造一切必备的条件。

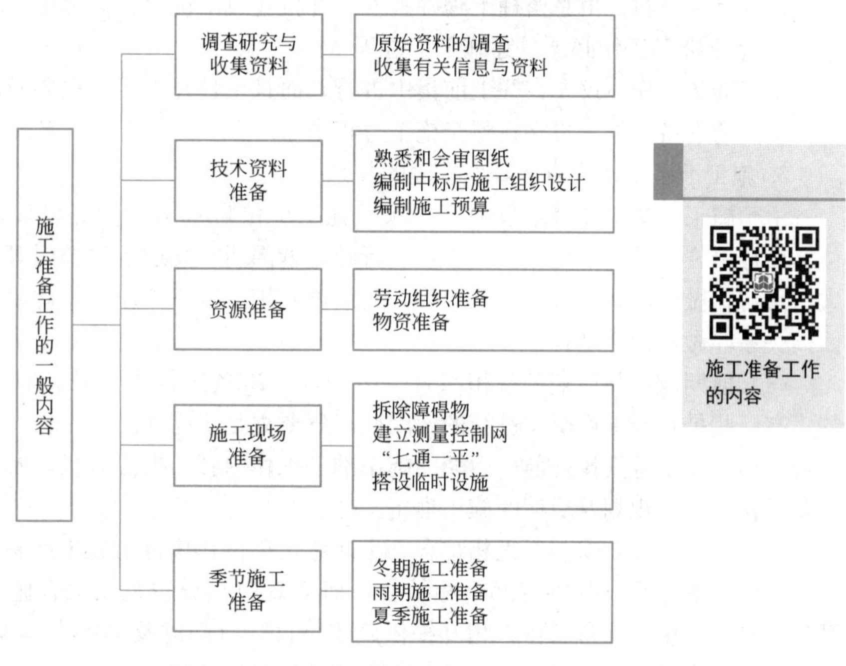


图 1-1　施工准备工作的内容

## 1.1.4　施工准备工作的要求

做好施工准备工作，必须满足以下要求：

1. 施工准备工作应有组织、有计划、分阶段、有步骤地进行

（1）建立施工准备工作的组织机构，明确相应管理人员；

（2）编制施工准备工作计划表，保证施工准备工作按计划落实；

（3）将施工准备工作按工程的具体情况划分为开工前、基础工程、主体工程、屋面与装饰装修工程等时间区段，分期、分阶段、有步骤地进行。

2. 建立严格的施工准备工作责任制及相应的检查制度

由于施工准备工作项目多、范围广，因此必须建立严格的责任制，按计划将责任落实到有关部门及个人，明确各级技术负责人在施工准备工作中应负的责任，使各级技术负责人认真做好施工准备工作。

在施工准备工作实施过程中，应定期进行检查，可按周、半月、月度进行检查。检查的目的在于督促施工、发现薄弱环节、不断改进工作。施工准备工作的检查内容主要是检查施工准备工作计划的执行情况，如果没有完成计划的要求，应进行分析，找出原因，排除障碍，协调施工准备工作进度或调整施工准备工作计划。检查的方法可采用实际与计划对比法，或采用相关单位、人员分割制，检查施工准备工作情况，当场分析产生问题的原因，提出解决问题的方法。后一种方法解决问题及时，见效快，现场常采用。

3. 坚持按基本建设程序办事，严格执行开工报告制度

当施工准备工作情况达到开工条件要求时，应向监理工程师报送工程开工报审表及开

工报告等有关资料，由总监理工程师签发，并报建设单位后，在规定的时间内开工。

4. 施工准备工作必须贯穿施工全过程

施工准备工作不仅要在开工前集中进行，而且工程开工后，也要及时、全面地做好各施工阶段的准备工作，贯穿在整个施工过程中。

5. 施工准备工作应协调好各方面的关系

由于施工准备工作涉及范围广，除了施工单位自身努力做好以外，还要取得建设单位、设计单位、监理单位、供应单位、行政主管部门、交通运输部门等相关单位的协作与大力支持，做到步调一致、分工明确，共同做好施工准备工作。为此要处理好以下几个方面的关系，做到四个结合：

(1) 前期准备与后期准备相结合。由于施工准备工作周期长，有一些是开工前进行的，有一些是在开工后交叉进行的，因此，既要立足于前期准备工作，又要着眼于后期的准备工作，要统筹安排好前、后期的施工准备工作内容，把握时机，及时做好前期的施工准备工作，同时规划好后期的施工准备工作。

(2) 土建工程与安装工程相结合。土建施工单位在拟订出施工准备工作计划后，要及时与其他专业工程以及供应部门相结合，研究总包与分包之间综合施工、协作的配合关系，各自进行施工准备工作，相互提供施工条件，有问题及早提出，以便采取有效措施，促进各方面准备工作的进行。

(3) 室内准备与室外准备相结合。室内准备主要指内业的技术准备工作（如熟悉图纸、BIM深化设计、编制施工组织设计等）；室外准备主要指调查研究、资料收集和施工现场准备、物资准备等外业工作，室内准备对室外准备起着指导作用，室外准备则是室内准备的具体落实，室内准备工作与室外准备工作要协调一致。

(4) 建设单位准备与施工单位准备相结合。为保证施工准备工作顺利全面地完成，不出现漏洞或职责推脱的情况，应明确划分建设单位和施工单位准备工作的范围及职责，并在实施过程中相互沟通，相互配合，保证施工准备工作的顺利完成。

## 1.2 调查研究与收集资料

施工准备工作的一项重要工作内容，是对一项工程所涉及的自然条件和技术经济条件等施工资料进行调查研究与收集整理，它也是编制施工组织设计的重要依据。尤其是当施工单位进入一个新的城市或地区，对建设地区的技术经济条件、场地特征和社会情况等不太熟悉，此项工作显得尤为重要。调查研究与收集资料的工作应有计划、有目的地进行，工作开始前应拟定详细的调查提纲，其调查的范围、内容要求等应根据拟建工程的规模、性质、复杂程序、工期以及对当地了解程度确定。调查时，除向建设单位、勘察设计单位、当地气象台站及有关部门和单位收集资料及有关规定外，还应到实地勘测，并向当地居民了解。对调查、收集到的资料应注意整理归纳、分析研究，对其中特别重要的资料，必须复查其数据的真实性和可靠性。

调查研究与收集资料

### 1.2.1 原始资料的调查分析

1. 对建设单位与勘察设计单位的调查

对项目的建设单位与勘察设计单位调查的项目内容如表 1-1 所示。

对建设单位与勘察设计单位调查的项目　　表 1-1

| 序号 | 调查单位 | 调查内容 | 调查目的 |
| --- | --- | --- | --- |
| 1 | 建设单位 | (1)建设项目设计任务书、有关文件<br>(2)建设项目性质、规模、生产能力<br>(3)生产工艺流程、主要工艺设备名称及来源、供应时间、分批和全部到货时间<br>(4)建设期限、开工时间、交工先后顺序、竣工投产时间<br>(5)总概算投资、年度建设计划<br>(6)施工准备工作的内容、安排、工作进度表 | (1)施工依据<br>(2)项目建设部署<br>(3)制定主要工程施工方案<br>(4)规划施工总进度<br>(5)安排年度施工计划<br>(6)规划施工总平面<br>(7)确定占地范围 |
| 2 | 勘察设计单位 | (1)建设项目总平面规划<br>(2)工程地质勘察资料<br>(3)水文勘察资料<br>(4)项目建筑规模,建筑、结构、装修概况,总建筑面积、占地面积<br>(5)单项(单位)工程个数<br>(6)设计进度安排<br>(7)生产工艺设计、特点<br>(8)地形测量图 | (1)规划施工总平面图<br>(2)规划生产施工区、生活区<br>(3)安排大型临建工程<br>(4)概算施工总进度<br>(5)规划施工总进度<br>(6)计算平整场地土石方量<br>(7)确定地基、基础的施工方案 |

2. 自然条件与生态环境调查分析

包括对建设地区的气象资料、工程地形地质、工程水文地质、周围民宅的坚固程度及其居民的健康状况、生态环境要求等事项的调查与分析。为编制施工方案、施工技术组织措施、冬雨期施工措施，进行施工平面规划布置等提供依据；为编制现场“七通一平”计划提供依据，如地上建筑物的拆除，高压电线路的搬迁，地下构筑物的拆除和各种管线的搬迁等项工作；也是为了减少施工造成的不良影响，保护生态环境，如打桩工程在打桩前，对居民的危房和居民中的心脏病患者采取保护性措施。自然条件与生态环境调查的项目如表 1-2 所示。

自然条件与生态环境调查项目　　表 1-2

| 序号 | 项目 | 调查内容 | 调查目的 |
| --- | --- | --- | --- |
| 1 | | 气象资料 | |
| (1) | 气温 | ①全年各月平均温度<br>②最高温度、月份,最低温度、月份<br>③冬天、夏季室外计算温度<br>④霜、冻、冰雹期<br>⑤低于−3℃、0℃、5℃的天数,起止日期 | ①防暑降温<br>②全年正常施工天数<br>③冬期施工措施<br>④估计混凝土、砂浆强度增长 |

续表

| 序号 | 项目 | 调查内容 | 调查目的 |
|---|---|---|---|
| (2) | 降雨 | ①雨季起止时间<br>②全年降水量、一日最大降水量<br>③全年雷暴天数、时间<br>④全年各月平均降水量 | ①雨期施工措施<br>②现场排水、防洪<br>③防雷<br>④雨天天数估计 |
| (3) | 风 | ①主导风向及频率(风玫瑰图)<br>②大于或等于8级风的全年天数、时间 | ①布置临时设施<br>②高空作业及吊装措施 |
| 2 | | 工程地形、地质 | |
| (1) | 地形 | ①区域地形图<br>②工程位置地形图<br>③工程建设地区的城市规划<br>④控制桩、水准点的位置<br>⑤地形、地质的特征<br>⑥勘察文件、资料等 | ①选择施工用地<br>②合理布置施工总平面图<br>③计算现场平整土方量<br>④障碍物及数量<br>⑤拆迁和清理施工现场 |
| (2) | 地质 | ①钻孔布置图<br>②地质剖面图(各层土的特征、厚度)<br>③土质稳定性:滑坡、流砂、冲沟<br>④地基土强度的结论,各项物理力学指标:天然含水量、孔隙比、渗透性、压缩性指标、塑性指数、地基承载力<br>⑤软弱土、膨胀土、湿陷性黄土分布情况,最大冻结深度<br>⑥防空洞、枯井、土坑、古墓、洞穴,地基土破坏情况<br>⑦地下沟渠管网、地下构筑物 | ①土方施工方法的选择<br>②地基处理方法<br>③基础、地下结构施工措施<br>④障碍物拆除计划<br>⑤基坑开挖方案设计 |
| (3) | 地震 | 抗震设防烈度的大小 | 对地基、结构影响,施工注意事项 |
| 3 | | 工程水文地质 | |
| (1) | 地下水 | ①最高、最低水位及时间<br>②流向、流速、流量<br>③水质分析<br>④抽水试验、测定水量 | ①土方施工基础施工方案的选择<br>②降低地下水位方法、措施<br>③判定侵蚀性质及施工注意事项<br>④使用、饮用地下水的可能性 |
| (2) | 地面水(地面河流) | ①邻近的江河、湖泊及距离<br>②洪水、平水、枯水时期,其水位、流量、流速、航道深度,通航可能性<br>③水质分析 | ①临时给水<br>②航运组织<br>③水工工程 |
| (3) | 周围生态环境及障碍物 | ①施工区域现有建筑物、构筑物、沟渠、水流、树木、土堆、高压输变电线路等<br>②邻近建筑坚固程度及其中人员工作、生活、健康状况<br>③周边生态保护情况 | ①及时拆迁、拆除<br>②保护工作<br>③合理布置施工平面<br>④合理安排施工进度 |

### 1.2.2 相关信息资料的收集整理

1. 技术经济条件调查分析

包括地方建筑生产企业、地方资源、交通运输，水、电及其他能源，主要设备、三大材料和特殊材料，以及它们的生产能力等项调查。调查的项目如表1-3～表1-9所示。

地方建筑材料及构件生产企业情况调查内容　　表1-3

| 序号 | 企业名称 | 产品名称 | 规格质量 | 单位 | 生产能力 | 供应能力 | 生产方式 | 出厂价格 | 运距 | 方式 | 单位 | 备注 |
|---|---|---|---|---|---|---|---|---|---|---|---|---|
| | | | | | | | | | | | | |
| | | | | | | | | | | | | |

注：1. 名称按照构件厂、木工厂、金属结构厂、商品混凝土厂、砂石厂、建筑设备厂、砖厂、瓦厂、石灰厂等填列；
2. 资料来源：当地计划、经济、建筑主管部门；
3. 调查目的：落实物资供应。

地方资源情况调查内容　　表1-4

| 序号 | 材料名称 | 产地 | 储存量 | 质量 | 开采(生产)量 | 开采费 | 出厂价 | 运距 | 运费 | 供应的可能性 |
|---|---|---|---|---|---|---|---|---|---|---|
| | | | | | | | | | | |
| | | | | | | | | | | |

注：1. 材料名称栏按照块石、碎石、砾石、砂、工业废料（包括冶金矿渣、炉渣、电站粉煤灰）填列；
2. 调查目的：落实地方物资准备工作。

地区交通运输条件调查内容　　表1-5

| 序号 | 内容 | 调查内容 | 调查目的 |
|---|---|---|---|
| 1 | 铁路 | (1)邻近铁路专用线、车站至工地的距离及沿途运输条件<br>(2)站场卸货路线长度，起重能力和储存能力<br>(3)装载单个货物的最大尺寸、重量限制<br>(4)支费、装卸费和装卸力量 | |
| 2 | 公路 | (1)主要材料产地至工地的公路等级，路面构造宽度及完好情况，允许最大载重量<br>(2)途经桥涵等级，允许最大载重量<br>(3)当地专业机构及附近村镇能提供的装卸、运输能力，汽车、畜力、人力车的数量及运输效率，运费、装卸费<br>(4)当地有无汽车修配厂、修配能力和至工地距离、路况<br>(5)沿途架空电线高度 | (1)选择施工运输方式<br>(2)拟定施工运输计划 |
| 3 | 航运 | (1)货源、工地至邻近河流、码头渡口的距离，道路情况<br>(2)洪水、平水、枯水期和封冻期通航的最大船只及吨位，取得船只的可能性<br>(3)码头装卸能力，最大起重量，增设码头的可能性<br>(4)渡口的渡船能力，同时可载汽车、马车数，每日次数，能为施工提供的能力<br>(5)运费、渡口费、装卸费 | |

**供水、供电、供气情况调查内容** 表 1-6

<table>
<tr><th>序号</th><th>项目</th><th>调查内容</th><th>调查目的</th></tr>
<tr><td>1</td><td>给水<br>排水</td><td>(1)与当地现有水源连接的可能性,可供水量,接管地点、管径、管材、埋深、水压、水质、水费,至工地距离,地形地物情况<br>(2)临时供水源:利用江河、湖水的可能性,水源、水量、水质,取水方式,至工地距离,地形地物情况,临时水井位置、深度、出水量、水质<br>(3)利用永久排水设施的可能性,施工排水去向、距离、坡度,有无洪水影响,现有防洪设施、排洪能力</td><td rowspan="3">选择给水排水、供电、供气方式,智慧工地方案,作出经济比较</td></tr>
<tr><td>2</td><td>供电与<br>通信网络</td><td>(1)电源位置,引入的可能,允许供电容量、电压、导线截面、距离、电费、接线地点,至工地距离、地形地物情况<br>(2)建设单位、施工单位自有发电、变电设备的规格型号、台数、能力、燃料、资料及可能性<br>(3)利用邻近电信设备的可能性,通信网络情况</td></tr>
<tr><td>3</td><td>供气</td><td>(1)供气来源,可供能力、数量,接管地点、管径、埋深,至工地距离,地形地物情况,供气价格,供气的正常性<br>(2)建设单位、施工单位自有锅炉型号、台数、能力、所需燃料、用水水质、投资费用<br>(3)当地单位、建设单位提供压缩空气、氧气的能力,至工地的距离</td></tr>
</table>

资料来源：当地城建、供电局、水厂、电信网络等单位及建设单位。

**三大材料、特殊材料及主要设备调查内容** 表 1-7

| 序号 | 项目 | 调查内容 | 调查目的 |
|---|---|---|---|
| 1 | 三大材料 | (1)钢材订货的规格、牌号、强度等级、数量和到货时间<br>(2)木材料订货的规格、等级、数量和到货时间<br>(3)水泥订货的品种、强度等级、数量和到货时间 | (1)确定临时设施和堆放场地<br>(2)确定木材加工计划<br>(3)确定水泥储存方式 |
| 2 | 特殊材料 | (1)需要的品种、规格、数量<br>(2)试制、加工和供应情况<br>(3)进口材料和新材料 | (1)制定供应计划<br>(2)确定储存方式 |
| 3 | 主要设备 | (1)主要工艺设备的名称、规格、数量和供货单位<br>(2)分批和全部到货时间 | (1)确定临时设施和堆放场地<br>(2)拟定防雨措施 |

**建设地区社会劳动力和生活设施的调查内容** 表 1-8

| 序号 | 项目 | 调查内容 | 调查目的 |
|---|---|---|---|
| 1 | 社会劳动力 | (1)少数民族地区的风俗习惯<br>(2)当地能提供的劳动力人数、技术水平、工资费用和来源<br>(3)上述人员的生活安排 | (1)拟定劳动力计划<br>(2)安排临时设施 |
| 2 | 房屋设施 | (1)必须在工地居住的单身人数和户数<br>(2)能作为施工用的现有的房屋栋数,每栋面积,结构特征,总面积,位置,水、暖、电、卫、设备状况<br>(3)上述建筑物的适宜用途,用作宿舍、食堂、办公室的可能性 | (1)确定现有房屋为施工服务的可能性<br>(2)安排临时设施 |
| 3 | 周围环境 | (1)主副食品供应,日用品供应,文化教育、消防治安等机构能为施工提供的支援能力<br>(2)邻近医疗单位至工地的距离,可能就医情况<br>(3)当地公共汽车、邮电服务情况<br>(4)周围是否存在有害气体、污染情况,有无地方病 | 安排职工生活基地,解除后顾之忧 |

参加施工的各单位能力调查内容 表 1-9

| 序号 | 项目 | 调查内容 | 调查目的 |
|---|---|---|---|
| 1 | 产业工人 | (1)工人数量、分工种人数,能投入本工程施工的人数<br>(2)专业分工及一专多能的情况、工人队组形式<br>(3)定额完成情况、工人技术水平、技术等级构成 | 明确施工力量、技术素质,规划施工任务分配、安排 |
| 2 | 管理人员 | (1)管理人员总数,所占比例<br>(2)技术人员数、专业情况、技术职称,其他人员数 | |
| 3 | 施工机械及信息技术 | (1)机械名称、型号、能力、数量、新旧程度、完好率,能投入本工程施工的情况<br>(2)总装备程度(马力/全员)<br>(3)分配、新购情况<br>(4)信息技术应用情况 | |
| 4 | 施工经验及建筑工业化 | (1)历年曾施工的主要工程项目、规模、结构、工期<br>(2)习惯施工方法,采用过的先进施工方法,构件加工、装配式生产能力、质量<br>(3)工程质量合格情况,科研、革新成果 | |
| 5 | 经济指标 | (1)劳动生产率,年完成能力<br>(2)质量、安全、降低成本情况<br>(3)机械化程度<br>(4)工业化程度设备、机械的完好率、利用率 | |

资料来源：参加施工的各单位。

2. 其他相关信息资料的收集整理

其他相关信息与资料包括：现行的由国家有关部门制定的技术规范、规程及有关技术规定，如《建筑工程施工质量验收统一标准》GB 50300 及相关专业工程施工质量验收规范，《建筑施工安全检查标准》JGJ 59 及有关专业工程安全技术规范规程，《建设工程项目管理规范》GB/T 50326，《建设工程文件归档规范》GB/T 50328，《建筑工程冬期施工规程》JGJ/T 104，各专业工程施工技术规范等；企业现有的施工定额、施工手册、类似工程的技术资料及平时施工实践活动中所积累的资料等。收集这些相关信息与资料，是进行施工准备工作和编制施工组织设计的依据之一，可为其提供有价值的参考。

## 1.3 技术资料准备

技术资料准备即通常所说的“内业”工作，是施工准备的核心，对于指导现场施工准备工作、保证建筑产品质量、实现安全生产、加快工程进度、实现“双碳”目标、提高工程经济效益都具有十分重要的意义。任何技术差错和隐患都可能引起人身安全和质量事故，造成生命财产和经济的巨大损失，因此，必须认真做好技术资料准备，不得有半点马虎。技术资料准备的主要内容包括：熟悉、审查图纸和有关设计资料，编制中标后施工组织设计，编制施工预算等。

技术资料准备工作

### 1.3.1 熟悉、审查图纸和有关设计资料

施工图全部（或分阶段）出图以后，施工单位应组织有关人员对设计图纸进行学习，并开展图纸会审工作。

1. 熟悉、审查施工图纸的依据

（1）建设单位和设计单位提供的初步设计或扩大初步设计（技术设计）、施工图设计、建筑总平面图、土方数量设计和城市规划等资料文件。

（2）调查、搜集的原始资料。

（3）设计、施工验收规范和有关技术规定。

2. 熟悉、审查设计图纸的目的

（1）按照设计图纸的要求顺利地进行施工，生产出符合设计要求的最终建筑产品（建筑物或构筑物）。

（2）在拟建工程开工之前，使从事建筑施工技术和经营管理的工程技术人员充分了解和掌握设计图纸和设计意图、结构与构造特点和技术要求。

（3）通过审查发现设计图纸中存在的问题和错误，使其在施工开始之前改正，为拟建工程的施工提供一份准确、完整的设计图纸。

3. 熟悉、审查图纸的阶段

（1）熟悉图纸阶段

1）熟悉图纸工作的组织

搞好图纸审查工作，首先要求参加审查的人员熟悉图纸。该项工作由施工单位的本工程项目经理部具体组织，各专业技术人员在领到施工图后，必须认真组织本部门有关工程技术人员熟悉图纸，了解设计意图和建设单位的要求，以及施工应达到的技术标准，明确工程施工流程。

2）熟悉图纸的要求

① 先粗后细。就是先看平面图、立面图、剖面图，对整个工程的概貌有一个了解，对总的长、宽尺寸，轴线尺寸、标高、层高、总高有一个大体的印象。然后再看细部做法，核对总尺寸与细部尺寸、位置、标高是否相符，门窗表中的门窗型号、规格、形状、数量是否与结构相符等。

② 先小后大。就是先看小样图，后看大样图。核对在平面图、立面图、剖面图中标注的细部做法，与大样图的做法是否相符；所采用的标准构件图集编号、类型、型号，与设计图纸有无矛盾，索引符号有无漏标之处，大样图是否齐全等。

③ 先建筑后结构。就是先看建筑图，后看结构图。把建筑图与结构图互相对照，核对其轴线尺寸、标高是否相符，有无矛盾，查对有无遗漏尺寸，有无构造不合理之处。

④ 先一般后特殊。就是先看一般的部位和要求，后看特殊的部位和要求。特殊部位和要求一般包括地基处理方法，变形缝的设置，防水处理要求和抗震、防火、保温、隔热、防尘、特殊装修等技术要求。

⑤ 图纸与说明结合。就是在看图时对照设计总说明和图中的细部说明，核对图纸和

说明有无矛盾，规定是否明确，要求是否可行，做法是否合理等。

⑥ 土建与安装结合。就是看土建图时，有针对性地看一些安装图，核对与土建有关的安装图有无矛盾，预埋件、预留洞、槽的位置、尺寸是否一致，了解安装对土建的要求，以便考虑在施工中的协作配合。

⑦ 图纸要求与实际情况结合。要核对图纸有无不符合施工实际之处，如建筑物相对位置、场地标高、地质情况等是否与设计图纸相符；对一些特殊的施工工艺，施工单位能否做到等。

（2）自审图纸阶段

1）自审图纸的组织

由施工单位该项目经理部组织各工种人员对本工种的有关图纸进行审查，掌握和了解图纸中的细节；在此基础上，由总承包单位内部的土建与水、暖、电等专业，共同核对图纸，消除差错，协商施工配合事项；最后，总承包单位与外分包单位（如：桩基施工、装饰工程施工、设备安装等）在各自审查图纸基础上，共同核对图纸中的差错及协商有关施工配合问题。

2）自审图纸的要求

① 审查拟建工程的地点，建筑总平面图同国家、城市或地区规划是否一致，以及建筑物或构筑物的设计功能和使用要求是否符合环卫、防火及生态保护、美化城市方面的要求。

② 审查设计图纸是否完整、齐全，以及设计图纸和资料是否符合国家有关技术规范要求。

③ 审查建筑、结构、设备安装图纸是否相符，有无“错、漏、碰、缺”，内部结构和工艺设备有无矛盾。

④ 审查地基处理与基础设计同拟建工程地点的工程地质和水文地质等条件是否一致，以及建筑物或构筑物与原地下构筑物及管线之间有无矛盾。深基础的防水方案是否可靠，材料设备能否解决。

⑤ 明确拟建工程的结构形式和特点，复核主要承重结构的承载力、刚度和稳定性是否满足要求，审查设计图纸中的形体复杂、施工难度大和技术要求高的分部分项工程或新结构、新材料、新工艺，在施工技术和管理水平上能否满足质量和工期要求，选用的材料、构配件、设备等能否解决。

⑥ 明确建设期限，分期分批投产或交付使用的顺序和时间，以及工程所用的主要材料、设备的数量、规格、来源和供货日期。

⑦ 明确建设单位、设计单位和施工单位等之间的协作、配合关系，以及建设单位可以提供的施工条件。

⑧ 审查设计是否考虑了施工的需要，各种结构的承载力、刚度和稳定性是否满足设置内爬、附着、固定式塔式起重机及其他施工设备设施（如各种造楼机、施工机器人等）使用的要求。

（3）图纸会审阶段

施工人员参加图纸会审的目的有两个：一是了解设计意图并向设计人员质疑，对图纸中不清楚的部分或不符合国家的建设方针、政策的部分，本着对工程负责的态度应予以指出，并提出修改建议供设计人员参考；二是施工图中的建筑图、结构图、水暖电管线及设备安装图等，有时由于设计时各专业配合不好存在矛盾，应提请设计人员作书面更正或补充。

1）图纸会审的组织

一般工程由建设单位组织并主持会议，设计单位交底，施工单位、监理单位参加。重点工程或规模较大及结构、装修较复杂的工程，如有必要可邀请各主管部门、消防、防疫与协作单位参加，会审的程序是：设计单位做设计交底，施工单位对图纸提出问题，有关单位发表意见，与会者讨论、研究、协商，逐条解决问题达成共识，组织会审的单位汇总成文，各单位会签，形成图纸会审纪要，如表 1-10 所示。会审纪要作为与施工图纸具有同等法律效力的技术文件使用，并由参加会审的各单位会签。对会审中提出的问题，必要时，设计单位应提供补充图纸或变更设计通知单，连同会审纪要分送给有关单位。这些技术资料应视为施工图的组成部分并与施工图一起归档。

图纸会审纪要　　表 1-10

会审日期：　年　月　日　　编号：

<table>
<tr><td colspan="2" rowspan="2">工程名称</td><td colspan="3" rowspan="2"></td><td>共　页</td></tr>
<tr><td>第　页</td></tr>
<tr><td>序号</td><td>图纸编号</td><td colspan="2">提出问题</td><td colspan="2">会审结果</td></tr>
<tr><td></td><td></td><td colspan="2"></td><td colspan="2"></td></tr>
<tr><td></td><td></td><td colspan="2"></td><td colspan="2"></td></tr>
<tr><td></td><td></td><td colspan="2"></td><td colspan="2"></td></tr>
<tr><td></td><td></td><td colspan="2"></td><td colspan="2"></td></tr>
<tr><td></td><td></td><td colspan="2"></td><td colspan="2"></td></tr>
<tr><td colspan="2">会审单位<br>（公章）</td><td>建设单位</td><td>监理单位</td><td>设计单位</td><td>施工单位</td></tr>
<tr><td colspan="2">参加会审人员</td><td></td><td></td><td></td><td></td></tr>
</table>

注：1. 由施工单位整理、汇总，建设单位、监理单位、施工单位、城建档案各保存一份；
2. 图纸会审纪要应根据专业（建筑、结构、给水排水及采暖、电气、通风空调、智能系统等）汇总、整理；
3. 设计单位应由专业设计负责人签字，其他相关单位应由项目技术负责人或相关专业负责人签字。

2）图纸会审的要求

图纸会审应注意以下几个方面的问题：

① 设计是否符合国家有关方针、政策和规定；

② 设计规模、内容是否符合国家有关的技术规范要求，尤其是强制性标准的要求，是否符合环境保护和消防安全的要求；

③ 建筑设计是否符合国家有关的技术规范要求，尤其是强制性标准的要求，是否符合环境保护和消防安全的要求；

④ 建筑平面布置是否符合核准的按建筑红线划定的详图和现场实际情况，是否提供

符合要求的永久水准点或临时水准点位置；

⑤ 图纸及设计说明是否完整、齐全、清楚；图中的尺寸、坐标、轴线、标高、各种管线和道路的交叉连接点是否准确，一套图纸的前、后各图纸及建筑和结构施工图是否吻合一致，有无矛盾；地下和地上的设计是否有矛盾；

⑥ 结构、建筑、设备等图纸本身及相互之间是否有错误和矛盾，图纸与说明之间有无矛盾；

⑦ 有无特殊材料（包括新材料）要求，其品种、规格、数量能否满足需要；

⑧ 施工单位的技术装备条件能否满足工程设计的有关技术要求；采用新结构、新工艺、新技术工程的工艺设计及使用功能要求对土建施工、设备安装、管道、动力、电气安装采取特殊技术措施时，施工单位在技术上有无困难，是否能确保施工质量和施工安全；

⑨ 对设计中不明确或有疑问处，请设计人员解释清楚；

⑩ 指出图纸中的其他问题，并提出合理化建议。

### 1.3.2 编制中标后施工组织设计

中标后施工组织设计是施工单位在施工准备阶段编制的指导拟建工程从施工准备到竣工验收乃至保修回访的技术经济、组织的综合性文件，也是编制施工预算、实行项目管理的依据，是施工准备工作的主要文件。它是在投标书施工组织设计的基础上，结合所收集的原始资料和相关信息资料，根据图纸及会审纪要，按照编制施工组织设计的基本原则，综合建设单位、监理单位、设计意图的具体要求进行编制，以保证工程好、快、省、安全、顺利地完成。

施工单位必须在约定的时间内完成中标后施工组织设计的编制与自审工作，并填写施工组织设计报审表，报送项目监理机构。总监理工程师应在约定的时间内，组织专业监理工程师审查，提出审查意见后，由总监理工程师审定批准，需要施工单位修改时，由总监理工程师签发书面意见，退回施工单位修改后再报审，总监理工程师应重新审定，已审定的施工组织设计由项目监理机构报送建设单位。施工单位应按审定的施工组织设计文件组织施工，如需对其内容做较大变更，应在实施前将变更书面内容报送项目监理机构重新审定。对规模大、结构复杂或属新结构、特种结构的工程，专业监理工程师提出审查意见后，由总监理工程师签发审查意见，必要时与建设单位协商，组织有关专家会审。

### 1.3.3 编制施工预算

施工预算是施工单位根据施工合同价款、施工图纸、施工组织设计或施工方案、企业施工定额等文件进行编制的企业内部经济文件，它直接受施工合同中合同价款的控制，是施工前的一项重要准备工作。它是施工企业内部控制各项成本支出、考核用工、签发施工任务书、限额领料、基层进行经济核算、进行经济活动分析的依据。在施工过程中，要按施工预算严格控制各项指标，以促进降低工程成本和提高施工管理水平。

# 1.4 施工生产要素准备

## 1.4.1 劳动力组织准备

工程项目能否按目标完成，很大程度上取决于承担这一工程的施工人员的素质高低。劳动力组织准备包括施工管理层和作业层两大部分，这些人员的合理选择和配备，将直接影响到工程质量与安全、施工进度及工程成本，因此，劳动力组织准备是开工前施工准备的一项重要内容。

1. 项目组织机构建设

对于实行项目管理的工程，建立项目组织机构就是建立项目经理部。高效率的具有创新精神的项目组织机构的建立，是实现项目管理目标的前提和保障。这项工作实施合理与否很大程度上关系到拟建工程能否顺利进行。施工企业建立项目经理部，要针对工程特点和建设单位要求，根据有关规定进行精心组织安排，认真抓实、抓细、抓好。

（1）项目组织机构设置的原则

1）用户满意原则。施工单位要根据施工合同等相关文件的要求组建项目经理部，让建设单位满意。

2）全能配套原则。项目经理要会管理、善经营、懂技术、能公关，且要具有较强的适应与应变能力和开拓进取精神。项目经理部成员要有施工经验、创造精神，工作效率高。项目经理部既合理分工又密切协作，人员配置应满足施工项目管理的需要，如大型项目，项目经理应由一级建造师来担任，管理人员中的高级职称人员不应低于10％。

3）精干高效原则。施工管理机构要尽量压缩管理层次，因事设岗，因岗选人，做到管理人员精干、一职多能、人尽其才、恪尽职守，以适应市场变化要求。

4）管理跨度原则。管理跨度过大，鞭长莫及且心有余而力不足；管理跨度过小，人员增多，造成资源浪费。因此，施工管理机构各层面设置要合理，使每一个管理层面保持适当的工作幅度，各层面管理人员在职责范围内实施有效的控制。

5）系统化管理原则。建设项目是由许多子系统组成的有机整体，系统内部存在大量的“结合”部，各层次的管理职能的设计要形成一个相互制约、相互联系的完整体系。

（2）项目经理部的设立步骤

1）根据企业批准的“项目管理规划大纲”，确定项目经理部的管理任务和组织形式；

2）确定项目经理的层次，设立职能部门与工作岗位；

3）确定人员、职责、权限；

4）由项目经理根据“项目管理目标责任书”进行目标分解；

5）组织有关人员制定规章制度和目标责任考核、奖惩制度。

（3）项目经理部的组织形式

应根据施工项目的规模、结构复杂程度、专业特点、人员素质和地域范围确定，并应符合下列规定：

1）大中型项目宜按矩阵式项目管理组织设置项目经理部；

2）远离企业管理层的大中型项目宜按事业部式项目管理组织设置项目经理部；

3）小型项目宜按直线职能式项目管理组织设置项目经理部。

2. 组织施工队伍

1）组织施工人员。要综合考虑专业工程的合理配合，技工和普工的比例满足合理的劳动组织要求。按照流水施工组织方式的要求，确定建立混合施工队组或是专业施工队组及其数量。组建施工队组，要坚持合理、精干的原则，同时制定出该工程的劳动力需用量计划。

2）集结施工力量，组织劳动力进场。项目经理部确定之后，按照开工日期和劳动力需要量计划分批组织劳动力进场。

3. 优化劳动组合与技术培训

针对工程施工要求，强化各工种的技术培训，优化劳动组合，主要抓好以下几个方面的工作：

1）针对工程施工难点，组织工程技术人员和工人队组中的骨干力量，进行类似工程的考察学习；

2）做好专业工程技术培训，提高对新工艺、新材料、新设备、信息化使用操作的适应能力；

3）强化质量意识，抓好质量教育，增强质量观念；

4）切实抓好施工安全、消防安全职业健康安全和文明施工、环境保护等方面的教育；

5）工人队组实行优化组合、双向选择、动态管理，最大限度地调动职工的积极性。

4. 做好施工组织设计的贯彻和技术交底工作

认真全面地进行施工组织设计的落实和技术交底工作意义重大。施工组织设计、施工计划和技术交底的目的是把施工项目的设计内容、施工计划和施工技术等要求，详尽地向施工队组和工人讲解交代。这是落实计划和技术责任制的好办法。

1）交底的时间。施工组织设计、施工计划和技术交底应在单位工程或分部（项）工程开工前及时进行，以保证项目严格地按照设计图纸、施工组织设计、安全操作规程和施工验收规范等要求进行施工。

2）交底的内容。施工组织设计、计划和技术交底的内容有：项目的施工进度计划、月（旬）作业计划；施工组织设计，尤其是施工工艺、质量标准、安全技术措施、降低成本措施和施工验收规范的要求；新结构、新材料、新技术和新工艺的实施方案和保证措施；图纸会审中所确定的有关部位的设计变更和技术核定等事项。交底工作应该按照管理系统逐级进行，由上而下直到工人队组。交底的方式有书面形式、口头形式和现场示范形式等。

3）交底后措施。施工队组、工人接受施工组织设计、计划和技术交底后，要组织其成员进行认真的分析研究，弄清关键部位、质量标准、安全措施和操作要领。必要时应该进行示范，并明确任务及做好分工协作，同时建立健全岗位责任制和保证措施。

5. 建立健全各项管理制度

施工项目部的各项管理制度是否建立、健全，直接决定其各项施工活动能否顺利进行。有章不循，其后果是严重的，而无章可循更是危险的，为此必须建立、健全项目部的各项管理制度。通常，其内容包括：项目管理人员岗位责任制度；项目技术管理制度；项目质量管理制度；项目安全管理制度；项目计划、统计与进度管理制度；项目成本核算制度；项目材料、机械设备管理制度；项目现场管理制度；项目分配与奖励制度；项目例会及施工日志制度；项目分包及劳务管理制度；项目组织协调制度；项目信息管理制度。项目经理部自行制定的规章制度与企业现行的有关规定不一致时，应报送企业或其授权的职能部门批准。

6. 做好分包安排

对于本企业难以承担的一些专业项目，如深基础开挖和支护、大型安装和设备工程等项目，应及早做好分包或劳务安排，与有关单位协调，签订分包合同或劳务合同，以保证按计划施工。

7. 组织好科研攻关

凡工程中采用带有试验性质的新材料、新产品、新工艺项目，应在建设单位、主管部门的参加下，组织有关设计、科研、教学单位共同进行科研工作。要明确相互承担的试验项目、工作步骤、时间要求、经费来源和职责分工。所有科研项目，必须经过技术鉴定后，再用于施工。

### 1.4.2 物资准备

施工物资准备是指施工中必须有的劳动手段（施工机械、工具）和劳动对象（材料、配件、构件）等的准备，是一项较为复杂而又细致的工作。建筑施工所需的材料、构（配）件、机具和设备品种多且数量大，能否保证按计划供应，对整个施工过程的工期、质量、安全和成本，有着举足轻重的作用。各种施工物资只有运到现场并有必要的储备后，才具备必要的开工条件。因此，要将这项工作作为施工准备工作的一个重要方面来抓。施工管理人员应尽早地计算出各阶段对材料、施工机械、设备、工具等的需用量，并说明供应单位、交货地点、运输方式等，特别是对预制装配式构件，必须尽早地从施工图中摘录出构件的规格、质量、品种和数量，制表造册，向预制加工厂订货并确定分批交货清单、交货地点及时间，对大型施工机械、辅助机械及设备要精确计算工作日，并确定进场时间，做到进场后立即使用，用毕后立即退场，提高机械利用率，节省机械台班费及停留费。

物资准备的具体内容包括：材料准备、构配件及设备加工订货准备、施工机具准备、生产工艺设备准备、运输设备和施工物资价格管理等。

1. 材料准备

（1）根据施工方案中的施工进度计划和施工预算中的工料分析，编制工程所需材料用量计划，作为备料、供料和确定仓库、堆场面积及组织运输的依据；

（2）根据材料需用量计划，做好材料的申请、订货和采购工作，使计划得到落实；

（3）组织材料按计划进场，按施工平面图和相应位置堆放，并做好合理储备、保管工作；

（4）严格验收、检查、核对材料的数量和规格，做好材料试验和检验工作，保证施工质量。

2. 构配件及设备加工订货准备

(1) 根据施工进度计划及施工预算所提供的各种构配件及设备数量，做好加工翻样工作，并编制相应的需用量计划；

(2) 根据需用计划，向有关厂家提出加工订货计划要求，并签订订货合同；

(3) 组织构配件和设备按计划进场，按施工平面布置图做好存放及保管工作；

(4) 装配式结构构件应按照工业化生产要求进行，具体内容在“装配式施工生产准备”中详述。

3. 施工机具准备

(1) 各种土方机械，混凝土、砂浆搅拌设备，垂直及水平运输机械，钢筋加工设备，木工机械，焊接设备，打夯机，排水设备等，应根据施工方案，对施工机具配备的要求、数量以及施工进度安排，编制施工机具需用量计划；

(2) 拟由本企业内部负责解决的施工机具，应根据需用量计划组织落实，确保按期供应；

(3) 对施工企业缺少且需要的施工机具，应与有关方面签订订购和租赁合同，以保证施工需要；

(4) 对于大型施工机械（如塔式起重机、挖掘机、桩基设备等）的需求量和时间，应与有关方面（如专业分包单位）联系，提出要求，在落实后签订有关分包合同，并为大型机械按期进场做好现场有关准备工作；

(5) 安装、调试施工机具，按照施工机具需用量计划，组织施工机具进场，根据施工总平面图将施工机具安置在规定的地方或仓库；对施工机具要进行就位、搭棚、接电源、保养、调试工作；对所有施工机具都必须在使用前进行检查和试运转。

4. 生产工艺设备准备

订购生产用的生产工艺设备，要注意交货时间与土建进度密切配合，因为某些庞大设备的安装往往要与土建施工穿插进行，如果土建全部完成或封顶后，安装会有困难，故各种设备的交货时间要与安装时间密切配合，它将直接影响建设工期。准备时按照施工项目工艺流程及工艺设备的布置图，提出工艺设备的名称、型号、生产能力和需要量，确定分期分批进场时间和保管方式，编制工艺设备需要量计划，为组织运输、确定堆场面积提供依据。

5. 运输准备

(1) 根据上述四项需用量计划，编制运输需用量计划，并组织落实运输工具；

(2) 按照上述四项需用量计划明确的进场日期，联系和调配所需运输工具，确保材料、构（配）件和机具设备按期进场。

6. 施工物资价格管理

要强化施工物资的价格管理，确保价格合理，质量优良。

(1) 建立市场信息制度，定期收集、整理发布市场物资价格信息，提高透明度；

(2) 在市场价格信息指导下，“货比三家”，选优进货，并按照物资的采购要求采取招标采购方式，在保证物资质量和工程质量的前提下，降低成本、提高效益。

### 1.4.3 其他生产要素准备

1. 装配式施工生产准备

装配式施工生产准备包括：

（1）施工平面布置

1）起重机械的布置。需要进行群塔布置，除考虑起吊能力和服务范围外，还应对其作业方案进行提前设计。在布置时应结合建筑主体施工进度安排，进行高低塔搭配，确定合理的塔式起重机升节、附墙时间节点，还应考虑距离塔式起重机最近的建筑物各层是否有外伸挑板、露台、雨棚、阳台或其他建筑造型等，防止其碰撞塔身。如建筑物外围设有外脚手架，则还需考虑外脚手架的设置与塔身的关系。

2）运输道路的布置。包括线路规划、宽度、转弯半径、坡度、承载能力等。

3）预制构件和材料堆放区的布置。

（2）起重机械的配置

包括起重机的类型和配置要求，应根据其起重量、起重力矩、工作半径和起重高度来确定。工作半径重点考察最大幅度条件下是否能满足施工需要；起重量应考虑 PC 构件起吊及落位整个过程是否超荷，需进行塔式起重机起重能力验算；起重力矩一般控制在其额定起重力矩的 75%之下，以保证作业安全并延长其使用寿命；起重高度为建筑物檐口高度与构件高度、构件到檐口的高度、吊钩到构件的高度之和。

（3）索具、吊具和机具的配置

1）索具的材质、形式和使用。钢丝绳索具具有强度高、韧性好、耐磨性好等优点。磨损后外表产生毛刺，容易发现，便于预防事故的发生。吊链索具承载能力大，可以耐高温，因此多用于冶金行业。对冲击载荷敏感，发生断裂时无明显的先兆。纤维索具具有滤水、耐磨和富有弹性的特点，可承受一定的冲击载荷。

2）吊具和机具的类型与选用。吊具包括吊钩、吊环、吊环螺栓、卸扣、骑马式卡扣、钢丝绳卡、横吊梁等。机具包括滑轮组、卷扬机、葫芦等。

（4）施工工具的配置

1）灌浆工具。包括浆料搅拌机、电子秤、搅拌筒、测温计、灌浆泵、灌浆枪等。

2）模板和支撑。包括铝合金模板、大钢模板、竖向构件支撑、水平向构件支撑。

（5）构件与材料的准备

1）构件的运输。包括装车方案和运输线路设计、构件装车固定和保护、构件运输方式等。

2）验收流程。进入现场时必须进行质量检查验收。检查验收应当在车上进行，一旦发现不合格，可直接运回工厂处理。

首先对构件的规格型号和数量进行核实，将清单核实结果和发货单对照，如有误要及时与工厂联系。如随车有构件的安装附件，也须对照发货清单一并验收。其次，对预制构件进行质量检验，分为主控项目和一般项目两类。经检查合格后，应在预制构件上设置可靠标识。

3）构件存放。墙板、叠合板、楼梯、阳台板、挑檐板、空调板等不同预制构件应分类堆放。

4）材料的准备。包括砂浆连接材料、钢筋连接材料、密封材料等。

除此之外，还有技术资料的准备、人员的准备、工艺准备、季节性施工和安全措施准备。

2. 信息技术工作准备

（1）制定信息技术与智能建造工作计划

明确推进项目信息化、智能化的指导思想、目标任务、重点内容、具体措施等。

（2）信息技术队伍建设与信息技术培训

制定信息技术人才计划，尤其是BIM人才计划，做好人才引进工作；开展相关人员信息技术培训，制定开工前和长期性培训方案，并完成培训工作。

（3）项目部信息中心建设及BIM技术在项目管理中的应用

建设与工程规模相适应的信息中心，完善硬件设施建设，强化软件功能配套，加大BIM技术在施工进度管理、质量管理、成本管理、安全管理四个方面的信息化技术管理应用。

（4）智慧工地系统的布置

智慧工地就是建筑行业管理结合互联网的一种新的管理系统，通过在施工作业现场安装各类传感、监控装置，结合物联网、人工智能、云计算及大数据等技术，对施工现场的人、机、料、法、环等资源进行集中管理，构建智能监控和项目管理体系。智慧工地管理包括：智慧工地人员管理、设备管理、车辆管理、视频管理、危大工程、绿色施工、智能广播、水电监测等。

3. 资金准备

（1）项目资金流动计划

项目资金流动包括项目资金的收入与支出。项目资金收入与支出计划管理是项目资金管理的重要内容。要做到收入有规定、支出有计划、追加按程序。做到在计划范围内一切开支有审批，主要工料大宗支出有合同，使项目资金运营在受控状态。

（2）财务用款计划

财务用款计划的编制，是项目经理部在资金管理工作中要完成的重要工作，是实现项目资金管理目标的重要手段。

（3）编制年、季、月度资金管理计划

项目经理部应编制年、季、月度资金收支计划，上报组织主管部门审批实施。

① 年度资金收支计划的编制，要根据施工合同工程款支付的条款和年度生产计划安排，预测年内可能达到的资金收入，要参照施工方案，安排工料机费用等资金分阶段投入，做好收入与支出在时间上的平衡。编制年度资金计划，主要是摸清工程款到位情况，测算筹集资金的额度，安排资金分期支付，平衡资金，确立年度资金管理工作总体安排。这对保证工程项目顺利施工，保证充分的经济支付能力，稳定队伍提高生活，完成各项税费基金的上缴是十分重要的。

② 季、月度资金收支计划的编制，是年度资金收支计划的落实和调整，要结合生产计划的变化，安排好季、月度资金收支。特别是月度资金收支计划，要以收定支，量入为出，要根据施工月度作业计划，计算出主要工、料、机费用及分项收入，结合材料月末库

存，由项目经理部各用款部门分别编制材料、人工、机械、管理费用及分包单位支出等分项用款计划，报项目财务部门汇总平衡。汇总平衡后，由项目经理主持召开计划平衡会，确定各部门用款数，经平衡确定的资金收支计划报公司审批后，项目经理部作为执行依据，组织实施。

(4) 开工前项目资金的筹措

项目部一方面要根据施工合同的要求，向建设单位申请工程预付备料款；另一方面，施工单位应按照工程项目开工前准备工作情况及项目施工进度计划，做好项目资金筹措，确保工程项目顺利进行。

4. 项目沟通工作准备

沟通是有效解决各方面矛盾的重要手段。通过沟通，解决技术、过程、逻辑、管理方法及程序中存在的矛盾和不一致，并且，由于沟通本身又是一个心理过程，因而，能够有效解决各方参与者心理与行为的障碍和争执，达到共同获利的目的。

(1) 制定项目沟通计划

内容包括：信息沟通的方式，信息收集归档格式，信息的发布和使用权限，发布信息说明，信息发布时间，更新修改沟通管理计划的方法，约束条件和假设。

(2) 做好项目沟通准备工作

1) 项目经理部内部的沟通。在项目经理部内部的沟通中，项目经理起着核心作用，如何进行沟通以协调各职能工作，激励项目经理部成员，是项目经理的重要课题。

2) 项目经理与职能部门的沟通。项目经理与职能部门经理之间的沟通十分重要，特别是在矩阵式组织中。职能部门必须对项目提供持续的资源和管理工作支持，职能部门与项目之间有高度的依存性。

3) 项目经理与业主的沟通。业主代表项目的所有者，对项目具有特殊的权力，而项目经理为业主管理项目，必须服从业主的决策、指令和对工程项目的干预，项目经理最重要的职责是保证业主满意。要取得项目的成功，必须获得业主的支持。

4) 项目经理部与其他相关方的沟通。包括设计单位、监理单位、供应商、政府管理部门、社区等。他们有的与项目经理部虽然没有直接的合同关系，但是，项目部相关方沟通协调以及关系处理的好坏，直接影响项目的顺利开展。

## 1.5 施工现场准备

建筑工程施工现场是项目施工的全体参与人员为了达到优质、高速、低耗、环保的目标，开展的有节奏、均衡、连续的战术决战的活动空间。施工现场的准备工作，主要是为了给施工项目创造有利的施工条件，是保证工程按计划开工和顺利进行的重要环节。

### 1.5.1 现场准备工作的范围及各方职责

施工现场准备工作由两个方面组成，一是建设单位应完成的施工现场准备工作；二是施工单位应完成的施工现场准备工作。建设单位与施工单位的施工现场准备工作均就绪时，施工现场就具备了施工条件。

1. 建设单位的施工现场准备工作

建设单位要按合同条款中约定的内容和时间完成以下工作：

（1）完成土地征用、拆迁补偿、平整施工场地等工作，使施工场地具备施工条件，在开工后继续负责解决以上事项遗留问题；

（2）将施工所需水、电、气、电信线路从施工场地外部接至专用条款约定地点，保证施工期间的需要；

（3）开通施工场地与城乡公共道路的通道，以及专用条款约定的施工场地内的主要道路，满足施工运输的需要，保证施工期间的畅通；

（4）向承包人提供施工场地的工程地质和地下管线资料，对资料的真实准确性负责；

（5）办理施工许可证及其他施工所需证件、批件和临时用地、停水、停电、中断道路交通、爆破作业等的申请批准手续（证明承包人自身资质的证件除外）；

（6）确定水准点与坐标控制点，以书面形式交给承包人，进行现场交验；

（7）协调处理施工场地周围的地下管线和邻近建筑物、构筑物（包括文物保护建筑）、古树名木的保护工作，承担有关费用。

上述施工现场准备工作，承发包双方也可在合同专用条款内约定交由施工单位完成，其费用由建设单位承担。

2. 施工单位的现场准备工作

施工单位现场准备工作即通常所说的室外准备，施工单位应按合同条款中约定的内容和施工组织设计的要求完成以下工作：

（1）根据工程需要，提供和维修非夜间施工使用的照明、围栏设施，并负责安全保卫；

（2）按专用条款约定的数量和要求，向发包人提供施工场地办公和生活的房屋及设施，发包人承担由此产生的费用；

（3）遵守政府有关主管部门对施工场地交通、施工噪声以及环境保护和安全生产等的管理规定，按规定办理有关手续，并以书面形式通知发包人，发包人承担由此发生的费用，因承包人责任造成的罚款除外；

（4）按专用条款约定做好施工场地地下管线和邻近建筑物、构筑物（包括文物保护建筑）、古树名木的保护工作；

（5）保证施工场地清洁符合环境卫生管理的有关规定；

（6）建立测量控制网；

（7）工程用地范围内的“七通一平”，其中平整场地工作应由其他单位承担，但建设单位也可要求施工单位完成，费用仍由建设单位承担；

（8）搭设现场生产和生活用的临时设施。

### 1.5.2　拆除障碍物

施工现场内的一切地上、地下障碍物，都应在开工前拆除。这项工作一般是由建设单位来完成，但也有委托施工单位来完成的。如果由施工单位来完成这项工作，一定要事先摸清现场情况，尤其是在城市的老区中，由于原有建筑物和构筑物情况复杂，而且往往资料不全，在拆除前需要采取相应的措施，防止发生事故。

对于房屋的拆除，一般只要把水源、电源切断后即可进行拆除。若房屋较大、较坚固，需采用爆破的方法时，必须经有关部门批准，需要由专业的爆破作业人员来承担。

架空电线（包括电力、通信）、地下电缆（包括电力、通信）的拆除，要与电力部门或通信部门联系并办理有关手续后方可进行。自来水、污水、燃气、热力等管线的拆除，都应与有关部门取得联系，办好手续后由专业公司来完成。场地内若有树木，需报园林部门批准后方可砍伐。

拆除障碍物留下的渣土等杂物都应清除出场外。运输时，应遵守交通、环保部门的有关规定，运土的车辆要按指定的路线和时间行驶，并采取封闭运输车或在渣土上直接洒水等措施，以免渣土飞扬而污染环境。

### 1.5.3 建立测量控制网

建筑施工工期长，现场情况变化大，因此，保证控制网点的稳定、正确，是确保建筑施工质量的先决条件，特别是在城区建设，障碍多、通视条件差，给测量工作带来一定的难度，施工时应根据建设单位提供的由规划部门给定的永久性坐标和高程，按建筑总图上的要求，进行现场控制网点的测量，妥善设立现场永久性标桩，为施工全过程的投测创造条件。控制网一般采用方格网，这些网点的位置应视工程范围的大小和控制精度而定。建筑方格网多由100～200m的正方形或矩形组成，如果土方工程需要，还应测绘地形图，通常这项工作由专业测量队完成，但施工单位还需根据施工的具体需要做一些加密网点等补充工作。

在测量放线时，应校验和校正经纬仪、水准仪、全站仪、钢尺等测量仪器；校核结线桩与水准点，制定切实可行的测量方案，包括平面控制、标高控制、沉降观测和竣工测量等工作。

建筑物定位放线，一般通过设计图中平面控制轴线来确定建筑物位置，测定并经自检合格后提交有关部门和建设单位或监理人员验线，以保证定位的准确性。沿红线的建筑物放线后，还要由城市规划部门验线以防止建筑物压红线或超红线，为正常顺利地施工创造条件。

### 1.5.4 “七通一平”

“七通一平”包括在工程用地范围内，接通施工用水、用电、道路、电信（网络）及燃气，施工现场排水及排污畅通和平整场地的工作。

（1）平整场地。清除障碍物后，即可进行场地平整工作，按照建筑施工总平面、勘测地形图和场地平整施工方案等技术文件的要求，通过测量，计算出填挖土方工程量，设计土方调配方案，确定平整场地的施工方案，组织人力和机械进行平整场地的工作。应尽量做到挖填方量趋于平衡，总运输量最小，便于机械施工和充分利用建筑物挖方填土，并应防止利用地表土、软润土层、草皮、建筑垃圾等做填方。

(2) 路通。施工现场的道路是组织物资进场的动脉，拟建工程开工前，必须按照施工总平面图的要求，修建必要的临时性道路。为节约临时工程费用，缩短施工准备工作时间，尽量利用原有道路设施或拟建永久性道路解决现场道路问题，形成畅通的运输网络，使现场施工用道路的布置确保运输和消防用车等的行驶畅通。临时道路的等级，可根据交通流量和所用车解决。

(3) 给水通。施工用水包括生产、生活与消防用水，应按施工总平面图的规划进行安排，施工给水尽可能与永久性的给水系统结合起来。临时管线的铺设，既要满足施工用水的需用量，又要施工方便，并且尽量缩短管线的长度，建立节水制度，以降低工程成本。

(4) 排水通。施工现场的排水也十分重要，特别在雨期，如场地排水不畅，会影响到施工和运输的顺利进行。高层建筑的基坑深、面积大，施工往往要经过雨期，应做好基坑周围的挡土支护工作，防止坑外雨水向坑内汇流，并做好基坑底部雨水的排放工作。

(5) 排污通。施工现场的污水排放，直接影响到城市的环境卫生，严格遵守环境保护的要求，污水不能直接排放，而需进行处理以后方可排放。因此，现场的排污是一项重要的工作，关系到生态文明。

(6) 电及电信（网络）通。电是施工现场的主要动力来源，施工现场用电包括施工生产用电和生活用电。由于建筑工程施工供电面积大、起动电流大、负荷变化多、手持式用电机具多，施工现场临时用电要考虑安全和节能措施。开工前，要按照施工组织设计的要求，接通电力和电信及网络设施，电源首先应考虑从建设单位给定的电源上获得，如其供电能力不能满足施工用电需要，则应考虑在现场建立自备发电系统，确保施工现场动力设备和通信设备的正常运行，并且要有节电措施，做到开源节流。

(7) 蒸汽及燃气通。施工中如需要通蒸汽、燃气，应按施工组织设计的要求进行安排，以保证施工的顺利进行。

### 1.5.5 搭设临时设施

现场生活和生产用的临时设施，应按照施工平面布置图的要求进行，临时建筑平面图及主要房屋结构图都应报请城市规划、市政、消防、交通、环境保护等有关部门审查批准。

为了施工方便和行人的安全及文明施工，应用围墙将施工用地围护起来，围墙的形式、材料和高度应符合市容管理的有关规定和要求，并在主要出入口设置标牌挂图，标明工程项目名称、施工单位、项目负责人等。

所有生产及生活用临时设施，包括各种仓库、搅拌站、加工厂作业棚、宿舍、办公用房、食堂、文化生活设施等，均应按批准的施工组织设计的要求组织搭设，并尽量利用施工现场或附近原有设施（包括要拆迁但可暂时利用的建筑物）和在建工程本身供施工使用的部分用房，尽可能减少临时设施的数量，以便节约用地、节省投资。

# 1.6 季节性施工准备

建筑工程项目施工绝大部分工作是露天作业，受气候影响比较大，因此，必须从具体条件出发，正确选择施工方法，做好季节性施工准备工作，以保证按期、保质、安全地完成施工任务，取得较好的技术经济效果。季节性施工准备工作包括冬期、雨期及夏季施工准备。

## 1.6.1 冬期施工准备

1. 组织措施

（1）合理安排施工进度计划。冬期施工条件差，技术要求高，费用增加，因此，要合理安排施工进度计划，尽量安排保证施工质量且费用增加不多的项目在冬期施工，如吊装、打桩，室内装饰装修等工程；而费用增加较多又不容易保证质量的项目则不宜安排在冬期施工，如土方、基础、外装修、屋面防水等工程。

（2）进行冬期施工项目的选择。依据《建筑工程冬期施工规程》JGJ/T 104，结合工程实际及施工经验等，在入冬前组织编制冬期施工方案。

1）编制的原则是：确保工程质量，经济合理，使增加的费用为最少；所需的热源和材料有可靠的来源，并尽量减少能源消耗；缩短工期。

2）冬期施工方案应包括：施工程序，施工方法，现场布置，设备、材料、能源、工具的供应计划，安全防火措施，测温制度和质量检查制度等。方案确定后，要组织有关人员学习，并向队组进行交底。

（3）组织人员培训。进入冬期施工前，对掺外加剂人员、测温保温人员、锅炉司炉工和火炉管理人员，应专门组织技术业务培训，学习本工作范围内的有关知识，明确职责，经考试合格后，方准上岗工作。

（4）气象条件准备。与当地气象台站保持联系，及时接收天气预报，防止寒流突然袭击。安排专人测量施工期间的室外气温、暖棚内气温、砂浆温度、混凝土的温度并做好记录。

2. 图纸准备

凡进行冬期施工的工程项目，必须复核施工图纸，查对其是否能适应冬期施工要求。如墙体的高厚比、横墙间距等有关的结构稳定性，现浇改为预制以及工程结构能否在寒冷状态下安全过冬等问题，应通过图纸会审解决。

3. 现场准备

（1）根据实物工程量提前组织有关机具、外加剂和保温材料、测温材料进场。

（2）搭建加热用的锅炉房、搅拌站、敷设管道，对锅炉进行试火试压，对各种加热的材料、设备要检查其安全可靠性。

（3）计算变压器容量，接通电源。

（4）对工地的临时给水排水管道及石灰膏等材料做好保温防冻工作，防止道路积水成冰，及时清扫积雪，保证运输顺利。

(5) 做好冬期施工混凝土、砂浆及掺外加剂的试配试验工作，提出施工配合比。

(6) 做好室内施工项目的保温，如先完成供热系统，安装好门窗玻璃等，以保证室内其他项目能顺利施工。

4. 安全与防火

(1) 冬期施工时，要采取防滑措施。

(2) 大雪后必须将架子上的积雪清扫干净，并检查马道平台，如有松动下沉现象，务必及时处理。

(3) 施工时如接触汽源、热水，要防止烫伤；使用氯化钙、漂白粉时，要防止腐蚀皮肤。

(4) 亚硝酸钠有剧毒，要严加保管，防止突发性误食中毒品。

(5) 对现场火源要加强管理；使用天然气、煤气时，要防止爆炸；使用焦炭炉、煤炉或天然气、煤气时，应注意通风换气，防止煤气中毒。

(6) 电源开关、控制箱等设施要加锁，并设专人负责管理，防止漏电、触电。

### 1.6.2 雨期施工准备

(1) 合理安排雨期施工。为避免雨期窝工造成的损失，一般情况下，在雨期到来之前，应多安排完成基础、地下工程、土方工程、室外及屋面工程等不宜在雨期施工的项目；多留些室内工作在雨期施工。

(2) 加强施工管理，做好雨期施工的安全教育。要认真编制雨期施工技术措施（如：雨期前后的沉降观测措施，保证防水层雨期施工质量的措施，保证混凝土配合比、浇筑质量的措施，钢筋除锈的措施等），认真组织贯彻实施。加强对职工的安全教育，防止各种事故发生。

(3) 防洪排涝，做好现场排水工作。工程地点若在河流附近，上游有大面积山地丘陵，应有防洪排涝准备。施工现场雨期来临前，应做好排水沟渠的开挖，准备好抽水设备，防止场地积水和地沟、基槽、地下室等浸水，对工程施工造成损失。

(4) 做好道路维护，保证运输畅通。雨期前检查道路边坡排水，适当提高路面，防止路面凹陷，保证运输畅通。

(5) 做好物资的储存。雨期到来前，应多储存物资，减少雨期运输量，以节约费用。要准备必要的防雨器材，库房四周要有排水沟渠，防止物资淋雨浸水而变质，仓库要做好地面防潮和屋面防漏雨工作。

(6) 做好机具设备等防护。雨期施工，对现场的各种设施、机具要加强检查，特别是脚手架、垂直运输设施等，要采取防倒塌、防雷击、防漏电等一系列技术措施，现场机具设备（焊机、闸箱等）要有防雨措施。

### 1.6.3 夏季施工准备

(1) 编制夏季施工项目的施工方案。夏季施工条件差、气温高、干燥，针对夏季施工的这一特点，对于安排在夏季施工的项目，应编制夏季施工的施工方案及采取的技术措施。如对于大体积混凝土在夏季施工，必须合理选择浇筑时间，做好测温和养护工作，以保证大体积混凝土的施工质量。

（2）现场防雷装置的准备。夏季经常有雷雨，工地现场应有防雷装置，特别是高层建筑和脚手架等要按规定设临时避雷装置，并确保工地现场用电设备的安全运行。

（3）施工人员防暑降温工作的准备。夏季施工，还必须做好施工人员的防暑降温工作，调整作息时间，从事高温工作的场所及通风不良的地方应加强通风和降温措施，做到安全施工。

# 1.7 施工准备工作计划与开工报告

## 1.7.1 施工准备工作计划

为了落实各项施工准备工作，加强检查和监督，必须根据各项施工准备的内容、时间和人员，编制施工准备工作计划，如表1-11所示。

施工准备工作计划 表1-11

| 序号 | 施工准备工作 | 简要内容 | 要求 | 负责单位 | 负责人 | 配合单位 | 起止时间 | | 备注 |
|---|---|---|---|---|---|---|---|---|---|
| | | | | | | | 月 日 | 月 日 | |
| | | | | | | | | | |
| | | | | | | | | | |
| | | | | | | | | | |

由于各项施工准备工作是相互联系、相互补充、相互配合的，为了提高施工准备工作的质量，加快施工准备工作的速度，除了用表1-11编制施工准备工作计划外，还可采用编制施工准备工作网络计划的方法，以明确各项准备工作之间的逻辑关系，找出关键线路，并在网络计划图上进行施工准备工期的调整，尽量缩短准备工作的时间，使各项工作有领导、有组织、有计划和分期分批地进行。

## 1.7.2 开工条件

1. 基本建设大中型项目开工条件的规定

（1）项目法人已经设立。项目组织管理机构和规章制度健全，项目经理和管理机构成员已经到位，项目经理已经过培训，具备承担项目施工工作的资质条件。

（2）项目初步设计及总概算已经批复。若项目总概算批复时间至项目申请开工时间超过两年以上（含两年），或自批复至开工时间，动态因素变化大，总投资超出原批概算10%以上的，须重新核定项目总概算。

（3）项目资本金和其他建设资金已经落实，资金来源符合国家有关规定，承诺手续完备，并经审计部门认可。

（4）项目施工组织设计大纲已经编制完成。

（5）项目主体工程（或控制性工程）的施工单位已经通过招标选定，施工承包合同已经签订。

（6）项目法人与项目设计单位已签订设计图纸交付协议。项目主体工程（或控制性工程）的施工图纸至少可以满足连续三个月施工的需要。

（7）项目施工监理单位已通过招标选定。

（8）项目征地、拆迁的施工场地“七通一平”工作已经完成，有关外部配套生产条件已签订协议。项目主体工程（或控制性工程）施工准备工作已经做好，具备连续施工的条件。

（9）项目建设需要的主要设备和材料已经订货，项目所需建筑材料已落实来源和运输条件，并已备好连续施工三个月的材料用量。需要进行招标采购的设备、材料，其招标组织机构落实，采购计划与工程进度相衔接。

国务院各主管部门负责对本行业中央项目开工条件进行检查。各省（自治区、直辖市）计划部门负责对本地区地方项目开工条件进行检查。凡上报国家申请开工的项目，必须附有国务院有关部门或地方计划部门的开工条件检查意见。国家相关部门按照本规定对申请开工的项目进行审核，其中大中型项目批准开工前，国家相关部门将派人去现场检查落实开工条件。凡未达到开工条件的，不予批准新开工。

小型项目的开工条件，各地区、各部门可参照本规定制定具体的管理办法。

2. 工程项目开工条件的规定

依据《建设工程监理规范》GB/T 50319—2013，工程项目开工前，施工准备工作具备了以下条件时，施工单位应向监理单位报送工程开工报审表及开工报告、证明文件等，由总监理工程师签发，并报建设单位。

（1）施工许可证已获政府主管部门批准；

（2）征地拆迁工作能满足工程进度的需要；

（3）施工组织设计已获总监理工程师批准；

（4）施工单位现场管理人员已到位，机具、施工人员已进场，主要工程材料已落实；

（5）进场道路及水、电、通风等已满足开工要求。

### 1.7.3　开工报告

1. 开工报审表

可采用《建设工程监理规范》GB/T 50319—2013 中规定的施工阶段工作的基本表式，如表 1-12 所示。

2. 开工报告

开工报告如表 1-13 所示。

工程开工报审表　　表 1-12

工程名称：　　编号：

<table>
<tr><td>致：__________（建设单位）<br>　　__________（项目监理机构）<br>　　我方承担的________工程，已完成相关准备工作，具备开工条件，申请于____年___月___日开工，请予以审批。<br>　　附件：证明文件资料<br><br>施工单位（盖章）<br>项目经理（签字）<br>年　月　日</td></tr>
<tr><td>审核意见：<br><br>项目监理机构（盖章）<br>总监理工程师（签字、加盖执业印章）<br>年　月　日</td></tr>
<tr><td>审批意见：<br><br>建设单位（盖章）<br>建设单位代表（签字）<br>年　月　日</td></tr>
</table>

开工报告　　表 1-13

编号：

<table>
<tr><td>工程名称</td><td></td><td>建设单位</td><td></td><td>设计单位</td><td></td><td>施工单位</td><td></td></tr>
<tr><td>工程地点</td><td></td><td>结构类型</td><td></td><td>建筑面积</td><td></td><td>层数</td><td></td></tr>
<tr><td>工程批准文号</td><td colspan="2"></td><td rowspan="7">施工准备工作情况</td><td colspan="2">施工许可证办理情况</td><td colspan="2"></td></tr>
<tr><td>预算造价</td><td colspan="2"></td><td colspan="2">施工图纸会审情况</td><td colspan="2"></td></tr>
<tr><td>计划开工日期</td><td colspan="2">年 月 日</td><td colspan="2">主要物资准备情况</td><td colspan="2"></td></tr>
<tr><td>计划竣工日期</td><td colspan="2">年 月 日</td><td colspan="2">施工组织设计编审情况</td><td colspan="2"></td></tr>
<tr><td>实际开工日期</td><td colspan="2">年 月 日</td><td colspan="2">“七通一平”情况</td><td colspan="2"></td></tr>
<tr><td>合同工期</td><td colspan="2"></td><td colspan="2">工程预算编审情况</td><td colspan="2"></td></tr>
<tr><td>合同编号</td><td colspan="2"></td><td colspan="2">施工队伍进场情况</td><td colspan="2"></td></tr>
<tr><td rowspan="2">审核意见</td><td colspan="3">建设单位</td><td colspan="2">监理单位</td><td colspan="2">施工单位</td></tr>
<tr><td colspan="3">负责人　（公章）<br>年 月 日</td><td colspan="2">负责人　（公章）<br>年 月 日</td><td colspan="2">负责人　（公章）<br>年 月 日</td></tr>
</table>

### 1.7.4 施工准备工作计划与开工报告实例

1. 工程背景

某市某高层住宅楼工程位于立交桥西北角，平面呈一字形，长 120m，宽 16m，建筑物底面积 1888m$^2$，总建筑面积 26367.97m$^2$，建筑层数地上 14 层，地下 1 层。工程项目实行施工总承包模式，工期 350d。

2. 施工准备工作计划

(1) 项目管理的组织

公司严格按工程总承包体制的要求及国际工程承包的经验组织项目施工，按“总部服务控制，项目授权管理，专业施工保障，社会协力合作”的模式进行项目管理。项目管理中以项目经理责任制为核心，按公司有关规定及高效原则组成精干和富有经验的项目经理部，以质量、成本、安全及合同作为主要管理内容，以管理创新、技术创新为手段，并以实施“用户满意工程”为载体，实现对业主的承诺。以高效精干为原则组建项目经理部，其项目组织结构如图 1-2 所示。

(2) 技术准备

1) 相关技术文件的学习、熟悉和落实，见表 1-14。

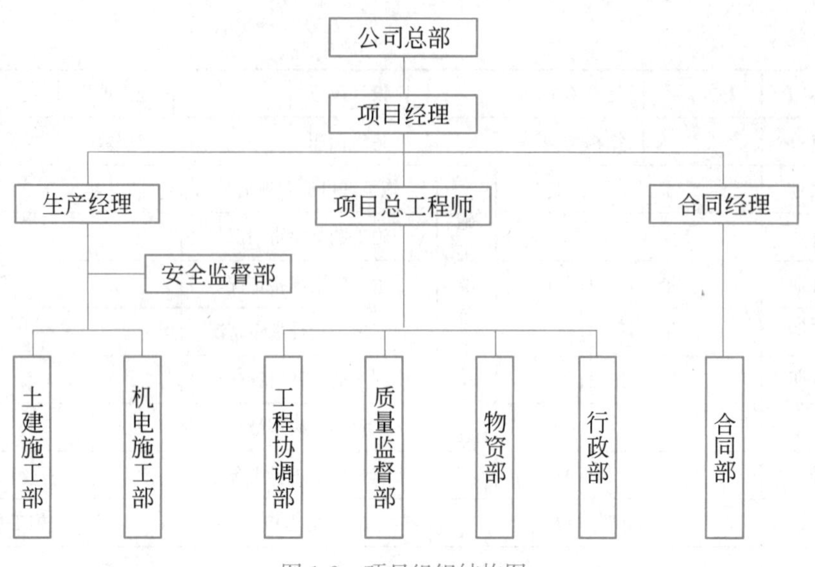


图 1-2 项目组织结构图

技术文件的学习安排表 表 1-14

| 序号 | 学习内容 | 学习频率 | 参加人员 | 学习方法 |
| --- | --- | --- | --- | --- |
| 1 | 图纸内容学习 | | 项目全体 | 书面总结 |
| 2 | 图纸会审交底 | | 甲方、监理和施工单位 | 书面总结 |
| 3 | 质量教育 | 每月一次 | 劳务人员 | 现场讲解 |
| 4 | 方案措施交底 | 施工作业前 | 施工管理人员 | 书面交底及讲解 |
| 5 | 质量监控核查会 | 每月一次 | 施工管理人员 | 书面总结 |
| 6 | 结构施工管理讲座 | 每月一次 | 施工管理人员 | 集中培训、现场指导及问答 |
| 7 | 现行《混凝土结构工程施工质量验收规范》GB 50204 | | 施工管理人员 | 书面总结分析 |
| 8 | 其他相关规范的学习 | | 施工管理人员 | 书面总结分析 |

2）施工组织设计及施工方案的编制。编制各专项工程的施工方案，主要包括土石方工程、基础工程、砌筑工程、钢筋工程、模板工程、混凝土工程、现场垂直运输和水平运输、屋面工程、装饰工程、特殊项目等各分部分项工程的施工方案。

（3）施工现场生产准备

1）现场用水系统。本工程现场临时用水包括给水和排水两套系统。给水系统包括生产、生活和消防用水。排水系统包括现场排水系统和生活排水系统。

2）施工现场四周设临时道路，与永久道路相结合，道路硬化，并设置一定的排水坡度，路边设置排水沟。现场围挡采用规格为 3m 高砌筑围墙，围墙进行油漆亮化。

3）生产生活临时设施。在现场设置办公生活区，现场临时设施及生产设施采用二层彩板房。围墙边全部进行硬化处理。临时建筑见表 1-15。

临时建筑一览表 表 1-15

| 序号 | 临时建筑名称 | 临时建筑性质 | 建筑面积（$m^2$） | 建筑材料及做法 | | | | | |
|---|---|---|---|---|---|---|---|---|---|
| | | | | 基础 | 墙体 | 屋面 | 地面 | 墙面 | 顶棚 |
| 1 | 项目办公室 | 原有 | 500 | 黏土砖 | 黏土砖 | 预制混凝土板 | 米黄色地砖 | 白色涂料 | 矿棉吸声板吊顶 |
| 2 | 材料室 | 新建 | 210 | 黏土砖 | 炉渣砖 | 石棉瓦 | 砂浆地面 | 大白浆 | |
| 3 | 工具房 | 新建 | 216 | 黏土砖 | 炉渣砖 | 石棉瓦 | 砂浆地面 | 大白浆 | |
| 4 | 工人宿舍 | 原有 | 240 | 黏土砖 | 黏土砖 | 预制混凝土板 | 砂浆地面 | 大白浆 | |
| 5 | 分包食堂 | 新建 | 105.6 | 黏土砖 | 炉渣砖 | 石棉瓦 | 砂浆地面 | 白色涂料 | |
| 6 | 厕所 | 新建 | 23 | 黏土砖 | 炉渣砖 | 石棉瓦 | 红色防滑砖 | 白色瓷砖 | |
| 7 | 大厕所 | 新建 | 62.5 | 黏土砖 | 炉渣砖 | 石棉瓦 | 砂浆地面 | 白色瓷砖 | |
| 8 | 浴室 | 新建 | 75 | 黏土砖 | 炉渣砖 | 石棉瓦 | 砂浆地面 | 白色瓷砖 | |

（4）资源准备

1）施工机具准备。在本工程的施工中，根据工程情况选用并落实先进的施工机械。开工前应按照工程进度计划做好机械设备的进场计划，按照计划进行落实，重点保证混凝土泵送和运输设备、钢筋、模板加工设备和塔式起重机等施工机械。

2）劳动力准备。组织劳动力进场，调集技术熟练的各专业施工队伍组成本工程的施工作业队伍，充分保证工程工期和工程质量。

3）物资准备。开工前，根据工程进度计划并结合各种材料的熟化、检验时间要求编制物资采购计划；对各种工程材料的来源、质量、储备情况进行详细的考察、落实。对于需要较长熟化、检验时间以及加工量较大的材料尽早安排进场。

4）劳动力、材料、机械等各项资源需要计划量见表 1-16～表 1-18。

投入工程的劳动力进场计划量 表 1-16

| 序号 | 工种 | 人数 | 备注 |
|---|---|---|---|
| 1 | 机械工 | 4 | 塔式起重机和施工电梯 |
| 2 | 混凝土工 | 25 | |
| 3 | 钢筋工 | 20 | |
| 4 | 木工 | 50 | |
| 5 | 水电工 | 5 | |
| 6 | 抹灰工 | 22 | |
| 7 | 安装工 | 20 | 面砖的安装 |
| 8 | 其他 | 10 | 根据实际需要进行调配 |

注：本工程中除塔式起重机、施工电梯以外的施工机械均由相应的工种来完成，不另外安排专职的机械工人。

投入工程的主要材料进场计划量 表 1-17

| 序号 | 周转材料和物资名称 | 单位 | 数量 | 备注 |
|---|---|---|---|---|
| 1 | 钢筋 | t | 100 | 分批进场 |
| 2 | 水泥 | t | 20 | |
| 3 | 砂 | t | 50 | |
| 4 | $\phi$8 钢架管 | t | 50 | |
| 5 | 扣件 | 万只 | 3 | |
| 6 | 脚手架 | t | 30 | |
| 7 | 木模板 | $m^2$ | 1500 | |
| 8 | 养护保温薄膜 | $m^2$ | 1000 | |

投入工程的主要施工机械设备进场计划量 表 1-18

| 序号 | 机械或设备名称 | 型号规格 | 数量 | 额定功率(kW) | 进场时间 |
|---|---|---|---|---|---|
| 1 | 塔式起重机 | QTZ63 | 1 | 45 | 分批进场 |
| 2 | 混凝土搅拌机 | JZC350 | 1 | 15 | |
| 3 | 钢筋切断机 | GQ40 | 2 | 11 | |
| 4 | 钢筋弯曲机 | GW40-1 | 2 | 6 | |
| 5 | 电焊机 | BX1-300 | 3 | 45 | |
| 6 | 施工电梯 | SCD200/200 | 1 | 45 | |
| 7 | 柴油发电机 | 200kW | 1 | | |
| 8 | 平板振捣器 | Bl 5 | 2 | 1.5 | |
| 9 | 插入式振捣器 | ZX70 | 3 | 1.5 | |
| 10 | 电渣压力焊机 | HYS-630 | 3 | 5 | |
| 11 | 直螺纹套丝机 | HGS-40 | 2 | 30 | |
| 12 | 挖掘机 | WY100 | 1 | | |
| 13 | 自卸汽车 | 斯太尔 1291 | 3 | | |
| 14 | 自卸汽车 | 黄河 QD362 | 3 | | |
| 15 | 弯管机 | WYQ27-108 | 1 | 1.1 | |
| 16 | 混凝土泵 | HBT60-15-90S | 1 | | |

3. 开工报告

本工程开工报告如表 1-19 所示。

建筑工程开工报告　　表 1-19

| 工程名称 | 某市××小区1号楼 | 施工单位 | ××建筑安装工程有限责任公司 |
|---|---|---|---|
| 结构类型 | 框架 | 面积 | 26367.97m$^2$ |
| 计划开工日期 | 2019.3.8 | | |
| 实际开工日期 | 2019.3.16 | | |
| 开工应具备的条件 | | 结果 | |
| 1."七通一平"情况 | | "七通一平"及临时设施满足施工要求 | |
| 2. 临时暂设情况 | | 已落实 | |
| 3. 规划许可证编号 | | 已办理 | |
| 4. 施工许可证编号 | | ×××××× | |
| 5. 是否办理质量监督手续 | | 已办理 | |
| 6. 是否进行施工图审查 | | 已审查 | |
| 7. 有无地质勘察报告 | | 有 | |
| 8. 是否进行了施工现场质量管理检查并填写记录 | | 已落实 | |
| 经自查,现场管理架构、质量管理制度完善,施工合同已签订,设计交底、图纸会审已按程序进行,施工组织设计已编审,施工场地满足开工条件,工程基线和标高已复核完成 | | | |
| 可否开工<br>监理验收<br>意见 | | 可以开工 | |
| 施工单位项目经理　××× | | 总监理工程师　××× | |

# 1.8　建筑工程施工准备工作实务

大型和特大型建筑工程项目的施工准备工作，由于受到施工条件和诸多因素影响，综合复杂。施工准备是否充分，工作是否精细，将直接影响项目的成败。这里通过视频方式展现了建筑施工准备工作的某个方面，旨在让大家更直观地掌握施工准备工作的相关内容。

## 复习思考题

1. 试述施工准备工作的重要性。如何理解"不打无准备之仗，不打无把握之仗"这一军事思想在施工准备中的重要意义？
2. 简述施工准备工作的分类和主要内容。
3. 原始资料的调查包括哪些方面？还需收集哪些相关信息与资料？
4. 熟悉图纸有哪些要求？会审图纸应包括哪些内容？

5. 资源准备包括哪些方面？如何做好劳动组织准备？
6. 施工现场准备包括哪些内容？
7. 如何做好冬期施工准备工作？
8. 如何做好雨期、夏季施工准备工作？
9. 收集一份建筑工程施工合同。

## 职业活动训练

选择一个拟建建筑工程项目，编制施工准备工作计划和开工报告。

1. 目的

熟悉施工准备工作的内容，掌握施工准备工作计划和开工报告的编制方法。

2. 环境要求

(1) 选择一个小型建筑在建工程项目或较为完善的校内实训基地；
(2) 施工图纸齐全；
(3) 施工条件已经具备或已经开工。

3. 步骤提示

(1) 熟悉工程基本情况；
(2) 现场技术人员介绍施工准备工作情况；
(3) 参观现场；
(4) 分组讨论并编制施工准备工作计划和开工报告。

4. 注意事项

(1) 注意现场安全；
(2) 学生进场前应了解工程情况。

5. 讨论与训练题

讨论 1：本工程有哪些特点？
讨论 2：本项目施工准备工作的重点是什么？
讨论 3：施工准备工作体现了哪些马克思主义工作方法？
讨论 4：施工准备中应在哪些方面体现绿色施工和环境保护？

# 项目2　建筑工程流水施工

**项目岗位任务：** 编制流水施工进度计划，组织项目流水施工。

**项目知识地图：**

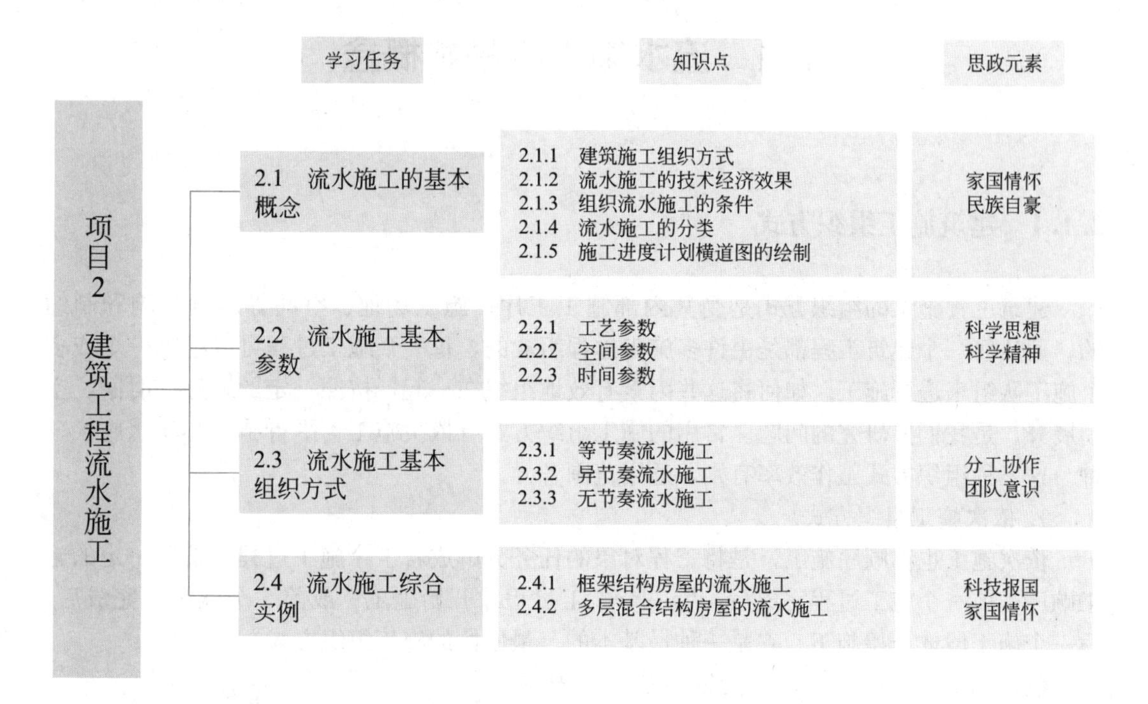


**项目素质要求：** 厚植家国情怀，坚持科学精神、科学思想、科技报国，感悟分工协作的团队精神和集体主义精神。

**项目能力目标：** 能够组织小型单位工程和分部工程的等节奏流水施工、异节奏流水施工及无节奏流水施工。

深圳国贸大厦主体结构施工过程中，采用了流水施工方法并获得成功，是典型的流水施工组织案例，并且创造了著名的“三天一层楼”的深圳速度和“敢闯敢试、敢为人先、埋头苦干”的特区精神。那么，流水施工究竟是一种什么样的施工方式呢？应该如何组织？通过本项目的学习将会找到答案。

流水作业是组织产品生产的理想方法，一直被广泛运用于各个生产领域之中。实践证明，流水施工是建筑安装工程施工中最有效的科学组织方法。但由于建筑产品本身的特点和建筑施工的技术经济特点，其流水作业的组织方法与一般工业生产有所不同。主要差别在于，一般工业生产是工人和机械设备固定、产品流动，而建筑施工是产品固定，工人连同所使用的机械设备流动。

施工组织方式

# 2.1 流水施工的基本概念

## 2.1.1 建筑施工组织方式

建筑工程施工的组织方式是受其内部施工工序、施工场地、空间等因素影响和制约的，而任何一个建筑工程都是由许多施工过程组成的，每一个施工过程可以组织一个或多个施工队组来进行施工。如何将这些因素有效地组织在一起，按照一定的顺序、时间、空间展开，是我们要研究的问题。常用的施工组织方式有依次施工、平行施工和流水施工三种。这三种组织方式工作效率有别，适用范围各异。

1. 依次施工组织方式

依次施工也称顺序施工，是将工程对象的任务分解成若干个施工过程，按照一定的施工顺序，前一个施工过程完成后，后一个施工过程才开始施工；或前一个施工段完成后，后一个施工段才开始施工。它是一种最基本的、最原始的施工组织方式。

**【例 2-1】** 现有四幢相同的四层砌体结构住宅，其基础工程划分为基槽挖土、混凝土垫层、砖砌基础、基槽回填土四个施工过程，每个施工过程安排一个施工队组，一班制施工，其中，每幢楼挖土方作业队 16 人，2 天完成；垫层作业队 30 人，1 天完成；砌基础作业队 20 人，3 天完成；回填土作业队 10 人，1 天完成。如果按照依次施工组织方式施工，则施工进度计划安排如图 2-1、图 2-2 所示。

依次施工（微课）　依次施工（动画）

从图 2-1、图 2-2 可以看出，依次施工组织方式的优点是每天投入的劳动力较少，机具使用不集中，材料供应较单一，施工现场管理简单，便于组织和安排。

但是，依次施工组织方式的缺点比较明显，具体如下：

① 由于没有充分地利用工作面去争取时间，所以工期长；

② 各队组施工及材料供应无法保持连续和均衡，工人有窝工的情况；

③ 不利于改进工人的操作方法和施工机具，不利于提高工程质量和劳动生产率；

④ 按施工过程依次施工时，各施工队组虽能连续施工，但不能充分利用工作面，工期长，且不能及时为上部结构提供工作面。

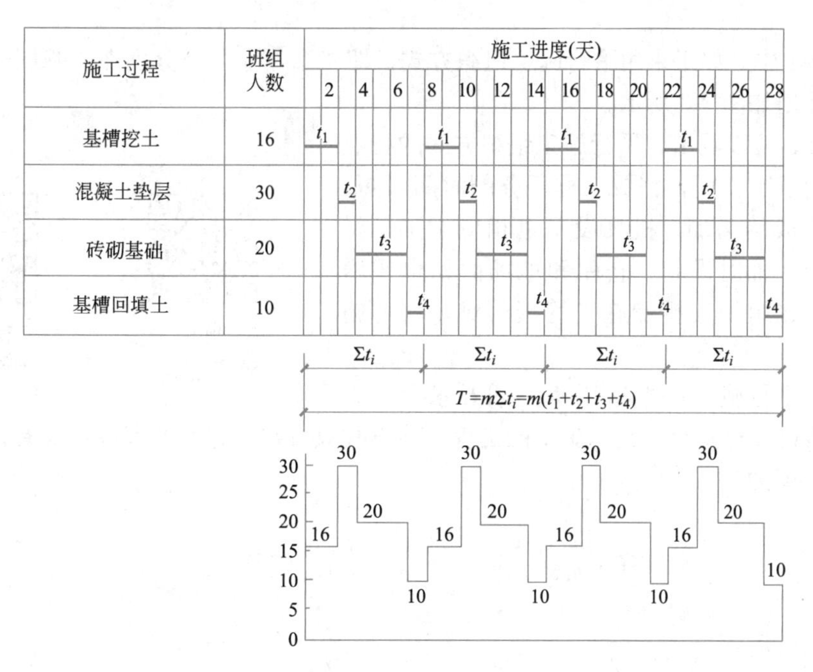


图 2-1　按幢（或施工段）依次施工

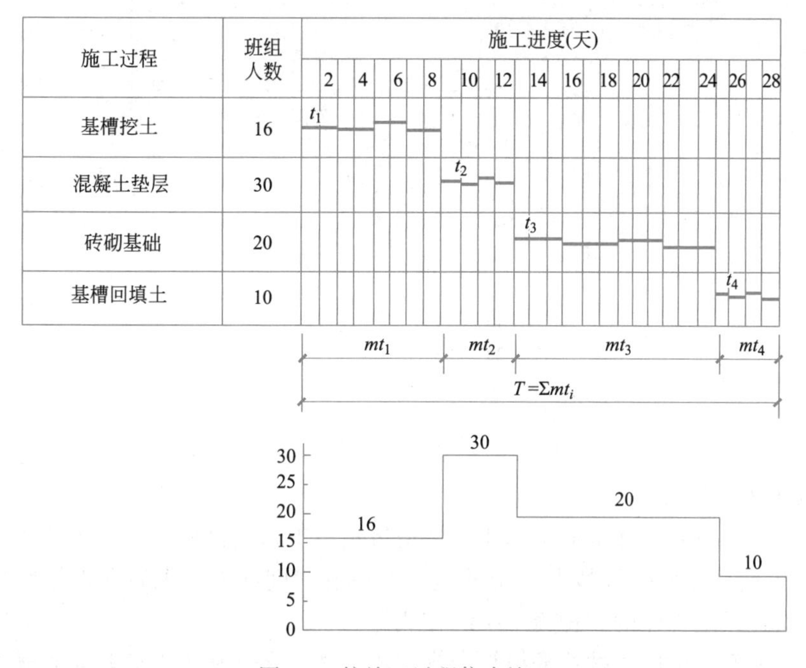


图 2-2　按施工过程依次施工

由此可见，采用依次施工不但工期拖得较长，而且在组织安排上也不尽合理。当工程规模比较小，施工工作面又有限时，依次施工是适用的，也是常见的。

2. 平行施工组织方式

平行施工组织方式是全部工程任务的各施工段同时开工、同时完成的一种施工组织方式。

在例 2-1 中，如果采用平行施工组织方式，即 4 个作业队组分别在 4 幢同时施工，其施工进度计划如图 2-3 所示。

由图 2-3 可以看出，平行施工组织方式的特点是充分利用了工作面，完成工程任务的时间最短；施工队组数成倍增加，机具设备也相应增加，材料供应集中；临时设施、仓库和堆场面积也要增加，从而造成组织安排和施工管理困难，增加施工管理费用。

所以，平行施工一般适用于工期要求紧、大规模的建筑群及分批分期组织施工的工程。该方式只有在各方面的资源供应有保障的前提下，才是合理的。

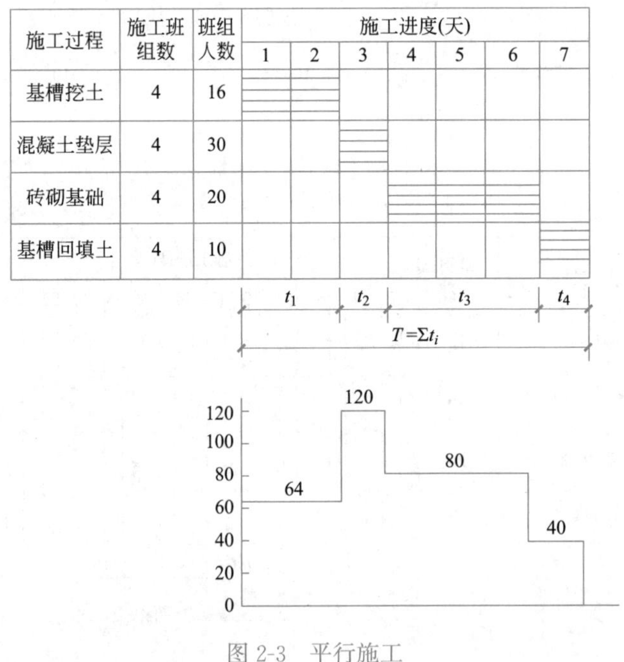

| 施工过程 | 施工班组数 | 班组人数 | 施工进度(天) | | | | | | |
|---|---|---|---|---|---|---|---|---|---|
| | | | 1 | 2 | 3 | 4 | 5 | 6 | 7 |
| 基槽挖土 | 4 | 16 | | | | | | | |
| 混凝土垫层 | 4 | 30 | | | | | | | |
| 砖砌基础 | 4 | 20 | | | | | | | |
| 基槽回填土 | 4 | 10 | | | | | | | |



图 2-3 平行施工

3. 流水施工组织方式

流水施工组织方式即施工流水作业，是指将建筑工程项目划分为若干施工区段，组织若干个专业施工队（班组），按照一定的施工顺序和时间间隔，先后在工作性质相同的施工区域中依次连续地工作的一种施工组织方式。

流水施工能使工地的各种业务组织安排比较合理，充分利用工作时间和操作空间，保证工程连续和均衡施工，缩短工期，还可以降低工程成本和提高经济效益。它是施工组织设计中编制施工进度计划、劳动力调配、提高建筑施工组织与管理水平的理论基础。

在例 2-1 中，采用流水施工组织方式，其施工进度计划如图 2-4 所示。

由图 2-4 可以看出：流水施工所需的时间比依次施工短，各施工过程投入的劳动力比平行施工少；各施工队组的施工和物资的消耗具有连续性和均衡性，前后施工过程尽可能平行搭接施工，比较充分地利用了施工工作面；机具、设备、临时设施等比平行施工少，节约施工费用支出；材料等组织供应均匀。

图 2-4 所示的流水施工组织方式，还没有充分利用工作面，例如：第一个施工段基槽挖土，直到第三施工段挖土后，才开始垫层施工，浪费了前两段挖土完成后的工作面等。

为了充分利用工作面，可按图 2-5 所示组织方式进行施工，工期比图 2-4 所示流水施工减少了 3 天。其中，垫层施工队组虽然做间断安排，但在一个分部工程若干个施工过程的流水施工组织中，只需要安排好主要的施工过程，即工程量大、作业持续时间较长者（本例为基槽挖土、砖砌基础），组织它们连续、均衡地流水施工；而非主要的施工过程，在有利于缩短工期的情况下，可安排其间断施工，这种组织方式仍认为是流水施工的组织方式。

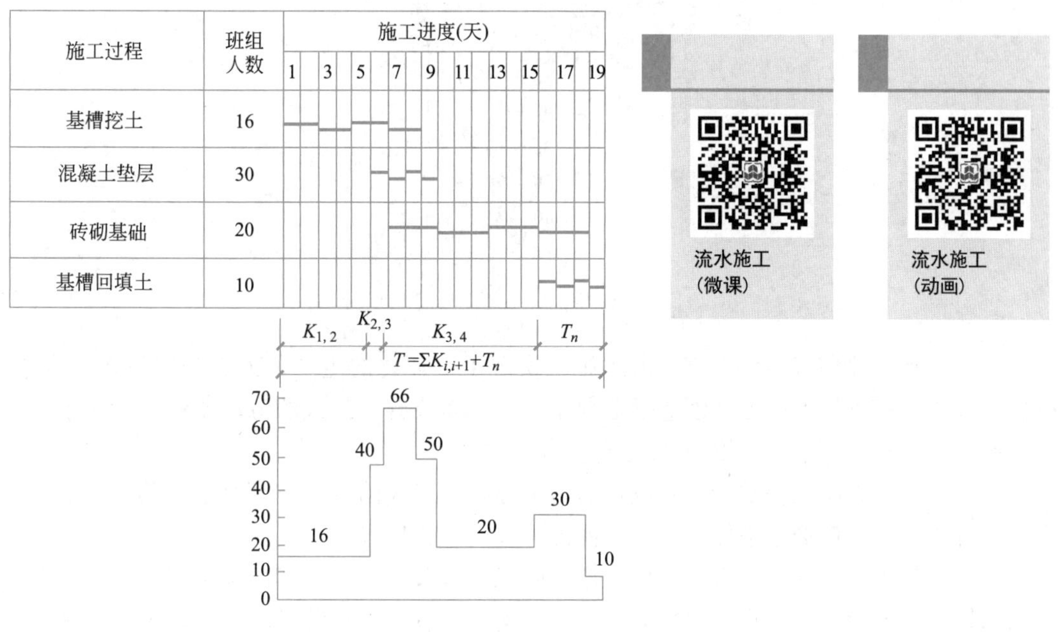


图 2-4 流水施工（全部连续）

### 2.1.2 流水施工的技术经济效果

从以上三种施工组织方式中可以发现，流水施工是在依次施工和平行施工的基础上产生的，它既克服了依次施工和平行施工的缺点，又具有它们两者的优点。它的特点是施工具有连续性和均衡性，使各种物资资源可以均衡地使用，使施工企业的生产能力可以充分地发挥，劳动力得到了合理的安排和使用，从而带来了较好的技术经济效果，具体可归纳为以下几点：

（1）施工工期比较理想。科学地安排施工进度，使各施工过程在保证连续施工的条件下，最大限度地实现搭接施工，从而减少了因组织不善而造成的停工、窝工损失，合理地利用了施工的时间和工作面，有效地缩短了施工工期（一般能缩短 1/3 左右）。

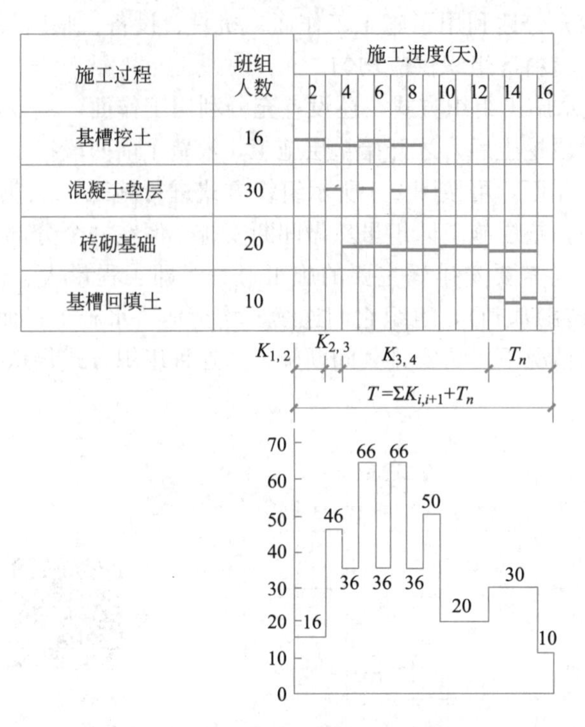


图 2-5 流水施工（部分间断）

（2）有利于提高劳动生产率。流水施工实现了专业化的生产，为工人提高技术水平、改进操作方法及革新生产工具创造了有利条件，因而改善了工人的劳动条件，促进了劳动生产率的不断提高（一般能提高 30%～50%）。

（3）有利于提高工程质量。专业化的施工提高了工人的专业技术水平和熟练程度，为全面推行质量管理创造了条件，有利于保证和提高工程质量。

（4）有利于施工现场的科学管理。流水施工是有节奏的、连续的施工组织方式，单位时间内投入的劳动力、机具和材料等资源较为均衡，有利于资源供应的组织工作，从而为实现施工现场的科学管理提供了必要条件。

（5）能有效降低工程成本。由于工期缩短、劳动生产率提高、资源供应均衡，各专业施工队连续均衡作业，减少了临时设施数量，从而可以节约人工费、机械使用费、材料费和施工管理等相关费用，有效地降低了工程成本（一般能降低 6%～12%）。

## 2.1.3 组织流水施工的条件

流水施工的实质是分工协作与批量生产。在社会化大生产的条件下，分工已经形成，由于建筑产品体形庞大，通过划分施工段就可将单件产品变成假想的多件产品。组织流水施工的条件主要包括以下几点：

1. 能划分分部分项工程

将拟建工程根据工程特点及施工要求，划分为若干个分部工程，每个分部工程又根据施工工艺要求、工程量大小、施工队组的组成情况，划分为若干分项工程（施工过程）。

2. 能划分施工段

根据组织流水施工的需要，将所建工程在平面或空间上，划分为工程量大致相等的若干个施工段。

3. 每个施工过程能组织独立的施工队组

在一个流水组中，每个施工过程尽可能组织独立的施工队组，其形式可以是专业队组，也可以是混合队组，这样可以使每个施工队组按照施工顺序依次地、连续地、均衡地从一个施工段转到另一个施工段进行相同的操作。

4. 主要施工过程必须连续、均衡地施工

对工程量较大、施工时间较长的施工过程，必须组织连续、均衡地施工，其他次要施工过程，可考虑与相邻的施工过程合并或在有利于缩短工期的前提下，安排其间断施工。

5. 不同的施工过程尽可能组织平行搭接施工

按照施工先后顺序要求，在有工作面的条件下，除必要的技术和组织间歇时间外，尽可能组织平行搭接施工。

### 2.1.4 流水施工的分类

1. 按照组织流水施工的工程对象的范围分类

(1) 分项工程流水施工。分项工程流水施工又称为细部流水施工，是指组织分项工程或专业工种内部的流水施工，即由一个专业施工队，依次在各个施工段上进行流水作业。例如砌砖墙施工过程的流水施工、现浇钢筋混凝土施工过程的流水施工等。分项工程流水施工是组织工程流水施工中范围最小的流水施工。

(2) 分部工程流水施工。分部工程流水施工又称为专业流水施工，是指组织分部工程中各分项工程之间的流水施工，即由几个专业施工队各自连续地完成各个施工段的施工任务，施工队之间流水作业。例如，现浇混凝土工程中由安装模板、绑扎钢筋、浇筑混凝土、混凝土养护、拆除模板等专业工种组成的流水施工。

(3) 单位工程流水施工。单位工程流水施工又称为综合流水施工，是指组织单位工程中各分部工程之间的流水施工。如一幢办公楼、一个厂房车间等组织的流水施工。单位工程流水施工是分部工程流水施工的扩大和组合，建立在分部工程流水施工基础之上。

(4) 群体工程流水施工。群体工程流水施工又称为大流水施工，是指组织群体工程中各单项工程或单位工程之间的流水施工。它是为完成工业或民用建筑群而组织起来的全部单位工程流水施工的总和。

2. 按照施工工程的分解程度分类

(1) 彻底分解流水施工。是指将工程对象分解为若干施工过程，每一施工过程对应单一工种的工人组成专业施工队。这种组织方式的特点在于各专业施工队任务明确，专业性强，便于熟练施工，能够提高工作效率，保证工程质量。但由于分工较细，给施工组织增加了一定的难度。

(2) 局部分解流水施工。是指划分施工过程时，考虑专业工种的合理搭配或专业施工队的构成，将其中部分的施工过程不彻底分解而交给多工种组成的专业施工队来完成。局部分解流水施工适用于工作量较小的分部工程。

3. 按照流水施工的节奏特征分类

建筑工程的流水施工要求有一定的节拍，才能步调和谐，配合得当。流水施工的节奏是由节拍所决定的。由于建筑工程的多样性，各分部分项的工程量差异较大，要使所有的流水施工都组织成统一的流水节拍是很困难的。在大多数的情况下，各施工过程的流水节拍不一定相等，甚至一个施工过程本身在各施工段上的流水节拍也不相等，因此形成了不同节奏特征的流水施工。

根据流水施工节奏特征的不同，流水施工的基本方式分为有节奏流水施工和无节奏流水施工两大类。有节奏流水施工又可分为等节奏流水施工和异节奏流水施工，如图 2-6 所示。相关内容在 2.3 节中具体介绍。

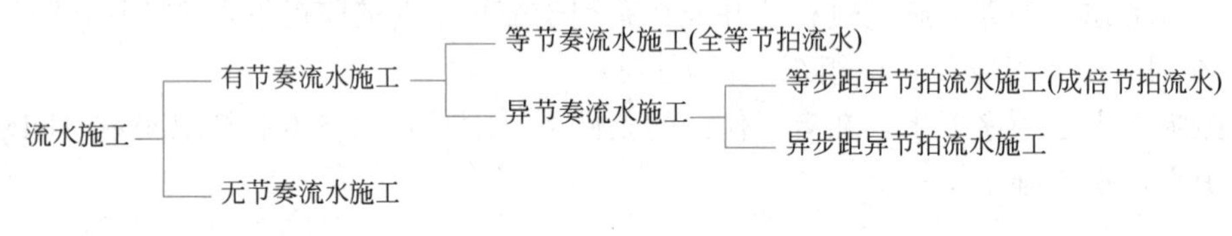


图 2-6 流水施工按节奏分类

### 2.1.5 施工进度计划横道图的绘制

横道图是结合时间坐标，用一系列的水平线段分别表示各施工过程施工起止时间及其先后顺序的图表。横道图也称甘特图，是美国人甘特在 20 世纪 20 年代提出的。由于其形象直观，且易于编制和理解，因而长期以来被广泛应用于建设工程进度计划之中。

1. 横道图的形式

用横道图表示的建设工程进度计划，一般包括两个基本部分，即左侧的施工过程名称及施工过程的持续时间等基本数据部分和右侧的横道线部分，右侧的横道线水平长度表示施工过程的持续时间。如图 2-7 所示即为用横道图表示的某工程施工进度计划。

2. 横道图的绘制

横道图的绘制方法如下：

首先绘制时间坐标进度表，再根据有关计算，直接在进度表上画出进度线，进度线的水平长度即为施工过程的持续时间。其一般步骤是：先安排主导施工过程的施工进度，然后再安排其余施工过程，它应尽可能配合主导施工过程并最大限度地搭接，形成施工进度计划的初步方案。总的原则是应使每个施工过程尽可能早地投入施工。

3. 横道图的特点与存在的问题

（1）明确地表示出各项施工过程的划分、施工过程的开始时间和完成时间、施工过程的持续时间、施工过程之间的相互搭接关系，以及整个施工项目的开工时间、完工时间和总工期。计划内容排列整齐有序，形象直观，一目了然。

（2）不但能够安排工期，还可以在横道图中加入各分部、分项工程的工程量、机械需求量、劳动力需求量等，从而与资金计划、资源计划、劳动力计划相结合。

（3）使用方便，制作简单，易于掌握。

（4）不容易分辨计划内部工作之间的逻辑关系，一项工作的变动对其他工作或整个计划的影响不能清晰地反映出来。

（5）不能表达各项工作的重要性，不能反映出计划任务的内在矛盾和关键环节。

| 序号 | 项目 | 工作日(天) | | | | | | | | | | | | | | | |
|---|---|---|---|---|---|---|---|---|---|---|---|---|---|---|---|---|---|
| | | 1 | 2 | 3 | 4 | 5 | 6 | 7 | 8 | 9 | 10 | 11 | 12 | 13 | 14 | 15 | 16 |
| 1 | *A* | ① | | ② | | ③ | | ④ | | | | | | | | | |
| 2 | *B* | | | ① | | ② | | ③ | | ④ | | | | | | | |
| 3 | *C* | | | | | ① | | ② | | ③ | | ④ | | | | | |
| 4 | *D* | | | | | | | ① | | ② | | ③ | | ④ | | | |
| 5 | *E* | | | | | | | | | ① | | ② | | ③ | | ④ | |

图 2-7　横道图进度计划示例

4. 应用范围

实质上，横道图只是计划工作者表达施工组织计划思想的一种简单工具。由于它具有简单形象、易学易用等优点，所以至今仍是工程实践中应用最普遍的计划表达方式之一，它的缺点又决定了其应用范围的局限性。

1）可以直接运用于一些简单的较小项目的施工进度计划。

2）项目初期由于复杂的工程活动尚未揭示出来，一般都采用横道图做总体计划，以供决策。

3）作为网络分析的输出结果。现在，几乎所有的网络分析程序都有横道图输出功能而且已被广泛使用。

# 2.2　流水施工基本参数

由流水施工的基本概念可知：施工过程的分解、流水段的划分、施工队组的组织、施工过程间的搭接、各流水段的作业时间五个方面的问题是流水施工中需要解决的主要问题。只有解决好这几个方面的问题，使空间和时间得到合理、充分的利用，才能达到提高工程施工技术经济效果的目的。为此，流水施工组织设计中将上述问题归纳为工艺、空间和时间三类参数，称为流水施工基本参数。

工艺参数

## 2.2.1　工艺参数

工艺参数是指在组织流水施工时，用以表达流水施工在施工工艺上开展顺序及其特征的参数。通常，工艺参数包括施工过程数和流水强度两种。

1. 施工过程数

施工过程数是指参与一个流水组流水施工的施工过程数目，用符号“$n$”表示。

（1）施工过程的分类

通常，施工过程可以分为以下三类：

1）制备类施工过程

为了提高建筑产品的装配化、工厂化、机械化和生产能力而形成的施工过程称为制备类施工过程。它一般不占施工对象的空间，不影响项目总工期，因此在项目施工进度表上不表示；只有当其占有施工对象的空间并影响项目总工期时，才在项目施工进度表上列入。如砂浆、混凝土、装配式构件、门窗框扇等的制备过程。

2）运输类施工过程

将建筑材料、构配件、（半）成品、制品和设备等运到项目工地仓库或现场操作使用地点而形成的施工过程称为运输类施工过程。它一般不占施工对象的空间，不影响项目总工期，通常不列入施工进度计划中；只有当其占有施工对象的空间并影响项目总工期时，才被列入进度计划中。

3）砌筑安装类施工过程

在施工对象空间上直接进行加工，最终形成建筑产品的施工过程称为现场操作类施工过程。它占有施工空间，同时影响项目总工期，必须列入施工进度计划中。

砌筑安装类施工过程按其在项目生产中的作用不同可分为主导施工过程和穿插施工过程；按其工艺性质不同可分为连续施工过程和间断施工过程；按其复杂程度可分为简单施工过程和复杂施工过程。

（2）划分施工过程的考虑因素

施工过程划分的数目多少、粗细程度一般与下列因素有关：

1）施工计划的性质与作用。对工程施工控制性计划、长期计划，以及建筑群体、规模大、结构复杂、施工周期长的施工进度计划，施工过程可以划分得粗一些、综合一些，一般划分至单位工程或分部工程。对中小型单位工程及施工周期不长的实施性施工进度计划，其施工过程可以划分得细一些、具体一些，一般划分至分项工程。对月度作业性计划，有些施工过程还可分解到工序，如安装模板、绑扎钢筋等。

2）施工方案及工程结构。施工过程的划分与工程的施工方案及工程结构形式有关。如厂房的柱基础与设备基础挖土，如同时施工，可合并为一个施工过程，若先后施工，可分为两个施工过程。承重墙与非承重墙的砌筑也是如此。砖混结构、大墙板结构、装配式框架与现浇钢筋混凝土框架等不同结构体系，其施工过程划分及其内容也各不相同。

3）劳动组织及劳动量的大小。施工过程的划分与施工队（组）的组织形式有关。如现浇钢筋混凝土结构的施工，如果是单一工种组成的施工班组，可以划分为支模板、扎钢筋、浇筑混凝土三个施工过程；有时为了组织流水施工的需要，也可合并成一个施工过程，这时劳动班组的组成是多工种混合班组。施工过程的划分还与劳动量大小有关。劳动量小的施工过程，当组织流水施工有困难时，可与其他施工过程合并。如垫层劳动量较小时可与挖土合并为一个施工过程，这样可以使各个施工过程的劳动量大致相等，便于组织流水施工。

4）施工过程内容和工作范围。施工过程的划分与其内容和范围有关。如直接在施工现场或工程对象上进行的劳动过程，可以划入流水施工过程，如砌筑安装类施工过程、施工现场制备类及运输类施工过程等；而场外劳动内容可以不划入流水施工过程，如部分场外制备和运输类施工过程。

综上所述，施工过程的划分既不能太多、过细，那样将给计算增添麻烦，重点不突出；也不能太少、过粗，那样将过于笼统，失去指导作用。

2. 流水强度

流水强度是指某施工过程在单位时间内所完成的工程量，一般用 $V_i$ 表示。

1）机械施工过程的流水强度

$$V_i = \sum_{i=1}^{x} R_i S_i \tag{2-1}$$

式中　$V_i$——某施工过程 $i$ 的机械操作流水强度；

$R_i$——投入施工过程 $i$ 的某种施工机械台数；

$S_i$——投入施工过程 $i$ 的某种施工机械产量定额；

$x$——投入施工过程 $i$ 的施工机械种类数。

2）人工施工过程的流水强度

$$V_i = R_i S_i \tag{2-2}$$

式中　$R_i$——投入施工过程 $i$ 的工作队人数；

$S_i$——投入施工过程 $i$ 的工作队平均产量定额；

$V_i$——某施工过程 $i$ 的人工操作流水强度。

## 2.2.2　空间参数

空间参数

空间参数是指在组织流水施工时，用以表达流水施工在空间布置上所处状态的参数。空间参数主要有：工作面、施工段数和施工层数。

1. 工作面

工作面是指某专业工种的工人在从事建筑产品施工生产过程中，所必须具备的活动空间。它的大小是根据相应工种单位时间内的产量定额、工程操作规程和安全规程等的要求确定的。工作面确定得合理与否，直接影响到专业工种工人的劳动生产效率，对此，必须认真对待，合理确定。有关工种的工作面见表 2-1。

主要工种工作面参考数据表　　表 2-1

| 工作项目 | 每个技工的工作面 | 说明 |
| --- | --- | --- |
| 砖基础 | 7.6m/人 | 以 $1\frac{1}{2}$ 砖计，2 砖乘以 0.8，3 砖乘以 0.55 |
| 砌砖墙 | 8.5m/人 | 以 1 砖计，$1\frac{1}{2}$ 砖乘以 0.7，2 砖乘以 0.57 |
| 毛石墙基 | 3m/人 | 以 60cm 计 |
| 毛石墙 | 3.3m/人 | 以 40cm 计 |

续表

| 工作项目 | 每个技工的工作面 | 说明 |
|---|---|---|
| 混凝土柱、墙基础 | $8m^3$/人 | 机拌、机捣 |
| 混凝土设备基础 | $7m^3$/人 | 机拌、机捣 |
| 现浇钢筋混凝土柱 | $2.45m^3$/人 | 机拌、机捣 |
| 现浇钢筋混凝土梁 | $3.20m^3$/人 | 机拌、机捣 |
| 现浇钢筋混凝土墙 | $5m^3$/人 | 机拌、机捣 |
| 现浇钢筋混凝土楼板 | $5.3m^3$/人 | 机拌、机捣 |
| 预制钢筋混凝土柱 | $3.6m^3$/人 | 机拌、机捣 |
| 预制钢筋混凝土梁 | $3.6m^3$/人 | 机拌、机捣 |
| 预制钢筋混凝土屋架 | $2.7m^3$/人 | 机拌、机捣 |
| 预制钢筋混凝土平板、空心板 | $1.91m^3$/人 | 机拌、机捣 |
| 预制钢筋混凝土大型屋面板 | $2.62m^3$/人 | 机拌、机捣 |
| 混凝土地坪及面层 | $40m^2$/人 | 机拌、机捣 |
| 外墙抹灰 | $16m^2$/人 | |
| 内墙抹灰 | $18.5m^2$/人 | |
| 卷材屋面 | $18.5m^2$/人 | |
| 防水水泥砂浆屋面 | $16m^2$/人 | |
| 门窗安装 | $11m^2$/人 | |

2. 施工段数

施工段是指在组织流水施工时，将施工对象在平面上划分为若干个劳动量大致相等的施工区段，在流水施工中，用 $m$ 表示施工段的数目。

划分施工段是组织流水施工的基础。建筑工程产品具有单件性，不像批量生产的工业品那样适于组织流水生产。但是，建筑工程产品的体积庞大，如果在空间上划分为多个段，形成“假想批量产品”，就能保证不同的施工队（组）能在不同的施工区段上同时进行施工，消灭由于不同的施工队组不能同时在一个工作面上工作而产生的互等、停歇现象，为流水创造条件。

合理划分施工段，一般应遵循以下原则和要求：

（1）各施工段的劳动量（或工程量）要大致相等（相差宜在15%以内），以保证各施工队组连续、均衡、有节奏地施工。

（2）要有足够的工作面，使每一施工段所能容纳的劳动力人数或机械台数能满足合理劳动组织的要求。

（3）要有利于结构的整体性。施工段分界线宜划在伸缩缝、沉降缝以及对结构整体性影响较小的位置。

（4）施工段的数目要合理。施工段数过多势必要减少人数，工作面不能充分利用，拖长工期；施工段数过少，则会引起劳动力、机械和材料供应的过分集中，有时还会造成

“断流”的现象。

(5) 以主导施工过程为依据划分。例如在砌体结构房屋施工中，就是以砌砖、楼板安装为主导施工过程来划分施工段的。而对于整体的钢筋混凝土框架结构房屋，则是以钢筋混凝土工程作为主导施工过程来划分施工段。

3. 施工层数

对于多层的建筑物、构筑物，应既分施工段，又分施工层。

施工层是指为组织多层建筑物的竖向流水施工，将建筑物划分为在垂直方向上的若干区段，用 $r$ 来表示施工层的数目。通常以建筑物的结构层作为施工层，有时为方便施工，也可以按一定高度划分一个施工层，例如单层工业厂房砌筑工程一般按 1.2～1.4m（即一步脚手架的高度）划分为一个施工层。

当组织流水施工的工程对象有层间关系，分层分段施工时，应使各施工队组能连续施工。即施工过程的施工队组做完第一段能立即转入第二段，施工完第一层的最后一段能立即转入第二层的第一段。因此每层的施工段数必须大于或等于其施工过程数。即：

$$m \geqslant n \tag{2-3}$$

现举例说明施工段数 $m$ 与施工过程数 $n$ 的关系，对分层流水施工的影响。

例如，某二层现浇钢筋混凝土工程，结构主体划分支模板、绑钢筋和浇筑混凝土三个施工过程，每个施工过程在一个施工段上的持续时间均为 2 天，则施工段数与施工过程数之间可能有下述三种情况：

(1) 当施工段数 $m=3$，施工过程数 $n=3$，$m=n$，其施工进度安排如图 2-8 所示。

| 施工层 | 施工过程 | 施工进度(天) | | | | | | | |
|---|---|---|---|---|---|---|---|---|---|
| | | 2 | 4 | 6 | 8 | 10 | 12 | 14 | 16 |
| 一 | 绑钢筋 | ① | ② | ③ | | | | | |
| | 支模板 | | ① | ② | ③ | | | | |
| | 浇筑混凝土 | | | ① | ② | ③ | | | |
| 二 | 绑钢筋 | | | | ① | ② | ③ | | |
| | 支模板 | | | | | ① | ② | ③ | |
| | 浇筑混凝土 | | | | | | ① | ② | ③ |

图 2-8 $m=n$ 的进度安排

从图 2-8 可以看出：当 $m=n$ 时，各施工队组连续施工，施工段上始终有施工队(组)，工作面能充分利用，无停歇现象，也不会产生工人窝工现象，比较理想。

(2) 当施工段数 $m=4$，施工过程数 $n=3$，$m>n$，其施工进度安排如图 2-9 所示。

| 施工层 | 施工过程 | 施工进度(天) | | | | | | | | | |
|---|---|---|---|---|---|---|---|---|---|---|---|
| | | 2 | 4 | 6 | 8 | 10 | 12 | 14 | 16 | 18 | 20 |
| 一 | 绑钢筋 | ① | ② | ③ | ④ | | | | | | |
| | 支模板 | | ① | ② | ③ | ④ | | | | | |
| | 浇筑混凝土 | | | ① | ② | ③ | ④ | | | | |
| 二 | 绑钢筋 | | | | | ① | ② | ③ | ④ | | |
| | 支模板 | | | | | | ① | ② | ③ | ④ | |
| | 浇筑混凝土 | | | | | | | ① | ② | ③ | ④ |

图 2-9 $m>n$ 的进度安排

从图 2-9 可以看出：当 $m>n$ 时，施工队（组）仍是连续施工，但每层浇筑混凝土后不能立即投入绑钢筋，即施工段上有停歇，工作面未被充分利用。但工作面的停歇并不一定有害，有时还是必要的，如可以利用停歇的时间做养护、备料、弹线等工作。但当施工段数过多，必然导致工作面闲置，不利于缩短工期。

（3）当施工段数 $m=2$，施工过程数 $n=3$，$m<n$，其施工进度安排如图 2-10 所示。

| 施工层 | 施工过程 | 施工进度(天) | | | | | | |
|---|---|---|---|---|---|---|---|---|
| | | 2 | 4 | 6 | 8 | 10 | 12 | 14 |
| 一 | 绑钢筋 | ① | ② | | | | | |
| | 支模板 | | ① | ② | | | | |
| | 浇筑混凝土 | | | ① | ② | | | |
| 二 | 绑钢筋 | | | | ① | ② | | |
| | 支模板 | | | | | ① | ② | |
| | 浇筑混凝土 | | | | | | ① | ② |

图 2-10 $m<n$ 的进度安排

从图 2-10 可以看出：当 $m<n$ 时，尽管施工段上未出现停歇，但由于一个施工段只能给一个专业施工队提供工作面，所以在施工段数小于施工过程数的情况下，超出施工段数的专业施工队就会因为没有工作面而停工；从施工段上专业施工队的作业情况来看，施工队（组）不能及时进入第二层施工段施工而轮流出现窝工现象。因此，对于一个建筑物组织流水施工是不适宜的，但是，在建筑群中可与一些建筑物组织大流水。

### 2.2.3 时间参数

时间参数是在组织流水施工时，用以表达流水施工在时间排列上所处状态的参数。它包括：流水节拍、流水步距、技术与组织间歇时间、平行搭接时间、工期。

1. 流水节拍

流水节拍是指从事某一施工过程的施工队组在一个施工段上完成施工任务所需的时间，用符号 $t_i$ 表示（$t_i$ 表示某专业施工队在施工段 $i$ 上完成施工过程的流水节拍，$i=1$、2…）。流水节拍越小，施工流水速度越快、施工节奏越快，而单位时间内的资源供应量越大。因此，流水节拍的大小直接关系到投入的劳动力、机械和材料量的多少，决定着施工速度和施工的节奏，是流水施工的基本时间参数。

流水节拍

（1）流水节拍的确定

影响流水节拍的主要因素包括所采用的施工方法，投入的劳动力、材料、机械，以及工作班次的多少。流水节拍可按下列三种方法确定：

1）定额计算法。这是根据各施工段的工程量和现有能够投入的资源量（劳动力、机械台数和材料量等），按公式（2-4）或公式（2-5）进行计算。

$$t_i=\frac{Q_i}{S_i \cdot R_i \cdot N_i}=\frac{P_i}{R_i \cdot N_i} \tag{2-4}$$

或

$$t_i=\frac{Q_i \cdot H_i}{R_i \cdot N_i}=\frac{P_i}{R_i \cdot N_i} \tag{2-5}$$

式中 $t_i$——某施工过程的流水节拍；

$Q_i$——某施工过程在某施工段上的工程量；

$S_i$——某施工队组的计划产量定额；

$H_i$——某施工队组的计划时间定额；

$P_i$——在一施工段上完成某施工过程所需的劳动量（工日数）或机械台班量（台班数），按公式（2-6）计算；

$R_i$——某施工过程的施工队组人数或机械台数；

$N_i$——每天工作班制。

$$P_i=\frac{Q_i}{S_i}=Q_i \cdot H_i \tag{2-6}$$

在公式（2-4）和公式（2-5）中，$S_i$ 和 $H_i$ 应是施工企业的工人或机械所能达到的实际定额水平。

2）经验估算法。它是根据以往的施工经验进行估算。一般为了提高其准确程度，往往先估算出该流水节拍的最长、最短和最可能三种时间，然后据此求出期望时间作为某施工队组在某施工段上的流水节拍。因此，本法也称为三种时间估算法。一般按公式（2-7）计算：

$$t_i=\frac{a+4c+b}{6} \tag{2-7}$$

式中 $t_i$——某施工过程在某施工段上的流水节拍；

$a$——某施工过程在某施工段上的最短估算时间；

$b$——某施工过程在某施工段上的最长估算时间；

$c$——某施工过程在某施工段上的最可能估算时间。

这种方法多适用于采用新工艺、新方法和新材料等没有定额可循的工程。

3）工期计算法。对某些施工任务在规定日期内必须完成的工程项目，往往采用倒排进度法，即根据工期要求先确定流水节拍 $t_i$，然后应用式（2-4）、式（2-5）求出所需的施工队组人数或机械台数。但在这种情况下，必须检查劳动力和机械供应的可能性，物资供应能否与之相适应。

具体步骤如下：

a. 根据工期倒排进度，确定某施工过程的工作延续时间。

b. 确定某施工过程在某施工段上的流水节拍。若同一施工过程的流水节拍不等，则用估算法；若流水节拍相等，则按公式（2-8）计算：

$$t_i=\frac{T_i}{m} \tag{2-8}$$

式中 $t_i$——某施工过程的流水节拍；

$T_i$——某施工过程的工作持续时间；

$m$——施工段数。

（2）确定流水节拍应考虑的因素

在特定施工段上工程量不变的情况下，流水节拍越小，所需的专业施工队的工人或机械就越多。除了用公式计算，确定流水节拍还应该考虑下列要求：

1）施工队组人数应符合该施工过程最小劳动组合人数的要求。所谓最小劳动组合，就是指某一施工过程进行正常施工所必需的最低限度的队组人数及其合理组合。如模板安装就要按技工和普工的最少人数及合理比例组成施工队组，人数过少或比例不当都将引起劳动生产率的下降，甚至无法施工。

2）要考虑工作面的大小或某种条件的限制。施工队组人数也不能太多，每个工人的工作面要符合最小工作面的要求。否则，就不能发挥正常的施工效率或不利于安全生产。

3）要考虑各种机械台班的工作效率或机械台班的产量大小。

4）要考虑各种建筑材料、构件制品的供应能力、现场堆放能力等相关限制因素。

5）要满足施工技术的具体要求。例如，浇筑混凝土时，为了连续施工有时要按照三班制工作的条件决定流水节拍，以确保工程质量。

6）节拍值一般取整数，必要时可为半个工作班次的整数倍。

2. 流水步距

流水步距是指两个相邻的施工过程的施工队（组）相继进入同一施工段开始施工的最

小时间间隔（不包括技术与组织间歇时间），用符号 $K_{i,i+1}$ 表示（$i$ 表示前一个施工过程，$i+1$ 表示后一个施工过程）。

流水步距的大小，对工期有着较大的影响。一般说来，在施工段不变的条件下，流水步距越大，工期越长；流水步距越小，则工期越短。流水步距还与前后两个相邻施工过程流水节拍的大小、施工工艺技术要求、施工段数、流水施工的组织方式有关。

流水步距的数目等于 $n-1$ 个参加流水施工的施工过程（队组）数。

（1）流水步距确定的基本要求

确定流水步距时，一般要满足以下基本要求：

1）保证施工工艺的要求。每个施工段的正常作业，不发生前一个施工过程尚未全部完成，而后一施工过程提前介入的现象。

2）主要施工队连续施工的需要。流水步距的最小长度，必须使主要施工专业队组进场以后，不发生停工、窝工现象。

3）相邻施工队最大限度搭接的要求。流水步距要保证相邻两个专业队在开工时间上最大限度地、合理地搭接。

4）要满足保证工程质量，满足安全生产、成品保护的需要。

（2）确定流水步距的计算方法

流水步距的确定与流水施工的组织方式有关，在等节拍流水施工、成倍节拍流水施工和无节拍流水施工中呈现出不同的规律特征，计算方法也各不相同。确定流水步距的方法很多，简单、实用的方法主要有图上分析计算法（公式计算法）和累加数列法（潘特考夫斯基法）。公式计算法将在2.3节中详细介绍，下面介绍适用于各种形式的流水施工的累加数列法。

流水步距
（公式计算法）

累加数列法没有计算公式，它的文字表达式为："累加数列错位相减取大差"。其计算步骤如下：

1）将每个施工过程的流水节拍逐段累加，求出累加数列；

2）根据施工顺序，对所求相邻的两累加数列错位相减；

3）根据错位相减的结果，确定相邻施工队组之间的流水步距，即相减结果中数值最大者。

流水步距
（累加数列法）

**【例 2-2】** 某工程划分为 $A$、$B$、$C$、$D$ 四个施工过程，分别由四个专业施工班组完成，在平面上划分成四个施工段，每个施工过程在各个施工段上的流水节拍见表 2-2。试确定相邻专业班组之间的流水步距。

某工程流水节拍 表 2-2

| 施工过程 | 施工段 | | | |
|---|---|---|---|---|
| | 一 | 二 | 三 | 四 |
| $A$ | 4 | 2 | 3 | 2 |
| $B$ | 3 | 4 | 3 | 4 |
| $C$ | 3 | 2 | 2 | 3 |
| $D$ | 2 | 2 | 1 | 2 |

【解】 (1) 求流水节拍的累加数列

$A$：4，6，9，11

$B$：3，7，10，14

$C$：3，5，7，10

$D$：2，4，5，7

(2) 错位相减

$A$ 与 $B$

$$\begin{array}{rrrrrr} & 4, & 6, & 9, & 11 & \\ -) & & 3, & 7, & 10, & 14 \\ \hline & 4, & 3, & 2, & 1, & -14 \end{array}$$

$B$ 与 $C$

$$\begin{array}{rrrrrr} & 3, & 7, & 10, & 14 & \\ -) & & 3, & 5, & 7, & 10 \\ \hline & 3, & 4, & 5, & 7, & -10 \end{array}$$

$C$ 与 $D$

$$\begin{array}{rrrrrr} & 3, & 5, & 7, & 10 & \\ -) & & 2, & 4, & 5, & 7 \\ \hline & 4, & 3, & 3, & 5, & -7 \end{array}$$

(3) 确定流水步距

因流水步距等于错位相减所得结果中数值最大者，故有

$K_{A,B}=\max\{4，3，2，1，-14\}=4$ 天

$K_{B,C}=\max\{3，4，5，7，-10\}=7$ 天

$K_{C,D}=\max\{3，3，3，5，-7\}=5$ 天

3. 间歇时间

间歇时间是指在组织流水施工时，由于施工过程之间工艺上或组织上的需要，相邻两个施工过程在时间上不能衔接施工而必须留出的时间间隔。通常以 $Z_{i,i+1}$ 表示。根据原因的不同，又分为技术间歇时间和组织间歇时间。

技术间歇时间是指流水施工中，某些施工过程完成后要有合理的工艺间隔时间，技术间歇时间与材料的性质和施工方法有关。

组织间歇时间是指流水施工中，某些施工过程完成后要有必要的检查验收时间或为下一个施工过程做准备的时间。例如，基础工程完成后，在回填土前必须留出进行检查验收及做好隐蔽工程记录所需的时间。

4. 平行搭接时间

在组织流水施工时，有时为了缩短工期，在工作面允许的条件下，如果前一个施工队（组）完成部分施工任务后，能够提前为后一个施工队组提供工作面，使后者提前进入前一个施工段，两者在同一施工段上平行搭接施工，这个搭接时间称为平行搭接时间，通常以 $C_{i,i+1}$ 表示。

5. 工期

工期是指完成一项工程任务或一个流水组施工所需的时间，通常以 $T$ 表示。一般可

采用公式（2-9）计算完成一个流水组的工期。

$$T=\sum K_{i,\ i+1}+T_n+\sum Z_{i,\ i+1}-\sum C_{i,\ i+1} \tag{2-9}$$

式中 $T$——流水施工工期；

$\sum K_{i,\ i+1}$——流水施工中各流水步距之和；

$T_n$——流水施工中最后一个施工过程的持续时间；

$Z_{i,\ i+1}$——第 $i$ 个施工过程与第 $i+1$ 个施工过程之间的技术与组织间歇时间；

$C_{i,\ i+1}$——第 $i$ 个施工过程与第 $i+1$ 个施工过程之间的平行搭接时间。

工期

## 2.3 流水施工基本组织方式

### 2.3.1 等节奏流水施工

等节奏流水施工是指各个施工过程在各个施工段上的流水节拍彼此相等的流水施工组织方式。即各施工过程的流水节拍均为常数，故也称为全等节拍流水施工或固定节拍流水施工。

1. 等节奏流水施工的组织方法

等节奏流水施工的组织方法是：首先划分施工过程，应将劳动量小的施工过程合并到相邻施工过程中去，以使各流水节拍相等；其次确定主要施工过程的施工队组人数，计算其流水节拍；最后根据已定的流水节拍，确定其他施工过程的施工队组人数及其组成，同时考虑施工段的工作面和合理劳动组合，适当地进行调整。

2. 等节奏流水施工的特征及其应用

等节奏流水施工有如下特征：

（1）各施工过程在各施工段上的流水节拍彼此相等，即

$$t_1=t_2=\cdots=t_{n-1}=t_n,\ t_i=t \qquad (t\ 为常数)$$

（2）各施工过程之间的流水步距彼此相等，且等于流水节拍，即

$$K_{1,\ 2}=K_{2,\ 3}=\cdots=K_{n-1,\ n}=K=t$$

（3）每个施工过程在每个施工段上均由一个专业施工队独立完成作业，即专业施工队数目 $n_1$ 等于施工过程数 $n$；

等节奏流水施工组织

（4）各专业工作队在各施工段上能够连续作业，施工段之间没有空闲时间；

（5）各个施工过程的施工速度相等，均等于 $mt$。

等节奏流水施工适用于施工对象结构简单，工程规模较小，施工过程数不多的房屋工程或线形工程，如道路工程、管道工程等。由于等节奏流水施工的流水节拍和流水步距是定值，局限性较大，且建筑工程多数施工较为复杂，因而在实际建筑工程中采用这种组织方式的并不多见，通常只用于一个分部工程的流水施工中。

3. 等节奏流水施工主要参数的确定

(1) 施工段数 ($m$) 的确定

等节奏流水施工参数确定

① 无层间关系时，施工段数 ($m$) 按划分施工段的基本要求确定即可。

② 有层间关系时，为了保证各施工队组连续施工，应取 $m \geqslant n$，此时，每层施工段空闲数为 $m-n$，一个空闲施工段的时间为 $t$，则每层的空闲时间为：

$$(m-n)\cdot t=(m-n)\cdot K$$

若一个楼层内各施工过程间的技术、组织间歇时间之和为 $\sum Z_1$，楼层间技术组织间歇时间为 $Z_2$。如果每层的 $\sum Z_1$ 均相等，$Z_2$ 也相等，则保证各施工队（组）能连续施工的最小施工段数 ($m$) 的确定如下：

$$(m-n)K=\sum Z_1+Z_2$$
$$m=n+\frac{\sum Z_1}{K}+\frac{Z_2}{K} \tag{2-10}$$

式中 $m$——施工段数；

$n$——施工过程数；

$\sum Z_1$——一个楼层内各施工过程间技术、组织间歇时间之和；

$Z_2$——楼层间技术、组织间歇时间；

$K$——流水步距。

(2) 工期计算

① 不分施工层时，可按式 (2-11) 计算。根据一般工期计算公式 (2-9) 得：

$$\sum K_{i,\ i+1}=(n-1)t$$

因为

$$T_n=mt$$

所以

$$T=(n-1)K+mK+\sum Z_{i,\ i+1}-\sum C_{i,\ i+1}$$
$$T=(m+n-1)t+\sum Z_{i,\ i+1}-\sum C_{i,\ i+1} \tag{2-11}$$

式中 $T$——流水施工总工期；

$m$——施工段数；

$n$——施工过程数；

$t$——流水节拍；

$\sum Z_{i,\ i+1}$——$i$，$i+1$ 两施工过程之间的技术间歇与组织间歇时间之和；

$\sum C_{i,\ i+1}$——$i$，$i+1$ 两施工过程之间的平行搭接时间之和。

② 分层施工时，可按式 (2-12) 计算：

$$T=(m\cdot r+n-1)t+\sum Z_1-\sum C_1 \tag{2-12}$$

式中 $r$——施工层数；

$\sum Z_1$——同一施工层中技术间歇与组织间歇时间之和；

$\sum C_1$——同一施工层中平行搭接时间之和；

其他符号含义同前。

从流水施工工期的计算公式中可以看出，施工层数越多，施工工期越长，技术间歇时间和组织间歇时间的存在，也会使施工工期延长，在工作面和资源供应能保证的条件下，一个专业施工队能够提前进入这一施工段，在空出的工作面上进行作业，这样产生的搭接时间可以缩短施工工期。

4. 等节奏流水施工案例

**【例 2-3】** 某分部工程由 $A$、$B$、$C$、$D$ 四个施工过程组成，每个施工过程划分为 3 个施工段组织流水施工，各施工过程的流水节拍均为 4 天，无间歇时间，试确定流水步距，计算工期，并绘制流水施工进度计划表。

**【解】** 因流水节拍均相等，属于等节奏流水施工。

（1）确定流水步距，由等节奏流水施工的特征可知：$K=t=4$ 天

（2）计算工期

$$T=(m+n-1)t=(4+3-1)\times 4=24\text{ 天}$$

（3）用横道图绘制流水进度计划，如图 2-11 所示。

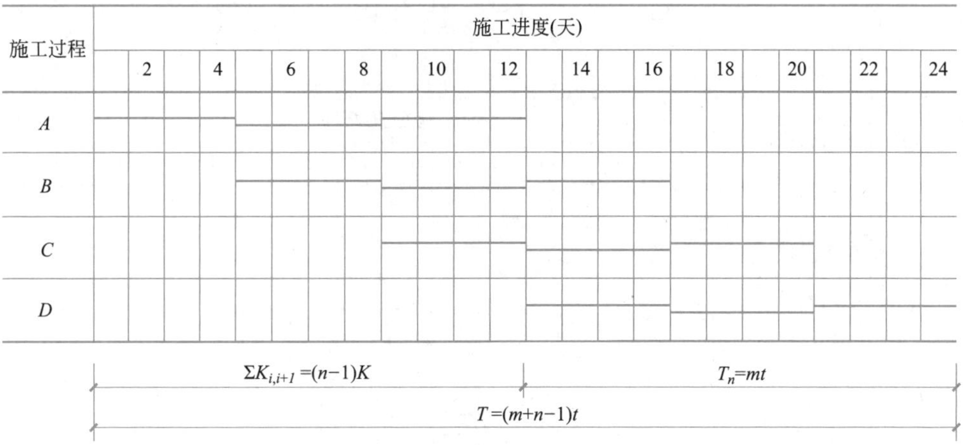

| 施工过程 | 施工进度(天) | | | | | | | | | | | |
|---|---|---|---|---|---|---|---|---|---|---|---|---|
| | 2 | 4 | 6 | 8 | 10 | 12 | 14 | 16 | 18 | 20 | 22 | 24 |
| *A* | | | | | | | | | | | | |
| *B* | | | | | | | | | | | | |
| *C* | | | | | | | | | | | | |
| *D* | | | | | | | | | | | | |

$\Sigma K_{i,i+1}=(n-1)K$　　$T_n=mt$

$T=(m+n-1)t$

图 2-11　某分部工程等节奏流水施工进度计划

**【例 2-4】** 某工程由 $A$、$B$、$C$、$D$ 四个施工过程组成，划分为两个施工层组织流水施工，各施工过程的流水节拍均为 2 天，其中，施工过程 $B$ 与 $C$ 之间的技术间歇时间为 2 天，层间技术间歇为 2 天。为了保证施工队组连续作业，试确定施工段数，计算工期，绘制流水施工进度表。

**【解】** 因流水节拍均相等，属于等节奏流水施工。

（1）确定流水步距，由等节奏流水的特征可知：

$$K_{A,B}=K_{B,C}=K_{C,D}=K=2\text{ 天}$$

（2）确定施工段数，本工程分两个施工层，施工段数由式（2-10）确定：

$$m=n+\frac{\sum Z_1}{K}+\frac{Z_2}{K}=4+\frac{2}{2}+\frac{2}{2}=6\text{ 段}$$

（3）计算工期，由式（2-12）得：

$$T=(m\cdot r+n-1)t+\sum Z_1-\sum C_1=(6\times 2+4-1)\times 2+2-0=32\text{ 天}$$

（4）绘制流水施工进度表如图 2-12 和图 2-13 所示。

| 施工过程 | 施工进度(天) | | | | | | | | | | | | | | | |
|---|---|---|---|---|---|---|---|---|---|---|---|---|---|---|---|---|
| | 2 | 4 | 6 | 8 | 10 | 12 | 14 | 16 | 18 | 20 | 22 | 24 | 26 | 28 | 30 | 32 |
| $A$ | 1 | 2 | 3 | 4 | 5 | 6 | | | | | | | | | | |
| $B$ | | 1 | 2 | 3 | 4 | 5 | 6 | | | | | | | | | |
| $C$ | | | | 1 | 2 | 3 | 4 | 5 | 6 | | | | | | | |
| $D$ | | | | | 1 | 2 | 3 | 4 | 5 | 6 | | | | | | |

$K_{A,B}$　$K_{B,C}$　$Z_{B,C}$　$K_{C,D}$　$T_n=m\cdot r\cdot t$

$T=(m\cdot r+n-1)t+\Sigma Z_{i,i+1}$

— ═ 施工层

图 2-12　某工程流水施工进度计划表（施工层横向排列）

| 施工层 | 施工过程 | 施工进度(天) | | | | | | | | | | | | | | | |
|---|---|---|---|---|---|---|---|---|---|---|---|---|---|---|---|---|---|
| | | 2 | 4 | 6 | 8 | 10 | 12 | 14 | 16 | 18 | 20 | 22 | 24 | 26 | 28 | 30 | 32 |
| 1 | $A$ | | | | | | | | | | | | | | | | |
| | $B$ | | | | | | | | | | | | | | | | |
| | $C$ | | | $Z_{B,C}$ | | | | | | | | | | | | | |
| | $D$ | | | | | | | | | | | | | | | | |
| 2 | $A$ | | | | | | $Z_2$ | | | | | | | | | | |
| | $B$ | | | | | | | | | | | | | | | | |
| | $C$ | | | | | | | | | $Z_{B,C}$ | | | | | | | |
| | $D$ | | | | | | | | | | | | | | | | |

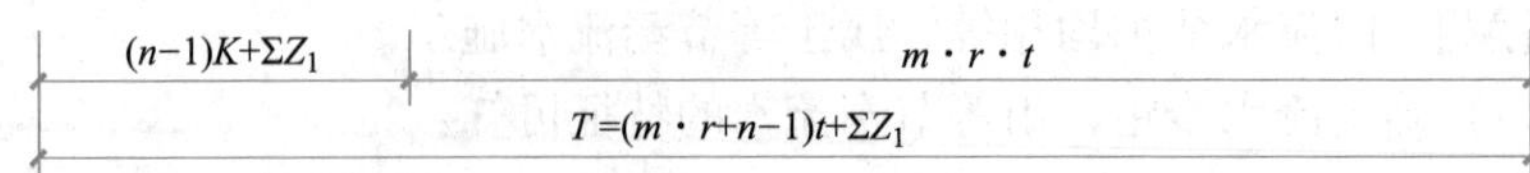


图 2-13　某工程流水施工进度计划表（施工层竖向排列）

## 2.3.2 异节奏流水施工

异节奏流水施工是指同一施工过程在各施工段上的流水节拍都相等，不同施工过程之间的流水节拍不一定相等的流水施工方式。异节奏流水施工又可分为异步距异节拍流水施工和等步距异节拍流水施工两种。

1. 异步距异节拍流水施工

异步距异节拍流水施工组织

异步距异节拍流水施工是指同一施工过程在各个施工段上的流水节拍相等，不同施工过程之间的流水节拍不完全相等流水施工方式。

(1) 异步距异节拍流水施工的组织

组织异步距异节拍流水施工的基本要求是：各施工队组尽可能依次在各施工段上连续施工，允许有些施工段出现空闲，但不允许多个施工班组在同一施工段交叉作业，更不允许发生工艺顺序颠倒的现象。

(2) 异步距异节拍流水施工的特征及其应用

异步距异节拍流水施工有如下特征：

1) 同一施工过程流水节拍相等，不同施工过程之间的流水节拍不一定相等；

2) 各个施工过程之间的流水步距不一定相等；

3) 各施工工作队能够在施工段上连续作业，但有的施工段之间可能有空闲；

4) 施工班组数（$n_1$）等于施工过程数（$n$）。

异步距异节拍流水施工方式适用于施工段大小相等的分部和单位工程的流水施工，它在进度安排上比等节奏流水灵活，实际应用范围较为广泛。

(3) 异步距异节拍流水施工主要参数的确定

1) 流水步距的确定

$$K_{i,\ i+1}=\begin{cases} t_i & (\text{当}\ t_i \leqslant t_{i+1}) \\ mt_i-(m-1)t_{i+1} & (\text{当}\ t_i > t_{i+1}) \end{cases} \tag{2-13}$$

式中 $t_i$——第 $i$ 个施工过程的流水节拍；

$t_{i+1}$——第 $i+1$ 个施工过程的流水节拍。

流水步距也可由“累加数列法”求得，将在无节奏流水中介绍。

异步距异节拍流水施工参数的确定

2) 流水施工工期 $T$

$$T=\sum K_{i,\ i+1}+mt_n+\sum Z_{i,\ i+1}-\sum C_{i,\ i+1} \tag{2-14}$$

式中 $t_n$——最后一个施工过程的流水节拍。

其他符号含义同前。

(4) 异步距异节拍流水施工案例

**【例 2-5】** 某分部工程由 $A$、$B$、$C$、$D$ 四个施工过程组成，划分为 3 个施工段组织施工，各施工过程的流水节拍分别为 $t_A=3$ 天，$t_B=4$ 天，$t_C=5$ 天，$t_D=3$ 天；施工过程 $B$ 完成后有 2 天的技术间歇时间，施工过程 $D$ 与 $C$ 有 1 天搭接时间。试求各施工过程之间的流水步距及工程工期，并绘制流水施工进度表。

**【解】** 因流水节拍不相等，属于异节奏流水施工。

(1) 确定流水步距

依题意及式（2-13），各流水步距计算如下：

$\because t_A < t_B$

$\therefore K_{A,B} = t_A = 3$（天）

$\because t_B < t_C$

$\therefore K_{B,C} = t_B = 4$（天）

$\because t_C > t_D$

$\therefore K_{C,D} = mt_C -（m-1）t_D = 3\times5 -（3-1）\times3 = 9$（天）

(2) 计算流水工期

$$T = \sum K_{i,\ i+1} + mt_n + \sum Z_{i,\ i+1} - \sum C_{i,\ i+1} = (3+4+9)+3\times3+2-1 = 26(\text{天})$$

(3) 绘制施工进度计划表如图 2-14 所示。

| 施工过程 | 施工进度(天) | | | | | | | | | | | | |
|---|---|---|---|---|---|---|---|---|---|---|---|---|---|
| | 2 | 4 | 6 | 8 | 10 | 12 | 14 | 16 | 18 | 20 | 22 | 24 | 26 |
| *A* | | | | | | | | | | | | | |
| *B* | | | | | | | | | | | | | |
| *C* | | | | | | | | | | | | | |
| *D* | | | | | | | | | | | | | |

$K_{A,B}$　$K_{B,C}$　$Z_{B,C}$　$K_{C,D}-C_{C,D}$　$T_n=mt_n$

$T=\Sigma K_{i,i+1}+mt_n+\Sigma Z_{i,i+1}-\Sigma C_{i,i+1}$

图 2-14　某分部工程流水施工进度计划表

2. 等步距异节拍流水施工

等步距异节拍流水施工

等步距异节拍流水施工也称为成倍节拍流水施工，是指同一施工过程在各个施工段上的流水节拍相等，不同施工过程之间的流水节拍不完全相等，但各个施工过程的流水节拍之间存在一个最大公约数。为加快流水施工进度，按最大公约数的整数倍组建每个施工过程的施工队（组），以形成类似于等节奏流水的等步距异节奏流水施工方式。

(1) 等步距异节拍流水施工的组织

等步距异节拍流水施工的组织方法是：首先根据工程对象和施工要求，划分若干个施工过程；其次根据各施工过程的内容、要求及其工程量，计算每个施工段所需的劳动量，接着根据施工队组人数及组成，确定劳动量最少的施工过程的流水节拍；最后确定其他劳动量较大的施工过程的流水节拍，用调整施工队组人数或其他技术组织措施的方法，使它们的流水节拍值之间存在一个最大公约数。

(2) 等步距异节拍流水施工的特征及其应用

等步距异节拍流水施工有如下特征：

1）同一施工过程流水节拍相等，不同施工过程流水节拍之间存在整数倍或公约数关系；

2）流水步距彼此相等，且等于流水节拍的最大公约数；

3）各专业施工队都能够保证连续作业，施工段没有空闲；

4）施工队组数（$n_1$）大于施工过程数（$n$），即 $n_1>n$。

等步距异节拍流水施工方式适用于线形工程（如道路、管道等）的施工，也适用于比较规整的房屋建筑施工。

（3）等步距异节拍流水施工主要参数的确定

1）流水步距的确定

$$K_{i,\ i+1}=K_b \tag{2-15}$$

2）每个施工过程的施工队（组）数确定

$$b_i=\frac{t_i}{K_b} \tag{2-16}$$

$$n_1=\sum b_i \tag{2-17}$$

式中 $b_i$——某施工过程所需施工队组数；

$n_1$——专业施工队组总数目；

$K_b$——最大公约数。

其他符号含义同前。

3）施工段数（$m$）的确定

① 无层间关系时，可按划分施工段的基本要求确定施工段数（$m$），一般取 $m=n_1$

② 有层间关系时，每层最少施工段数可按式（2-18）确定。

$$m=n_1+\frac{\sum Z_1}{K_b}+\frac{Z_2}{K_b} \tag{2-18}$$

式中 $\sum Z_1$——一个楼层内各施工过程间的技术与组织间歇时间；

$Z_2$——楼层间技术与组织间歇时间。

其他符号含义同前。

4）工期

① 无层间关系时：

$$T=(m+n_1-1)K_b+\sum Z_{i,\ i+1}-\sum C_{i,\ i+1} \tag{2-19}$$

② 有层间关系时：

$$T=(m\cdot r+n_1-1)K_b+\sum Z_1-\sum C_1 \tag{2-20}$$

式中 $r$——施工层数。

其他符号含义同前。

（4）等步距异节拍流水施工案例

**【例 2-6】** 某工程由 A、B、C 三个施工过程组成，分六段施工，流水节拍分别为 $t_A=6$ 天，$t_B=4$ 天，$t_C=2$ 天，试组织等步距异节拍流水施工，并绘制流水施工进度表。

**【解】**（1）按式（2-15）确定流水步距：

$$K=K_b=2\text{ 天}$$

（2）由式（2-16）确定每个施工过程的施工队组数：

$$b_A=\frac{t_A}{K_b}=\frac{6}{2}=3\text{ 个}$$

$$b_B=\frac{t_B}{K_b}=\frac{4}{2}=2\text{ 个}$$

$$b_C=\frac{t_C}{K_b}=\frac{2}{2}=1\text{ 个}$$

施工队总数 $n_1=\sum b_i=3+2+1=6(\text{个})$

（3）计算工期

由式（2-19）得：

$$T=(m+n_1-1)K_b=(6+6-1)\times 2=22\text{ 天}$$

（4）绘制流水施工进度表如图 2-15 所示。

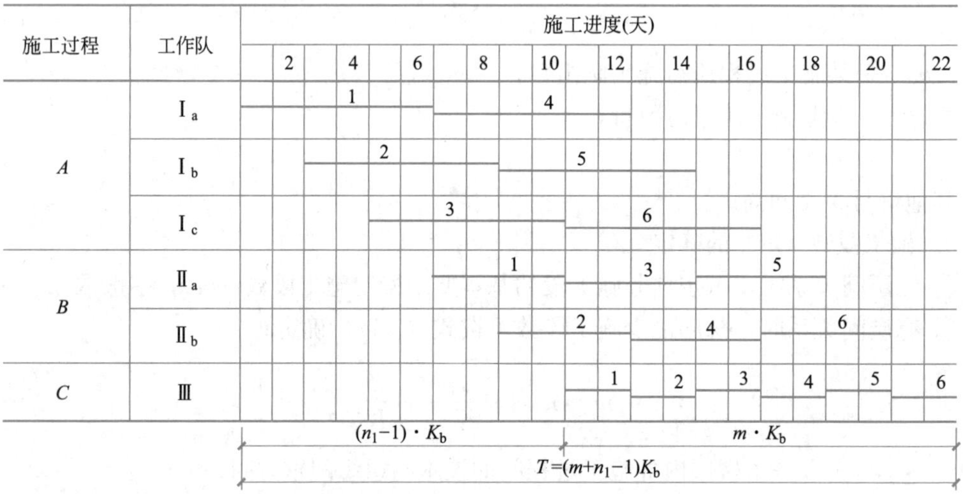

| 施工过程 | 工作队 | 施工进度(天) | | | | | | | | | | | | | | | | | | | | | |
|---|---|---|---|---|---|---|---|---|---|---|---|---|---|---|---|---|---|---|---|---|---|---|---|
| | | | 2 | | 4 | | 6 | | 8 | | 10 | | 12 | | 14 | | 16 | | 18 | | 20 | | 22 |
| A | Ⅰa | | | | 1 | | | | | | 4 | | | | | | | | | | | | |
| | Ⅰb | | | | | 2 | | | | | | 5 | | | | | | | | | | | |
| | Ⅰc | | | | | | | 3 | | | | | | 6 | | | | | | | | | |
| B | Ⅱa | | | | | | | | | 1 | | | | 3 | | | | 5 | | | | | |
| | Ⅱb | | | | | | | | | | | 2 | | | 4 | | | | | 6 | | | |
| C | Ⅲ | | | | | | | | | | | | 1 | | 2 | | 3 | | 4 | | 5 | | 6 |

$(n_1-1)\cdot K_b$　　$m\cdot K_b$

$T=(m+n_1-1)K_b$

图 2-15　某工程施工进度计划表

**【例 2-7】** 现有两层现浇钢筋混凝土房屋主体工程，施工过程分为支模板、绑钢筋和浇筑混凝土；其流水节拍分别为：$t_{模}=2$ 天，$t_{钢筋}=2$ 天，$t_{混凝土}=1$ 天。当安装模板作业队转移到第二层第一段施工时，需待第一层第一段的混凝土养护 1 天后才能进行。试组织等步距异节拍流水施工，并绘制流水施工进度表。

**【解】** 因流水节拍存在倍数关系，依题意组织成倍节拍流水施工。

（1）确定流水步距 $K=K_b=1$ 天

（2）确定每个施工过程的工作队数

$$b_{模}=\frac{t_{模}}{K_b}=\frac{2}{1}=2\text{ 个}$$

$$b_{钢筋}=\frac{t_{钢筋}}{K_b}=\frac{2}{1}=2\text{ 个}$$

$$b_{混凝土}=\frac{t_{混凝土}}{K_b}=\frac{1}{1}=1\text{ 个}$$

施工队总数 $n_1=\sum b_i=(2+2+1)=5$ 个

（3）确定每层的施工段数

为保证各工作队连续施工，其施工段数可按式（2-18）

$$m=n_1+\frac{\sum Z_1}{K_b}+\frac{Z_2}{K_b}=5+\frac{0}{1}+\frac{1}{1}=6\text{ 段}$$

（4）计算工期

$$T=(m\cdot r+n_1-1)K_b+\sum Z_1-\sum C_1=(6\times 2+5-1)\times 1+0-0=16\text{ 天}$$

（5）绘制流水施工进度表如图 2-16 和图 2-17 所示。

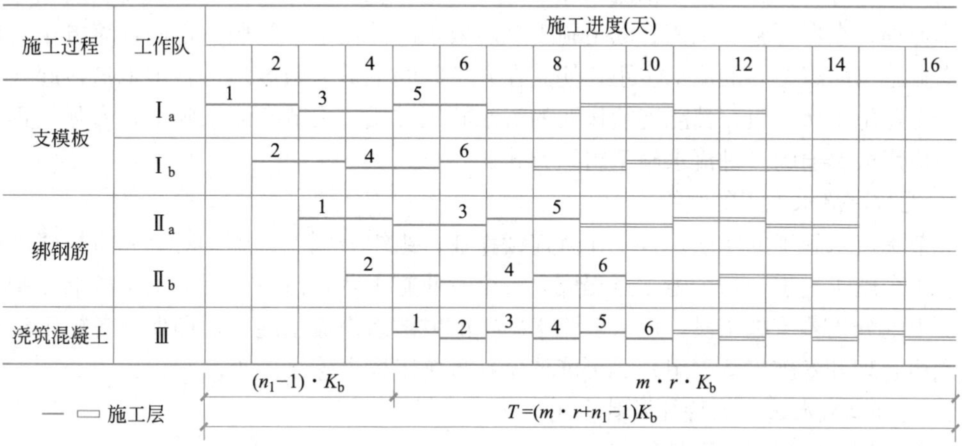

| 施工过程 | 工作队 | 施工进度(天) | | | | | | | | | | | | | | | |
|---|---|---|---|---|---|---|---|---|---|---|---|---|---|---|---|---|---|
| | | | 2 | | 4 | | 6 | | 8 | | 10 | | 12 | | 14 | | 16 |
| 支模板 | Ⅰa | 1 | | 3 | | 5 | | | | | | | | | | | |
| | Ⅰb | | 2 | | 4 | | 6 | | | | | | | | | | |
| 绑钢筋 | Ⅱa | | | 1 | | | 3 | | 5 | | | | | | | | |
| | Ⅱb | | | | 2 | | | 4 | | 6 | | | | | | | |
| 浇筑混凝土 | Ⅲ | | | | | 1 | 2 | 3 | 4 | 5 | 6 | | | | | | |

$(n_1-1)\cdot K_b$　　$m\cdot r\cdot K_b$

— ▭ 施工层　　$T=(m\cdot r+n_1-1)K_b$

图 2-16　工程流水施工进度计划（施工层横向排列）

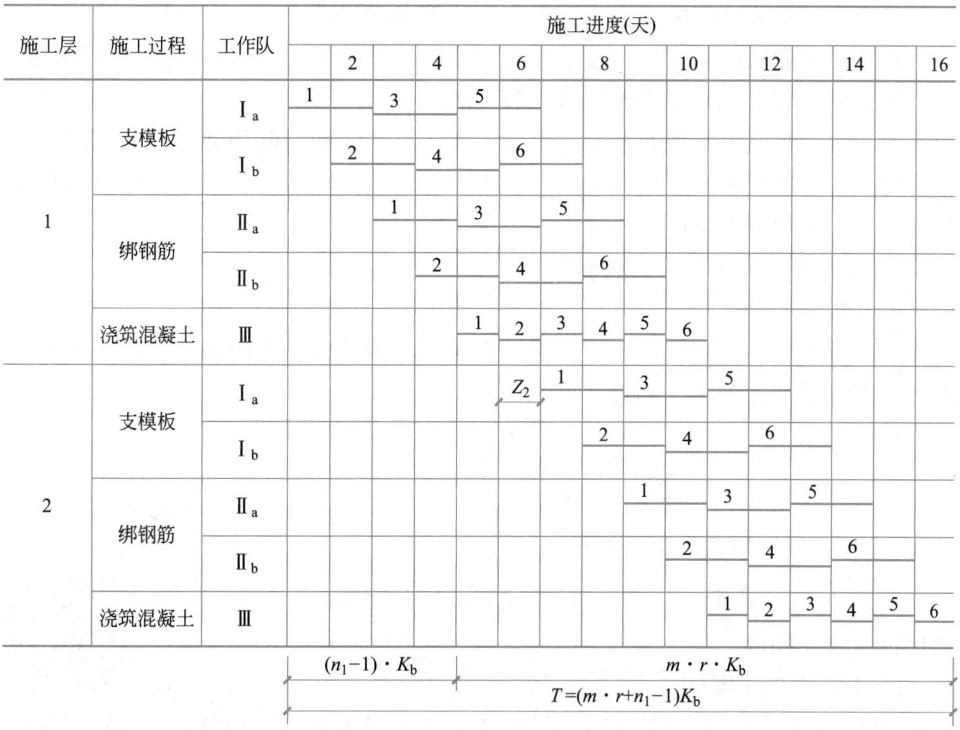

| 施工层 | 施工过程 | 工作队 | 施工进度(天) | | | | | | | | | | | | | | | |
|---|---|---|---|---|---|---|---|---|---|---|---|---|---|---|---|---|---|---|
| | | | | 2 | | 4 | | 6 | | 8 | | 10 | | 12 | | 14 | | 16 |
| 1 | 支模板 | Ⅰa | 1 | | 3 | | 5 | | | | | | | | | | | |
| | | Ⅰb | | 2 | | 4 | | 6 | | | | | | | | | | |
| | 绑钢筋 | Ⅱa | | | 1 | | 3 | | 5 | | | | | | | | | |
| | | Ⅱb | | | | 2 | | 4 | | 6 | | | | | | | | |
| | 浇筑混凝土 | Ⅲ | | | | | 1 | 2 | 3 | 4 | 5 | 6 | | | | | | |
| 2 | 支模板 | Ⅰa | | | | | | $Z_2$ | 1 | | 3 | | 5 | | | | | |
| | | Ⅰb | | | | | | | | 2 | | 4 | | 6 | | | | |
| | 绑钢筋 | Ⅱa | | | | | | | | | 1 | | 3 | | 5 | | | |
| | | Ⅱb | | | | | | | | | | 2 | | 4 | | 6 | | |
| | 浇筑混凝土 | Ⅲ | | | | | | | | | | | 1 | 2 | 3 | 4 | 5 | 6 |

$(n_1-1)\cdot K_b$　　$m\cdot r\cdot K_b$

$T=(m\cdot r+n_1-1)K_b$

图 2-17　工程流水施工进度计划（施工层竖向排列）

### 2.3.3 无节奏流水施工

无节奏流水施工是指同一施工过程在各个施工段上流水节拍不完全相等，无特定规律的一种流水施工方式，也称分别流水施工。

在实际工程中，通常每个施工过程在各个施工段上的工程量彼此不一定相等，各专业施工队（组）的生产效率相差较大，导致大多数的流水节拍也彼此不相等，因此有节奏流水，尤其是全等节拍和成倍节拍流水往往是难以组织的。而无节奏流水则是利用流水施工的基本原理，在保证施工工艺、满足施工顺序要求的前提下，按照一定的计算方法，确定相邻专业施工队组之间的流水步距，使其在开工时间上最大限度地、合理地搭接起来，形成每个专业施工队（组）都能连续作业的流水施工方式。无节奏流水施工是实际工程中最常见、应用最普遍的一种流水施工组织方式。

1. 无节奏流水施工的组织

无节奏流水施工的实质是各工作队连续作业，组织分别流水施工时，先将拟建工程分解为若干个施工过程，每个施工过程成立一个专业施工队，然后按划分施工段的原则，在工作面上划分出若干施工段，用一般流水施工的方法组织流水施工，即保证各施工过程的工艺顺序合理和各施工队（组）尽可能依次在各施工段上连续施工。

2. 无节奏流水施工的特征及其应用

无节奏流水施工有如下特征：

（1）每个施工过程在各个施工段上的流水节拍不尽相等；

（2）各个施工过程之间的流水步距不完全相等且差异较大；

（3）各施工作业队能够在施工段上连续作业，但有的施工段之间可能有空闲时间；

（4）施工队组数（$n_1$）等于施工过程数（$n$）。

由于无节奏流水施工不像有节奏流水施工那样有一定的时间规律，没有固定节拍、成倍节拍的约束，在进度安排上比较灵活、自由，适用于分部工程和单位工程及大型建筑群的流水施工，实际运用比较广泛。

3. 无节奏流水施工主要参数的确定

（1）流水步距的确定

由无节奏流水的施工组织可知，正确计算流水步距是其施工组织的关键。无节奏流水步距通常采用“累加数列法”确定（见 2.2 节）。

（2）计算工期

$$T=\sum K_{i,\ i+1}+\sum t_n+\sum Z_{i,\ i+1}-\sum C_{i,\ i+1}$$

式中　$\sum K_{i,\ i+1}$——流水步距之和；

$\sum t_n$——最后一个施工过程的流水节拍之和。

其他符号含义同前。

4. 无节奏流水施工案例

无节奏流水施工案例

**【例 2-8】** 某工程由 $A$、$B$、$C$、$D$、$E$ 五个施工过程组成，划分成四个施工段，每个施工过程在各个施工段上的流水节拍如表 2-3 所示，如果 $B$ 完成后有 2 天的技术间歇时间，$D$ 完成后有 1 天的组织间歇时间，$A$ 与 $B$ 之间有 1 天的平行搭接时间，试编制流水施工进度计划表。

某工程流水节拍 表 2-3

| 施工过程 | 施工段 | | | |
|---|---|---|---|---|
| | 一 | 二 | 三 | 四 |
| $A$ | 3 | 2 | 2 | 4 |
| $B$ | 1 | 3 | 5 | 3 |
| $C$ | 2 | 1 | 3 | 5 |
| $D$ | 4 | 2 | 3 | 3 |
| $E$ | 3 | 4 | 2 | 1 |

**【解】** 根据题设条件，该工程只能组织无节奏流水施工。

（1）求流水节拍的累加数列

$A$：3，5，7，11

$B$：1，4，9，12

$C$：2，3，6，11

$D$：4，6，9，12

$E$：3，7，9，10

（2）确定流水步距

1）$K_{A,B}$

$$\begin{array}{rrrrrr} & 3, & 5, & 7, & 11 & \\ -) & & 1, & 4, & 9, & 12 \\ \hline & 3, & 4, & 3, & 2, & -12 \end{array}$$

$\therefore K_{A,B}=4$ 天

2）$K_{B,C}$

$$\begin{array}{rrrrrr} & 1, & 4, & 9, & 12 & \\ -) & & 2, & 3, & 6, & 11 \\ \hline & 1, & 2, & 6, & 6, & -11 \end{array}$$

$\therefore K_{B,C}=6$ 天

3）$K_{C,D}$

$$\begin{array}{rrrrrr} & 2, & 3, & 6, & 11 & \\ -) & & 4, & 6, & 9, & 12 \\ \hline & 2, & -1, & 0, & 2, & -12 \end{array}$$

$\therefore K_{C,D}=2$ 天

4）$K_{D,E}$

$$\begin{array}{rrrrrr} & 4, & 6, & 9, & 12 & \\ -) & & 3, & 7, & 9, & 10 \\ \hline & 4, & 3, & 2, & 3, & -10 \end{array}$$

$\therefore K_{D,E}=4$ 天

(3) 确定流水工期

$$T=\sum K_{i,\ i+1}+\sum t_n+\sum Z_{i,\ i+1}-\sum C_{i,\ i+1}$$
$$=(4+6+2+4)+(3+4+2+1)+2+1-1=28\text{ 天}$$

(4) 绘制流水施工进度表如图 2-18 所示。

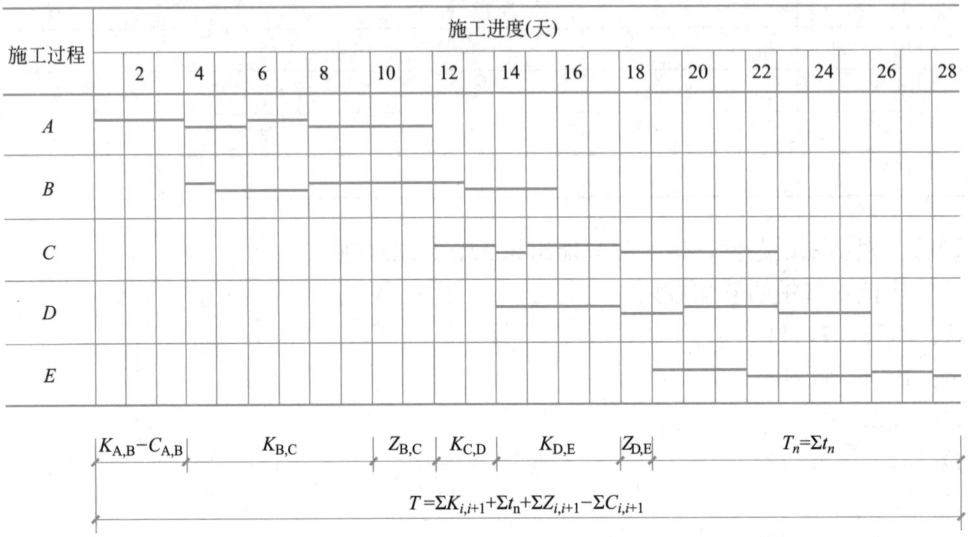

图 2-18 某工程流水施工进度计划表

## 2.4 流水施工综合实例

建筑工程施工中，需要组织许多施工过程的活动，而在组织这些施工活动时，往往把施工工艺上互相联系的施工过程组成不同的专业组合（如基础工程、主体工程以及装饰工程等），然后对各专业组合，按其组合的施工过程的流水节拍特征（节奏性），组成独立的流水组分别进行流水，这些流水组的流水参数可以是不相同的，组织流水的方式也可能有所不同。最后将这些流水组按照工艺要求和施工顺序依次搭接起来，即成为一个工程对象的工程流水或一个建筑群的流水施工。

所谓专业组合是指围绕主导施工过程的组合，其他的施工过程不必都纳入流水组，而只作为调剂项目与各流水组依次搭接。在更多情况下，考虑到工程的复杂性，在编制施工进度计划时，往往只运用流水作业的基本概念，合理选定几个主要参数，保证几个主导施工过程的连续性。对其他非主导施工过程，只力求使其在施工段上尽可能各自保持连续施工。各施工过程之间只有施工工艺和施工组织上的约束，不一定步调一致。这样，对不同专业组合或几个主导施工过程分别进行流水的组织方式就有极大的灵活性，且往往更有利于计划的实现。

下面介绍几种较为常见的工程流水施工实例阐述流水施工原理的综合应用。

## 2.4.1 框架结构房屋的流水施工

**【例 2-9】** 框架结构房屋的流水施工

某高校学生宿舍项目，主体四层，建筑面积 3285.13m$^2$。基础为钢筋混凝土独立基础，主体工程为全现浇框架结构。装修工程为铝合金窗、木板门；外墙贴面砖；内墙为中级抹灰，普通涂料刷白；底层顶棚吊顶，楼地面贴地板砖；屋面用 200mm 厚加气混凝土块做保温层，上做 SBS 改性沥青防水层。工程项目劳动量见表 2-4。

某框架结构学生宿舍劳动量一览表　　表 2-4

| 序号 | 分项工程名称 | 劳动量(工日或台班) |
|---|---|---|
| | 基础工程 | |
| 1 | 机械开挖基础土方 | 6 |
| 2 | 混凝土垫层 | 30 |
| 3 | 基础钢筋 | 59 |
| 4 | 基础模板 | 73 |
| 5 | 基础混凝土 | 87 |
| 6 | 回填土 | 150 |
| | 主体工程 | |
| 7 | 脚手架 | 313 |
| 8 | 柱筋 | 135 |
| 9 | 柱、梁、板模板(含楼梯) | 2263 |
| 10 | 柱混凝土 | 204 |
| 11 | 梁、板筋(含楼梯) | 801 |
| 12 | 梁、板混凝土(含楼梯) | 939 |
| 13 | 拆模 | 398 |
| 14 | 砌空心砖墙(含门窗框) | 1095 |
| | 屋面工程 | |
| 15 | 屋面找坡保温层 | 236 |
| 16 | 屋面找平层 | 52 |
| 17 | 屋面防水层 | 47 |
| | 装饰工程 | |
| 18 | 外墙面砖 | 957 |
| 19 | 顶棚墙面中级抹灰 | 1648 |
| 20 | 楼地面及楼梯地砖 | 929 |
| 21 | 一层顶棚龙骨吊顶 | 148 |
| 22 | 铝合金窗扇安装 | 68 |

续表

| 序号 | 分项工程名称 | 劳动量(工日或台班) |
| --- | --- | --- |
| 23 | 木板门 | 81 |
| 24 | 顶棚墙面涂料 | 380 |
| 25 | 油漆 | 69 |
| 26 | 其他 | |
| 27 | 水、暖、电 | |

本工程各分部工程的劳动量差异较大，因此，先分别组织各分部工程的流水施工，然后再将各分部工程之间相互搭接。具体组织方法如下：

（1）基础工程施工

基础工程包括开挖基础土方、混凝土垫层、基础钢筋、基础模板、基础混凝土、回填土等施工过程。其中基础土方采用机械开挖，考虑到工作面及土方运输的需要，将机械挖土与其他手工操作的施工过程分开考虑，不纳入流水。混凝土垫层劳动量较小，为了不影响其他施工过程的流水施工，将其安排在挖土施工过程完成之后，也不纳入流水。

基础工程平面上划分 2 个施工段组织流水施工（$m=2$），在 6 个施工过程中，参与流水的施工过程有 4 个，即 $n=4$，组织全等节拍流水施工如下：

基础绑扎钢筋劳动量为 59 个工日，施工班组人数为 10 人，采用一班制施工，其流水节拍为：

$$t_{筋}=\frac{59}{2\times10\times1}=3\text{天}$$

其他施工过程的流水节拍均取 3 天，其中基础支模板 73 个工日，施工班组人数为：

$$R_{木}=\frac{73}{2\times3}=12\text{人}$$

浇筑混凝土劳动量为 87 个工日，施工班组人数为：

$$R_{混凝土}=\frac{87}{2\times3}=15\text{人}$$

回填土劳动量为 150 个工日，施工班组人数为：

$$R_{回填}=\frac{150}{2\times3}=25\text{人}$$

流水工期计算如下：

$$T=(m+n-1)K=(2+4-1)\times3=15\text{天}$$

土方机械开挖 6 个台班，用一台机械二班制施工，则作业持续时间为：

$$t_{挖土}=\frac{6}{1\times2}=3\text{天(取 3 天)}$$

混凝土垫层 30 个工日，15 人一班制施工，其作业持续时间为：

$$t_{混凝土}=\frac{30}{15\times1}=2\text{天}$$

则基础工程的工期为：

$$T_1=3+2+15=20\text{天}$$

（2）主体工程施工

主体工程包括搭脚手架，立柱子钢筋，安装柱、梁、板模板，浇捣柱子混凝土，梁、板、楼梯钢筋绑扎，浇捣梁、板、楼梯混凝土，拆模板，砌砖墙等施工过程，其中后三个施工过程属平行穿插施工过程，只根据施工工艺要求，尽量搭接施工即可，不纳入流水施工。主体工程由于有层间关系，要保证施工过程流水施工，必须使 $m=n$，否则，施工班组会出现窝工现象。本工程中平面上划分为两个施工段，主导施工过程是柱、梁、板模板安装，要组织主体工程流水施工，就要保证主导施工过程连续作业，为此，将其他次要施工过程综合为一个施工过程来考虑其流水节拍，且其流水节拍值不得大于主导施工过程的流水节拍，以保证主导施工过程的连续性，因此，则主体工程参与流水的施工过程数 $n=2$ 个，满足 $m=n$ 的要求。具体组织如下：

柱子钢筋劳动量为 135 个工日，施工班组人数为 17 人，一班制施工，则其流水节拍为：

$$t_{\text{柱筋}}=\frac{135}{4\times2\times17\times1}=1\text{天}$$

主导施工过程的柱、梁、板模板劳动量为 2263 个工日，施工班组人数为 25 人，两班制施工，则流水节拍为：

$$t_{\text{模}}=\frac{2263}{4\times2\times25\times2}=5.65\text{天(取 6 天)}$$

柱子混凝土，梁、板钢筋，梁、板混凝土及柱子钢筋统一按一个施工过程来考虑其流水节拍，其流水节拍不得大于 6 天，其中，柱子混凝土劳动量为 204 个工日，施工班组人数为 14 人，两班制施工，其流水节拍为：

$$t_{\text{柱混凝土}}=\frac{204}{4\times2\times14\times2}=0.9\text{天(取 1 天)}$$

梁、板钢筋劳动量为 801 个工日，施工班组人数为 25 人，两班制施工，其流水节拍为：

$$t_{\text{梁、板筋}}=\frac{801}{4\times2\times25\times2}=2\text{天}$$

梁、板混凝土劳动量为 939 个工日，施工班组人数为 20 人，三班制施工，其流水节拍为：

$$t_{\text{混凝土}}=\frac{939}{4\times2\times20\times3}=2\text{天}$$

因此，综合施工过程的流水节拍仍为（1+2+2+1）=6 天，可与主导施工过程一起组织全等节拍流水施工。其流水工期为：

$$\begin{aligned}T&=(m\cdot r+n-1)\cdot t\\&=(2\times4+2-1)\times6=54\text{天}\end{aligned}$$

拆模施工过程计划在梁、板混凝土浇捣 12 天后进行，其劳动量为 398 个工日，施工班组人数为 25 人，一班制施工，其流水节拍为：

$$t_{\text{拆模}}=\frac{398}{4\times2\times25\times1}=2\text{天}$$

砌砖墙（含门窗框）劳动量为1095个工日，施工班组人数为45人，一班制施工，其流水节拍为：

$$t_{砌墙}=\frac{1095}{4\times2\times45\times1}=3\text{天}$$

则主体工程的工期为：

$$T_2=54+12+2+3=71\text{天}$$

（3）屋面工程施工

屋面工程包括屋面找坡保温层、找平层和防水层三个施工过程。考虑屋面防水要求高，所以不分段施工，即采用依次施工的方式。屋面找坡保温层劳动量为236个工日，施工班组人数为40人，一班制施工，其施工持续时间为：

$$t_{保温}=\frac{236}{40\times1}=6\text{天}$$

屋面找平层劳动量为52个工日，18人一班制施工，其施工持续时间为：

$$t_{找平}=\frac{52}{18\times1}=3\text{天}$$

屋面找平层完成后，安排7天的养护和干燥时间，方可进行屋面防水层的施工。

SBS改性沥青防水层劳动量为47个工日，安排10人一班制施工，其施工持续时间为：

$$t_{防水}=\frac{47}{10\times1}=4.7\text{天(取5天)}$$

（4）装饰工程施工

装饰工程包括外墙面砖、顶棚墙面中级抹灰、楼地面及楼梯地砖、一层顶棚龙骨吊顶、铝合金窗扇安装、木板门、顶棚墙面涂料、油漆等施工过程。其中一层顶棚龙骨吊顶属穿插施工过程，不参与流水作业，因此参与流水的施工过程为$n=7$。

装修工程采用自上而下的施工起点流向。结合装修工程的特点，把每层房屋视为一个施工段，共4个施工段（$m=4$），其中抹灰工程是主导施工过程，组织有节奏流水施工如下：顶棚墙面抹灰劳动量为1648个工日，施工班组人数为60人，一班制施工，其流水节拍为：

$$t_{抹灰}=\frac{1648}{4\times60\times1}=6.8\text{天(取7天)}$$

外墙面砖劳动量为957个工日，施工班组人数为34人，一班制施工，则其流水节拍为：

$$t_{外墙}=\frac{957}{4\times34\times1}=7\text{天}$$

楼地面及楼梯地砖劳动量为929个工日，施工班组人数为33人，一班制施工，其流水节拍为：

$$t_{地面}=\frac{929}{4\times33\times1}=7\text{天}$$

铝合金窗扇安装68个工日，施工班组人数为6人，一班制施工，则流水节拍为：

$$t_{窗}=\frac{68}{4\times6\times1}=2.83\text{天(取3天)}$$

其余木板门、内墙涂料、油漆安排一班制施工，流水节拍均取 3 天，其中，木板门劳动量为 81 个工日，施工班组人数为 7 人；内墙涂料劳动量为 380 个工日，施工班组人数为 32 人；油漆劳动量为 69 个工日，施工班组人数为 6 人。

顶棚龙骨吊顶属穿插施工过程，不占总工期，其劳动量为 148 个工日，施工班组人数为 15 人，一班制施工，则施工持续时间为：

$$t_{顶棚}=\frac{148}{15\times1}=10\text{ 天}$$

装饰分部流水施工工期计算如下：

$K_{抹灰、外墙}=7$ 天

$K_{外墙、地面}=7$ 天

$K_{地面、窗}=4\times7-(4-1)\times3=28-9=19$ 天

$K_{窗、门}=3$ 天

$K_{门、涂料}=3$ 天

$K_{涂料、油漆}=3$ 天

$$T_3=\sum K_{i,i+1}+mt_n$$
$$=(7+7+19+3+3+3)+4\times3=54\text{ 天}$$

本工程流水施工进度计划安排如图 2-19 所示。

### 2.4.2 多层混合结构房屋的流水施工

**【例 2-10】** 多层混合结构房屋的流水施工

某工程为一栋三单元六层混合结构住宅，建筑面积 3391.50m$^2$，基础为 1.2m 厚换土垫层，32mm 厚混凝土垫层上做砖砌条形基础；主体砖墙承重；楼板、厨房、卫生间、楼梯为现浇钢筋混凝土；层层有圈梁、构造柱。本工程室内采用一般抹灰，普通涂料刷白；楼地面为水泥砂浆地面；铝合金窗、胶合板门；外墙为水泥砂浆抹灰，刷外墙涂料。屋面保温材料选用保温隔热板，防水层选用 4mm 厚 SBS 改性沥青防水卷材。其劳动量见表 2-5。

某混合结构住宅劳动量一览　　表 2-5

| 序号 | 分项工程名称 | 劳动量(工日或台班) |
|---|---|---|
| | 基础工程 | |
| 1 | 机械开挖土方 | 6 |
| 2 | 素土机械压实 | 3 |
| 3 | 混凝土垫层(含构造柱筋) | 88 |
| 4 | 砌砖基础及基础墙 | 407 |
| 5 | 基础现浇圈梁、构造柱及楼、板模板 | 51 |
| 6 | 基础圈梁、楼板钢筋 | 64 |
| 7 | 梁、板、柱混凝土 | 74 |
| 8 | 人工回填土 | 242 |
| | 主体工程 | |

续表

| 序号 | 分项工程名称 | 劳动量(工日或台班) |
|---|---|---|
| 9 | 脚手架(含安全网) | 265 |
| 10 | 砌砖墙 | 1560 |
| 11 | 圈梁、楼板、构造柱、楼梯模板 | 310 |
| 12 | 圈梁、楼板、楼梯钢筋 | 386 |
| 13 | 梁、板、柱、楼梯混凝土 | 450 |
|  | 屋面工程 |  |
| 14 | 屋面找坡保温层 | 150 |
| 15 | 屋面找平层 | 34 |
| 16 | 屋面防水层 | 39 |
|  | 装饰工程 |  |
| 17 | 门窗框安装 | 24 |
| 18 | 外墙抹灰 | 431 |
| 19 | 顶棚抹灰 | 457 |
| 20 | 内墙抹灰 | 921 |
| 21 | 楼地面及楼梯抹灰 | 544 |
| 22 | 铝合金窗及木门 | 319 |
| 23 | 油漆涂料 | 378 |
| 24 | 散水、勒脚、台阶及其他 | 56 |
| 25 | 水、暖、电 |  |

对于砌体结构多层房屋的流水施工，一般先考虑分部工程的流水，然后再考虑各分部工程之间的相互搭接施工。具体组织方法如下：

(1) 基础工程施工

基础工程包括机械开挖土方，素土机械压实，混凝土垫层，砌砖基础及基础墙，现浇圈梁、构造柱、梁、板、柱，回填土等施工过程。其中机械挖土及素土压实垫层主要采用机械施工，考虑到工作面等要求，安排其依次施工，不纳入流水。其余施工过程在平面上划分成两个施工段，组织有节奏流水施工。

机械挖土方为 6 个台班，一台机械两班制施工，施工持续时间为：

$$t_{挖土}=\frac{6}{1\times 2}=3\text{ 天}$$

施工班组人数安排 12 人。

素土机械压实为 3 个台班，一台机械一班制施工，施工持续时间为：

$$t_{压土}=\frac{3}{1\times 1}=3\text{ 天}$$

施工班组人数安排 12 人。

混凝土垫层（含构造柱钢筋）劳动量为88个工日，施工班组人数为22人，一班制施工，其流水节拍为：

$$t_{垫}=\frac{88}{2\times22\times1}=2\text{ 天}$$

砌砖基础及基础墙，劳动量为407个工日，施工班组人数为34人，一班制施工，其流水节拍为：

$$t_{砖基}=\frac{407}{2\times34\times1}=6\text{ 天}$$

基础梁、板、柱的钢筋、模板、混凝土合并为一个施工过程，其劳动量为189个工日，施工班组人数为30人，一班制施工，其流水节拍为：

$$t_{现浇梁、板、柱}=\frac{189}{2\times30}=3\text{ 天}$$

人工回填土劳动量为242个工日，施工班组人数为30人，一班制施工，其流水节拍为：

$$t_{回填}=\frac{242}{2\times30\times1}=4\text{ 天}$$

基础工程流水施工中，砌砖基础是主导施工过程，只要保证其连续施工即可，其余三个施工过程安排间断施工，及早为主体工程提供工作面，以便利于缩短工期。

(2) 主体工程施工

主体工程包括砌筑砖墙，现浇钢筋混凝土圈梁、构造柱、楼板、楼梯的支模、绑扎钢筋、浇筑混凝土等施工过程。平面上划分为两个施工段组织流水施工，为了保证主导施工过程砌砖墙能连续施工，将现浇梁、板、柱及预制楼板安装灌缝合并为一个施工过程，考虑其流水节拍，且合并后的流水节拍值不大于主导施工过程的流水节拍值，具体组织安排如下：

砌砖墙劳动量为1560个工日，施工班组人数为32人，一班制施工，流水节拍为：

$$t_{砖墙}=\frac{1560}{6\times2\times32\times1}=4\text{ 天}$$

现浇梁、板、柱及安板灌缝在一个施工段上的持续时间之和为4天。其中，支模板劳动量为310个工日，一班制施工，流水节拍为1天，施工班组人数为：

$$R_{木}=\frac{310}{6\times2\times1\times1}=26\text{ 人}$$

绑扎钢筋劳动量为386个工日，一班制施工，流水节拍为1天，施工班组人数为：

$$R_{筋}=\frac{386}{6\times2\times1\times1}=32\text{ 人}$$

混凝土浇筑劳动量为450个工日，三班制施工，流水节拍为1天，施工班组人数为：

$$R_{混凝土}=\frac{450}{6\times2\times3\times1}=12.5\text{ 人(取 13 人)}$$

(3) 屋面工程施工

屋面工程包括屋面找坡保温层、找平层、防水层等施工过程。考虑到屋面防水要求高，所以不分段，采用依次施工的方式。其中屋面找平层完成后需要有一段养护和干燥的时间，方可进行防水层施工。

(4) 装饰工程施工

装饰工程包括门窗框安装、内外墙及顶棚抹灰、楼地面及楼梯抹灰、铝合金窗及木门安装、油漆涂料、散水、勒脚、台阶等施工过程。每层划分为一个施工段（$m=6$），采用自上而下的顺序施工，考虑到屋面防水层完成与否对顶层顶棚内墙抹灰的影响，顶棚内墙抹灰采用五层→四层→三层→二层→一层→六层的起点流向。考虑装修工程内部各施工过程之间劳动力的调配，安排适当的组织间歇时间组织流水施工。

本工程流水施工进度计划如图 2-20 所示。

## 复习思考题

1. 建筑工程项目施工中有哪几种施工组织方式？各有哪些特点？简述你所在的城市流水施工的典型案例。

2. 组织流水施工的要点和条件有哪些？

3. 流水施工中，主要参数有哪些？分别叙述它们的含义。

4. 施工段划分的基本要求是什么？如何正确划分施工段？

5. 流水施工的时间参数如何确定？

6. 流水节拍的确定应考虑哪些因素？

7. 流水施工的基本方式有哪几种？各有什么特点？

8. 如何组织全等节拍流水？

9. 如何组织成倍节拍流水？

10. 什么是无节奏流水施工？如何确定其流水步距？

## 习 题

1. 某工程有 A、B、C 三个施工过程，每个施工过程均划分为四个施工段，设 $t_A=2$ 天，$t_B=4$ 天，$t_C=3$ 天。试分别计算依次施工、平行施工及流水施工的工期，并绘出各自的施工进度计划。

2. 已知某工程任务划分为五个施工过程，分五段组织流水施工，流水节拍均为 3 天，在第二个施工过程结束后有 2 天的技术与组织间歇时间，试计算其工期并绘制进度计划。

3. 某工程项目由Ⅰ、Ⅱ、Ⅲ三个分项工程组成，它划分为 6 个施工段。各分项工程在各个施工段上的持续时间依次为：6 天、2 天和 4 天，试编制成倍节拍流水施工方案。

4. 某地下工程由挖基槽、做垫层、砌基础和回填土四个分项工程组成，它在平面上划分为 6 个施工段。各分项工程在各个施工段上的流水节拍依次为：挖基槽 6 天、做垫层 2 天、砌基础 4 天、回填土 2 天。做垫层完成后，其相应施工段至少应有技术间歇时间 2 天。为了加快流水施工速度，试编制工期最短的流水施工方案。

5. 某施工项目由Ⅰ、Ⅱ、Ⅲ、Ⅳ四个施工过程组成，它在平面上划分为 6 个施工段。各施工过程在各个施工段上的持续时间依次为：6 天、4 天、6 天和 2 天，施工过程完成后，其相应施工段至少应有组织间歇时间 1 天。试编制工期最短的流水施工方案。

6. 某现浇钢筋混凝土工程由支模板、绑钢筋、浇筑混凝土、拆模板和回填土五个分项工程组成，它在平面上划分为6个施工段。各分项工程在各个施工段上的施工持续时间见表2-6。在混凝土浇筑后至拆模板必须有养护时间2天。试编制该工程流水施工方案。

施工持续时间表 表2-6

| 分项工程名称 | 持续时间(天) | | | | | |
|---|---|---|---|---|---|---|
| | ① | ② | ③ | ④ | ⑤ | ⑥ |
| 支模板 | 2 | 3 | 2 | 3 | 2 | 3 |
| 绑钢筋 | 3 | 3 | 4 | 4 | 3 | 3 |
| 浇筑混凝土 | 2 | 1 | 2 | 2 | 1 | 2 |
| 拆模板 | 1 | 2 | 1 | 1 | 2 | 1 |
| 回填土 | 2 | 3 | 2 | 2 | 3 | 2 |

7. 某施工项目由Ⅰ、Ⅱ、Ⅲ、Ⅳ四个分项工程组成，它在平面上划分为6个施工段。各分项工程在各个施工段上的持续时间见表2-7。分项工程完成后，其相应施工段至少应有技术间歇时间2天，组织间歇时间1天。试编制该工程流水施工方案。

施工持续时间表 表2-7

| 分项工程名称 | 持续时间(天) | | | | | |
|---|---|---|---|---|---|---|
| | ① | ② | ③ | ④ | ⑤ | ⑥ |
| Ⅰ | 3 | 2 | 3 | 3 | 2 | 3 |
| Ⅱ | 2 | 3 | 4 | 4 | 3 | 2 |
| Ⅲ | 4 | 2 | 3 | 3 | 4 | 2 |
| Ⅳ | 3 | 3 | 2 | 2 | 2 | 4 |

## 职业活动训练

针对某中型单位工程项目，编制流水施工进度计划横道图。

1. 目标

通过流水施工进度计划的编制，掌握流水施工基本参数的确定方法，掌握流水施工的组织方法，提高学生编制施工进度计划的能力；感悟分工协作的团队精神和集体主义精神。

2. 环境要求

（1）选择一个拟建的中型建筑工程项目；

（2）图纸齐全；

（3）施工现场满足施工条件要求并应具有一定的特点。

3. 步骤提示

（1）熟悉图纸；

（2）划分施工过程，安排施工顺序；

(3) 划分施工段并计算工程量；

(4) 套用施工定额，计算流水节拍；

(5) 确定流水步距，组织流水施工。

4. 注意事项

(1) 学生在编制施工进度计划时，教师应尽可能书面提供施工项目与业主方的背景资料；

(2) 学生进行编制训练时，教师不必强制要求采用统一格式和统一流水施工方式。

5. 讨论与训练题

讨论1：对于所有工程项目，流水施工进度计划都是最好的进度计划吗？

讨论2：房屋建筑工程项目组织流水施工时应注意一些什么问题？

讨论3：找一找身边的美丽乡村中有哪些项目适合组织群体工程流水施工。

# 项目 3　网络计划技术及其应用

**项目岗位任务**：绘制双代号网络图和单代号网络图，进行双代号网络计划时间参数计算，编制双代号时标网络计划。

**项目知识地图**：

**项目素质要求**：厚植家国情怀，践行科学精神、科学思想、科技报国，坚持马克思主义工作方法，理解精益求精的工匠精神。

**项目能力目标**：能够绘制双代号网络图和单代号网络图，能够进行双代号网络计划时间参数计算，能够编制双代号时标网络计划。

**项目引导**

随着生产的发展和科学技术的进步，自20世纪50年代以来，国外陆续出现了一些计划管理的新方法，总数不下四五十种，其中最基本的是关键线路法（CPM）和计划评审技术（PERT）。由于这些方法是建立在网络图的基础上，因此统称为网络计划方法。那么，究竟什么是网络计划方法？是怎么产生的？应该怎么绘制、计算和应用呢？

1956年，美国杜邦·来莫斯公司的摩根·沃克，为寻求充分利用公司计算机的方法，与赖明顿·兰德公司内部建筑计划小组的詹姆斯·E·凯利合作，开发了一种面向计算机描述工程项目的合理安排进度计划的方法。这种方法最初被称为沃克·凯利法，后来被称为关键线路法（CPM）。自1957年起，网络计划技术的关键线路法得以广泛应用。

1958年，美国在进行大型工程项目时，又创造出一种网络计划方法——计划评审技术（PERT）。该方法不仅能有效控制计划，协调各方面关系，而且在成本控制上也取得了显著效果，所以得以推广。

另外，还有搭接网络计划法（OLN）和图示评审技术（GERT）。随着计算机技术的突飞猛进、边缘学科的不断发展、应用领域的不断拓宽，又产生了决策网络计划法（DN）、风险评审技术（VERT）、仿真网络计划法和流水网络计划法等多种网络计划技术，使得网络计划技术作为一种现代计划管理方法，广泛应用于工业、农业、建筑业、国防和科学研究各个领域。

北京大兴国际机场

1965年，著名数学家华罗庚教授将网络计划技术引入我国，并结合我国当时“统筹兼顾，适当安排”的具体情况，把它概括为统筹法。经过多年的实践与应用，得到了不断的推广和发展。目前，网络计划技术广泛应用于建筑安装工程项目建设中，如三峡工程项目、北京大兴国际机场、白鹤滩水电站等，成果举世瞩目。

## 3.1 网络计划基本概念

建筑工程施工进度计划是通过施工进度图表来表达建筑产品的施工过程、工艺顺序和相互间搭接逻辑关系的。我国长期以来一直是应用流水施工基本原理，采用横道图表的形式来编制工程项目施工进度计划的。这种表达方式简单明了、直观易懂、容易掌握，便于检查和计算资源需求状况。但它在表现内容上有许多不足，例如，不能全面而准确地反映出各项工作之间相互制约、相互依赖、相互影响的关系；不能反映出整个计划（或工程）中的主次部分，即其中的关键工作；难以在有限的资源下合理组织施工、挖掘计划的潜力；不能准确评价计划经济指标；更重要的是不能应用现代计算机技术。这些不足从根本上限制了横道图进度计划的适应范围。

### 3.1.1 网络计划技术

1. 网络计划基本概念

网络图是指由箭线和节点组成的，用来表示工作流程的有向、有序的网状图形。在网络图上加注工作的时间参数而编制成的进度计划，称为网络计划。用网络计划对任务的工作进度进行安排和控制，以保证实现预定目标的科学的计划管理技术，称为网络计划技术。这里所指的任务是计划所承担的有规定目标及约束条件（时间、资源、成本、质量、安全等）的工作总和，如一个工程项目即可称为一项任务。

2. 网络计划方法的基本原理

在建筑工程计划管理中，可以将网络计划技术的基本原理归纳为：首先应用网络图形来表达一项计划（或工程）中各项工作的开展顺序及其相互间的关系；然后通过计算找出计划中的关键工作及关键线路；继而通过不断改进网络计划，寻求最优方案，并付诸实施；最后在执行过程中进行有效的控制和监督。

在建筑施工中，网络计划方法主要是用来编制工程项目施工的进度计划和建筑施工企业的生产计划，并通过对计划的优化、调整和控制，实现缩短工期、提高效率、节约劳力、降低消耗的项目施工管理目标。

3. 网络图的表达方式

网络图中，按节点和箭线所代表的含义不同，可分为双代号网络图和单代号网络图。

（1）双代号网络图

以箭线及其两端节点的编号表示工作的网络图称为双代号网络图。即用两个节点一根箭线代表一项工作，工作名称写在箭线上面，持续时间写在箭线下面，在箭线前后的衔接处画上节点编上号码，并以节点编号 $i$ 和 $j$ 代表一项工作名称，如图 3-1 所示。

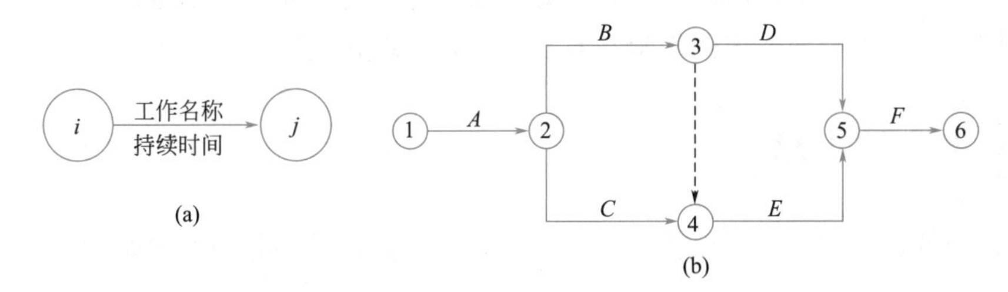


图 3-1 双代号网络图

（a）工作的表示方法；（b）工程的表示方法

（2）单代号网络图

以节点及其编号表示工作，以箭线表示工作之间的逻辑关系的网络图称为单代号网络图。即每一个节点表示一项工作，节点所表示的工作名称、持续时间和工作代号等标注在节点内，如图 3-2 所示。

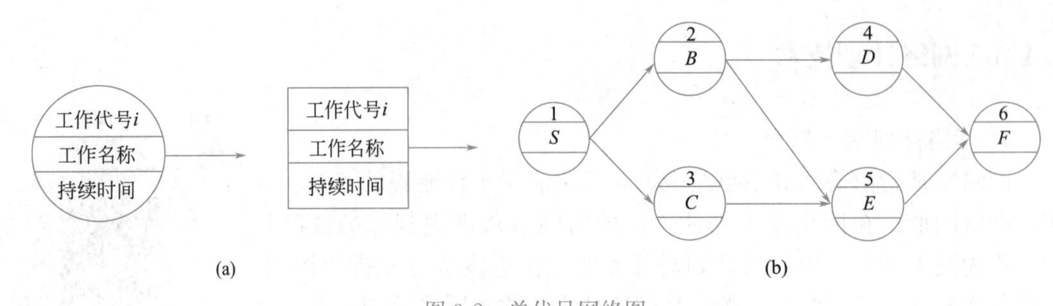


图 3-2 单代号网络图

(a) 工作的表示方法；(b) 工程的表示方法

## 3.1.2 网络计划技术的优缺点

与横道图进度计划方法比较，网络计划技术具有如下优点：

(1) 从整体角度出发、全面统筹安排，明确表示工程中各个工作间的先后顺序和相互依赖相互制约关系。

(2) 通过网络计划时间参数计算，找出关键工作和关键线路，显示工作的机动时间，抓住主要矛盾，合理安排人力、物力和资源，从而降低成本、缩短工期，确保按期完成。

(3) 通过网络计划优化，可在若干可行方案中找出最优方案。

(4) 网络计划执行过程中，管理人员可以利用各工作预先知道的机动时间，以及对整个计划的影响程度，采取技术组织措施对计划进行有效控制和监督，从而加强施工管理工作。

(5) 可以充分利用计算机技术进行时间参数计算、优化与调整，适应产业转型升级。

网络计划技术也存在一些缺点：

(1) 如果不利用计算机进行计划的时间参数计算、优化和调整，则实际计算量大，调整复杂，对于无时间坐标网络图，绘制劳动力和资源需要量曲线较困难。

(2) 网络计划也不像横道图易学易懂，对计划管理人员的素质要求较高。

## 3.1.3 网络计划的分类

网络计划的种类很多，可以从不同的角度进行分类，具体分类方法如下：

(1) 按网络计划性质分类

根据计划的性质不同，网络计划可分为肯定型网络计划和非肯定型网络计划。

1) 肯定型网络计划。是指工作、工作与工作之间的逻辑关系及工作持续时间都肯定的网络计划。在这种网络计划中，各项工作的持续时间都是确定的、单一的数值，整个网络计划有确定的计划总工期。

2) 非肯定型网络计划。是指工作、工作与工作之间的逻辑关系和工作持续时间三者中一项或多项不肯定的网络计划。在这种网络计划中，各项工作的持续时间只能按概率方法确定出三个值，整个网络计划无确定计划总工期。计划评审技术和图示评审技术就属于非肯定型网络计划。

(2) 按网络计划表示方法分类

根据表示方法的不同，网络计划可分为单代号网络计划和双代号网络计划。

1) 单代号网络计划。以单代号表示法绘制的网络计划。如评审技术和决策网络计划等，采用单代号网络计划。

2) 双代号网络计划。以双代号表示法绘制的网络计划。目前，施工企业多采用这种网络计划。

(3) 按网络计划目标分类

根据计划最终目标的多少，网络计划可分为单目标网络计划和多目标网络计划。

1) 单目标网络计划。只有一个终点节点的网络计划，即网络图只具有一个最终目标。如一个建筑物的施工进度计划只具有一个工期目标的网络计划。

2) 多目标网络计划。终点节点不止一个的网络计划。此种网络计划具有若干个独立的最终目标。

(4) 按网络计划层次分类

根据计划的工程对象不同和使用范围大小，网络计划可分为局部网络计划、单位工程网络计划和综合网络计划。

1) 局部网络计划。以一个分部工程或施工段为对象编制的网络计划。如基础工程网络计划。

2) 单位工程网络计划。以一个单位工程为对象编制的网络计划。如教学楼土建工程网络计划。

3) 综合网络计划。以一个建筑项目或建筑群为对象编制的网络计划。如某学校工程网络计划。

(5) 按网络计划时间表达方式分类

根据计划时间的表达方式不同，网络计划可分为时标网络计划和非时标网络计划。

1) 时标网络计划。以时间坐标为尺度绘制的网络计划。网络图中，每项工作箭杆的水平投影长度，与其持续时间成正比。如编制资源优化的网络计划即为时标网络计划。

2) 非时标网络计划。不按时间坐标绘制的网络计划。网络图中，工作箭杆长度与持续时间无关，可按需要绘制。通常绘制的网络计划都是非时标网络计划。

(6) 按网络计划工作衔接特点分类

根据计划工作衔接特点，网络计划可分为普通网络计划、搭接网络计划和流水网络计划。

1) 普通网络计划。工作间关系均按首尾衔接关系绘制的网络计划，如单代号、双代号和概率网络计划。

2) 搭接网络计划。按照规定的搭接时距绘制的网络计划，网络图中既能反映各种搭接关系，又能反映相互衔接关系，如前导网络计划。

3) 流水网络计划。反映流水施工特点的网络计划，包括横道流水网络计划、搭接流水网络计划和双代号流水网络计划。

# 3.2 双代号网络图的组成及绘制

## 3.2.1 双代号网络图的组成

双代号网络图主要由工作（箭线）、节点和线路三个要素组成。

1. 双代号网络图的基本符号

双代号网络图的基本符号是箭线、节点及节点编号。

（1）箭线

网络图中一端带箭头的实线即为箭线。在双代号网络图中，它与其两端的节点表示一项工作。

1）箭线的含义

箭线表达的内容有以下几个方面：

① 一根箭线表示一项工作或表示一个施工过程。根据网络计划的性质和作用的不同，工作既可以是一个简单的施工过程，如挖土、垫层等分项工程或者基础工程、主体工程等分部工程，也可以是一项复杂的工程任务，如教学楼土建工程等单位工程或者教学楼工程等单项工程。它表示的范围可大可小，主要根据工程性质、规模大小和客观需要来确定。一般来说，建筑安装工程施工进度计划中的控制性计划，工作可分解到分部工程，而实施性计划分解到分项工程。

② 一根箭线表示一项工作所消耗的时间和资源，分别用数字标注在箭线的下方和上方。一般而言，每项工作的完成都要消耗一定的时间和资源，如砌砖墙、浇筑混凝土等；也存在只消耗时间而不消耗资源的工作，如混凝土养护、砂浆找平层干燥等技术间歇，若单独考虑时，也应作为一项工作对待。

③ 在无时间坐标的网络图中，箭线的长短不代表时间的长短。画图时原则上是任意的，但必须满足网络图的绘制规则。在有时间坐标的网络图中，其箭线的长度必须根据完成该项工作所需时间长短按比例绘制。

④ 箭线的方向表示工作进行的方向和前进的路线。箭尾表示工作的开始，箭头表示工作的结束。

⑤ 箭线可以画成直线、折线或斜线。必要时，箭线也可以画成曲线，但应以水平直线为主，一般不宜画成垂直线。

2）工作

工作（也可称为“工序”或“活动”）是指计划任务按需要粗细程度划分而成的一个子项目或子任务。根据其完成过程中需要消耗时间和资源的程度不同可分为三种情况：

① 需要消耗时间和资源的工作。如砌筑安装、运输类、制备类施工过程。

② 需要消耗时间但不消耗资源的工作。如混凝土的养护。

③ 既不消耗资源又不消耗时间的工作。

前两种工作称为“实工作”，而第三种是用来表达相邻前后工作之间逻辑关系而虚设的工作，故称为“虚工作”（将在后面详述）。

3）工作的类型

按照网络图中工作之间的相互关系可将工作分为以下几种类型：

① 紧前工作：紧排在本工作之前的工作称为本工作的紧前工作。双代号网络图中，本工作和紧前工作之间可能有虚工作。如图 3-3 所示，槽 1 是槽 2 的组织关系上的紧前工作；垫 1 和垫 2 之间虽有虚工作，但垫 1 仍然是垫 2 的组织关系上的紧前工作；槽 1 则是垫 1 的工艺关系上的紧前工作。

② 紧后工作：紧排在本工作之后的工作称为本工作的紧后工作。双代号网络图中，本工作和紧后工作之间可能有虚工作。如图 3-3 所示，垫 2 是垫 1 的组织关系上的紧后工作；垫 1 是槽 1 的工艺关系上的紧后工作。

③ 平行工作：可与本工作同时进行的工作称为本工作的平行工作，如图 3-3 所示，槽 2 是垫 1 的平行工作。

④ 起始工作：没有紧前工作的工作。

⑤ 结束工作：没有紧后工作的工作。

⑥ 内向工作：指向某节点的箭线所代表的工作为该节点的内向工作。

⑦ 外向工作：从某节点引出的箭线所代表的工作为该节点的外向工作。

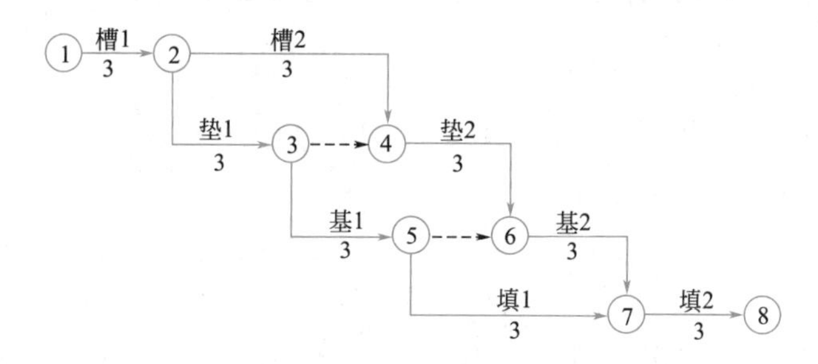


图 3-3 工作的类型

（2）节点

网络图中箭线端部的圆圈或其他形状的封闭图形就是节点。在双代号网络图中，它表示工作之间的逻辑关系，节点表达的内容有以下几个方面：

1）节点表示前面工作结束和后面工作开始的瞬间，所以节点不需要消耗时间和资源。

2）箭线的箭尾节点表示该工作的开始，箭线的箭头节点表示该工作的结束。

3）根据节点在网络图中的位置不同可以分为起点节点、终点节点和中间节点。起点节点是网络图的第一个节点，表示一项任务的开始。终点节点是网络图的最后一个节点，表示一项任务的完成。除起点节点和终点节点以外的节点称为中间节点，中间节点都有双重的含义，既是前面工作的箭头节点，也是后面工作的箭尾节点，如图 3-4 所示。

（3）节点编号

网络图中的每个节点都有自己的编号，以便赋予每项工作以代号，便于计算网络图的时间参数和检查网络图是否正确。

1）节点编号必须满足两条基本规则，其一，箭头节点编号大于箭尾节点编号，因此节点编号顺序是：箭尾节点编号在前，箭头节点编号在后，凡是箭尾节点没有编号，箭头

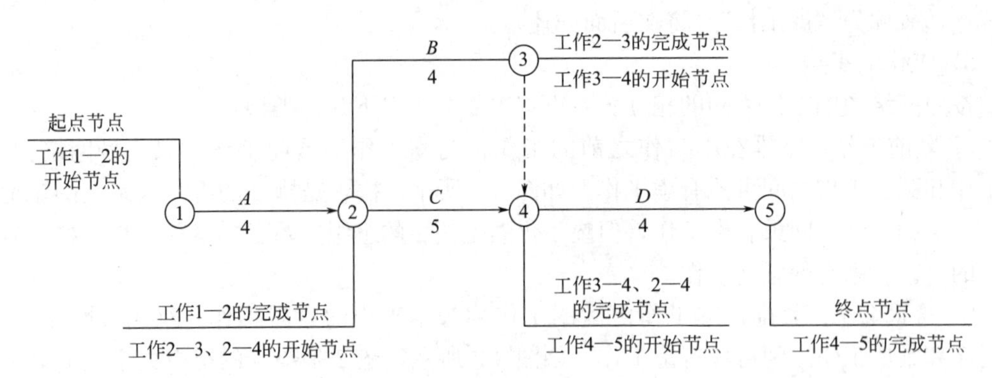


图 3-4 节点关系图

节点不能编号；其二，在一个网络图中，所有节点不能出现重复编号，编号的号码可以按自然数顺序进行，也可以非连续编号，以便适应网络计划调整中增加工作的需要，编号留有余地。

2）节点编号的方法有两种：一种是水平编号法，即从起点节点开始由上到下逐行编号，每行则自左到右按顺序编号，如图 3-5 所示；另一种是垂直编号法，即从起点节点开始自左到右逐列编号，每列则根据编号规则的要求进行编号，如图 3-6 所示。

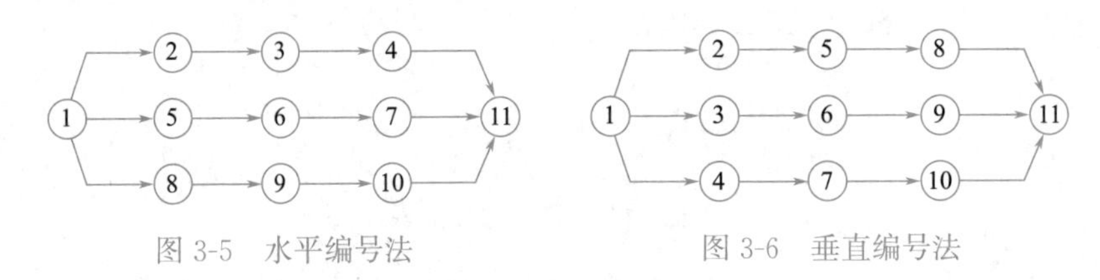

图 3-5 水平编号法　　图 3-6 垂直编号法

2. 线路、关键线路、关键工作

（1）线路

网络图中从起点节点开始，沿箭头方向顺序通过一系列箭线与节点，最后达到终点节点的通路称为线路。对于一个网络图而言，线路的数目是确定的。完成某条线路的工作所必需的总持续时间，称为线路时间，它代表该线路的计划工期，可按下式计算

$$T_s = \sum D_{i-j} \tag{3-1}$$

式中　$T_s$——第 $s$ 条线路的线路时间；

$D_{i-j}$——第 $s$ 条线路上某项工作 $i$—$j$ 的持续时间。

（2）关键线路和关键工作

根据线路时间的不同，可将线路分为关键线路和非关键线路两种，线路时间最长的线路称为关键线路，其余线路称为非关键线路。位于关键线路上的工作称为关键工作。关键工作完成快慢直接影响整个计划工期的实现。

关键线路具有如下性质：

1）关键线路的线路时间，代表整个网络计划的总工期。

2）关键线路上的工作，称为关键工作，均无时间储备。

3）一般来说，一个网络图中至少有一条关键线路。

4）关键线路也不是一成不变的，在一定的条件下，关键线路和非关键线路会相互转化。例如，当采取技术组织措施，缩短关键工作的持续时间，或者非关键工作持续时间延长时，就有可能使关键线路发生转移。

网络计划中，关键工作的比重往往不宜过大，网络计划越复杂，工作节点就越多，则关键工作的比重应该越小，这样有利于抓住主要矛盾。正确处理主要矛盾和次要矛盾之间的关系，是我们做好一切工作的前提，也是马克思主义的工作方法。

非关键线路具有如下性质：

1）非关键线路的线路时间，仅代表该条线路的计划工期。

2）非关键线路上的工作，除关键工作外，其余均为非关键工作。

3）非关键工作均有时间储备可利用，意味着工作完成日期容许适当变动而不影响工期。

4）由于计划管理人员工作疏忽，拖延了某些非关键工作的持续时间，非关键线路可能转化为关键线路。

时间储备（时差）的意义就在于，可以使非关键工作在时差允许范围内放慢施工进度，将部分人、财、物转移到关键工作上去，以加快关键工作的进程；或者在时差允许范围内改变工作开始和结束时间，以达到均衡施工的目的。

关键线路宜用粗箭线、双箭线或彩色箭线标注，以突出其在网络计划中的重要位置。

### 3.2.2　双代号网络图的绘制

1. 网络图逻辑关系

网络图中工作之间相互制约或依赖的关系称为逻辑关系。工作之间的逻辑关系包括工艺关系和组织关系。

1）工艺关系

工艺关系是指生产工艺上客观存在的先后顺序关系，或者是非生产性工作之间由工作程序决定的先后顺序关系。例如，建筑工程施工时，先做基础，后做主体；先做结构，后做装修。工艺关系是不能随意改变的。如图 3-3 所示，槽 1—垫 1—基 1—填 1 为工艺关系。

2）组织关系

组织关系是指在不违反工艺关系的前提下，人为安排工作的先后顺序关系。例如，建筑群中各个建筑物的开工顺序的先后；施工对象的分段流水作业等。组织顺序可以根据具体情况，按安全、经济、高效的原则统筹安排。如图 3-3 所示，槽 1—槽 2、垫 1—垫 2 等为组织关系。

2. 虚工作及其应用

双代号网络计划中，只表示前后相邻工作之间的逻辑关系，既不占用时间，也不耗用资源的虚拟的工作称为虚工作。虚工作用虚箭线表示，其表达形式可垂直方向向上或向下，也可水平方向向右，如图 3-7 所示，虚工作起着联系、区分、断路三个作用。

（1）联系作用

虚工作不仅能表达工作间的逻辑连接关系，而且能表达不同幢号的房屋之间的相互联系。例如，工作 $A$、$B$、$C$、$D$ 之间的逻辑关系为：工作 $A$ 完成后可同时进行 $B$、$D$ 两项工作，工作 $C$ 完成后进行工作 $D$。不难看出，$A$ 完成后其紧后工作为 $B$，$C$ 完成后其紧后工作为 $D$，很容易表达，但 $D$ 又是 $A$ 的紧后工作，为把 $A$ 和 $D$ 联系起来，必须引入虚工作 2—5，逻辑关系才能正确表达，如图 3-8 所示。

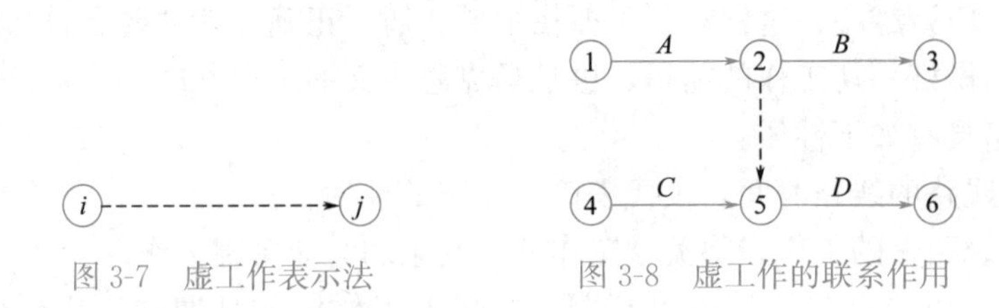


图 3-7　虚工作表示法　　图 3-8　虚工作的联系作用

（2）区分作用

双代号网络计划是用两个代号表示一项工作。如果两项工作用同一代号，则不能明确表示出该代号表示哪一项工作。因此，不同的工作必须用不同代号。如图 3-9 所示，（a）图出现“双同代号”的错误，（b）图、（c）图是两种不同的区分方式，（d）图则多画了一个不必要的虚工作。

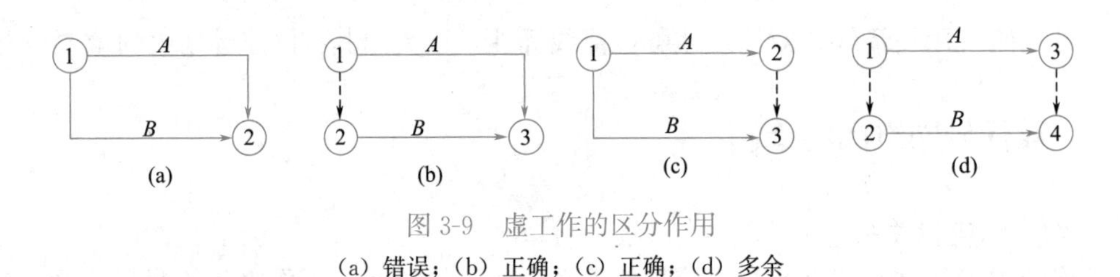


图 3-9　虚工作的区分作用

（a）错误；（b）正确；（c）正确；（d）多余

（3）断路作用

如图 3-10 所示为某基础工程挖基槽（$A$）、垫层（$B$）、基础（$C$）、回填土（$D$）四项工作的流水施工网络图。该网络图中出现了 $A_2$ 与 $C_1$、$B_2$ 与 $D_1$、$A_3$ 与 $C_2$、$B_3$ 与 $D_2$ 四处，把并无联系的工作联系上了，即出现了多余联系的错误。

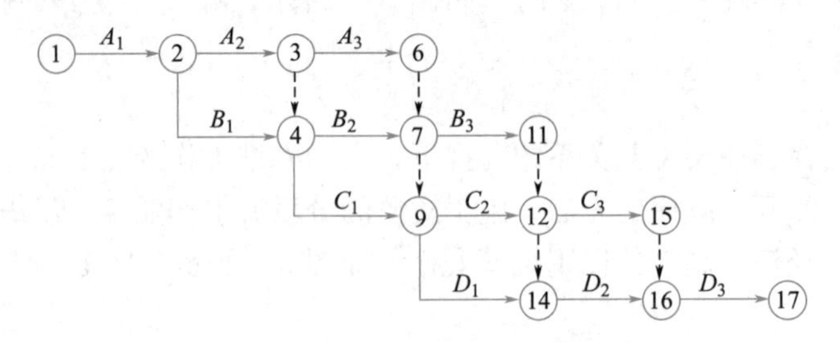


图 3-10　逻辑关系错误的网络图

为了正确表达工作间的逻辑关系，在出现逻辑错误的圆圈（节点）之间增设新节点（即虚工作），切断毫无关系的工作之间的联系，这种方法称为断路法。如图 3-11 中，增设节点⑤，虚工作 4—5 切断了 $A_2$ 与 $C_1$ 之间的联系；同理，增设节点⑧、⑩、⑬，虚工作 7—8、9—10、12—13 等也都起到了相同的断路作用。然后，去掉多余的虚工作，经调整后的正确网络图，如图 3-12 所示。

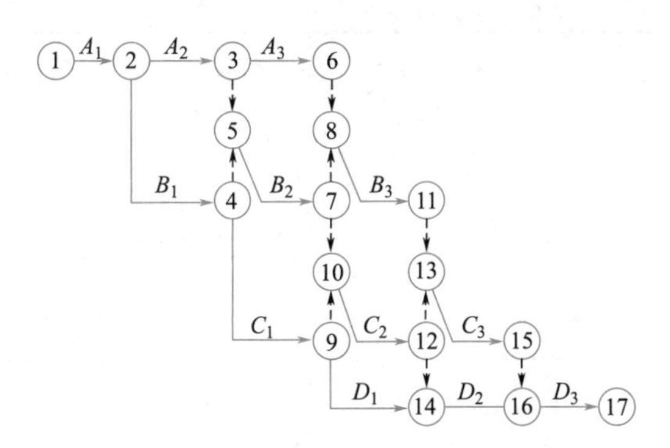


图 3-11　断路法切断多余联系

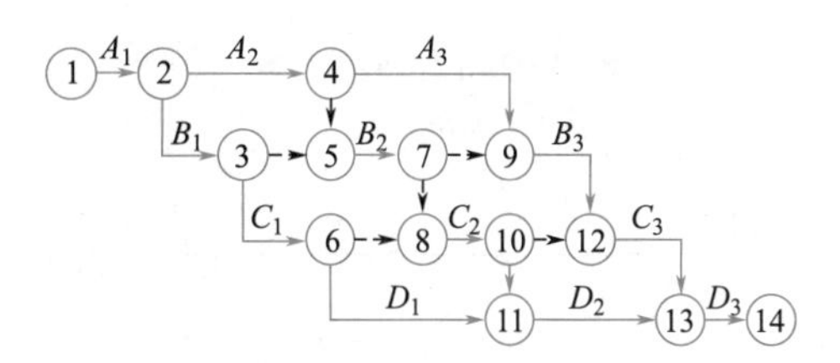


图 3-12　正确的网络图

由此可见，双代号网络图中虚工作是非常重要，但在应用时要恰如其分，不能滥用，以必不可少为限。另外，增加虚工作后要进行全面检查，不要顾此失彼。

双代号网络图的绘制规则

3. 双代号网络图的绘图规则

（1）双代号网络图必须正确表达已定的逻辑关系。

例如已知网络图的逻辑关系为：$A$、$B$ 无紧前工作，$C$ 的紧前工作为 $A$、$B$，$D$ 的紧前工作为 $B$。若绘出网络图 3-13（a）就是错误的，因 $D$ 的紧前工作没有 $A$。此时可引入虚工作用横向断路法或竖向断路法将 $D$ 与 $A$ 的联系断开，如图 3-13（b）、（c）、（d）所示。

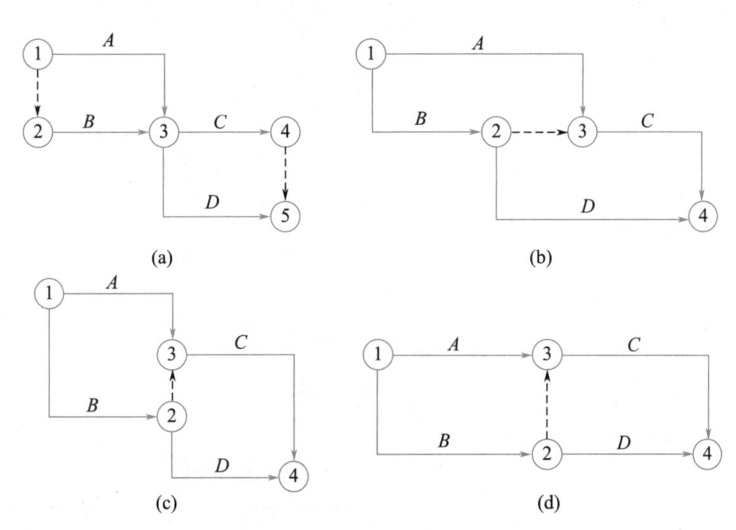


图 3-13　某双代号网络图

（a）错误画法；（b）横向断路法；（c）竖向断路法之一；（d）竖向断路法之二

工作间常用的逻辑关系表示方法见表 3-1。

（2）网络图必须具有能够表明基本信息的明确标识，数字或字母均可，如图 3-14 所示为双代号网络图时间参数标注。

工作间逻辑关系表示方法 表 3-1

| 序号 | 工作之间的逻辑关系 | 双代号表示方法 | 单代号表示方法 |
|---|---|---|---|
| 1 | $A$、$B$ 两项工作，依次施工 | | |
| 2 | $A$、$B$、$C$ 三项工作，同时开始工作 | | |
| 3 | $A$、$B$、$C$ 三项工作，同时结束工作 | | |
| 4 | $A$、$B$、$C$ 三项工作，$A$ 完成后，$B$、$C$ 才能开始 | | |
| 5 | $A$、$B$、$C$ 三项工作，$C$ 只能在 $A$、$B$ 完成后才能开始 | | |
| 6 | $A$、$B$、$C$、$D$ 四项工作，$A$ 完成后，$C$ 才能开始，$A$、$B$ 完成后，$D$ 才能开始 | | |
| 7 | $A$、$B$、$C$、$D$ 四项工作，只有 $A$、$B$ 完成后，$C$、$D$ 才能开始工作 | | |
| 8 | $A$、$B$、$C$、$D$、$E$ 五项工作，$A$、$B$ 完成后，$C$ 才能开始，$B$、$D$ 完成后，$E$ 才能开始 | | |
| 9 | $A$、$B$、$C$、$D$、$E$ 五项工作，$A$、$B$、$C$ 完成后，$D$ 才能开始工作，$B$、$C$ 完成后，$E$ 才能开始工作 | | |

续表

| 序号 | 工作之间的逻辑关系 | 双代号表示方法 | 单代号表示方法 |
| --- | --- | --- | --- |
| 10 | A、B 两项工作，分成三个施工段，进行平行搭接流水施工 |  |  |

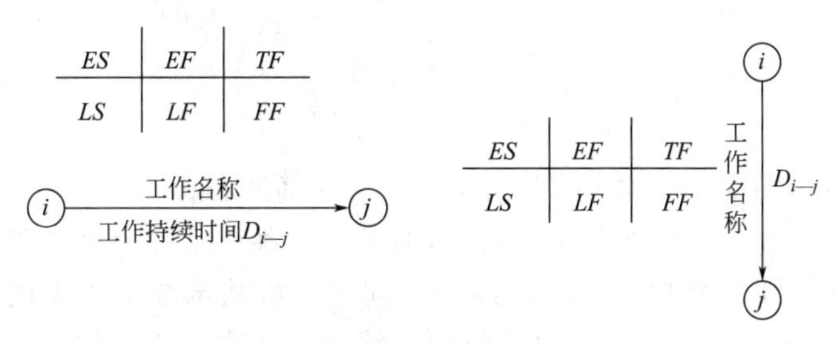


图 3-14　双代号网络图的标识

（3）双代号网络图中，严禁出现循环回路。所谓循环回路是指从一个节点出发，顺箭线方向又回到原出发点的循环线路。如图 3-15 所示，就出现了循环回路 2—3—4—5—6—7—2。

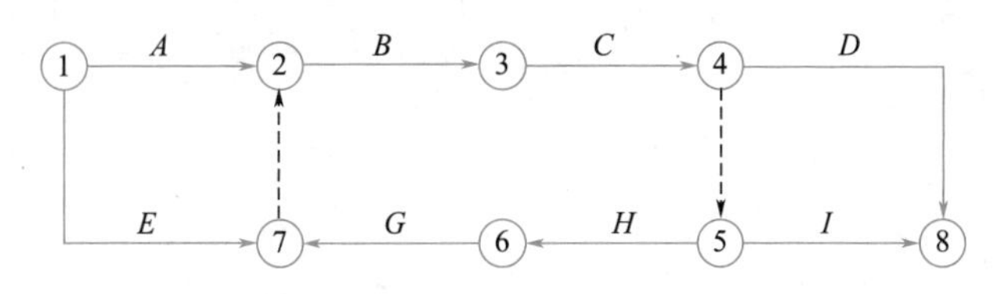


图 3-15　有循环回路的错误网络图

（4）双代号网络图中，在节点之间严禁出现带双向箭头或无箭头的连线，如图 3-16 所示。

图 3-16　错误的箭线画法

（a）带双向箭头的连线；（b）无箭头的连线

（5）双代号网络图中，严禁出现没有箭头节点或没有箭尾节点的箭线，如图 3-17 所示。

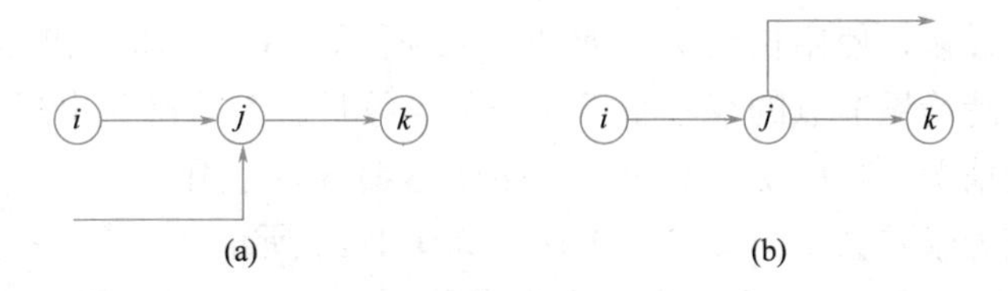


图 3-17　没有箭尾和箭头节点的箭线

（a）没有箭尾节点的箭线；（b）没有箭头节点的箭线

（6）双代号网络图中的箭线（包括虚箭线）宜保持自左向右的方向，不宜出现箭头指向左方的水平箭线和箭头偏向左方的斜向箭线，如图 3-18 所示。若遵循这一原则绘制的网络图，就不会出现循环回路错误。

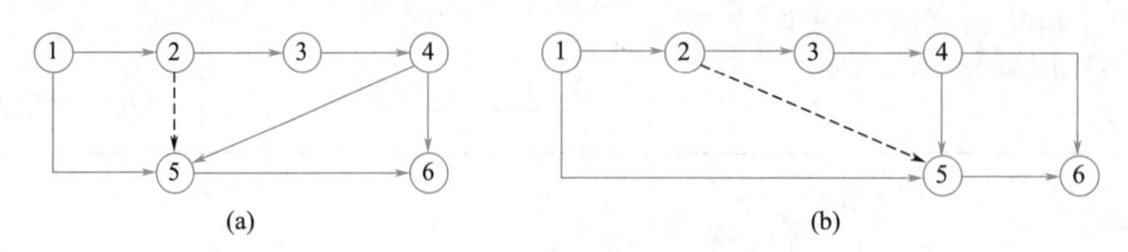


图 3-18 双代号网络图的表达

（a）较差；（b）较好

（7）双代号网络图中，一项工作只有唯一的一条箭线和相应的一对节点编号。严禁在箭线上引入或引出箭线，如图 3-19 所示。当网络图的某些节点有多条外向箭线或有多条内向箭线时，可用母线法绘制。当箭线线型不同时，可从母线上引出的支线上标出。如图 3-20 所示，使多条箭线经一条共用的竖向母线段从起点节点引出，或使多条箭线经一条共用的竖向母线段引入终点节点，特殊线型的箭线（粗箭线、双箭线、虚箭线、彩色箭线等）单独自起点节点绘出和单独引入终点节点。

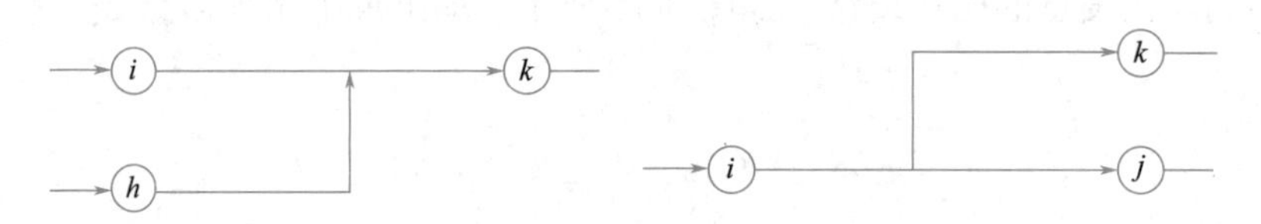


图 3-19 在箭线上引入和引出箭线的错误画法

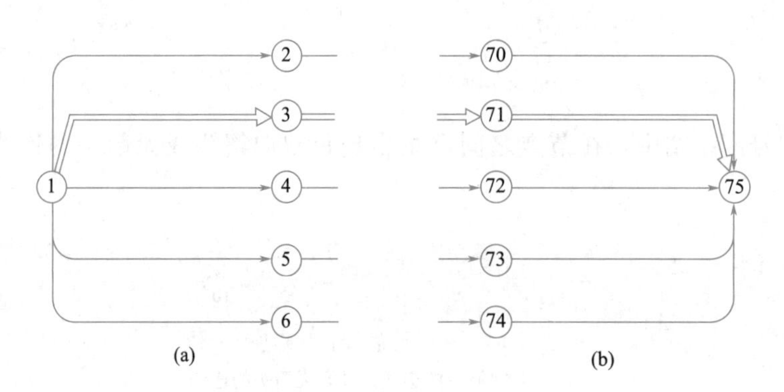


图 3-20 母线画法

（8）绘制网络图时，尽可能在构图时避免交叉。当交叉不可避免且交叉少时，采用过桥法，当箭线交叉过多，使用指向法，如图 3-21 所示。采用指向法时应注意节点编号指向的大小关系，保持箭尾节点的编号小于箭头节点编号。为了避免出现箭尾节点的编号大于箭头节点的编号情况，指向法一般只在网络图已编号后才用。

（9）网络图应力求减去不必要的虚工作，如图 3-22 所示。

（10）双代号网络图中，只允许有一个起点节点（该节点编号最小）；不是分期完成任务的网络图中，只允许有一个终点节点（该节点编号最大）；而其他所有节点均是中间节

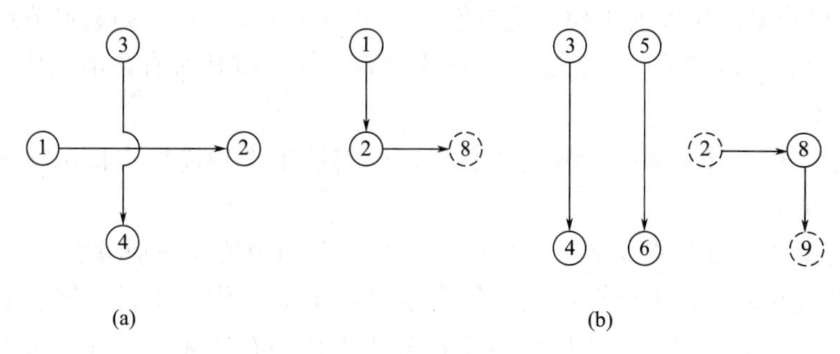


图 3-21 交叉箭线的画法

（a）过桥法；（b）指向法

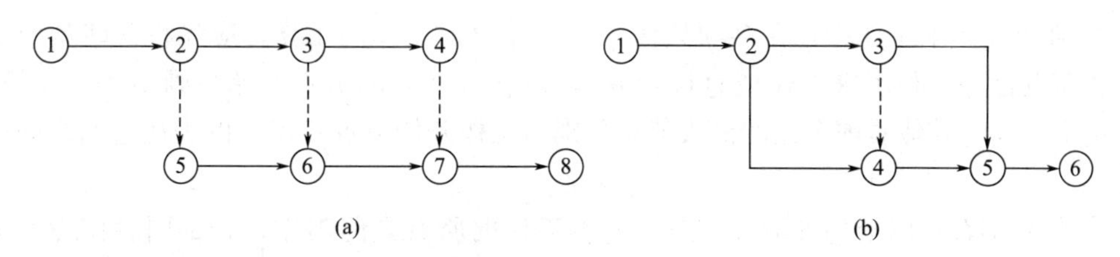


图 3-22 虚工作示意图

（a）有多余虚工作；（b）无多余虚工作

点（编号居中）。如图 3-23（a）所示，网络图中有三个起点节点①、②和⑤，有三个终点节点⑨、⑫和⑬，应将①、②、⑤合并成一个起点节点，将⑨、⑫、⑬合并成一个终点节点，如图 3-23（b）所示。

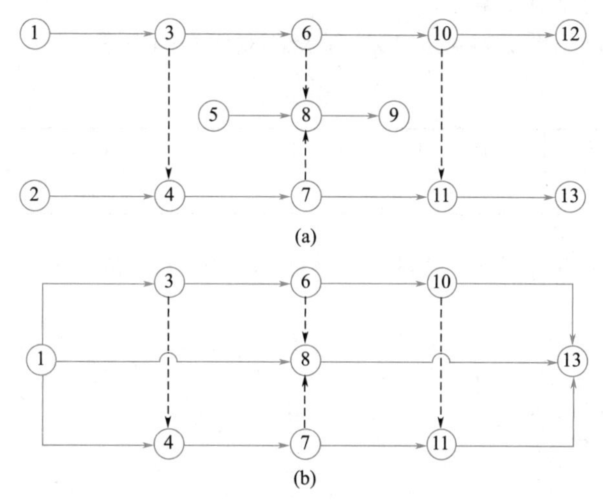


图 3-23 起点节点和终点节点表达

（a）错误表达；（b）正确表达

4. 双代号网络图的绘制方法

双代号网络图绘制方法很多，这里仅介绍逻辑草稿法。

先根据网络图的逻辑关系，绘制出网络图草图，再结合绘图规则进行调整布局，最后形成正式网络图。当已知每一项工作的紧前工作时，可按下述步骤绘制双代号网络图：

（1）绘制没有紧前工作的工作，使它们具有相同的箭尾节点，即起点节点。

（2）依次绘制其他各项工作。这些工作的绘制条件是将其所有紧前工作都已经绘制出来。绘制原则为：

1）当所绘制的工作只有一个紧前工作时，则将该工作的箭线直接画在其紧前工作的完成节点之后即可。

2）当所绘制的工作有多个紧前工作时，应按以下四种情况分别考虑：

① 如果在其紧前工作中存在一项只作为本工作紧前工作的工作（即在紧前工作栏目中，该紧前工作只出现一次），则应将本工作箭线直接画在该紧前工作完成节点之后，然后用虚箭线分别将其他紧前工作的完成节点与本工作的开始节点相连，以表达它们之间的逻辑关系。

② 如果在紧前工作中存在多项只作为本工作紧前工作的工作，应先将这些紧前工作的完成节点合并（利用虚工作或直接合并），再从合并后的节点开始，画出本工作箭线，最后用虚箭线将其他紧前工作的箭头节点分别与工作开始节点相连，以表达它们之间的逻辑关系。

③ 如果不存在以上两种情况，应判断本工作的所有紧前工作是否都同时作为其他工作的紧前工作（即紧前工作栏目中，这几项紧前工作是否均同时出现若干次）。如果这样，应先将它们完成节点合并后，再从合并后的节点开始画出本工作箭线。

④ 如果不存在以上三种情况，则应将本工作箭线单独画在其紧前工作箭线之后的中部，然后用虚工作将紧前工作与本工作相连，表达逻辑关系。

3）合并没有紧后工作的箭线，即为终点节点。

4）确认无误，进行节点编号。

**【例 3-1】** 已知网络图资料见表 3-2，试绘制双代号网络图。

工作逻辑关系表　　表 3-2

| 工作 | $A$ | $B$ | $C$ | $D$ | $E$ | $G$ | $H$ |
|---|---|---|---|---|---|---|---|
| 紧前工作 | — | — | — | — | $A$、$B$ | $B$、$C$、$D$ | $C$、$D$ |

**【解】** （1）绘制没有紧前工作的工作箭线 $A$、$B$、$C$、$D$，如图 3-24（a）所示。

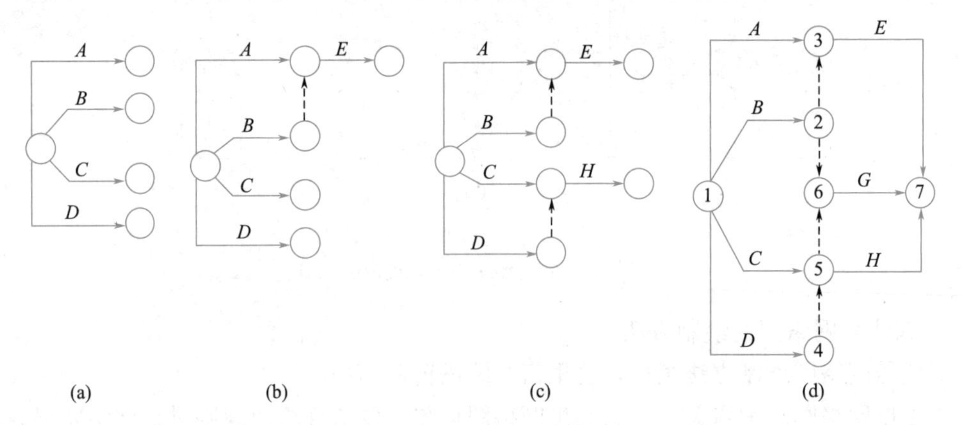


图 3-24　双代号网络图绘图

（2）按前述原则 2）中情况①绘制工作 $E$，如图 3-24（b）所示。

（3）按前述原则 2）中情况③绘制工作 $H$，如图 3-24（c）所示。

（4）按前述原则 2）中情况④绘制工作 $G$，并将工作 $E$、$G$、$H$ 合并，如图 3-24（d）所示。

绘制双代号网络图应注意如下事项：

（1）网络图布局要条理清楚、重点突出。虽然网络图主要用以表达各工作之间的逻辑关系，但为了使用方便，布局应条理清楚、层次分明、行列有序，同时还应突出重点，尽量把关键工作和关键线路布置在中心位置。

（2）正确应用虚箭线进行网络图的断路。应用虚箭线进行网络图断路，是正确表达工作之间逻辑关系的关键。如图 3-25 所示，某双代号网络图出现多余联系可采用以下两种方法进行断路：一种是在横向用虚箭线切断无逻辑关系的工作之间联系，称为横向断路法，如图 3-26 所示，这种方法主要用于无时间坐标的网络；另一种是在纵向用虚箭线切断无逻辑关系的工作之间的联系，称为纵向断路法，如图 3-27 所示，这种方法主要用于有时间坐标的网络图中。

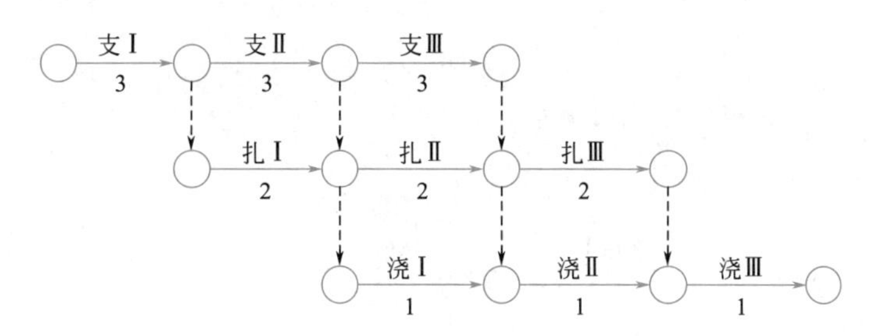


图 3-25　某多余联系代号网络图

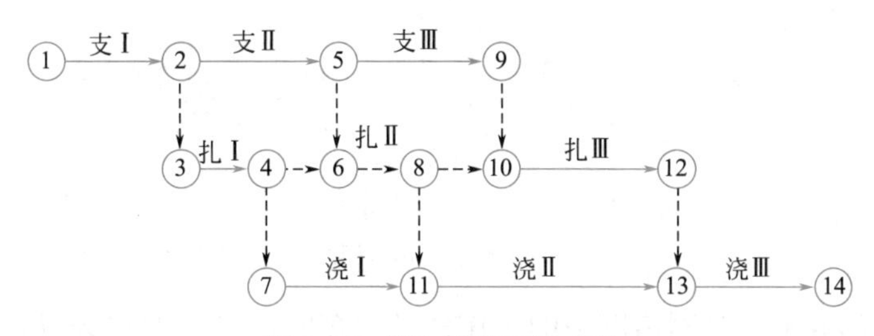


图 3-26　横向断路法示意图

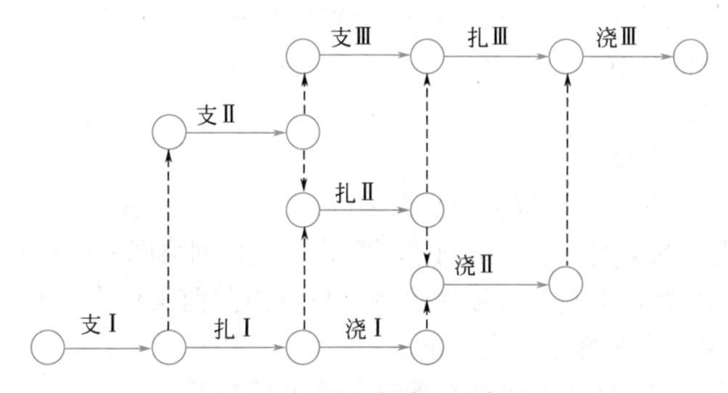


图 3-27　纵向断路法示意图

（3）力求减少不必要的箭线和节点。双代号网络图中，应在满足绘图规则和两个节点一根箭线代表一项工作的原则基础上，力求减少不必要的箭线和节点，使网络图图面简洁，减少时间参数的计算量。如图 3-28（a）所示，该图在施工顺序、流水关系及逻辑关系上均是合理的，但它过于烦琐。如果将不必要的节点和箭线去掉，网络图则更加明快、简单，同时并不改变原有的逻辑关系，如图 3-28（b）所示。

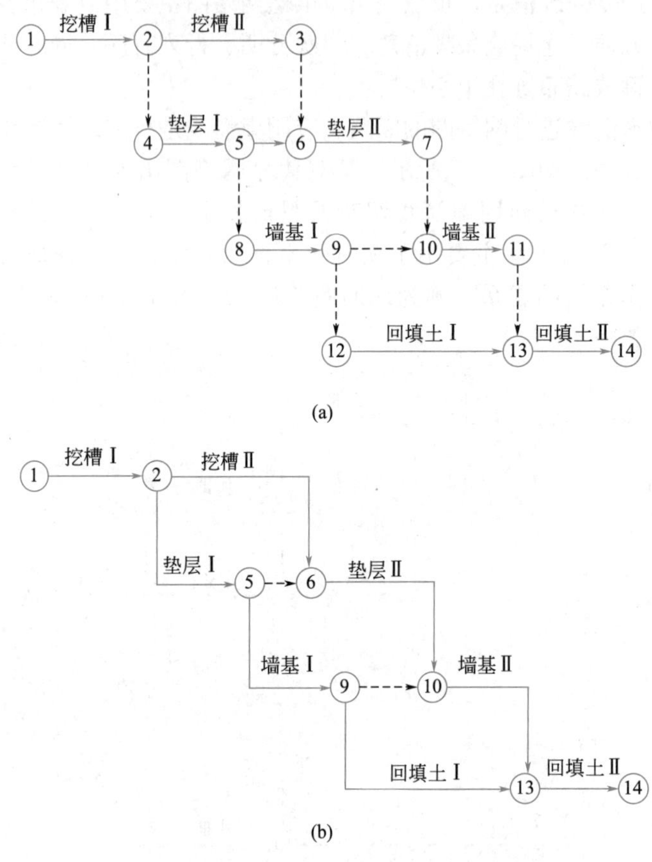


图 3-28 网络图简化示意图

（a）简化前；（b）简化后

（4）网络图的分解。当网络图中的工作任务较多时，可以把它分成几个小块来绘制。分界点一般选择在箭线和节点较少的位置，或按施工部位分块。分界点要用重复编号，即前一块的最后一节点编号与后一块的第一个节点编号相同。如图 3-29 所示为一民用建筑基础工程和主体工程的分解。

5. 网络图的拼图

（1）网络图的绘制步骤

绘制双代号网络图时，一般按下列步骤进行：

1）按选定的网络图类型和已确定的排列方式，进行网络图的合理布局。

2）从起始工作开始，由左至右依次绘制，只有当紧前工作全部绘制完成后，才能绘制本工作，直到结束工作全部绘制完为止。

3）检查工作及工作之间逻辑关系有无错漏并进行修正。

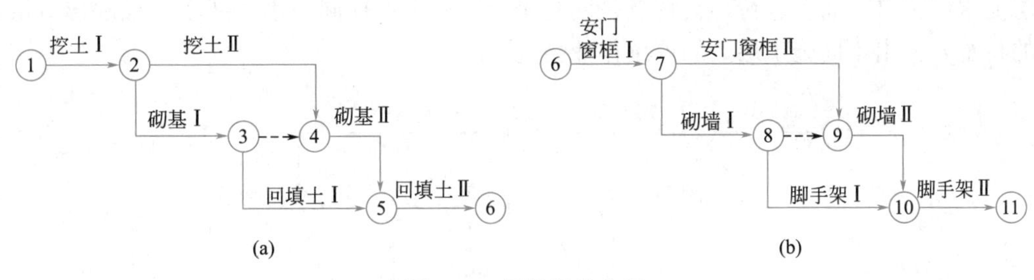


图 3-29　网络图的分解

（a）基础工程；（b）主体工程

4）按网络图绘图规则的要求完善网络图。

5）按网络图的编号要求进行节点编号。

（2）网络图的排列

网络图采用正确的排列方式，不仅逻辑关系准确清晰，形象直观，而且便于计算与调整。主要排列方式有：

1）按工种排列

根据施工顺序把各工种（施工过程）按垂直方向排列，施工段按水平方向排列，如图 3-30 所示。其特点是相同工种在同一水平线上，突出不同工种的连续作业情况。

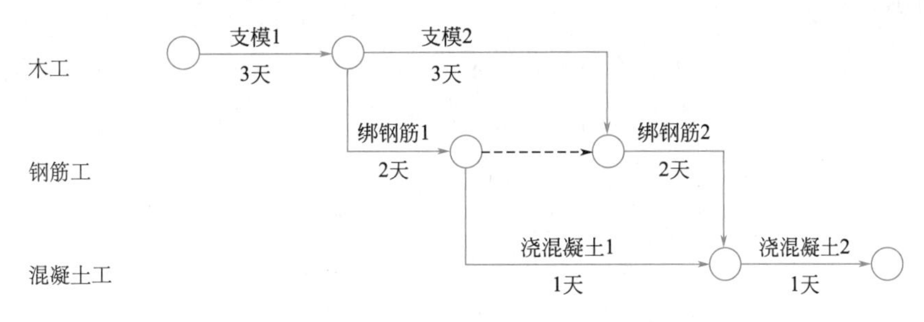


图 3-30　按工种排列

2）按施工段排列

同一施工段上的有关工种（施工过程）按水平方向排列，施工段按垂直方向排列，如图 3-31 所示。其特点是同一施工段的工作在同一水平线上，反映出分段施工的特征，突出不同工作面上的连续作业情况。

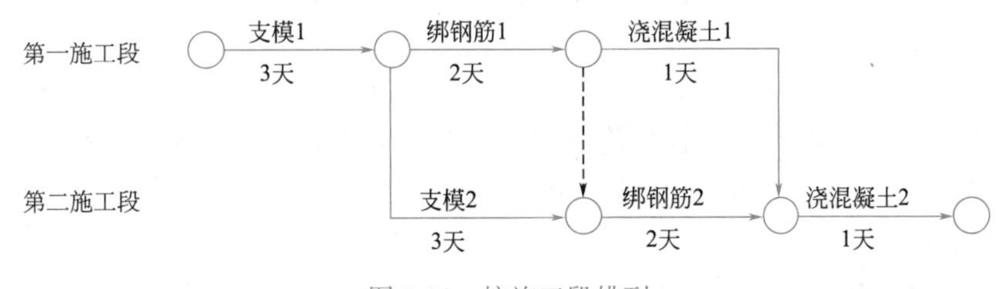


图 3-31　按施工段排列

3）按施工层排列

将同一施工层的各项工作按同一水平方向上排列，如图 3-32 所示，室内装修工程按楼层流水施工自上而下进行。其特点是同一施工层的工作在同一水平线上，反映出分层施工的特征，突出不同施工层上的连续作业情况。

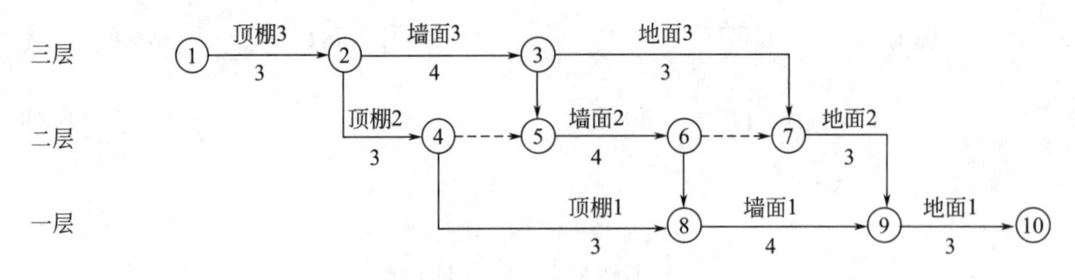


图 3-32 按施工层排列

4）其他排列

网络图的其他排列方法有按施工或专业单位排列、按栋号排列、按分部工程排列、混合排列等。

（3）网络图的工作合并

为了简化网络图，可将较详细的相对独立的局部网络图变为较概括的少箭线的网络图。网络图工作合并的基本方法是：保留局部网络图中与外部工作相联系的节点，合并后箭线所表达的工作持续时间为合并前该部分网络图中相应最长线路段的工作时间之和。如图 3-33 所示。

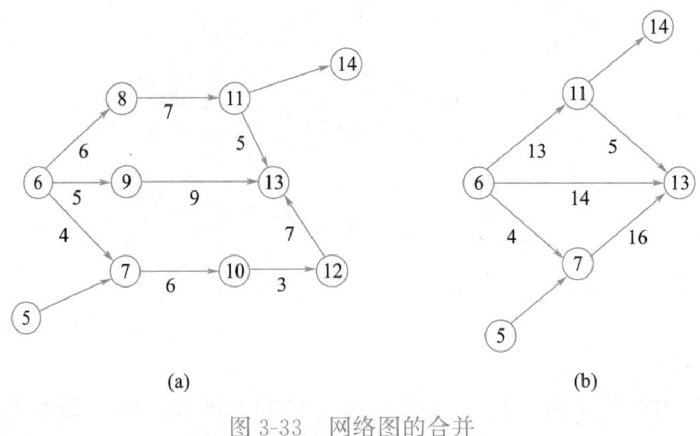


图 3-33 网络图的合并

（a）合并前；（b）合并后

网络图的合并主要适用于群体工程施工控制网络图和施工单位的季度、年度控制网络图的编制。

（4）网络图连接

绘制较复杂的网络图时，往往先将其分解成若干个相对独立的部分，然后各自分头绘制，最后按逻辑关系进行连接，形成一个总体网络图，如图 3-34 所示。在连接过程中，应注意以下几点：

1）必须有统一的构图和排列形式；

2）整个网络图的节点编号要协调一致；

3）施工过程划分的粗细程度应一致；

4）各分部工程之间应预留连接节点。

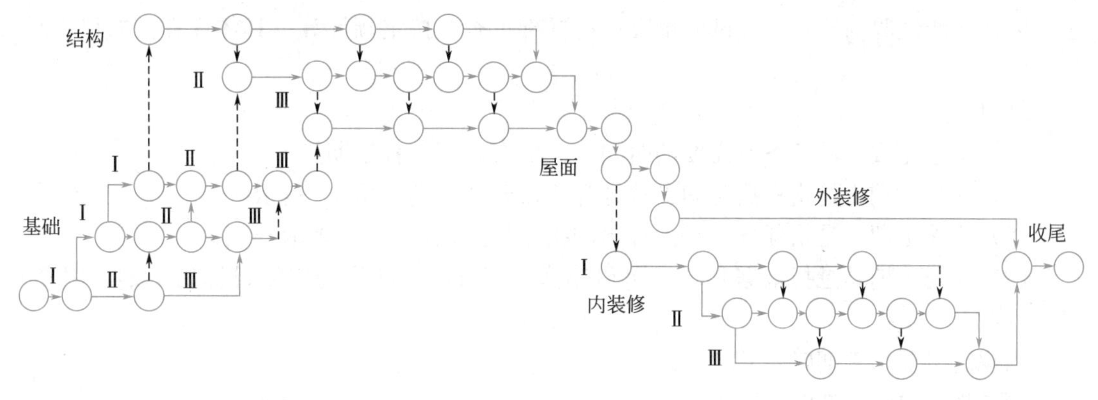


图 3-34　网络图的连接

（5）网络图的详略组合

在网络图的绘制中，为了简化网络图图面，更是为了突出网络计划的重点，常常采取“局部详细、整体简略”的绘制方式，称为详略组合。例如，编制有标准层的多高层住宅或公寓、写字楼等工程施工网络计划，可以先将施工工艺过程和工程量与其他楼层均相同的标准层网络图绘出，其他层则简略为一根箭线表示，如图 3-35 所示。

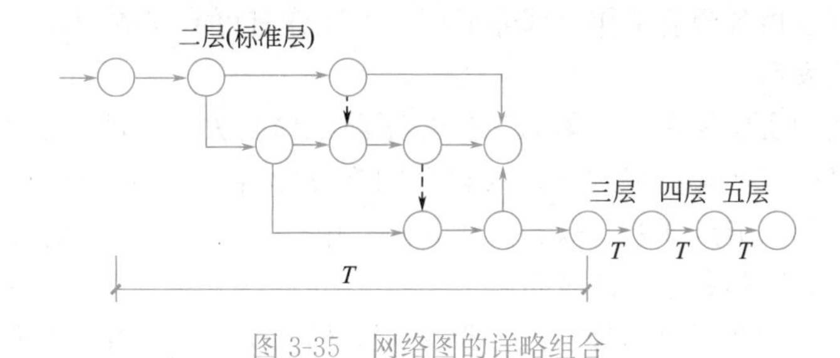


图 3-35　网络图的详略组合

## 3.3　双代号网络计划时间参数的计算

根据工程对象各项工作的逻辑关系和绘图规则绘制网络图是定性的过程，只有进行时间参数的计算定量的过程，才能使网络计划具有实际应用价值。定性与定量相结合的方法也是我们工作中必须坚持的马克思主义工作方法。计算网络计划时间参数的目的主要有三个：第一，确定关键线路和关键工作，便于施工中抓住重点，向关键线路要时间；第二，明确非关键工作及其在施工中时间上有多大的机动性，便于挖掘潜力，统筹全局，部署资源；第三，确定总工期，做到工程进度心中有数。

### 3.3.1　双代号网络计划时间参数的概念及其符号

1. 工作持续时间

工作持续时间是指一项工作从开始到完成的时间，用 $D$ 表示。其主要计算方法有：

参照以往实践经验估算；经过试验推算；有标准可查，按定额计算。具体计算公式已在项目2中介绍。

2. 工期

工期是指完成一项任务所需要的时间，一般有以下三种工期：

(1) 计算工期，是指根据时间参数计算所得到的工期，用 $T_c$ 表示；

(2) 要求工期，是指任务委托人提出的指令性工期，用 $T_r$ 表示；

(3) 计划工期，是指根据要求工期和计算工期所确定的作为实施目标的工期，用 $T_p$ 表示。

当规定了要求工期时：$T_p < T_r$

当未规定要求工期时：$T_p = T_c$

3. 工作的时间参数

网络计划中的时间参数有六个，即最早开始时间、最早完成时间、最迟完成时间、最迟开始时间、总时差、自由时差。

(1) 最早开始时间和最早完成时间

最早开始时间是指各紧前工作全部完成后，本工作有可能开始的最早时刻。工作的最早开始时间用 $ES$ 表示。

最早完成时间是指各紧前工作全部完成后，本工作有可能完成的最早时刻。工作的最早完成时间用 $EF$ 表示。

这类时间参数的实质是提出了紧后工作与紧前工作的关系，即紧后工作若提前开始，也不能提前到其紧前工作未完成之前。就整个网络图而言，受到起点节点的控制。因此，其计算程序为：自起点节点开始，顺着箭线方向，用累加的方法计算到终点节点。

(2) 最迟完成时间和最迟开始时间

最迟完成时间是指在不影响整个任务按期完成的前提下，工作必须完成的最迟时刻。工作的最迟完成时间用 $LF$ 表示。

最迟开始时间是指在不影响整个任务按期完成的前提下，工作必须开始的最迟时刻。工作的最迟开始时间用 $LS$ 表示。

这类时间参数的实质是提出紧前工作与紧后工作的关系，即紧前工作要推迟开始，不能影响其紧后工作的按期完成。就整个网络图而言，受到终点节点（即计算工期）的控制。因此，其计程序为：自终点节点开始，逆着箭线方向，用累减的方法计算到起点节点。

(3) 总时差和自由时差

总时差是指在不影响总工期的前提下，本工作可以利用的机动时间。工作的总时差用 $TF$ 表示。

自由时差是指在不影响其紧后工作最早开始时间的前提下，本工作可以利用的机动时间。工作的自由时差用 $FF$ 表示。

4. 节点的时间参数及其计算程序

(1) 节点最早时间

双代号网络计划中，以该节点为开始节点的各项工作的最早开始时间，称为节点最早时间。节点 $i$ 的最早时间用 $ET_i$ 表示。计算程序为：自起点节点开始，顺着箭线方向，用累加的方法计算到终点节点。

（2）节点最迟时间

双代号网络计划中，以该节点为完成节点的各项工作的最迟完成时间，称为节点的最迟时间，节点 $i$ 的最迟时间用 $LT_i$ 表示。其计算程序为：自终点节点开始，逆着箭线方向，用累减的方法计算到起点节点。

5. 双代号网络计划常用符号

设有线路ⓗ—ⓘ—ⓙ—ⓚ，则：

$D_{i-j}$——工作 $i$—$j$ 的持续时间；

$D_{h-i}$——工作 $i$—$j$ 的紧前工作 $h$—$i$ 的持续时间；

$D_{j-k}$——工作 $i$—$j$ 的紧后工作 $j$—$k$ 的持续时间；

$ES_{i-j}$——工作 $i$—$j$ 的最早开始时间；

$EF_{i-j}$——工作 $i$—$j$ 的最早完成时间；

$LF_{i-j}$——在总工期已经确定的情况下，工作 $i$—$j$ 的最迟完成时间；

$LS_{i-j}$——在总工期已经确定的情况下，工作 $i$—$j$ 的最迟开始时间；

$ET_i$——节点 $i$ 的最早时间；

$LT_i$——节点 $i$ 的最迟时间；

$TF_{i-j}$——工作 $i$—$j$ 的总时差；

$FF_{i-j}$——工作 $i$—$j$ 的自由时差。

### 3.3.2 双代号网络计划时间参数的计算

双代号网络计划时间参数的计算方法通常有工作计算法、图上计算法、表上计算法和电算法四种。主要介绍工作计算法和图上计算法。

1. 工作计算法

（1）工作时间参数的计算

按工作计算法计算工作的时间参数时，应在确定了各项工作的持续时间之后进行。虚工作也必须视同工作进行计算，其持续时间为零。工作的时间参数包括工作最早开始时间 $ES$ 和最早完成时间 $EF$、工作最迟开始时间 $LS$ 和最迟完成时间 $LF$。时间参数的计算结果应标注在箭线之上，如图 3-14 所示。

下面以如图 3-36 所示双代号网络计划为例，说明其计算步骤。

1）计算各工作的最早开始时间和最早完成时间

各项工作的最早完成时间等于其最早开始时间加上工作持续时间，即：

$$EF_{i-j}=ES_{i-j}+D_{i-j} \tag{3-2}$$

计算工作最早时间参数时，一般有以下三种情况：

① 当工作以起点节点为开始节点时，其最早开始时间为零（或规定时间），即：

$$ES_{i-j}=0 \tag{3-3}$$

② 当工作只有一项紧前工作时，该工作的最早开始时间应为其紧前工作的最早完成时间，即：

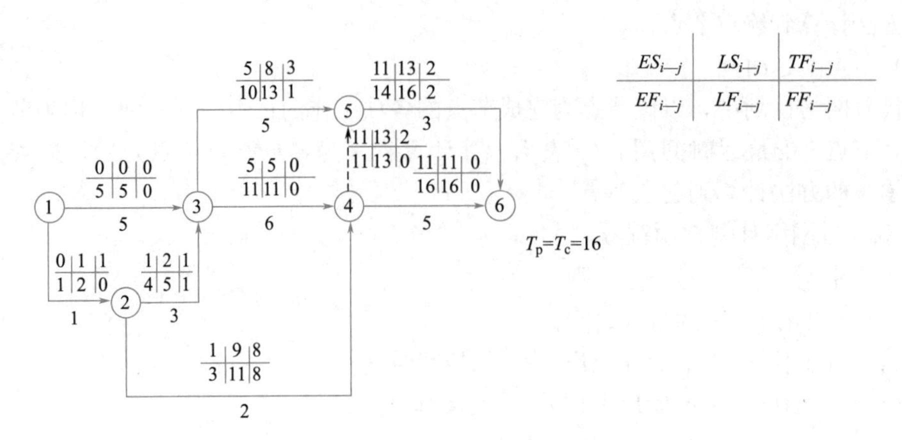


图 3-36　某双代号网络图的计算

$$ES_{i-j}=EF_{h-i}=ES_{i-j}+D_{h-i} \tag{3-4}$$

③ 当工作有多个紧前工作时，该工作的最早开始时间应为其所有紧前工作最早完成时间最大值，即：

$$ES_{i-j}=\max\{EF_{h-i}\}=\max\{ES_{h-i}+D_{h-i}\} \tag{3-5}$$

如图 3-36 所示的网络计划中，各工作的最早开始时间和最早完成时间计算如下：

工作的最早开始时间：

$$ES_{1-2}=ES_{1-3}=0$$

$$ES_{2-3}=ES_{1-2}+D_{1-2}=0+1=1$$

$$ES_{2-4}=ES_{2-3}=1$$

$$ES_{3-4}=\max\begin{Bmatrix}ES_{1-3}+D_{1-3}\\ES_{2-3}+D_{2-3}\end{Bmatrix}=\max\begin{Bmatrix}0+5\\1+3\end{Bmatrix}=5$$

$$ES_{3-5}=ES_{3-4}=5$$

$$ES_{4-5}=\max\begin{Bmatrix}ES_{2-4}+D_{2-4}\\ES_{3-4}+D_{3-4}\end{Bmatrix}=\max\begin{Bmatrix}1+2\\5+6\end{Bmatrix}=11$$

$$ES_{4-6}=ES_{4-5}=11$$

$$ES_{5-6}=\max\begin{Bmatrix}ES_{3-5}+D_{3-5}\\ES_{4-5}+D_{4-5}\end{Bmatrix}=\max\begin{Bmatrix}5+5\\11+0\end{Bmatrix}=11$$

工作的最早完成时间：

$$EF_{1-2}=ES_{1-2}+D_{1-2}=0+1=1$$

$$EF_{1-3}=ES_{1-3}+D_{1-3}=0+5=5$$

$$EF_{2-3}=ES_{2-3}+D_{2-3}=1+3=4$$

$$EF_{2-4}=ES_{2-4}+D_{2-4}=1+2=3$$

$$EF_{3-4}=ES_{3-4}+D_{3-4}=5+6=11$$

$$EF_{3-5}=ES_{3-5}+D_{3-5}=5+5=10$$

$$EF_{4-5}=ES_{4-5}+D_{4-5}=11+0=11$$

$$EF_{4-6}=ES_{4-6}+D_{4-6}=11+5=16$$

$$EF_{5-6}=ES_{5-6}+D_{5-6}=11+3=14$$

小结：综上所述，工作最早时间计算时应特别注意以下三点：

A. 计算程序，即从起点节点开始顺着箭线方向，按节点次序逐项工作计算；

B. 要弄清该工作的紧前工作是哪几项，以便准确计算；

C. 同一节点的所有外向工作最早开始时间相同。

2）确定网络计划工期

当网络计划有要求工期时，网络计划的计划工期应小于或等于要求工期，即

$$T_{p} \leqslant T_{r} \tag{3-6}$$

当网络计划没有要求工期时，网络计划的计划工期应等于计算工期，即以网络计划的终点节点为完成节点的各个工作的最早完成时间的最大值，如网络计划的终点节点的编号为 $n$，则计算工期为：

$$T_{p}=T_{c}=\max\{EF_{i-n}\} \tag{3-7}$$

如图 3-36 所示，网络计划的计算工期为：

$$T_{c}=\max\begin{Bmatrix}EF_{4-6}\\EF_{5-6}\end{Bmatrix}=\max\begin{Bmatrix}16\\14\end{Bmatrix}=16$$

3）计算各工作的最迟完成时间和最迟开始时间

各工作的最迟开始时间等于其最迟完成时间减去工作持续时间，即

$$LS_{i-j}=LF_{i-j}-D_{i-j} \tag{3-8}$$

计算工作最迟完成时间参数时，一般有以下三种情况：

① 当工作的终点节点为完成节点时，其最迟完成时间为网络计划的计划工期，即

$$LF_{i-n}=T_{p} \tag{3-9}$$

② 当工作只有一项紧后工作时，该工作的最迟完成时间应为其紧后工作的最迟开始时间，即：

$$LF_{i-j}=LS_{j-k}=LF_{j-k}-D_{j-k} \tag{3-10}$$

③ 当工作有多项紧后工作时，该工作的最迟完成时间应为其多项紧后工作最迟开始时间的最小值，即：

$$LF_{i-j}=\min\{LS_{j-k}\}=\min\{LF_{j-k}-D_{j-k}\} \tag{3-11}$$

如图 3-36 所示的网络计划中，各工作的最迟完成时间和最迟开始时间计算如下：

$$LF_{4-6}=T_{c}=16$$

$$LF_{5-6}=LF_{4-6}=16$$

$$LF_{3-5}=LF_{5-6}-D_{5-6}=16-3=13$$

$$LF_{4-5}=LF_{3-5}=13$$

$$LF_{2-4}=\min\begin{Bmatrix}LF_{4-5}-D_{4-5}\\LF_{4-6}-D_{4-6}\end{Bmatrix}=\min\begin{Bmatrix}13-0\\16-5\end{Bmatrix}=11$$

$$LF_{3-4}=LF_{2-4}=11$$

$$LF_{1-3}=\min\begin{Bmatrix}LF_{3-4}-D_{3-4}\\LF_{3-5}-D_{3-5}\end{Bmatrix}=\min\begin{Bmatrix}11-6\\13-5\end{Bmatrix}=5$$

$$LF_{2-3}=LF_{1-3}=5$$

$$LF_{1-2}=\min\begin{Bmatrix}LF_{2-3}-D_{2-3}\\LF_{2-4}-D_{2-4}\end{Bmatrix}=\min\begin{Bmatrix}5-3\\11-2\end{Bmatrix}=2$$

工作的最迟开始时间：

$$LS_{4-6}=LF_{4-6}-D_{4-6}=16-5=11$$
$$LS_{5-6}=LF_{5-6}-D_{5-6}=16-3=13$$
$$LS_{3-5}=LF_{3-5}-D_{3-5}=13-5=8$$
$$LS_{4-5}=LF_{4-5}-D_{4-5}=13-0=13$$
$$LS_{2-4}=LF_{2-4}-D_{2-4}=11-2=9$$
$$LS_{3-4}=LF_{3-4}-D_{3-4}=11-6=5$$
$$LS_{1-3}=LF_{1-3}-D_{1-3}=5-5=0$$
$$LS_{2-3}=LF_{2-3}-D_{2-3}=5-3=2$$
$$LS_{1-2}=LF_{1-2}-D_{1-2}=2-1=1$$

时差的应用

小结：综上所述，工作最迟时间计算时应特别注意以下三点：

A. 计算程序，即从终点节点开始逆着箭线方向，按节点次序逐项工作计算；

B. 要弄清该工作紧后工作有哪几项，以便正确计算；

C. 同一节点的所有内向工作最迟完成时间相同。

4）计算各工作的总时差

如图 3-37 所示，在不影响总工期的前提下，一项工作可以利用的时间范围是从该工作最早开始时间到最迟完成时间，即工作从最早开始时间或最迟开始时间开始，均不会影响总工期。而工作实际需要的持续时间是 $D_{i-j}$，扣除 $D_{i-j}$ 后，余下的一段时间就是工作可以利用的机动时间，即为总时差。所以总时差等于最迟开始时间减去最早开始时间，或最迟完成时间减去最早完成时间，即：

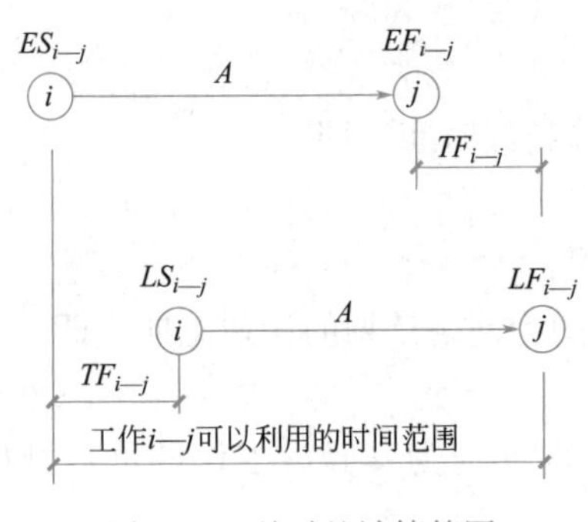


图 3-37 总时差计算简图

$$TF_{i-j}=LS_{i-j}-ES_{i-j} \tag{3-12a}$$

或

$$TF_{i-j}=LF_{i-j}-EF_{i-j} \tag{3-12b}$$

如图 3-36 所示的网络图中，各工作的总时差计算如下：

$$TF_{1-2}=LS_{1-2}-ES_{1-2}=1-0=1$$
$$TF_{1-3}=LS_{1-3}-ES_{1-3}=0-0=0$$
$$TF_{2-3}=LS_{2-3}-ES_{2-3}=2-1=1$$
$$TF_{2-4}=LS_{2-4}-ES_{2-4}=9-1=8$$
$$TF_{3-4}=LS_{3-4}-ES_{3-4}=5-5=0$$
$$TF_{3-5}=LS_{3-5}-ES_{3-5}=8-5=3$$
$$TF_{4-5}=LS_{4-5}-ES_{4-5}=13-11=2$$
$$TF_{4-6}=LS_{4-6}-ES_{4-6}=11-11=0$$
$$TF_{5-6}=LS_{5-6}-ES_{5-6}=13-11=2$$

小结：通过计算不难看出总时差有如下特性：

A. 凡是总时差为最小的工作就是关键工作；由关键工作连接构成的线路为关键线路；关键线路上各工作时间之和即为总工期。如图 3-36 所示，工作 1—3、3—4、4—6 为关键工作，线路 1—3—4—6 为关键线路。

B. 当网络计划的计划工期等于计算工期时，凡总时差大于零的工作为非关键工作，凡是具有非关键工作的线路即为非关键线路。非关键线路与关键线路相交时的相关节点把非关键线路划分成若干个非关键线路段，各段有各段的总时差，相互没有关系。

C. 总时差的使用具有双重性，它既可以被该工作使用，但又属于某非关键线路所共有。当某项工作使用了全部或部分总时差时，则将引起通过该工作的线路上所有工作总时差重新分配。例如图 3-36 中，非关键线路段 3—5—6 中，$TF_{3-5}=3$ 天，$TF_{5-6}=2$ 天，如果工作 3—5 使用了 3 天机动时间，则工作 5—6 就没有总时差可利用；若工作 5—6 使用了 2 天机动时间，则工作 3—5 就只有 1 天时差可以利用了。

5）计算各工作的自由时差

如图 3-38 所示，在不影响其紧后工作最早开始时间的前提下，一项工作可以利用的时间范围是从该工作最早开始时间至其紧后工作最早开始时间。而工作实际需要的持续时间是 $D_{i-j}$，那么扣除 $D_{i-j}$ 后，尚有的一段时间就是自由时差。其计算如下：

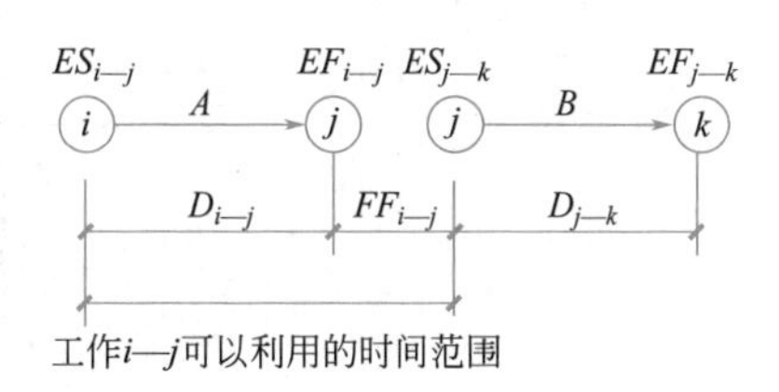

图 3-38　总时差计算简图

当工作有紧后工作时，该工作的自由时差等于紧后工作的最早开始时间减本工作最早完成时间，即：

$$FF_{i-j}=ES_{j-k}-EF_{i-j} \tag{3-13}$$

或

$$FF_{i-j}=ES_{j-k}-ES_{i-j}-D_{i-j} \tag{3-14}$$

当以终点节点（$j=n$）为箭头节点的工作，其自由时差应按网络计划的计划工期 $T_p$ 确定，即：

$$FF_{i-n}=T_p-EF_{i-n} \tag{3-15}$$

或

$$FF_{i-n}=T_p-ES_{i-n}-D_{i-n} \tag{3-16}$$

如图 3-36 所示的网络图中，各工作的自由时差计算如下：

$$FF_{1-2}=ES_{2-3}-ES_{1-2}-D_{1-2}=1-0-1=0$$
$$FF_{1-3}=ES_{3-4}-ES_{1-3}-D_{1-3}=5-0-5=0$$
$$FF_{2-3}=ES_{3-4}-ES_{2-3}-D_{2-3}=5-1-3=1$$
$$FF_{2-4}=ES_{4-5}-ES_{2-4}-D_{2-4}=11-1-2=8$$
$$FF_{3-4}=ES_{4-5}-ES_{3-4}-D_{3-4}=11-5-6=0$$
$$FF_{3-5}=ES_{5-6}-ES_{3-5}-D_{3-5}=11-5-5=1$$
$$FF_{4-5}=ES_{5-6}-ES_{4-5}-D_{4-5}=11-11-0=0$$
$$FF_{4-6}=T_p-ES_{4-6}-D_{4-6}=16-11-5=0$$
$$FF_{5-6}=T_p-ES_{5-6}-D_{5-6}=16-11-3=2$$

小结：通过计算不难看出自由时差有如下特性：

A. 自由时差为某非关键工作独立使用的机动时间，利用自由时差，不会影响其紧后工作的最早开始时间。例如图 3-36 中，工作 3—5 有 1 天自由时差，如果使用了 1 天机动时间，也不影响紧后工作 5—6 的最早开始时间。

B. 非关键工作的自由时差必小于或等于其总时差。

（2）节点时间参数的计算

节点时间参数包括节点最早时间 $ET$ 和节点最迟时间 $LT$。按分析法计算节点时间参数，其计算结果应标注在节点之上，如图 3-39 所示。

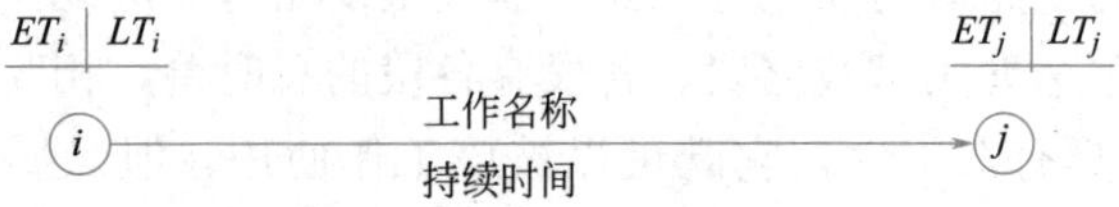

$ET_i \mid LT_i$　　$ET_j \mid LT_j$

工作名称

持续时间

图 3-39　节点时间参数的标注

下面以如图 3-40 所示双代号网络计划为例，说明其计算步骤。

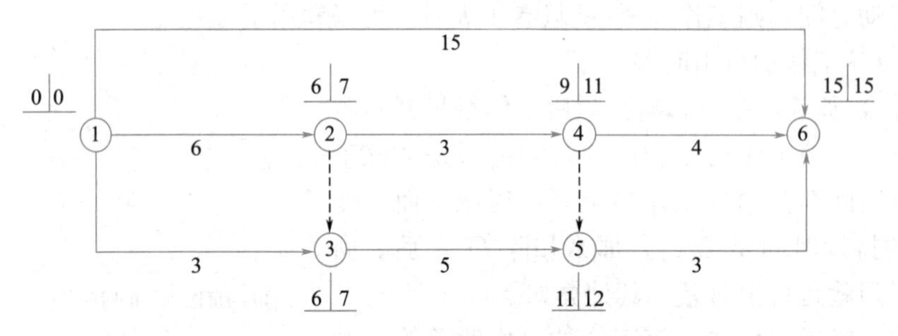


图 3-40　网络计划计算

1）计算各节点最早时间

节点的最早时间是以该节点为开始节点的工作的最早开始时间，其计算有三种情况：

① 起点节点 $i$ 如未规定最早时间，其值应等于零，即：

$$ET_i = 0(i = 1) \tag{3-17}$$

② 当节点顶只有一个内向工作时，最早时间应为：

$$ET_j = ET_i + D_{i-j} \tag{3-18}$$

③ 当节点顶有多个内向工作时，其最早时间应为：

$$ET_j = \max\{ET_i + D_{i-j}\} \tag{3-19}$$

终点节点 $n$ 的最早时间即为网络计划的计算工期，即：

$$T_c = ET_n \tag{3-20}$$

如图 3-40 所示的网络计划中，各节点最早时间计算如下：

$$ET_1 = 0$$

$$ET_2 = ET_1 + D_{1-2} = 0 + 6$$

$$ET_3 = \max\begin{Bmatrix} ET_2 + D_{2-3} \\ ET_1 + D_{2-3} \end{Bmatrix} = \max\begin{Bmatrix} 6 + 0 \\ 0 + 3 \end{Bmatrix}$$

$$ET_4 = ET_2 + D_{2-4} = 6 + 3 = 9$$

$$ET_5 = \max\begin{Bmatrix} ET_4 + D_{4-5} \\ ET_3 + D_{3-5} \end{Bmatrix} = \max\begin{Bmatrix} 9 + 0 \\ 6 + 5 \end{Bmatrix} = 11$$

$$ET_6 = \max\begin{Bmatrix} ET_1 + D_{1-6} \\ ET_4 + D_{4-6} \\ ET_5 + D_{5-6} \end{Bmatrix} = \max\begin{Bmatrix} 0 + 15 \\ 9 + 4 \\ 11 + 3 \end{Bmatrix} = 15$$

2）计算各节点最迟时间

节点最迟时间是以该节点为完成节点的工作的最迟完成时间，其计算有三种情况：

① 终点节点的最迟时间应等于网络计划的计划工期，即：

$$LT_n = T_p \tag{3-21}$$

若分期完成的节点，则最迟时间等于该节点规定的分期完成的时间。

② 当节点 $i$ 只有一个外向工作时，最迟时间为：

$$LT_i = LT_j - D_{i-j} \tag{3-22}$$

③ 当节点 $i$ 有多个外向工作时，其最迟时间为：

$$LT_i = \min\{LT_j - D_{i-j}\} \tag{3-23}$$

如图 3-40 所示的网络计划中，各节点的最迟时间计算如下：

$$LT_6 = T_p = T_c = ET_6 = 15$$

$$LT_5 = LT_6 - D_{5-6} = 15 - 3 = 12$$

$$LT_4 = \min\begin{Bmatrix} LT_6 - D_{4-6} \\ LT_5 - D_{4-5} \end{Bmatrix} = \min\begin{Bmatrix} 15 - 4 \\ 12 - 0 \end{Bmatrix} = 11$$

$$LT_3 = LT_5 - D_{3-5} = 12 - 5 = 7$$

$$LT_2 = \min\begin{Bmatrix} LT_4 - D_{2-4} \\ LT_3 - D_{2-3} \end{Bmatrix} = \min\begin{Bmatrix} 11 - 3 \\ 7 - 0 \end{Bmatrix} = 7$$

$$LT_1 = \min\begin{Bmatrix} LT_6 - D_{1-6} \\ LT_2 - D_{1-2} \\ LT_3 - D_{1-3} \end{Bmatrix} = \min\begin{Bmatrix} 15 - 15 \\ 7 - 6 \\ 7 - 3 \end{Bmatrix} = 0$$

小结：综上所述，节点时间计算时应特别注意以下三点：

A. 计算程序：节点最早时间应从起点节点开始计算，且令 $ET_i = 0$，然后按节点编号递增顺序，直到终点节点为止。节点最迟时间应从终点节点开始计算，首先确定 $LT_n$，然后按节点编号递减顺序，直到起点节点为止。

B. 节点最迟时间是指该节点所有紧前工作最迟必须结束的时间，它是一个时间界限。它们是以该节点为完成节点的所有工作最迟必须结束的时间。若迟于这个时间，紧后工作就要推迟开始，整个网络计划的工期就要延迟。

C. 由于终点节点代表整个网络计划的结束，因此要保证计划总工期，终点节点的最迟时间应等于此工期。若总工期有规定，可令终点节点的最迟时间等于规定总工期若总工期无规定，则可令终点节点的最迟时间，等于按终点节点最早时间计算的计划总工期。

（3）节点时间参数与工作时间参数的关系

通过以上分析计算，我们不难看出，节点时间参数与工作时间参数存在如下关系。

① 工作最早开始时间等于该工作的开始节点的最早时间。

$$ES_{i-j} = ET_i \tag{3-24}$$

② 工作最早完成时间等于该工作的开始节点的最早时间加上持续时间。

$$EF_{i-j} = ET_i + D_{i-j} \tag{3-25}$$

③ 工作最迟完成时间等于该工作的完成节点的最迟时间。

$$LF_{i-j} = LT_j \tag{3-26}$$

④ 工作最迟开始时间等于该工作的完成节点的最迟时间减去持续时间。

$$LS_{i-j} = LT_{i-j} - D_{i-j} \tag{3-27}$$

⑤ 工作总时差等于该工作的完成节点最迟时间减去该工作开始节点的最早时间再减

去持续时间。

$$TF_{i-j}=LT_j-ET_i-D_{i-j} \tag{3-28}$$

⑥ 工作自由时差等于该工作的完成节点最早时间减去该工作开始节点的最早时间再减去持续时间。

$$FF_{i-j}=ET_j-ET_i-D_{i-j} \tag{3-29}$$

（4）四种工作时差的形成条件和相互关系

工作时差反映工作在一定条件下的机动时间范围，通常分为总时差、自由时差、相关时差和立时差。总时差、自由时差应用较广，已经详细介绍；工作的相关时差和立时差应用较少，下面简单介绍：

1）工作的相关时差，是指可以与紧后工作共同利用的机动时间，即在工作总时差中，除自由时差外，剩余的那部分时差。工作 $i—j$ 的相关时差用 $IF_{i-j}$ 表示。

$$IF_{i-j}=TF_{i-j}-FF_{i-j}=LT_j-ET_j \tag{3-30}$$

2）工作的独立时差，是指为本工作所独有而其紧前、紧后工作不可能利用的时差，即在不影响紧后工作按照最早开始时间开工的前提下，允许该工作推迟其最迟开始时间或延长其持续时间的幅度，工作 $i—j$ 的相关时差用 $DF_{i-j}$ 表示。

$$\begin{aligned}DF_{i-j}&=ET_j-LT_i-D_{i-j}\\&=FF_{i-j}-IF_{h-i}\quad(h<i)\end{aligned} \tag{3-31}$$

式中 $DF_{i-j}$ ——工作 $i—j$ 的独立时差；

$IF_{h-i}$ ——紧前工作 $h—i$ 的相关时差。

对于任何一项工作 $i—j$，它可以独立使用的最大时间范围为 $ET_{i-j}-LT_i$，其独立时差可能有以下三种情况：

A. $ET_{i-j}-LT_i>D_{i-j}$，即 $DF_{i-j}>0$，说明工作有独立使用的机动时间。

B. $ET_{i-j}-LT_i=D_{i-j}$，即 $DF_{i-j}=0$，说明工作无独立使用的机动时间。

C. $ET_{i-j}-LT_i<D_{i-j}$，即 $DF_{i-j}<0$，此时取 $DF_{i-j}=0$。

3）四种工作时差的相互关系。综上所述，四种工作时差的形成条件和相互关系如图 3-41 所示。

① 工作的总时差对其紧前工作与紧后工作均有影响。总时差与自由时差、相关时差和独立时差之间具有如下关系：

$$TF_{i-j}=FF_{i-j}+IF_{i-j}=IF_{h-i}+DF_{i-j}+IF_{i-j} \tag{3-32}$$

② 一项工作的自由时差只限于本工作利用，不能转移给紧后工作利用，对紧后工作时差无影响，但对其紧前工作有影响，如动用，将使紧前工作时差减少。

③ 一项工作的相关时差对其紧前工作无影响，但对紧后工作的时差有影响，如动用将使紧后工作的时差减少或消失。它可以转让给紧后工作，变为其自由时差被利用。

④ 一项工作的独立时差只能被本工作使用，如动用，对其紧前工作和紧后工作均无影响。

2. 图上计算法

图上计算法是根据分析法中工作时间参数或节点时间参数的计算公式，在图上直接计算的一种比较直观、简便的方法。以图 3-42 为例，说明计算步骤。

（1）计算工作的最早开始时间和最早完成时间

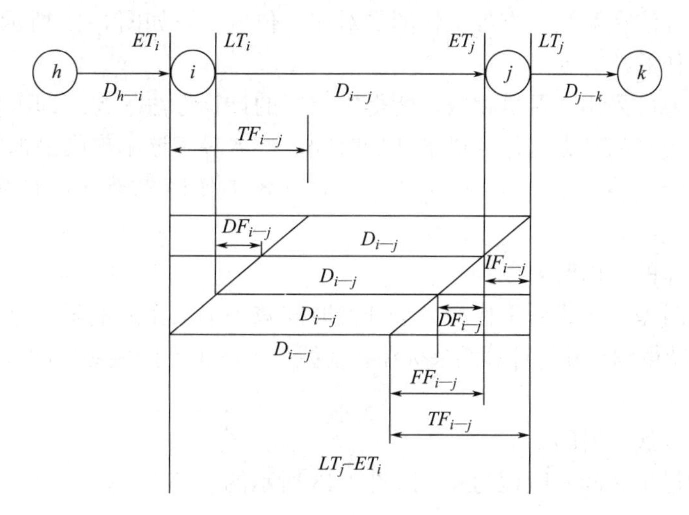


图 3-41　四种工作时差的形成条件和相互关系

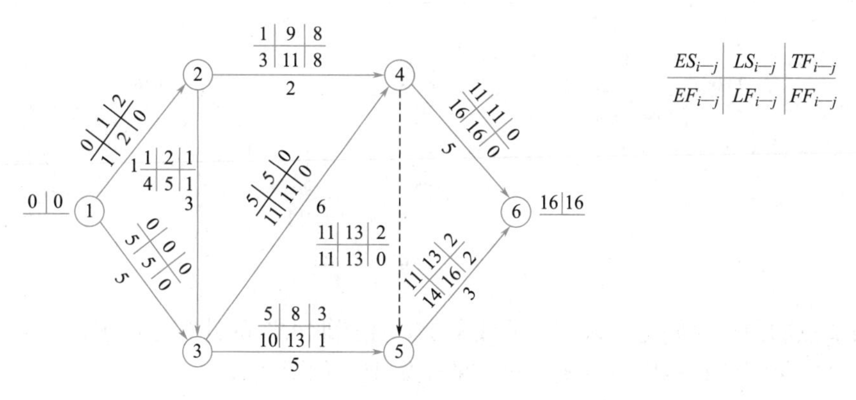


图 3-42　图上计算法

以起点节点为开始节点的工作，其最早开始时间一般记为 0，如图 3-42 所示的工作 1—2 和工作 1—3。其余工作的最早开始时间可采用“顺线累加，逢圈取大”的计算方法求得。即从网络图的起点节点开始，沿每一条线路将各工作的作业时间累加起来，在每一个圆圈（节点）处，取到达该圆圈的各条线路累计时间的最大值，就是以该节点为开始节点的各工作的最早开始时间。

工作的最早完成时间等于该工作最早开始时间与本工作持续时间之和。

将计算结果标注在箭线上方各工作图例对应的位置上，如图 3-42 所示。

（2）计算工作的最迟完成时间和最迟开始时间

以终点节点为完成节点的工作，其最迟完成时间就等于计划工期，如图 3-42 所示的工作 4—6 和工作 5—6。

其余工作的最迟完成时间可采用“逆线累减，逢圈取小”的计算方法求得。即从网络图的终点节点逆着每条线路将计划工期依次减去各工作的持续时间，在每一个圆圈处取后续线路累减时间的最小值，就是以该节点为完成节点的各工作的最迟完成时间。

工作的最迟开始时间等于该工作最迟完成时间与本工作持续时间之差。

将计算结果标注在箭线上方各工作图例对应的位置上，如图 3-42 所示。

(3) 计算工作的总时差

工作的总时差可采用“迟早相减，所得之差”的计算方法求得。即工作的总时差等于该工作的最迟开始时间减去工作的最早开始时间，或者等于该工作的最迟完成时间减去工作的最早完成时间。将计算结果标注在箭线上方各工作图例对应的位置上，如图 3-42 所示。

(4) 计算工作的自由时差

工作的自由时差等于紧后工作的最早开始时间减去本工作的最早完成时间。可在图上相应位置直接相减得到，并将计算结果标注在箭线上方各工作图例对应的位置上，如图 3-42 所示。

(5) 计算节点最早时间

起点节点的最早时间一般记为 0，如图 3-43 所示的①节点。

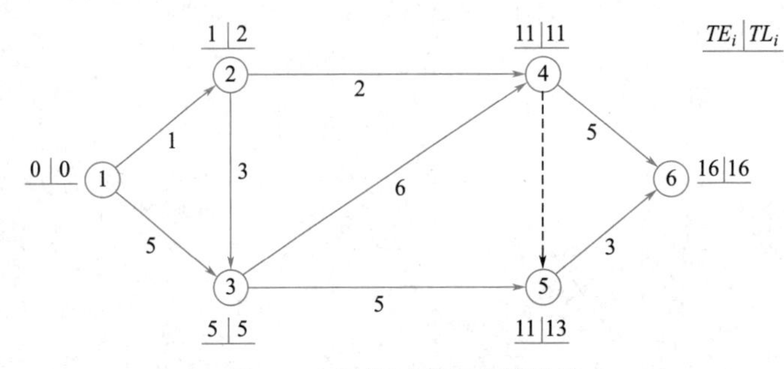


图 3-43 网络图时间参数计算

其余节点的最早时间也可采用“顺线累加，逢圈取大”的计算方法求得。

将计算结果标注在相应节点图例对应的位置上，如图 3-43 所示。

(6) 计算节点最迟时间

终点节点的最迟时间等于计划工期。当网络计划有规定工期时，其最迟时间就等于规定工期；当没有规定工期时，其最迟时间就等于终点节点的最早时间。其余节点的最迟时间也可采用“逆线累减，逢圈取小”的计算方法求得。将计算结果标注在相应节点图例对应的位置上（图 3-43）。

小结：综上所述，图上计算法，可以按以下口诀在网络图上直接计算。

“顺线累加，逢圈取大得最早；逆线累减，逢圈取小得最迟；迟早相减，所得之差找关键。”每一句口诀均阐明了计算程序、计算方法、计算结果。

3. 关键工作和关键线路的确定

(1) 关键工作

在网络计划中，总时差为最小的工作为关键工作；当计划工期等于计算工期时，总时差为零的工作为关键工作。

当进行节点时间参数计算时，凡是满足下列三个条件的工作必为关键工作。

$$\left.\begin{aligned} LT_i - ET_i &= T_p - T_c \\ LT_j - ET_j &= T_p - T_c \\ LT_j - ET_i - D_{i-j} &= T_p - T_c \end{aligned}\right\} \tag{3-33}$$

如图 3-42 所示，工作 1—3、3—4、4—6 满足公式（3-30），即为关键工作。

（2）关键节点及其特性

在网络计划中，如果节点最迟时间与最早时间的差值最小，则该节点就是关键节点。当网络计划的计划工期等于计算工期时，凡是最早时间等于最迟时间的节点就是关键节点。如图 3-43 中，节点①、③、④、⑥为关键节点。

在网络计划中，当计划工期等于计算工期时，关键节点具有如下特性：

1）关键工作两端的节点必为关键节点，但两关键节点之间的工作不一定是关键工作。如图 3-44 中，节点①、⑨为关键节点，而工作 1—9 为非关键工作。

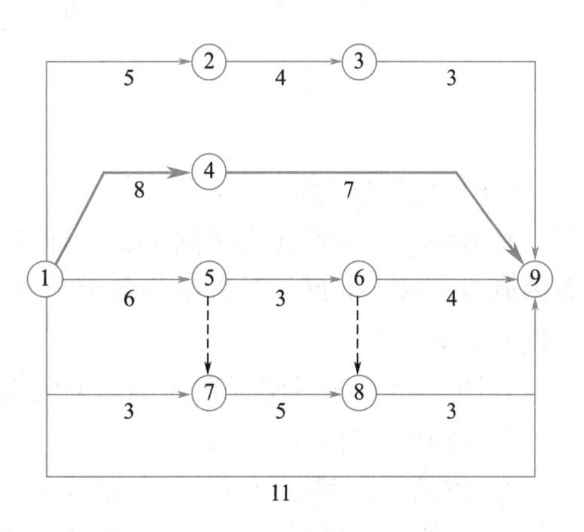

图 3-44 双代号网络计划

2）以关键节点为完成节点的工作总时差和自由时差相等。如图 3-44 中，工作 3—9 的总时差和自由时差均为 3；工作 6—9 的总时差和自由时差均为 2。

3）当关键节点间有多项工作，且工作间的非关键节点无其他内向工作和外向工作时，该线路上的各项工作的总时差相等，除了以关键节点为完成节点的工作自由时差等于总时差外，其他工作的自由时差均为零。如图 3-44 中，线路 1—2—3—9 上的工作 1—2、2—3、3—9 的总时差均为 3，而且除了工作 3—9 的自由时差为 3 外，其他工作的自由时差均为 0。

4）当关键节点间有多项工作，且工作间的非关键节点存在外向工作或内向工作时，该线路段上各项工作的总时差不一定相等，若多项工作间的非关键节点只有外向工作而无其他内向工作，则除了以关键节点为完成节点的工作自由时差等于总时差外，其他工作的自由时差为零。如图 3-44 中，线路 1—5—6—9 上工作的总时差不尽相等，而除了工作 6—9 的自由时差和其总时差均为 2 外，工作 1—5 和工作 5—6 的自由时差均为 0。

（3）关键线路的确定方法

1）用关键工作判断

网络计划中，自始至终全部由关键工作（必要时经过一些虚工作）组成或线路上总的工作持续时间最长的线路应为关键线路。如图 3-43 所示，线路 1—3—4—6 为关键线路。

2）用关键节点判断

由关键节点的特性可知，在网络计划中，关键节点必然处在关键线路上。如图 3-43 中，节点①、③、④、⑥必然处在关键线路上。再由公式（3-30）判断关键节点之间的关键工作，从而确定关键线路。

3）用网络破圈判断

从网络计划的起点到终点顺着箭线方向，对每个节点进行考察，凡遇到节点有两个以上的内向工作时，都可以按线路段工作时间长短，采取“留长去短”而破圈，从而得到关键线路。如图 3-45 所示，通过考察节点③、⑤、⑥、⑦、⑨、⑪、⑫，去掉每个节点内向工作所在线路段工作时间之和较短的工作，余下的工作即为关键工作，如图 3-45 中粗线所示。

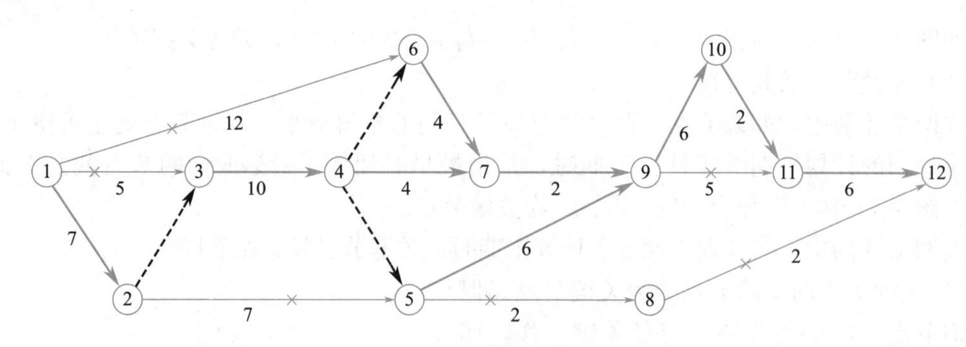


图 3-45　网络破圈法

4）用标号法判断

标号法是一种快速寻求网络计划计算工期和关键线路的方法。它利用节点时间参数计算的基本原理，对网络计划中的每个节点进行标号，然后利用标号值确定网络计划的计算工期和关键线路。

如图 3-46 所示网络计划为例，说明用标号法确定计算工期和关键线路的步骤。

① 确定节点标号值（$a$，$b_j$）

A. 网络计划起点节点的标号值为零。本例中，节点①的标号值为零，即：$b_1=0$。

B. 其他节点的标号值等于以该节点为完成节点的各项工作的开始节点标号值加其持续时间所得之和的最大值，即：

$$b_j=\max\{b_i+D_{i-j}\} \tag{3-34}$$

式中　$b_j$——工作 $i$—$j$ 的完成节点 $j$ 的标号值；

$b_i$——工作 $i$—$j$ 的开始节点 $i$ 的标号值；

$D_{i-j}$——工作 $i$—$j$ 的持续时间。

节点的标号宜用双标号法，即用源节点（得出标号值的节点）号 $a$ 作为第一标号，用标号值作为第二标号 $b_j$。

本例中各节点标号值如图 3-46 所示。

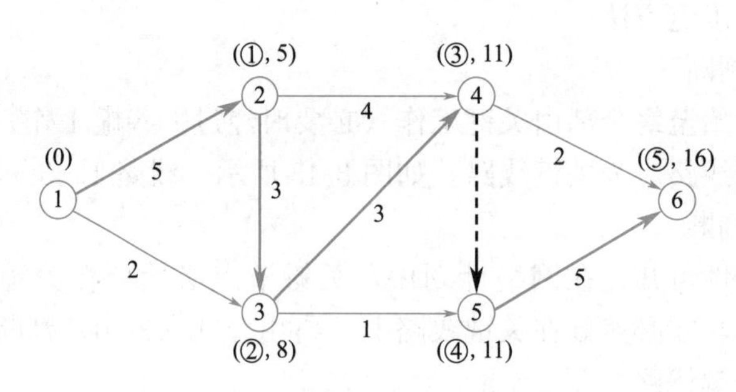


图 3-46　标号法确定关键线路

② 确定计算工期

网络计划的计算工期就是终点节点的标号值。本例中，其计算工期为终点节点⑥的标号值 16 即为工期。

③ 确定关键线路

自终点节点开始，逆着箭线跟踪源节点即可确定。本例中，从终点节点⑥开始跟踪源节点分别为⑤、④、③、②、①，即得关键线路 1—2—3—4—5—6。

# 3.4 单代号网络计划

## 3.4.1 单代号网络图的组成

单代号网络图又称“工作节点网络图”，是网络计划的另一种表示方法，具有绘图简便、逻辑关系明确、易于修改等优点。单代号网络图由工作（节点）、箭线和线路三个基本要素组成。其基本符号也是箭线、节点和节点编号。

1. 箭线

单代号网络图中，箭线表示紧邻工作之间的逻辑关系。它既不消耗时间，也不消耗资源。箭线应画成水平直线、折线或斜线。箭线水平投影的方向应自左向右，表达工作的进行方向，如图 3-47 所示。

2. 节点

单代号网络图中每一个节点表示一项工作，宜用圆圈或矩形表示。节点所表示的工作名称、持续时间和工作代号等应标注在节点内，对于箭尾和箭头来说，箭尾节点称为“紧前工作”，箭头节点称为“紧后工作”。

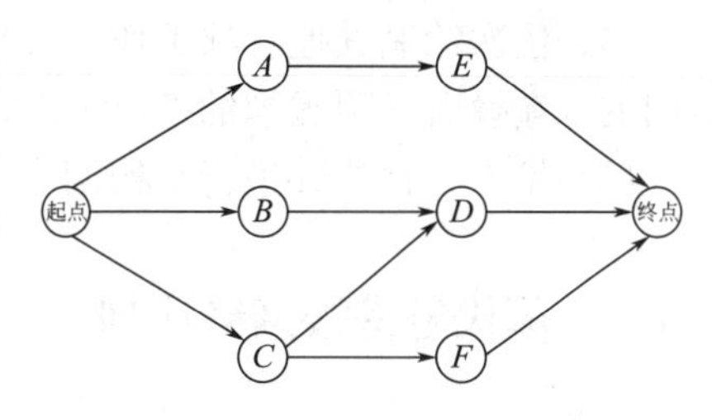


图 3-47 单代号网络示意图

3. 节点编号

单代号网络图的节点编号与双代号网络图一样。

4. 线路

由网络图的起点节点出发，顺着箭杆方向到达终点，中间经由一系列节点和箭杆所组成的通道，称为“线路”。同双代号网络图一样，线路也分为关键线路和非关键线路，其性质和线路时间的计算方法均与双代号网络图相同。

## 3.4.2 单代号网络图的绘制

由于单代号网络图和双代号网络图所表达的计划内容是一致的，两者的区别仅在于绘制的符号不同。因此，在双代号网络图中所说明的绘图规则，对单代号网络图原则上都适用，所不同的是，单代号网络图中有多项开始和多项结束工作时，应在网络图的两端分别设置一项虚工作，作为网络图的起点节点和终点节点，其他再无任何虚工作。

1. 单代号网络图的绘制规则

（1）单代号网络图必须正确表述已定的逻辑关系；

（2）单代号网络图中，严禁出现循环回路；

（3）单代号网络图中，严禁出现双向箭头或无箭头的连线；

（4）单代号网络图中，严禁出现没有箭尾节点的箭线和没有箭头节点的箭线；

（5）绘制单代号网络图时，箭线不宜交叉，当交叉不可避免时，可采用过桥法和指向法绘制；

（6）单代号网络图只应有一个起点节点和一个终点节点，当网络图中有多项起点节点或多项终点节点时，应在网络图的两端分别设置一个虚拟的起点节点和终点节点；

（7）单代号网络图不允许出现有重复编号的工作，一个编号只能代表一项工作，而且箭头节点编号要大于箭尾节点编号。

2. 单代号网络图的绘制方法

单代号网络图的绘制与双代号网络图的绘制方法基本相同，而且由于单代号网络图逻辑关系容易表达，因此绘制方法更为简便，其绘制步骤如下：

先根据网络图的逻辑关系，绘制出网络图草图，再结合绘图规则进行调整布局，最后形成正式网络图。

（1）提供逻辑关系表，一般只要提供每项工作的紧前工作；

（2）用矩阵图确定紧后工作；

（3）绘制没有紧后工作的工作，当网络图中有多项起点节点时，应在网络图的始端设置一项虚拟的起点节点；

（4）依次绘制其他各项工作一直到终点节点，当网络图中有多项终点节点时，应在网络图的末端设置一项虚拟的终点节点；

（5）检查、修改并进行结构调整，最后绘出正式网络图。

### 3.4.3 单代号搭接网络计划

1. 单代号搭接网络计划的基本概念

在普通双代号和单代号网络计划中，各项工作都是按顺序依次进行的，即任何一项工作都必须在它的紧前工作全部完成后才能开始。

如图 3-48 所示，相邻的 $A$、$B$ 两工作，$A$ 工作进行 4 天后 $B$ 工作即可开始，而不必等到 A 工作全部完成。这种情况如果按照依次顺序用网络图表示就必须把 A 工作分为两部分，即 $A_1$ 和 $A_2$ 工作，以双代号网络图表示如图 3-48（b）所示，以单代号网络图表示，如图 3-48（c）所示。

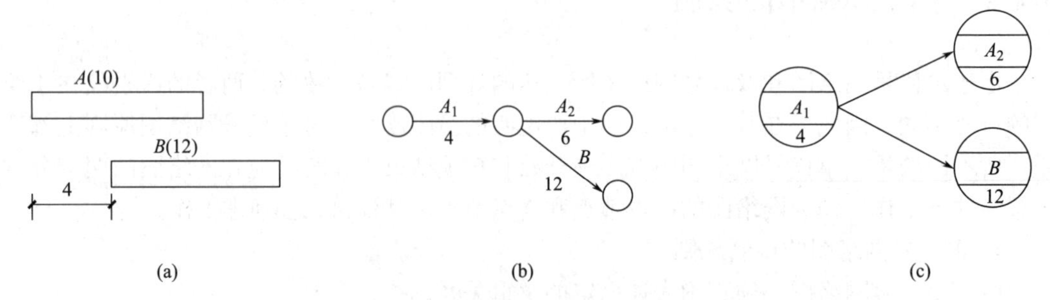


图 3-48 搭接关系表示方法

（a）横道图表示；（b）双代号网络图表示；（c）单代号网络图表示

在实际工作中，为了缩短工期，许多工作可采用平行搭接的方式进行。为了简单直接表达这种搭接关系，便出现了搭接网络计划方法。如图 3-49 所示为单代号搭接网络图，其中起点节点 $St$ 和终点节点 $Fin$ 为虚拟节点。

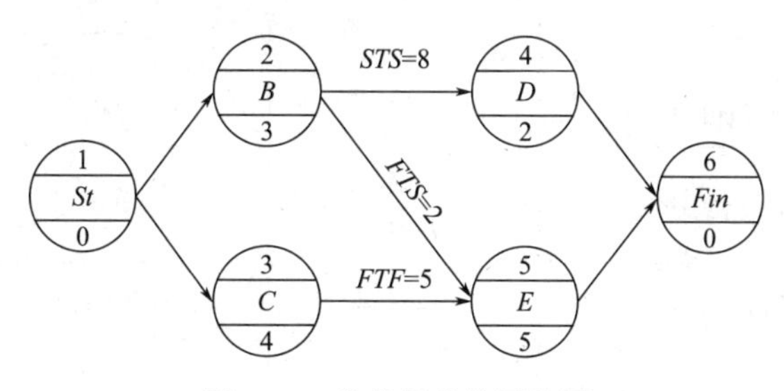


图 3-49 单代号搭接网络图

单代号搭接网络图的特点及其表达：

（1）单代号搭接网络图中每一个节点表示一项工作，宜用圆圈表示。节点所表示的工作名称、持续时间和工作代号等应标注在节点内。节点最基本的表示方法如图 3-50 所示。

（2）单代号搭接网络图中，箭线及其上面的时距符号表示相邻工作间的逻辑关系，如图 3-51 所示。箭线应画成水平直线、折线或斜线。箭线水平投影的方向应自左向右，表示工作的进行方向。

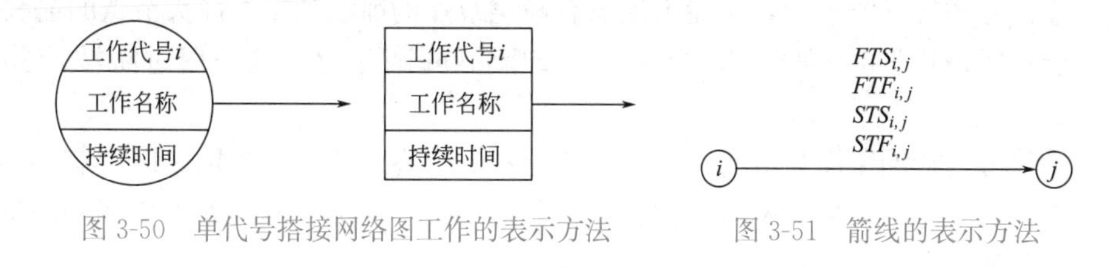


图 3-50 单代号搭接网络图工作的表示方法　　图 3-51 箭线的表示方法

工作的搭接顺序关系是用前项工作的开始或完成时间与其紧后工作的开始或完成时间之间的间距来表示，共有四类：

$FTS_{i,j}$——工作 $i$ 完成时间与其紧后工作 $j$ 开始时间的时间间距；

$FTF_{i,j}$——工作 $i$ 完成时间与其紧后工作 $j$ 完成时间的时间间距；

$STS_{i,j}$——工作 $i$ 开始时间与其紧后工作 $j$ 开始时间的时间间距；

$STF_{i,j}$——工作 $i$ 开始时间与其紧后工作 $j$ 完成时间的时间间距。

（3）单代号搭接网络图中的节点必须编号，其号码可间断，但不允许重复。箭线的箭尾节点编号应小于箭头节点编号。每一项工作有唯一的一个节点及相应的一个编号。

（4）工作之间的逻辑关系包括工艺关系和组织关系，在网络图中均表现为工作之间的先后顺序。

（5）单代号搭接网络图中，各条线路的表述方法为该线路上的节点编号自小到大依次表述，也可用工作名称依次表述。如图 3-49 所示的单代号搭接网络图中的一条线路可表述为 1→2→5→6，也可表述为 $St$→$B$→$E$→$Fin$。

（6）单代号搭接网络计划中的时间参数基本内容和形式，应按照图 3-52 所示的方式标注。工作名称和工作持续时间标注在节点圆圈内，工作的时间参数标注在圆圈的上下。

而工作之间的时间参数（如 $STS$、$FTF$、$STF$、$FTS$ 和时间间隔 $LAG_{i,j}$）标注在联系箭线的上下方。

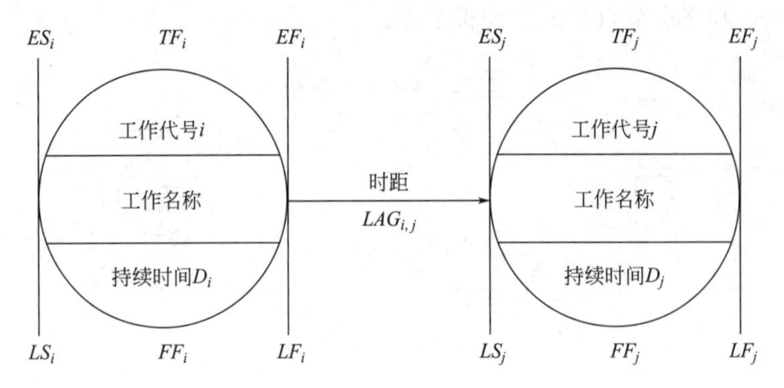


图 3-52　时间参数的标注方法

2. 单代号搭接网络图绘图规则

单代号搭接网络图的绘图规则与单代号网络图的绘图规则基本相同，主要是：

（1）单代号搭接网络图必须正确表述其逻辑关系。

（2）单代号搭接网络图中，不允许出现循环回路。

（3）单代号搭接网络图中，不能出现双向箭头或无箭头的连线。

（4）单代号搭接网络图中，不能出现没有箭尾节点的箭线和没有箭头节点的箭线。

（5）绘制网络图时，箭线不宜交叉。当交叉不可避免时，可采用过桥法或指向法绘制。

（6）单代号搭接网络图只应有一个起点节点和一个终点节点。当网络图中有多项起点节点或多项终点节点时，应在网络图的相应端分别设置一项虚工作，作为该网络图的起点节点（$St$）和终点节点（$Fin$）。

3. 单代号搭接网络计划中的搭接关系

在工程实践中，搭接网络计划中搭接关系的具体应用如下：

（1）完成到开始时距（$FTS_{i,j}$）的连接方法

如图 3-53 所示，表示紧前工作 $i$ 的完成时间与紧后工作 $j$ 的开始时间之间的时距和连接方法。

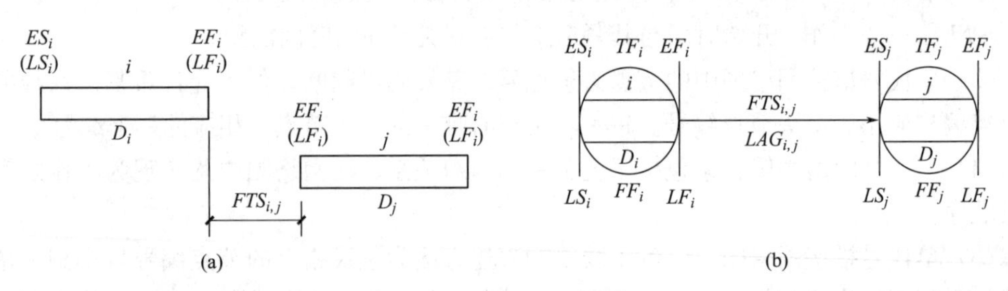


图 3-53　时距 $FTS$ 的表示方法

（a）从横道图上看 $FTS$ 时距；（b）单代号搭接网络计划表达

例如运动场跑道施工时，必须等到混凝土基层充分干燥后才能进行塑胶层的粘贴。这

种等待的时间就是 $FTS$ 时距。

当 $FTS=0$ 时，即紧前工作 $i$ 的完成时间等于紧后工作 $j$ 的开始时间，这时紧前工作与紧后工作紧密衔接，当计划所有相邻工作的 $FTS=0$ 时，整个搭接网络计划就成为一般的单代号网络计划。因此，一般的依次顺序关系只是搭接关系的一种特殊表现形式。

(2) 完成到完成时距（$FTF_{i,j}$）的连接方法

如图 3-54 所示，表示紧前工作 $i$ 的完成时间与紧后工作 $j$ 的完成时间之间的时距和连接方法。

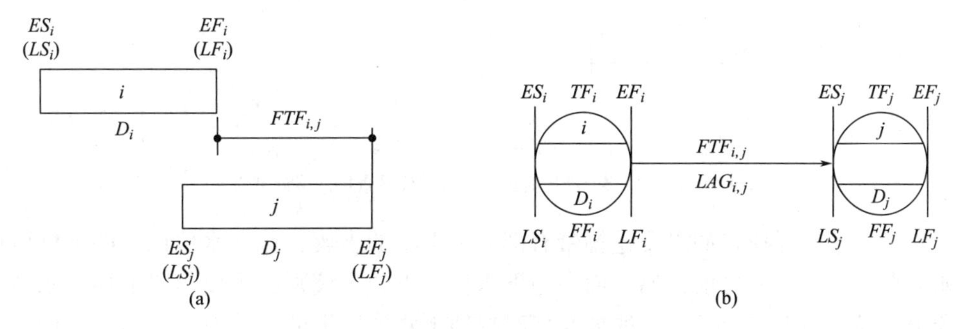


图 3-54 时距 $FTF$ 的表示方法

(a) 从横道图上看 $FTF$ 时距；(b) 单代号搭接网络计划表达

例如相邻两工作，当紧前工作的施工速度小于紧后工作时，则必须考虑为紧后工作留有充分的工作面，否则紧后工作就将因无工作面而无法进行。这种结束工作时间之间的间隔就是 $FTF$ 时距。

(3) 开始到开始时距（$STS_{i,j}$）的连接方法

如图 3-55 所示，表示紧前工作 $i$ 的开始时间与紧后工作 $j$ 的开始时间之间的时距和连接方法。

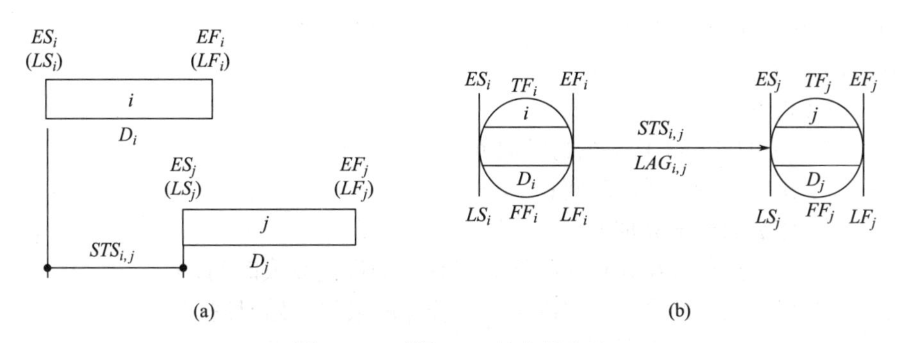


图 3-55 时距 $STS$ 的表示方法

(a) 从横道图上看 $STS$ 时距；(b) 单代号搭接网络计划表达

例如相邻两项工作，在工作面允许的情况下，在紧前工作还没有结束之前，紧后工作提前进入工作面并开始施工，而且相邻工作开始时间受到控制。这种开始工作时间之间的间隔就是 $STS$ 时距。

(4) 开始到完成时距（$STF_{i,j}$）的连接方法

如图 3-56 所示，表示紧前工作 $i$ 的开始时间与紧后工作 $j$ 的完成时间之间的时距和连

接方法。

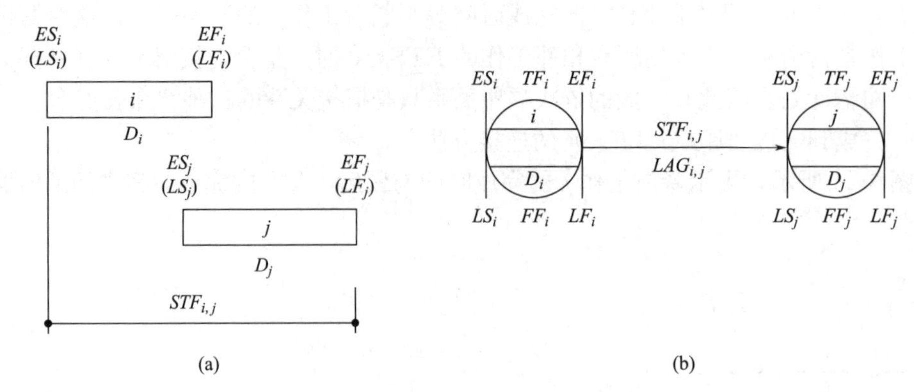


图 3-56 时距 $STF$ 的表示方法

(a) 从横道图上看 $STF$ 时距；(b) 单代号搭接网络计划表达

例如房屋基坑开挖，如果要挖掘带有部分地下水的土壤，地下水位以上的土壤可以在降低地下水位工作完成之前开始，而在地下水位以下的土壤则必须要等降低地下水位之后才能开始。降低地下水位工作的完成与何时挖地下水位以下的土壤有关，至于降低地下水位何时开始，则与挖土没有直接联系。这种开始到结束的限制时间就是 $STF$ 时距。

(5) 混合时距的连接方法

在搭接网络计划中，两项工作之间可同时由四种基本连接关系中的两种以上来限制工作间的逻辑关系，例如 $i$、$j$ 两项工作可能同时由 $STS$ 与 $FTF$ 时距限制，或 $STF$ 与 $FTS$ 时距限制等。

### 3.4.4 单代号网络计划的时间参数计算

1. 单代号网络计划常用符号

单代号网络计划，当 $i<j$，则：

$D_i$——工作 $i$ 的持续时间；

$D_j$——工作 $i$ 的紧后工作 $j$ 的持续时间；

$ES_i$——工作 $i$ 的最早开始时间；

$EF_i$——工作 $i$ 的最早完成时间；

$LF_i$——在总工期已经确定的情况下，工作 $i$ 的最迟完成时间；

$LS_i$——在总工期已经确定的情况下，工作 $i$ 的最迟开始时间；

$ES_j$——工作 $j$ 的最早开始时间；

$EF_j$——工作 $j$ 的最早完成时间；

$LF_j$——在总工期已经确定的情况下，工作 $j$ 的最迟完成时间；

$LS_j$——在总工期已经确定的情况下，工作 $j$ 的最迟开始时间；

$TF_i$——工作 $i$ 的总时差；

$FF_i$——工作 $i$ 的自由时差。

2. 单代号网络计划的时间参数计算

因为单代号的节点代表工作，所以其参数的标注均在节点处，单代号网络计划的时间参数标注如图3-57所示。其他的时间参数计算的内容、方法和顺序等与双代号网络图的工作时间参数计算相同。

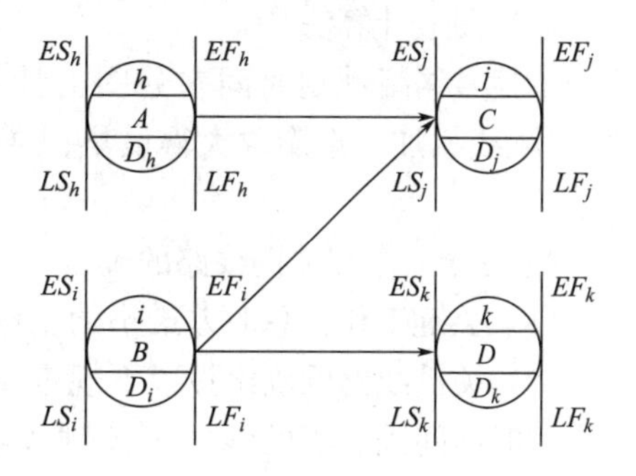

图3-57 单代号网络计划时间参数标注

(1) 分析计算法

1) 工作最早时间的计算应符合下列规定：工作 $i$ 的最早时间应从网络图的起点节点开始，顺着箭线方向依次计算。起点节点的最早开始时间如无规定时，其值等于零，即 $ES_i=0$。其他工作的最早开始时间 $ES$ 和最早完成时间 $EF$ 的计算应符合下式规定：

$$\begin{cases} ES_j=\max[ES_i+D_i]=\max[EF_i] \\ EF_j=ES_j+D_j \qquad (i<j) \end{cases} \tag{3-35}$$

2) 工作最迟时间的计算应符合下列规定：工作最迟完成时间应从网络图的终点节点开始，逆着箭线方向依次逐项计算。当部分工作分期完成时，有关工作的最迟完成时间应从分期完成的节点开始逆向逐项计算。终点节点所代表的工作的最迟完成时间应按网络计划的计划工期 $T_p$ 确定，即 $LF_n=T_p$。分期完成那项工作的最迟完成时间应等于分期完成的时刻。其他工作的最迟完成时间 $LF$ 和最迟开始时间 $LS$ 的计算应符合下式规定：

$$\begin{cases} LF_i=\min[LS_j] \\ LS_i=LF_i-D_i \end{cases} \tag{3-36}$$

3) 网络计划计算工期 $T_c$ 的计算应符合下式规定：

$$T_c=EF_n \tag{3-37}$$

4) 相邻两项工作 $i$ 和 $j$ 之间的时间间隔 $LAG_{i,j}$ 的计算应符合下式规定：

$$LAG_{i.j}=ES_j-EF_i \tag{3-38}$$

式中 $LAG_{i.j}$——工作 $i$ 和 $j$ 之间的时间间隔。

5) 工作总时差和自由时差的计算应符合下列规定：

A. 工作的总时差 $TF$，应从网络图的终点节点开始，逆着箭线方向依次逐项计算。当部分工作分期完成时，有关工作的总时差必须从分期完成的节点开始逆向逐项计算。

B. 终点节点所代表的工作 $n$ 的总时差 $TF$ 值为零，即

$$TF_n=0 \tag{3-39}$$

C. 其他工作的总时差 $TF$ 和自由时差 $FF$ 的计算应符合下式规定：

$$TF_i=\min\{LAG_{i,\ j}+TF_j\} \tag{3-40}$$

$$FF_i=\min\{LAG_{i,\ j}\} \tag{3-41}$$

式中 $TF_i$——工作 $i$ 的总时差；

$TF_j$——工作 $i$ 的紧后工作 $j$ 的总时差。

当已知各项工作的最迟完成时间 $LF$ 或最迟开始时间 $LS$ 时，工作的总时差 $TF$ 和自由时差 $FF$ 计算也应符合下列规定：

$$\begin{cases} TF_i=LS_i-ES_i=LF_i-EF_i \\ FF_i=\min[ES_j]-EF_i \quad (i<j) \end{cases} \tag{3-42}$$

上述公式中，各种符号的意义和计算规则与双代号网络计划完全相同。

（2）图上计算法

单代号网络计划时间参数图上计算法，仍然可以按以下口诀在网络图上直接计算。即：“顺线累加，逢圈取大得最早；逆线累减，逢圈取小得最迟；迟早相减，所得之差找关键。”

3. 关键工作和关键线路的确定

（1）关键工作：总时差最小的工作是关键工作。

（2）关键线路的确定按以下规定：从起点节点开始到终点节点均为关键工作，且所有工作的时间间隔为零的线路为关键线路。关键线路在网络图中宜用粗线、双线或彩色线标注。

下面通过一个实例说明计算步骤：

**【例 3-2】** 试计算如图 3-58 所示单代号网络计划的时间参数。

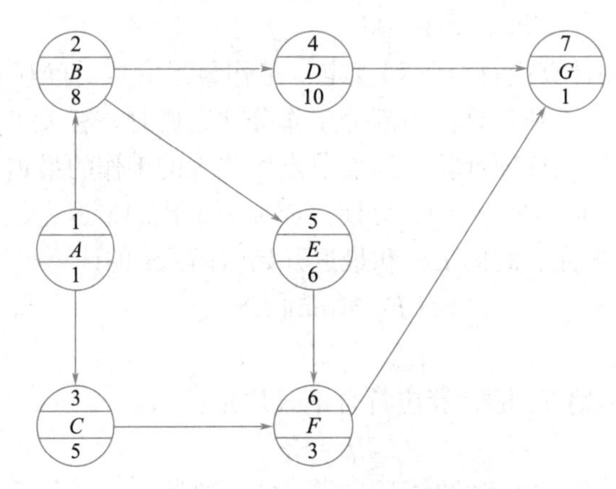


图 3-58　单代号网络计划

**【解】** 计算结果如图 3-59 所示。现对其计算方法说明如下：

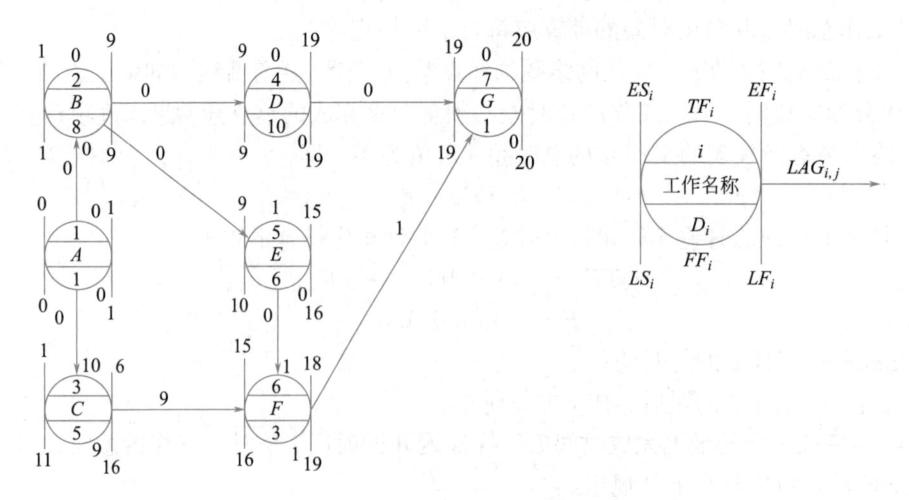


图 3-59　单代号网络计划的时间参数计算结果

1）计算 $ES_j$ 和 $EF_i$。由起点节点开始，首先假定整个网络计划的开始时间为 0，即

$ES_1=0$，然后从左至右按节点编号递增的顺序计算，直到终点节点止，并随时将计算结果填入相应栏。

2）计算 $LF_i$ 和 $LS_i$。由终点节点开始，假定终点节点的最迟完成时间 $LF_7=EF_7=20$，从右到左按工作编号递减的顺序逐个计算，直到起点节点止，并随时将计算结果填入相应栏。

3）计算网络计划的工期。计算工期 $T_c$ 按公式 $T=EF_n$ 计算，由此得到 $T_c=EF_7=20$；由于本计划没有要求工期，计划工期等于计算工期。计划总工期为 20 天。

4）计算相邻两项工作之间的时间间隔。相邻两项工作的时间间隔，是后项工作的最早开始时间与前项工作的最早完成时间的差值，它表示相邻两项工作之间有一段时间间歇，相邻两项工作 $i$ 与 $j$ 之间的时间间隔按 $LAG_{i,j}=ES_j-EF_i$ 计算。

5）计算 $TF_i$ 和 $FF_i$。由起点节点开始，逐个工作计算，并随时将计算结果填入相应栏。

6）确定关键线路：单代号网络计划中将相邻两项关键工作之间的间隔时间为零的关键工作连接起来而形成的自起点节点到终点节点的通路就是关键线路。因此，关键线路是 1—2—4—7。

4. 单代号网络图与双代号网络图的比较

(1) 单代号网络图绘制方便，不必增加虚工作。在此点上，弥补了双代号网络图的不足。

(2) 单代号网络图具有便于说明，容易被非专业人员所理解和易于修改的优点。这对于推广应用统筹法编制工程进度计划，进行全面科学管理是有益的。

(3) 双代号网络图表示工程进度比用单代号网络图更为形象，特别是在应用带时间坐标网络图中。

(4) 双代号网络图在应用电子计算机进行计算和优化过程更为简便，这是因为双代号网络图中用两个代号代表一项工作，可直接反映其紧前或紧后工作的关系。而单代号网络图就必须按工作逐个列出其紧前、紧后工作关系，这在计算机中需占用更多的存储单元。

由于单代号和双代号网络图有上述各自的优缺点，故两种表示法在不同情况下，其表现的繁简程度是不同的。有些情况下，应用单代号表示法较为简单；有些情况下，使用双代号表示法则更为清楚。因此，单代号和双代号网络图是两种互为补充、各具特色的表现方法。

### 3.4.5 单代号搭接网络计划的时间参数计算

1. 计算工作最早时间

(1) 工作最早时间参数的计算程序与双代号网络图相同，即必须从起点节点开始依次进行，只有紧前工作计算完毕，才能计算本工作。

(2) 开始时间应按下列步骤进行：

起点节点的工作最早开始时间应为零，即：

$$ES_1=0 \tag{3-43}$$

其他工作 $j$ 的最早开始时间（$ES_j$）根据时距应按下列公式计算：

相邻时距为 $STS_{i,j}$ 时，

$$ES_j = ES_i + STS_{1,j} \tag{3-44}$$

相邻时距为 $FTF_{i,j}$ 时，

$$ES_j = ES_i + D_i + FTF_{i,j} - D_j \tag{3-45}$$

相邻时距为 $STF_{i,j}$ 时，

$$ES_j = ES_i + STF_{i,j} - D_j \tag{3-46}$$

相邻时距为 $FTS_{i,j}$ 时，

$$ES_j = ES_i + D_i + FTS_{i,j} \tag{3-47}$$

(3) 当出现最早开始时间为负值时，应将该工作 $j$ 与起点节点用虚箭线相连接，并确定其时距为：

$$STS_{\text{起点节数},j} = 0 \tag{3-48}$$

(4) 工作 $j$ 的最早完成时间 $EF_j$ 应按下式计算：

$$EF_j = ES_j + D_j \tag{3-49}$$

(5) 当有两种以上的时距（有两项工作或两项以上紧前工作）限制工作间的逻辑关系时，应分别进行计算其最早时间，取其最大值。

(6) 搭接网络计划中，全部工作的最早完成时间的最大值若在中间工作 $k$，则该中间工作 $k$ 应与终点节点用虚箭线相连接，并确定其时距为：

$$FTF_{k,\text{终点节点}} = 0 \tag{3-50}$$

(7) 搭接网络计划计算工期 $T_c$ 由与终点相联系的工作的最早完成时间的最大值决定。

(8) 网络计划的计划工期 $T_p$ 的计算应按下列情况分别确定：

当已规定了要求工期 $T_r$ 时，$T_p \leqslant T_r$

当未规定要求工期时，$T_p = T_c$

2. 计算时间间隔 $LAG_{i,j}$

相邻两项工作 $i$ 和 $j$ 之间在满足时距之外，还有多余的时间间隔 $LAG_{i,j}$ 应按下式计算：

$$LAG_{i,j} = \min \begin{bmatrix} ES_j - EF_i - FTS_{i,j} \\ ES_j - ES_i - STS_{i,j} \\ EF_j - EF_i - FTF_{i,j} \\ EF_j - ES_i - STF_{i,j} \end{bmatrix} \tag{3-51}$$

3. 计算工作总时差

工作 $i$ 的总时差 $TF_i$，应从网络计划的终点节点开始，逆着箭线方向依次逐项计算。当部分工作分期完成时，有关工作的总时差必须从分期完成的节点开始逆向逐项计算。

终点节点所代表工作 $n$ 的总时差 $TF_n$ 值应为：

$$TF_n = T_p - EF_n \tag{3-52}$$

其他工作 $i$ 的总时差 $TF_i$ 应为：

$$TF_i = \min\{TF_j + LAG_{i,j}\} \tag{3-53}$$

4. 计算工作自由时差

终点节点所代表工作 $n$ 的自由时差 $FF_n$，应为：

$$FF_n = T_p - EF_n \tag{3-54}$$

其他工作 $i$ 的自由时差 $FF_i$ 应为：

$$FF_i = \min LAG_{i,j} \tag{3-55}$$

5. 计算工作最迟完成时间

工作 $i$ 的最迟完成时间 $LF_i$ 应从网络计划的终点节点开始，逆着箭线方向依次逐项计算。当部分工作分期完成时，有关工作的最迟完成时间应从分期完成的节点开始逆向逐项计算。

终点节点所代表的工作 $n$ 的最迟完成时间 $LF_n$，应按网络计划的计划工期 $T_p$，确定，即：

$$LF_n = T_p \tag{3-56}$$

其他工作 $i$ 的最迟完成时间 $LF_i$，应为：

$$LF_i = EF_i + TF_i \tag{3-57}$$

或

$$LAG_i = \min \begin{bmatrix} LS_j - FTS_{i,j} \\ LS_j - STS_{i,j} + D_i \\ LF_j - FTF_{i,j} \\ LF_j - STF_{i,j} + D_i \end{bmatrix} \tag{3-58}$$

6. 计算工作最迟开始时间

工作 $i$ 的最迟开始时间 $LS_i$ 应按下式计算：

$$LS_i = LF_i - D_i \tag{3-59}$$

或

$$LS_i = ES_i + TF_i \tag{3-60}$$

7. 关键工作和关键线路的确定

（1）关键工作的确定

搭接网络计划中工作总时差最小的工作，也即是其具有的机动时间最小，如果延长其持续时间就会影响计划工期，因此为关键工作。当计划工期等于计算工期时，工作的总时差为零是最小的总时差。当有要求工期，且要求工期小于计算工期时，总时差最小的为负值，当要求工期大于计算工期时，总时差最小的为正值。

（2）关键线路的确定

在搭接网络计划中，从起点节点开始到终点节点均为关键工作，且所有工作的时间间隔均为零的线路应为关键线路。用粗线、双线或彩色线标注。

下面通过一个实例说明计算步骤：

**【例 3-3】** 试计算如图 3-60 所示单代号搭接网络计划的时间参数。若计划工期等于计算工期，计算各项工作的六个时间参数并确定关键线路，标注在网络计划上。

**【解】** 单代号搭接网络时间参数计算总图，如图 3-61 所示，其具体计算步骤说明如下：

（1）计算最早开始时间 $ES$ 和最早完成时间 $EF$

计算最早时间参数必须从起点开始沿箭线方向向终点进行。因为在本例单代号网络图中起点和终点都是虚设的，故其工作持续时间均为零。

1）因为未规定其最早开始时间：

$$ES_1 = 0$$

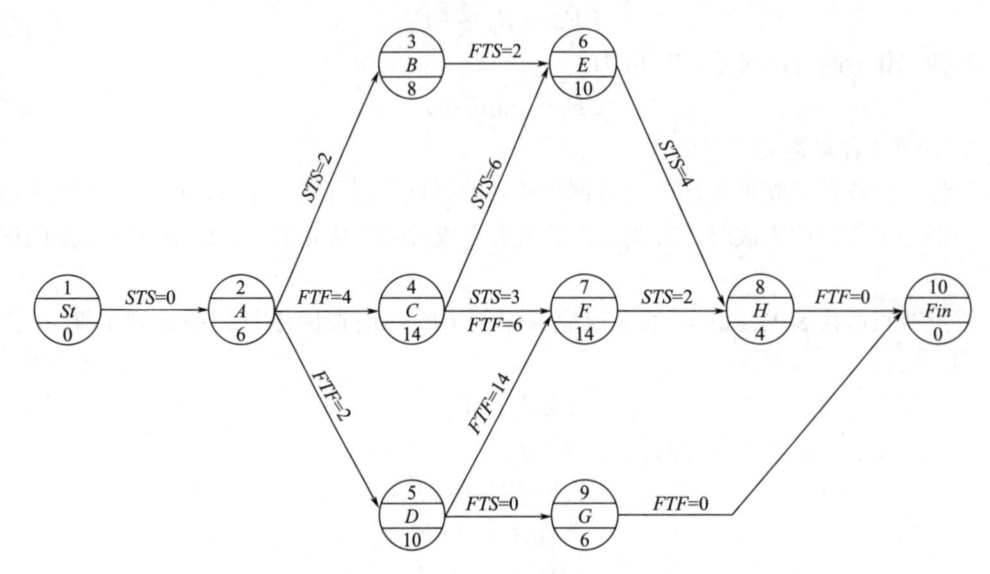


图 3-60 单代号搭接网络计划

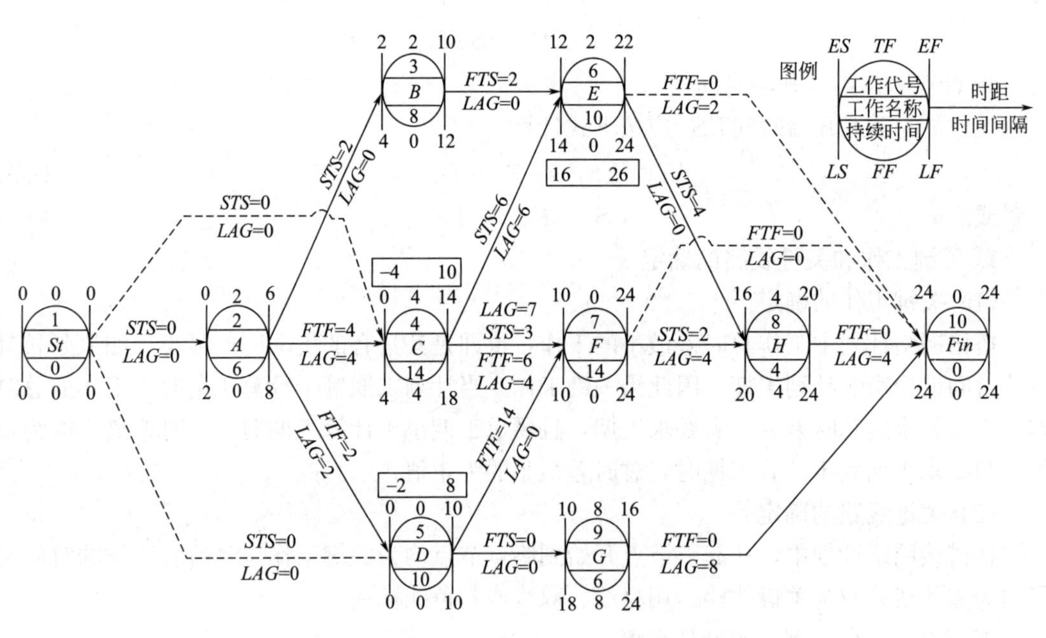


图 3-61 单代号搭接网络时间参数计算图

2）相邻工作的时距为 $STS_{i,j}$ 时，如 $A$、$B$ 时距为 $STS_{2,3}=2$

$$ES_3=ES_2+STS_{2,3}=0+2=2$$

$$EF_3=ES_3+D_3=2+8=10$$

3）相邻两工作的时距为 $FTF_{i,j}$ 时，如 $A$、$C$ 工作之间的时距为 $FTF_{2,4}=4$

$$EF_4=EF_2+FTF_{2,4}=6+4=10$$

$$ES_4=EF_4-D_4=10-14=-4$$

节点 4（工作 $C$）的最早开始时间出现负值，这说明工作 $C$ 在工程开始之前 4d 就应开始工作，这是不合理的，必须按以下的方法来处理。

4）当中间工作出现 $ES_i$ 为负值时的处理方法

在单代号搭接网络计划中，当某项中间工作的 $ES_i$ 为负值时，应该将该工作用虚线与起点联系起来。这时该工作的最早开始时间就由起点所决定，其最早完成时间也要重新计算。如：

$$ES_4 = ES_1 + STS_{1,4} = 0 + 0 = 0$$

$$EF_4 = ES_4 + D_4 = 0 + 14 = 14$$

5）相邻两项工作的时距为 $FTS_{i,j}$ 时，如 $B$、$E$ 两工作之间的时距为 $FTS_{3,6} = 2$，则

$$ES_6 = EF_3 + FTS_{3,6} = 10 + 2 = 12$$

6）在一项工作之前有两项以上紧前工作时，则应分别计算后从中取其最大值。本例中：

按 $B$、$E$ 工作搭接关系，

$$ES_6 = 12$$

按 $C$、$E$ 工作搭接关系，

$$ES_6 = ES_4 + STS_{4,6} = 0 + 6 = 6$$

从两数中取最大值，即应取　$ES_6 = 12$

$$EF_6 = 12 + 10 = 22$$

7）在两项工作之间有两种以上搭接关系时，如两项工作 $C$、$F$ 之间的时距为 $STS_{4,7} = 3$ 和 $FTF_{4,7} = 6$，这时也应该分别计算后取其中的最大值。

由 $STS_{4,7} = 3$ 决定时，

$$ES_7 = ES_4 + STS_{4,7} = 0 + 3 = 3$$

由 $FTF_{4,7} = 6$ 决定时，

$$EF_7 = EF_4 + FTF_{4,7} = 14 + 6 = 20$$

$$ES_7 = EF_7 - D_7 = 20 - 14 = 6$$

故按以上两种时距关系，应取 $ES_7 = 6$。

但是节点 7（工作 $F$）除与节点 4（工作 $C$）有联系外，同时还与紧前工作 $D$（节点 5）有联系，所以还应在这两种逻辑关系的计算值中取其最大值。

$$EF_7 = EF_5 + FTF_{5,7} = 10 + 14 = 24$$

$$ES_7 = 24 - 14 = 10$$

故应取　$ES_7 = \max\{10，6\} = 10$

$$EF_7 = 10 + 14 = 24$$

搭接网络计划中的所有其他工作的最早时间，都可以依次按上述各种方法进行计算，直到终点为止。

8）根据以上计算，则终点节点的时间应从其紧前几个工作的最早完成时间中取最大值，即：

$$ES_{\text{Fin}} = \max\{22，20，16\} = 22$$

在很多情况下，这个值是网络计划中的最大值，决定了计划的工期。但是在本例中，决定工程工期的完成时间最大值的工作却不在最后，而是在中间的工作 $F$，这时必须按以下方法加以处理：

终点一般是虚设的，只与没有外向箭线的工作相联系。但是当中间工作的完成时间大于最后工作的完成时间时，为了决定终点的时间（即工程的总工期）必须先把该工作与终点节点用虚箭线联系起来，如图 3-61 所示，然后再计算终点时间。在本例中，

$$ES_{Fin}=\max\{24，22，20，16\}=24$$

已知计划工期等于计算工期，故有 $T_p=T_c=EF_{16}=24$。

（2）计算相邻两项工作之间的时间间隔 $LAG$

起点与工作 $A$ 是 $STS$ 连接，故 $LAG_{1,2}=0$，起点与工作 $C$ 和工作 $D$ 之间的 $LAG$ 均为零。

工作 $A$ 与工作 $B$ 是 $STS$ 连接：

$$LAG_{2,3}=ES_3-ES_2-STS_{2,3}=2-0-2=0$$

工作 $A$ 与工作 $C$ 是 $FTF$ 连接：

$$LAG_{2,4}=EF_4-EF_2-FTF_{2,4}=14-6-4=4$$

工作 $A$ 与工作 $D$ 是 $FTF$ 连接：

$$LAG_{2,5}=EF_5-EF_2-FTF_{2,5}=10-6-2=2$$

工作 $B$ 与工作 $E$ 是 $FTS$ 连接：

$$LAG_{3,6}=ES_6-EF_3-FTS_{3,6}=12-10-2=0$$

工作 $C$ 与工作 $F$ 是 $STS$ 和 $FTF$ 两种时距连接，故

$$LAG_{4,7}=\min\{(ES_7-ES_4-STS_{4,7}),(EF_7-EF_4-FTF_{4,7})\}$$
$$=\min\{(10-0-3),(24-14-6)\}=4$$

（3）计算工作的总时差 $TF_1$

已知计划工期等于计算工期：$T_p=T_c=24$，故

终点节点的总时差：$TF_{Fin}=T_p-EF_n=24-24=0$

其他节点的总时差：$TF_8=TF_{10}+LAG_{8,10}=0+4=4$

$$TF_6=\min\{(TF_{10}+LAG_{6,10}),(TF_8+LAG_{6,8})\}$$
$$=\min\{(0+2),(4+0)\}=2$$

（4）计算工作的自由时差 $FF_i$

各项工作的自由时差 $FF_i$ 计算

$$FF_7=0$$

$$FF_2=\min\{LAG_{2,3},LAG_{2,4},LAG_{2,5}\}=\min\{0,4,2\}=0$$

（5）计算工作的最迟开始时间 $LS$ 和最迟完成时间 $LF$

1）凡是与终点节点相联系的工作，其最迟完成时间即为终点的完成时间，如：

$$LF_7=LF_{10}=24$$

$$LS_7=LF_7-D_7=24-14=10$$

$$LS_9=LF_9-D_9=24-6=18$$

2）相邻两工作的时距为 $STS_{i,j}$ 时，如两工作 $E$、$H$ 之间的时距为 $STS_{6,8}=4$

$$LS_6=LS_8-STS_{6,8}=20-4=16$$

$$LF_6=LS_6+D_6=16+10=26$$

节点 6（工作 $E$）的最迟完成时间为 26d，大于总工期 24d，这是不合理的，必须对节点 6（工作 $E$）的最迟完成时间按下述方法进行调整：

在计算最迟时间参数中出现某工作的最迟完成时间大于总工期时，应把该工作用虚箭线与终点节点连起来。

这时工作 $E$ 的最迟时间除受工作 $H$ 的约束之外，还受到终点节点的决定性约束，故

$$LF_6 = 24$$

$$LS_6 = 24 - 10 = 14$$

3）若明确中间相邻两工作的时距后，可按下式计算：

$$LF_5 = \min\{(LS_9 - FTS_{5,9}),\ (LF_7 - FTF_{5,7})\} = \min\{(18-0),\ (24-14)\} = 10$$

$$LS_5 = LF_5 - D_5 = 10 - 10 = 0$$

$$LF_4 = \min\{(LS_7 - STS_{4,7} + D_4),\ (LF_7 - FTF_{4,7}),\ (LS_6 - STS_{4,6} + D_4)\}$$
$$= \min\{(10-3+14),\ (24-6),\ (14-6+14)\} = 18$$

$$LS_4 = LF_4 - D_4 = 18 - 14 = 4$$

（6）关键工作和关键线路的确定

如图 3-61 所示，关键线路为起点→$D$→$F$→终点。$D$ 和 $F$ 两工作的总时差为最小（零）是关键工作。

## 3.5 双代号时标网络计划

双代号时标网络计划是综合应用横道图的时间坐标和网络计划的原理，在横道图基础上引入网络计划中各工作之间逻辑关系的表达方法。如图 3-62 所示的双代号网络计划，若改画为时标网络计划，如图 3-63 所示。

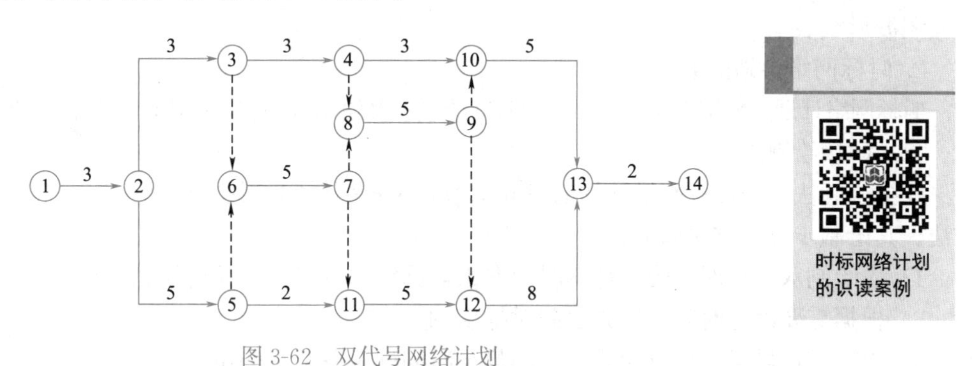


图 3-62 双代号网络计划

采用时标网络计划，既解决了横道计划中各项工作不明确，时间指标无法计算的缺点，又解决了双代号网络计划时间不直观，不能明确看出各工作开始和完成的时间等问题。其特点是：

（1）时标网络计划中，箭线的长短与时间有关；

（2）可直接显示各工作的时间参数和关键线路，不必计算；

（3）由于受到时间坐标的限制，所以时标网络计划不会产生闭合回路；

（4）可以直接在时标网络图的下方绘出资源动态曲线，便于分析，平衡调度；

（5）由于箭线的长度和位置受时间坐标的限制，因而调整和修改不太方便。

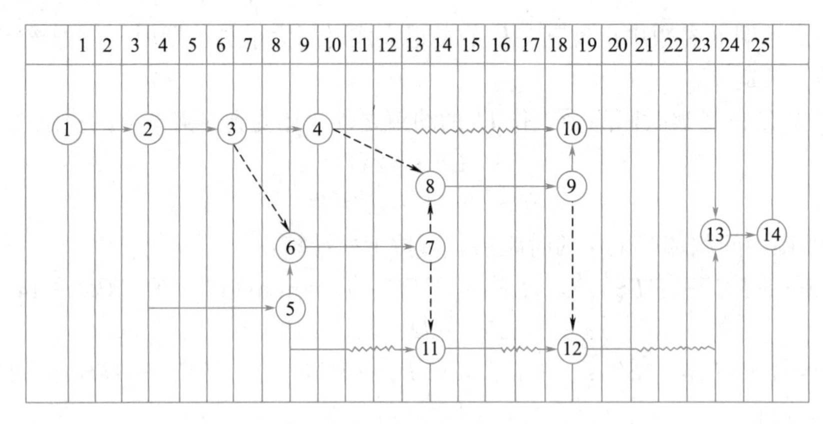


图 3-63 时标网络计划

## 3.5.1 绘制方法

1. 绘制时标网络计划的一般规定

（1）双代号时标网络计划必须以水平时间坐标为尺度表示工作时间。时标的时间单位应根据需要在编制网络计划之前确定，可为时、天、周、月或季。

（2）时标网络计划应以实箭线表示工作，以虚箭线表示虚工作，以波形线表示工作的自由时差。

（3）时标网络计划中所有符号在时间坐标上的水平投影位置，都必须与其时间参数相对应。节点中心必须对准相应的时标位置。虚工作必须以垂直方向的虚箭线表示，有自由时差用波形线表示。

2. 时标网络计划的绘制方法

时标网络计划一般按工作的最早开始时间绘制。其绘制方法有间接绘制法和直接绘制法。

（1）间接绘制法

间接绘制法是先计算网络计划的时间参数，再根据时间参数在时间坐标上进行绘制的方法。其绘制步骤和方法如下：

1）先绘制双代号网络图，计算时间参数，确定关键工作及关键线路。

2）根据需要确定时间单位并绘制时标横轴。

3）根据工作最早开始时间或节点的最早时间确定各节点的位置。

4）依次在各节点间绘出箭线及时差。绘制时宜先画关键工作、关键线路，再画非关键工作。如箭线长度不足以达到工作的完成节点时，用波形线补足，箭头画在波形线与节点连接处。

5）用虚箭线连接各有关节点，将有关的工作连接起来。

（2）直接绘制法

直接绘制法是不计算网络计划时间参数，直接在时间坐标上进行绘制的方法。其绘制步骤和方法可归纳为如下绘图口诀：“时间长短坐标限，曲直斜平利相连；箭线到齐画节点，画完节点补波线；零线尽量拉垂直，否则安排有缺陷。”

1）时间长短坐标限：箭线的长度代表着具体的施工时间，受到时间坐标的制约。

2）曲直斜平利相连：箭线的表达方式可以是直线、折线、斜线等，但布图应合理，直观清晰。

3）箭线到齐画节点：工作的开始节点必须在该工作的全部紧前工作都画出后，定位在这些紧前工作最晚完成的时间刻度上。

4）画完节点补波线：某些工作的箭线长度不足以达到其完成节点时，用波形线补足。

5）零线尽量拉垂直：虚工作持续时间为零，应尽可能让其为垂直线。

6）否则安排有缺陷：若出现虚工作占据时间的情况，其原因是工作面停歇或施工作业队组工作不连续。

**【例 3-4】** 某双代号网络计划如图 3-64 所示，试绘制时标网络图。

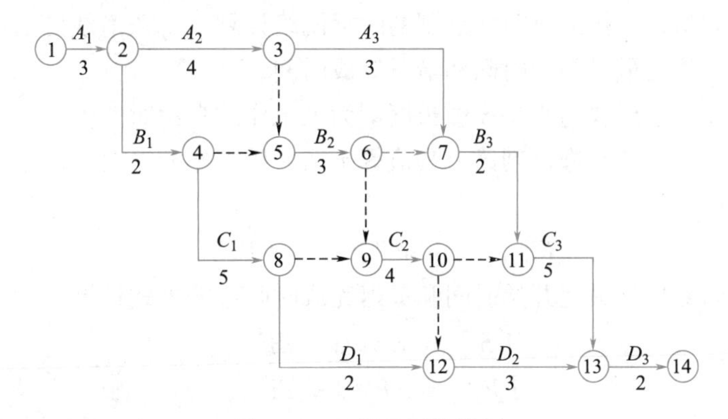

图 3-64 双代号网络计划

**【解】** 按直接绘制的方法，绘制出时标网络计划如图 3-65 所示。

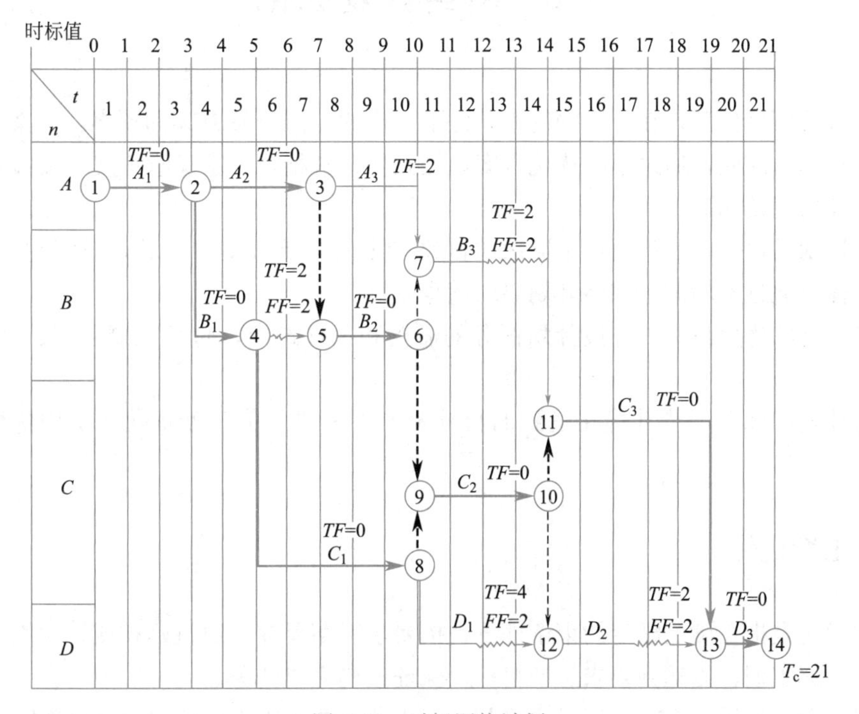

图 3-65 时标网络计划

### 3.5.2 时标网络图关键线路的确定和时间参数的判读

1. 关键线路的确定方法

关键线路的确定是自终点节点逆箭线方向朝起点节点观察，自始至终不出现波形线的线路为关键线路。

2. 工期的确定方法

时标网络计划的计算工期，应是其终点节点与起点节点所在位置的时标值之差。

3. 时间参数的判读

（1）最早时间参数：按最早时间绘制的时标网络计划，每条箭线的箭尾和箭头所对应的时标值应为该工作的最早开始时间和最早完成时间。

（2）自由时差：波形线的水平投影长度即为该工作的自由时差。

（3）总时差：自右向左进行判读，其值等于诸紧后工作的总时差的最小值与本工作的自由时差之和。即

$$TF_{i-j}=\min\{TF_{j-k}\}+FF_{i-j} \tag{3-61}$$

（4）最迟时间参数：最迟开始时间和最迟完成时间应按下式计算：

$$LS_{i-j}=ES_{i-j}+TF_{i-j}$$

$$LF_{i-j}=EF_{i-j}+TF_{i-j}$$

如图 3-65 所示的关键线路及各时间参数的判读结果见图中标注。

## 3.6 网络计划优化

我们做任何事情都是在一定的约束条件下完成的，需要有方案和预案，方案不同，结果也不尽相同。因此，通过不断优化方案，做到精益求精，寻求满意方案，就显得尤为重要，网络计划也是如此。

网络计划的优化，是指通过不断改善网络计划的初始方案，在满足既定约束条件下，按选定目标，通过不断改进网络计划寻求满意方案。

网络计划的优化目标，应按计划任务的需要和条件选定，包括工期目标、费用目标、资源目标。

网络计划的优化，按其优化达到的目标不同，一般分为工期优化、费用优化、资源优化。

### 3.6.1 工期优化

工期优化是指在满足既定约束条件下，按要求工期目标，通过延长或缩短网络计划初始方案的计算工期，以达到要求工期目标，保证按期完成任务。

网络计划的初始方案编制好后，将其计算工期与要求工期相比较，会出现以下情况：

1. 计算工期小于或等于要求工期

如果计算工期小于要求工期不多或两者相等，则一般不必进行工期优化。

如果计算工期小于要求工期较多，则考虑与施工合同中的工期提前奖等条款相结合，确定是否进行工期优化。若需优化，优化的方法是：延长关键线路上资源占用量大或直接费用高的工作的持续时间（相应减少其单位时间资源需要量）；或重新选择施工方案，改变施工机械，调整施工顺序，再重新分析逻辑关系；编制网络图，计算时间参数；反复多次进行，直至满足要求工期。

2. 计算工期大于要求工期

当计算工期大于要求工期，可以在不改变网络计划中各项工作之间的逻辑关系的前提下，通过压缩关键工作的持续时间来满足要求工期。压缩关键工作持续时间的方法，有"顺序法""加数平均法""选择法"等。"顺序法"是按关键工作开工时间来确定需压缩的工作，先干的先压缩。"加数平均法"是按关键工作持续时间的百分比压缩。这两种方法虽然简单，但没有考虑压缩的关键工作所需的资源是否有保证及相应的费用增加幅度。"选择法"更接近实际需要，下面重点介绍。

工期优化时可按下列步骤进行：

1）进行工期计算并找出关键线路。计算并找出初始网络计划的计算工期 $T_c$、关键线路及关键工作。

2）按要求工期计算应缩短的时间：

① 按要求工期 $T_r$ 计算应缩短的时间 $\Delta T$，$\Delta T = T_c - T_r$。

② 确定各关键工作能缩短的持续时间。

3）选择应优先缩短持续时间的关键工作，应考虑以下因素：

① 缩短持续时间对质量和安全影响不大的工作。

② 备用资源充足。

③ 缩短持续时间所需增加的费用最少的工作。

4）按前述要求的因素选择关键工作，压缩其持续时间，并重新计算网络计划的计算工期。此时，要注意，不能将关键工作压缩成非关键工作；当出现多条关键线路时，必须将平行的各关键线路的持续时间压缩相同的数值；否则，不能有效地缩短工期。

5）当计算工期仍超过要求工期时，则重复以上步骤，直到满足要求工期或工期不能再缩短为止。

6）当所有关键工作的持续时间都已达到其能缩短的极限而工期仍不能满足要求工期时，应对计划的原技术方案、组织方案进行调整，或对要求工期重新审定。

下面结合示例说明工期优化的计算步骤：

**【例 3-5】** 已知某双代号网络计划如图 3-66 所示，图中箭线下方数据为正常持续时间，括号内为最短持续时间，假定要求工期为 30 天。根据缩短关键工作持续时间宜考虑的因素，得出各工作优选系数（箭线上方括号内），试对其进行工期优化。

**【解】** （1）根据工作正常时间计算各个节点的时间参数，并找出关键工作和关键线路。计算工期 $T_c$ 为 46 天。如图 3-67 所示。

（2）计算缩短工期。计算工期为 46 天，要求工期为 30 天，需缩短工期 16 天。

（3）选择关键线路上优选系数较小的工作，依次进行压缩，直到满足要求工期，每次

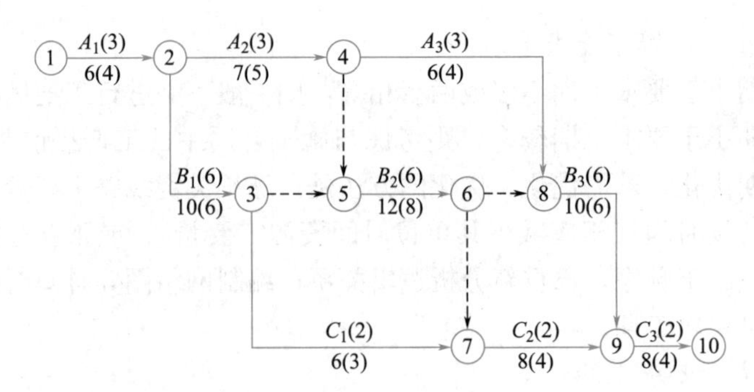


图 3-66 双代号网络计划

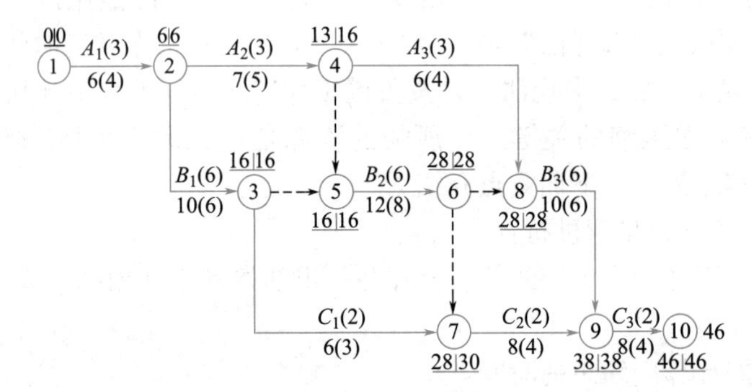

图 3-67 计算确定初始网络计划时间参数

压缩后的网络计划如图 3-68～图 3-70 所示。

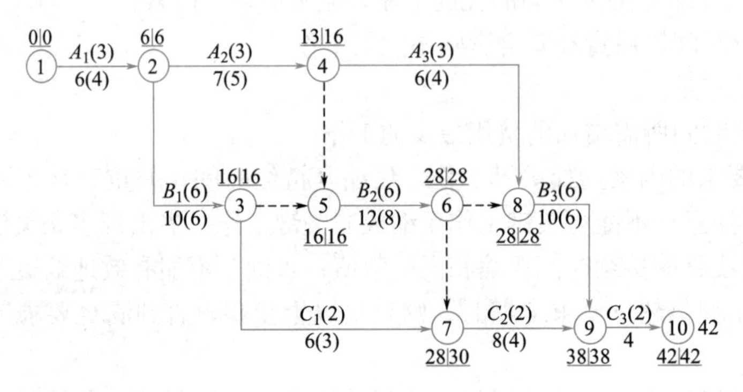

图 3-68 第一次压缩后的网络计划

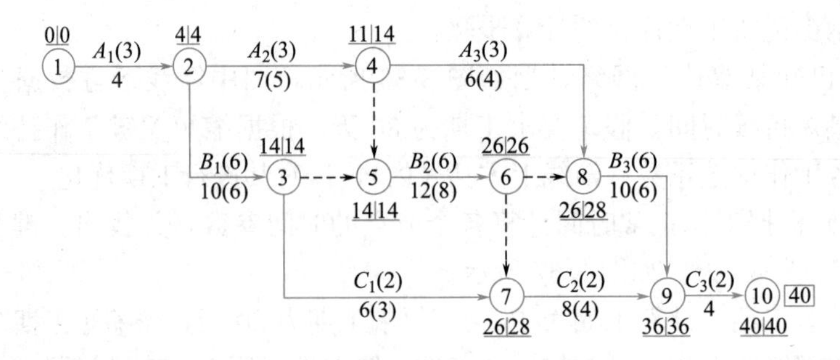

图 3-69 第二次压缩后的网络计划

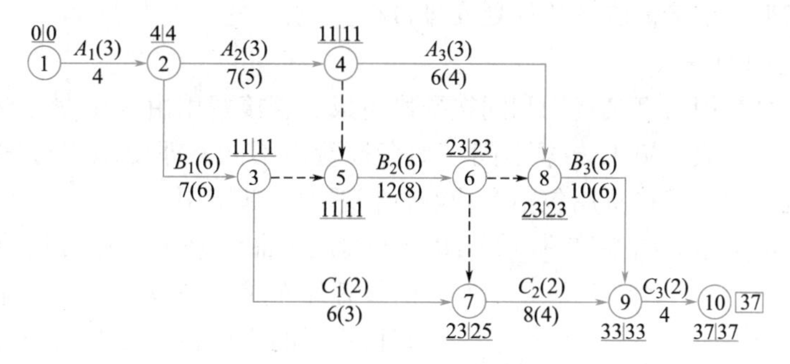


图 3-70 第三次压缩后的网络计划

（4）同理，依次进行第四、五、六次压缩，最终第六次压缩后的网络计划如图 3-71 所示。

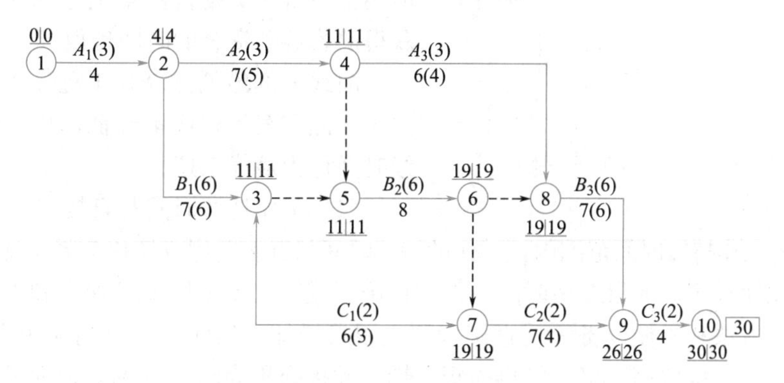


图 3-71 优化网络计划

通过六次压缩，工期达到 30 天，满足要求的工期规定。其优化压缩过程见表 3-3。

某工程网络计划工期优化压缩过程表　　表 3-3

| 优化次数 | 压缩工序 | 组合优选系数 | 压缩天数（天） | 工期（天） | 关键工作 |
|---|---|---|---|---|---|
| 0 | | | | 46 | ①—②—③—⑤—⑥—⑧—⑨—⑩ |
| 1 | ⑨—⑩ | 2 | 4 | 42 | ①—②—③—⑤—⑥—⑧—⑨—⑩ |
| 2 | ①—② | 3 | 2 | 40 | ①—②—③—⑤—⑥—⑧—⑨—⑩ |
| 3 | ②—③ | 6 | 3 | 37 | ①—②—③—⑤—⑥—⑧—⑨—⑩、②—④—⑤ |
| 4 | ⑤—⑥ | 6 | 4 | 33 | ①—②—③—⑤—⑥—⑧—⑨—⑩、②—④—⑤ |
| 5 | ⑧—⑨ | 6 | 2 | 31 | ①—②—③—⑤—⑥—⑧—⑨—⑩、②—④—⑤、⑥—⑦—⑨ |
| 6 | ⑧—⑨、⑦—⑨ | 8 | 1 | 30 | ①—②—③—⑤—⑥—⑧—⑨—⑩、②—④—⑤、⑥—⑦—⑨ |

### 3.6.2 费用优化

费用优化又称工期成本优化或时间成本优化，是指寻求工程总成本最低时的工期安排，或按要求工期寻求最低成本的计划安排过程。

1. 费用和时间的关系

工程项目的总费用由直接费用和间接费用组成。直接费用由人工费、材料费、机械使用费及现场经费等组成。施工方案不同，则直接费用不同，即使施工方案相同，工期不同，直接费用也不同。间接费用包括企业经营管理的全部费用。

工期与费用的关系如图 3-72 所示。图中工程成本曲线是由直接费用曲线和间接费用曲线叠加而成。一般情况下，缩短工期会引起直接费用的增加和间接费用的减少，延长工期会引起直接费用的减少和间接费用的增加。在考虑工程总费用时，还应考虑工期变化带来的其他损益，包括因拖延工期而罚款的损失或提前竣工而得的奖励，甚至也考虑因提前投产而获得的收益和资金的时间价值等。

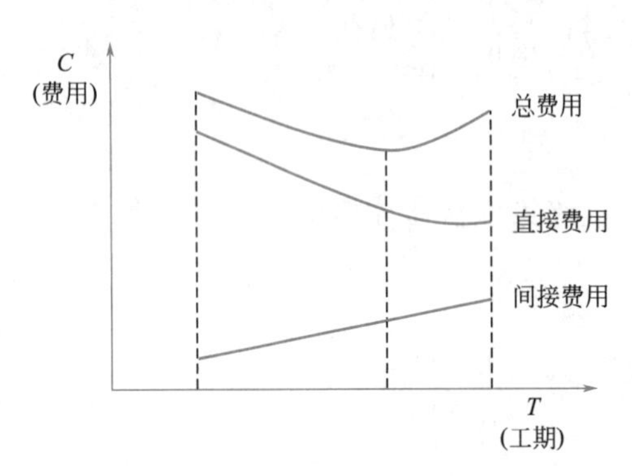

图 3-72 工期-费用关系示意图

曲线上的最低点就是工程计划的最优方案之一，此方案工程成本最低，相对应的工程持续时间称为最优工期。

(1) 工作持续时间与直接费用的关系

在一定的工作持续时间范围内，工作的持续时间与直接费用成反比关系，通常按图 3-73 所示的曲线规律分布。如果缩短时间，即加快施工速度，要采取加班加点和多班作业，采用高价的施工方法和机械设备等，直接费用也跟着增加。然而工作时间缩短至某一极限，则无论增加多少直接费用，也不能再缩短工期，此极限称为临界点 $M$，此时的时间为最短持续时间，此时费用为最短时间直接费用。反之，如果延长时间，则可减少直接费用。然而时间延长至某一极限，则无论将工期延至多长，也不能再减少直接费用。此极限为正常点 $N$，此时的时间称为正常持续时间，此时的费用称为正常时间直接费用。

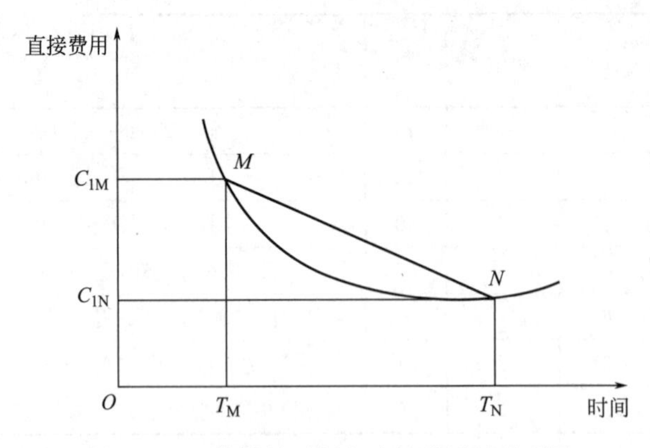

图 3-73 工作持续时间与直接费用的关系图

由 $M$ 点—$N$ 点所确定的时间区段，称为完成某项工作的合理持续时间范围，在此区段内，工作持续时间与直接费用呈反比关系。

根据各项工作的性质不同，工作持续时间和直接费用之间的关系通常有两种情况：

1）连续变化型关系。$N$ 点—$M$ 点之间工作持续时间是连续分布的，它与直接费用的关系也是连续分布的，如图 3-73 所示。一般用割线 $MN$ 的斜率近似表示单位时间内直接费用的增加（或减少）值，称为直接费用率，用 $K$ 表示，则

$$K=\frac{C_{1M}-C_{1N}}{T_N-T_M} \tag{3-62}$$

例如，某工作经过计算确定其正常持续时间为 10 天，所需费用 1200 元，在考虑增加人力、材料、机具设备和加班的情况下，其最短时间为 6 天，而费用为 1500 元，其单位变化率为：

$$K=\frac{1500-1200}{10-6}=75\text{ 元/天}$$

即每缩短一天，其费用增加 75 元。

2）非连续变化型关系。$N$ 点—$M$ 点之间工作持续时间是非连续分布的，只有几个特定的点才能作为工作的合理持续时间，它与直接费用的关系如图 3-74 所示。

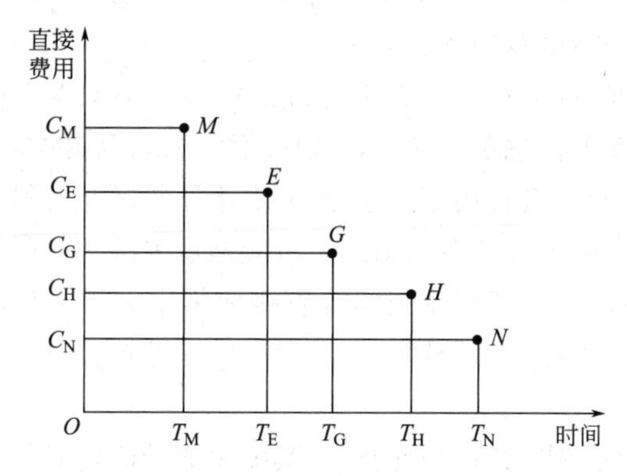


图 3-74 非连续变化型工作持续时间与直接费的关系

例如，某土方开挖工程，采用三种不同的开挖机械，其费用和持续时间见表 3-4。因此，在确定施工方案时，根据工期要求，只能在表 3-4 中的三种不同机械中选择。在图中也就是只能取其中三点的一点。

时间及费用表 表 3-4

| 机械类型 | A | B | C |
|---|---|---|---|
| 持续时间(天) | 8 | 12 | 15 |
| 费用(元) | 7200 | 6100 | 4800 |

（2）工作持续时间与间接费用的关系

间接费用与工作持续时间一般呈线性关系。某一工期下的间接费用可按下式计算

$$C_i=a+T_iK_i \tag{3-63}$$

式中 $C_i$——某一工期下的间接费用；

$a$——固定间接费用；

$T_i$——工期；

$K_i$——间接费用变化率。

2. 费用优化的方法和步骤

费用优化的基本方法：不断地在网络计划中找出直接费用率（或组合直接费用率）最小的关键工作，缩短其持续时间，同时考虑间接费用随工期缩短而减少的数值，最后求得工程总成本最低时的最优工期安排或按要求工期求得最低成本的计划安排。

费用优化的基本方法可简化为以下口诀：不断压缩关键线路上有压缩可能且费用最少的工作。

按照上述基本方法，费用优化可按以下步骤进行：

（1）按工作的正常持续时间确定计算关键线路、工期、总费用。

（2）按式（3-62）计算各项工作的直接费用率。

（3）当只有一条关键线路时，应找出直接费用率最小的一项关键工作，作为缩短持续时间的对象；当有多条关键线路时，应找出组合直接费用率最小的一组关键工作，作为缩短持续时间的对象。

（4）对于选定的压缩对象（一项关键工作或一组关键工作），首先比较其直接费用率或组合直接费用率与工程间接费用率的大小：

1）如果被压缩对象的直接费用率或组合直接费用率小于工程间接费用率，说明压缩关键工作的持续时间会使工程总费用减少，故应缩短关键工作的持续时间；

2）如果被压缩对象的直接费用率或组合直接费用率等于工程间接费用率，说明压缩关键工作的持续时间不会使工程总费用增加，故应缩短关键工作的持续时间；

3）如果被压缩对象的直接费用率或组合直接费用率大于工程间接费用率，说明压缩关键工作的持续时间会使工程总费用增加，此时应停止缩短关键工作的持续时间，在此之前的方案即为优化方案。

（5）当需要缩短关键工作的持续时间时，其缩短值的确定必须符合下列两条原则：

1）缩短后工作的持续时间不能小于其最短持续时间；

2）缩短持续时间的工作不能变成非关键工作。

（6）计算关键工作持续时间缩短后相应的总费用变化。

（7）重复上述（3）～（6）步，直至计算工期满足要求工期，或被压缩对象的直接费用率或组合费用率大于工程间接费用率为止。

费用优化过程见表 3-5。

费用优化过程表　　表 3-5

| 压缩次数 | 被压缩工作代号 | 缩短时间（天） | 直接费用率或组合直接费用率（万元/天） | 费率差（正或负）（万元/天） | 压缩需用总费用（正或负）（万元） | 总费用（万元） | 工期（天） | 备注 |
|---|---|---|---|---|---|---|---|---|
|  |  |  |  |  |  |  |  |  |
|  |  |  |  |  |  |  |  |  |

注：表中费率差＝直接费用率或组合直接费用率－间接费用率；

压缩需用总费用＝费率差×缩短时间；

总费用＝上次压缩后总费用＋本次压缩需用总费用；

工期＝上次压缩后工期－本次缩短时间。

下面结合工程实例说明费用优化的计算步骤：

**【例 3-6】** 已知某双代号网络计划如图 3-75 所示，图中箭线上方为工作的正常时间的直接费用和最短时间的直接费用（万元），箭线下方为工作的正常持续时间和最短持续时间（天）。其中 2—5 工作的时间与直接费用为非连续型变化关系，其正常时间及直接费用为（8 天，5.5 万元），最短时间及直接费用为（6 天，6.2 万元）。整个网络计划的间接费用率为 0.35 万元/天，最短工期时的间接费为 8.5 万元。试对此计划进行成本费用优化，确定工期费用关系曲线，求出费用最少的相应工期。

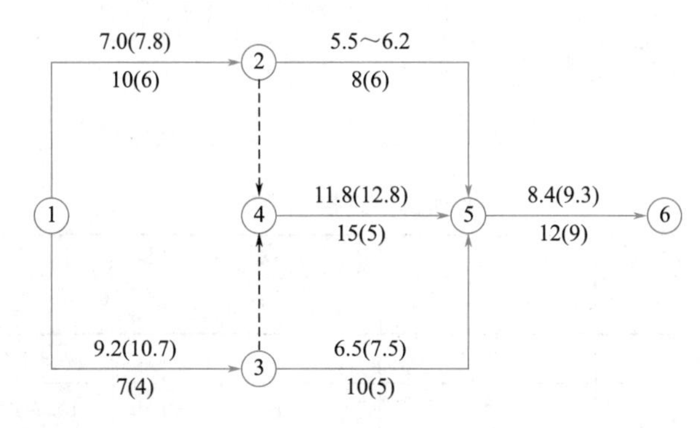


图 3-75　初始网络计划

**【解】**（1）按各项工作的正常持续时间，用简捷方法确定计算工期、关键线路、总费用，如图 3-76 所示。计算工期为 37 天，关键线路为 1—2—4—5—6。

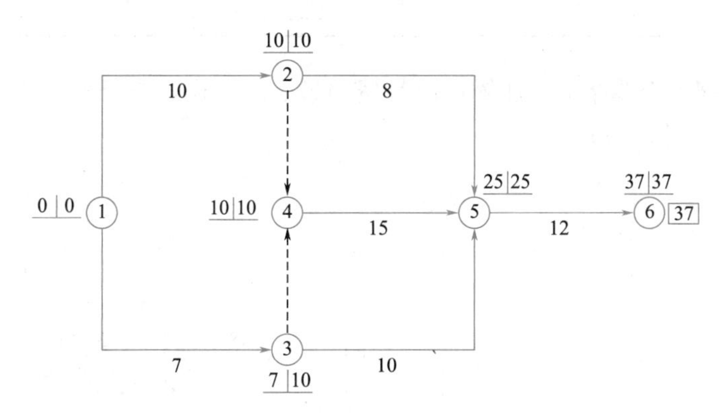


图 3-76　初始网络计划中的关键线路

按各项工作的最短持续时间，用简捷方法确定计算工期，如图 3-77 所示。计算工期为 21 天。

正常持续时间时的总直接费用＝各项工作的正常持续时间时的直接费用之和＝7.0＋9.2＋5.5＋11.8＋6.5＋8.4＝48.4 万元

正常持续时间时的总间接费用＝最短工期时的间接费＋(正常工期－最短工期)×间接费用率＝8.5＋(37－21)×0.35＝14.1 万元

正常持续时间时的总费用＝正常持续时间时总直接费用＋正常持续时间时总间接费用＝48.4＋14.1＝62.5 万元

（2）按式（3-62）计算各项工作的直接费用率，见表 3-6。

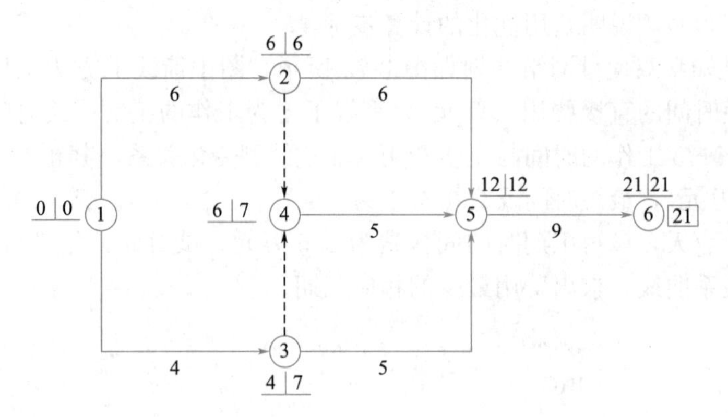


图 3-77　各工作最短持续时间时的关键线路

**各项工作直接费用率**　　　　**表 3-6**

| 工作代号 | 正常持续时间（天） | 最短持续时间（天） | 正常时间直接费用(万元) | 最短时间直接费用(万元) | 直接费用率（万元/天） |
|---|---|---|---|---|---|
| ①—② | 10 | 6 | 7.0 | 7.8 | 0.2 |
| ①—③ | 7 | 4 | 9.2 | 10.7 | 0.5 |
| ②—⑤ | 8 | 6 | 5.5 | 6.2 | — |
| ④—⑤ | 15 | 5 | 11.8 | 12.8 | 0.1 |
| ③—⑤ | 10 | 5 | 6.5 | 7.5 | 0.2 |
| ⑤—⑥ | 12 | 9 | 8.4 | 9.3 | 0.3 |

（3）不断压缩关键线路上有压缩可能且费用最少的工作，进行费用优化，压缩过程的网络图如图 3-78～图 3-80 所示。

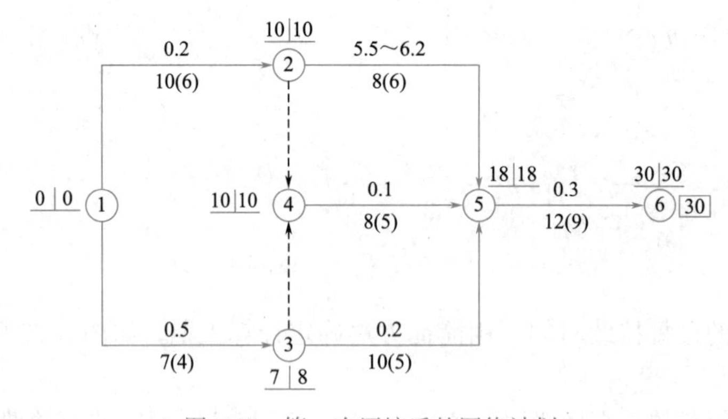


图 3-78　第一次压缩后的网络计划

1）第一次压缩：

从图 3-77 可知，该网络计划的关键线路上有三项工作，有三个压缩方案：

A. 压缩工作 1—2，直接费用率为 0.2 万元/天；

B. 压缩工作 4—5，直接费用率为 0.1 万元/天；

C. 压缩工作 5—6，直接费用率为 0.3 万元/天。

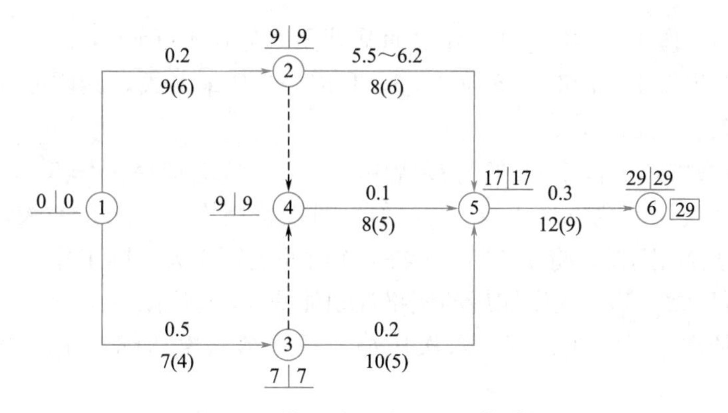


图 3-79　第二次压缩后的网络计划

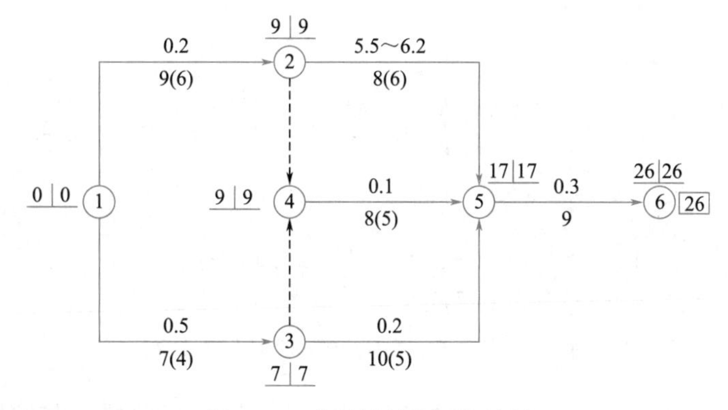


图 3-80　费用最低的网络计划

在上述压缩方案中，由于工作 4—5 的直接费用率最小，故应选择工作 4—5 作为压缩对象。工作 4—5 的直接费用率为 0.1 万元/天，小于间接费用率 0.35 万元/天，说明压缩工作 4—5 可以使工程总费用降低。将工作 4—5 的工作时间缩短 7 天，则工作 2—5 也成为关键工作，第一次压缩后的网络计划如图 3-78 所示。图中箭线上方的数字为工作的直接费用率（工作 2—5 除外）。

2）第二次压缩：

从图 3-78 可知，该网络计划有 2 条关键线路，为了缩短工期，有以下两个压缩方案：

A. 压缩工作 1—2，直接费用率为 0.2 万元/天；

B. 压缩工作 5—6，直接费用率为 0.3 万元/天。

而同时压缩工作 2—5 和 4—5，只能一次压缩 2 天，且经分析会使原关键线路变为非关键线路，故不可取。

上述两个压缩方案中，工作 1—2 的直接费用率较小，故应选择工作 1—2 为压缩对象。工作 1—2 的直接费率为 0.2 万元/天，小于间接费率 0.35 万元/天，说明压缩工作 1—2 可使工程总费用降低，将工作 1—2 的工作时间缩短 1 天，则工作 1—3 和 3—5 也成为关键工作。第二次压缩后的网络计划如图 3-79 所示。

3）第三次压缩：

从图 3-79 可知，该网络计划有 3 条关键线路，为了缩短工期，有以下三个压缩方案。

A. 压缩工作 5—6，直接费用率为 0.3 万元/天；

B. 同时压缩工作 1—2 和 3—5，组合直接费用率为 0.4 万元/天；

C. 同时压缩工作 1—3 和 2—5 及 4—5，只能一次压缩 2 天，共增加直接费 1.9 万元，平均每天直接费为 0.95 万元。

上述三个方案中，工作 5—6 的直接费用率较小，故应选择工作 5—6 作为压缩对象。工作 5—6 的直接费用率为 0.3 万元/天，小于间接费用率 0.35 万元/天，说明压缩工作 5—6 可使工程总费用降低。将工作 5—6 的工作时间缩短 3 天，则工作 5—6 的持续时间已达最短，不能再压缩，第三次压缩后的网络计划如图 3-80 所示。

4）同理，依次进行第四、五、六次压缩，最终第六次压缩后的网络计划如图 3-81 所示。

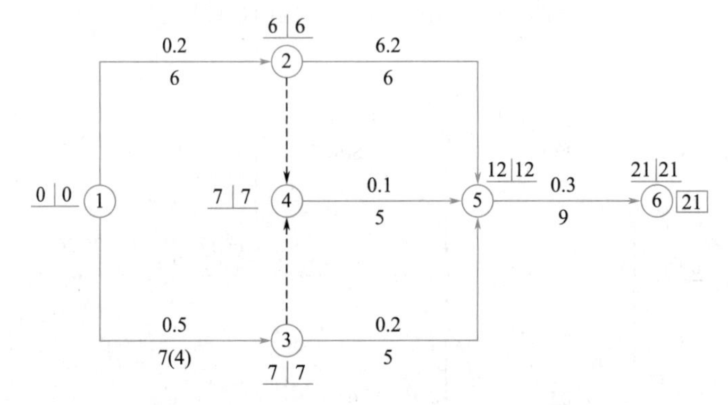


图 3-81　工期最短相对应的优化网络计划

计算到此，可以看出只有 1—3 工作还可以继续缩短，但即使将其缩短只能增加费用而不能压缩工期，所以缩短工作 1—3 徒劳无益，本例的优化压缩过程至此结束。费用优化过程表如表 3-7 所示。

**某工程网络计划费用优化过程表**　　表 3-7

| 压缩次数 | 被压缩工作代号 | 缩短时间（天） | 被压缩工作的直接费用率或组合直接费用率（万元/天） | 费率差（正或负）（万元/天） | 压缩需用总费用（正或负）（万元） | 总费用（万元） | 工期（天） | 备注 |
|---|---|---|---|---|---|---|---|---|
| 0 | | | | | | 62.5 | 37 | |
| 1 | ④—⑤ | 7 | 0.1 | −0.25 | −1.75 | 60.75 | 30 | |
| 2 | ①—② | 1 | 0.2 | −0.15 | −0.15 | 60.60 | 29 | |
| 3 | ⑤—⑥ | 3 | 0.3 | −0.05 | −0.15 | 60.45 | 26 | 优化方案 |
| 4 | ①—②<br>③—⑤ | 2 | 0.4 | +0.05 | +0.10 | 60.55 | 24 | |
| 5 | ①—②<br>④—⑤<br>③—⑤ | 1 | 0.5 | +0.15 | +0.15 | 60.70 | 23 | |
| 6 | ②—⑤<br>④—⑤<br>③—⑤ | 2 | | | +0.60 | 61.30 | 21 | |

该工程优化的工期费用关系曲线如图 3-82 所示。

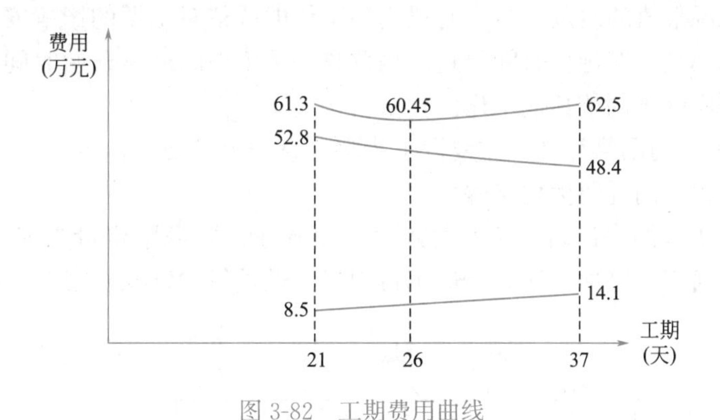


图 3-82 工期费用曲线

### 3.6.3 资源优化

资源是指为完成一项工程任务所需投入的人力、材料、机械设备和资金等的统称。前面对网络计划的计算和调整，一般都假定资源供应是完全充分的。然而，大多数情况下，在一定时间内能提供的各种资源有一定限定。资源优化就是通过改变工作的开始时间，使资源按时间的分布符合优化目标。

资源优化有两种情况：

(1) 在资源供应有限制的条件下，寻求计划的最短工期，称为“资源有限，工期最短”的优化。

(2) 在工期规定的条件下，力求资源消耗均衡，称为“工期固定，资源均衡”的优化。

1. “资源有限，工期最短”优化

“资源有限，工期最短”优化是指在资源有限时，保持各个工作的每日资源需要量（强度）不变，寻求工期最短的施工计划。

(1) 进行“资源有限，工期最短”优化的前提条件

1) 在优化过程中，原网络计划各工作之间的逻辑关系不改变；

2) 在优化过程中，原网络计划的各工作的持续时间不改变；

3) 除规定可中断的工作外，一般不允许中断工作，应保持其连续性；

4) 网络计划中各工作单位时间的资源需要量为常数，即资源均衡，而且是合理的。

(2) 资源分配原则

1) 关键工作优先满足，按每日资源需要量大小，从大到小顺序供应资源。

2) 非关键工作的资源供应按时差从大到小供应，同时考虑资源和工作是否中断。

(3) 优化步骤

1) 按照各项工作的最早开始时间绘制时标网络计划，并绘制资源动态曲线，计算网络计划每个时间单位的资源需用量。

2) 从计划开始之日起，逐个检查每一时间资源需要用量是否超过资源限值，找出首

先出现超过资源限值的时段，进行优化调整。

分析超过资源限值的时段，按本时段内各工作的调整对工期的影响安排优化顺序。顺序安排的选择标准是工期延长时间最短。当调整一项工作的最早开始时间后仍不能满足要求时，就应按顺序继续调整其他工作。

3）绘制调整后的网络计划，重复以上步骤，直到满足要求。

下面通过工程实例说明优化步骤：

**【例 3-7】**某工程网络计划初始方案如图 3-83 所示。资源限定量为 $R_K=8$ 天，若各项工作的资源相互通用，每项工作开始后不得中断。试进行“资源有限，工期最短”优化。

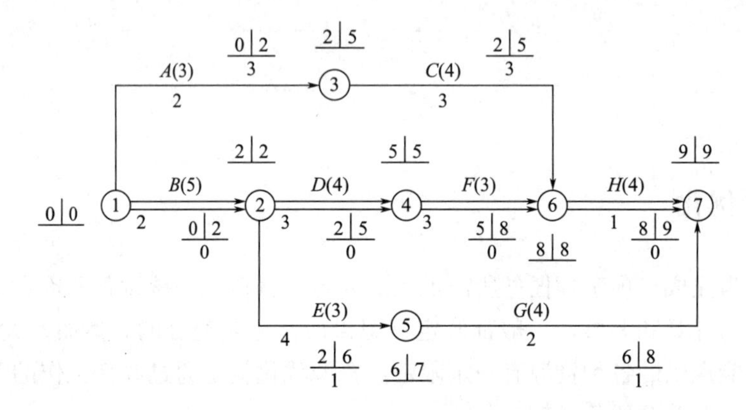

图 3-83　初始网络图

**【解】**（1）计算时间参数。根据各项工作持续时间 $D_{i-j}$，计算网络时间参数 $ES_{i-j}$、$EF_{i-j}$、$TF_{i-j}$ 和 $T_c$，如图 3-83 所示。

（2）绘制时标网络图。按照各项工作 $ES_{i-j}$，绘制时标网络图，并在该图下方给出资源动态曲线，如图 3-84 所示。

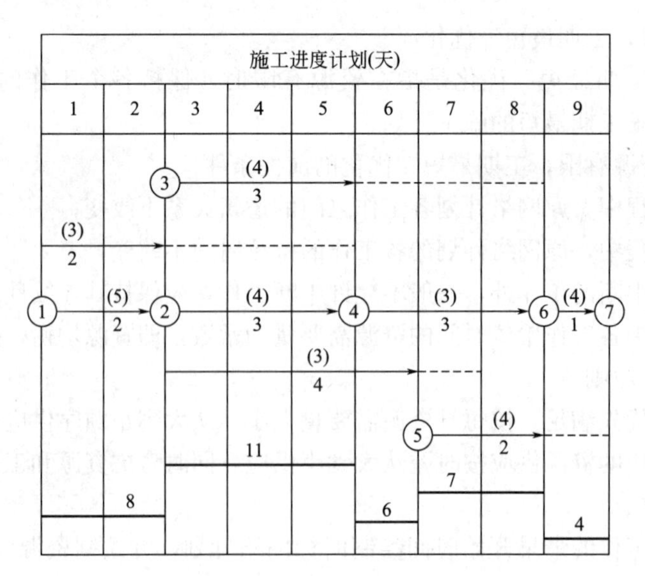


图 3-84　初始时标网络图

（3）第一次调整。从图 3-84 中可以看出，第一个超过资源供应限额的资源高峰时段为［2，5］时段，需进行调整。

A. 该时段内有 2—4、2—5、3—6 三项工作；

B. 根据资源分配原则，其资源分配排序为：2—4（$TF_{2-4}=0$）、2—5（$TF_{2-5}=1$）、3—6（$TF_{3-6}=3$）；

C. 因此，将工作 3—6 推迟到第 6 天开始，并绘出工作推移后的时标网络图和资源需要量动态曲线，如图 3-85 所示。

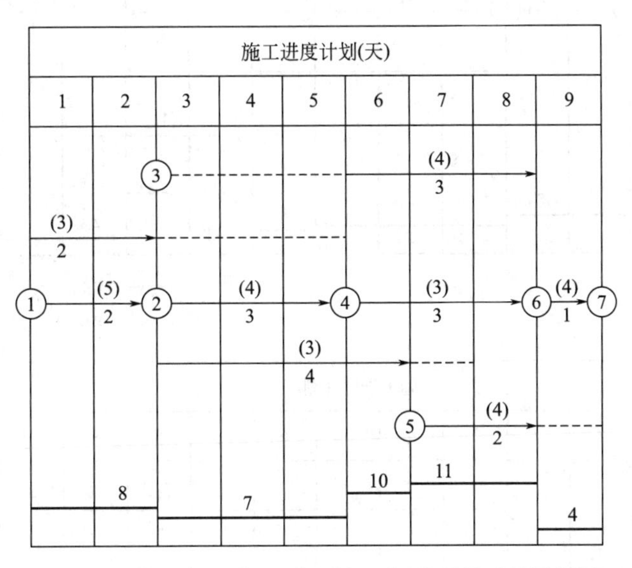


图 3-85　第一次（［2，5］时段）调整后的时标网络图

（4）第二次调整。从图 3-85 中可以看出，第一个超过资源供应限额的资源高峰时段为［5，6］时段，需进行调整。

A. 该时段内有 4—6、3—6、2—5 三项工作；

B. 根据资源分配原则，其资源分配排序为：4—6（关键线路上）、2—5（本时段前开始已分资源，优先）、3—6；

C. 因此，将工作 3—6 推迟到第 7 天开始，并绘出工作推移后的时标网络图和资源需要量动态曲线，如图 3-86 所示。

（5）第三次调整。从图 3-86 中可以看出，第一个超过资源供应限额的资源高峰时段为［6，8］时段，需进行调整。

A. 该时段内有 3—6、4—6、5—7 三项工作；

B. 根据资源分配原则，其资源分配排序为：3—6（$TF_{3-6}=0$）、4—6（$TF_{4-6}=1$）、5—7（$TF_{5-7}=2$）；

C. 因此，将工作 5—7 推迟到第 9 天开始，并绘出工作推移后的时标网络图和资源需要量动态曲线，如图 3-87 所示。

从图 3-87 看出，各资源区段均满足：$-R_{\text{I}}\leqslant 0$，故图 3-87 即为优化后的网络图，工期 $T=10$ 天。

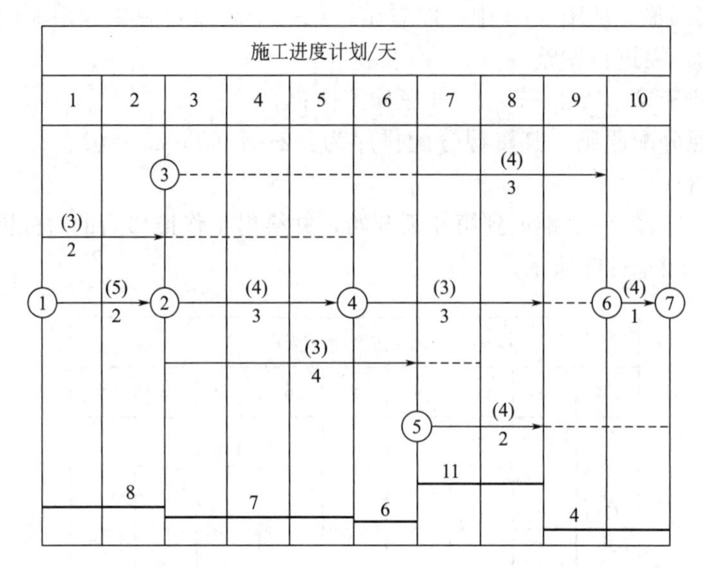


图 3-86 第二次（[5，6] 时段）调整后的时标网络图

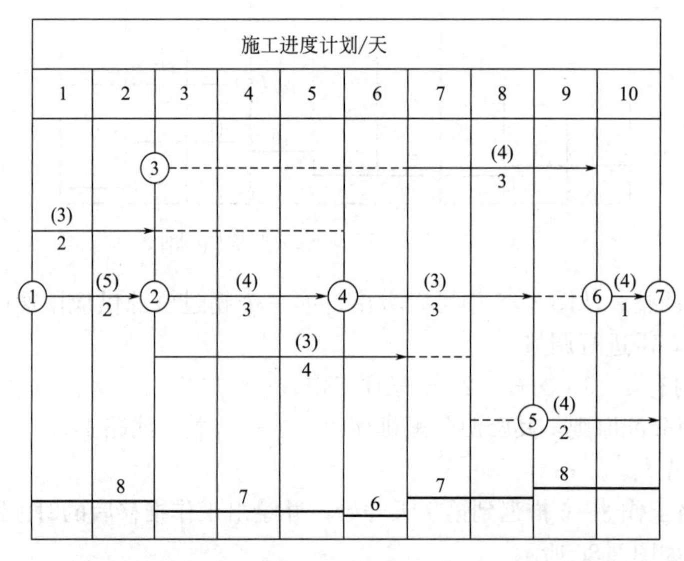


图 3-87 第三次（[6，8] 时段）调整后的时标网络图

2．“工期固定，资源均衡”优化

“工期固定，资源均衡”优化是指施工项目按合同工期或规定工期完成，寻求资源均衡的进度计划方案。因为网络计划的初始方案是在不考虑资源情况下编制出来的，所以各时段对资源的需要量往往相差很大，如果不进行资源分配的均衡性优化，工程进行中就可能产生资源供应脱节，影响工期，也可能产生资源供应过剩，产生积压，影响成本。

衡量资源需要量的均衡程度，一般采用方差或极差，它们的值越小，说明均衡程度越好。因此，资源优化时可以方差值最小者作为优化目标。

（1）资源均衡的意义和指标

资源均衡可以使各种资源的动态曲线尽可能不出现短时期高峰或低谷，资源供应合理，从而节省施工费用。资源均衡程度一般用不均衡系数 $K$ 和方差 $\delta^2$ 表示。

1）不均衡系数 $K$

$$K=\frac{R_{max}}{R_m} \tag{3-64}$$

式中　$R_{max}$——最大的资源需用量；

$R_m$——资源需用量的平均值；

$K$ 值越小，资源均衡性越好（小于5最好）。

2）方差 $\delta^2$

方差值即每天计划需用量与每天平均需用量之差的平方和的平均值。方差值越小，说明资源均衡程度越好，优化时可以用方差最小作为优化目标。即：

$$\begin{aligned}\delta^2&=\frac{1}{T}\sum_{t=1}^{T}(R_t-R_m)^2\\&=\frac{1}{T}\sum_{t=1}^{T}R_t^2-2\frac{1}{T}\sum_{t=1}^{T}R_tR_m+\frac{1}{T}\sum_{t=1}^{T}R_m^2\end{aligned}$$

而
$$\frac{1}{T}\sum_{t=1}^{T}R_t=R_m,$$

则
$$\delta^2=\frac{1}{T}\sum_{t=1}^{T}R_t^2-R_m^2 \tag{3-65}$$

从式（3-65）可看出，$T$ 及 $R_m$ 都为常数，欲使 $\delta^2$ 为最小，只需 $\sum_{t=1}^{T}R_t^2$ 为最小值，使

$$W=\sum_{t=1}^{T}R_t^2=R_1^2+R_2^2+\cdots+R_T^2=\min$$

式中　$W$——网络图每天资源数的平方之和。

（2）优化步骤

1）根据网络计划初始方案计算时间参数，确定关键线路及非关键工作的总时差，绘制资源动态曲线；为了满足工期固定的条件，在优化过程中不考虑关键工作的调整。

2）调整最好自网络计划终点节点开始，从右向左逐次进行。按工作的完成节点的编号从大到小的顺序进行调整，同一个完成节点的工作则先调整开始时间较迟的工作。在所有工作都按上述顺序自右向左进行了一次调整之后，再按上述顺序自右向左进行多次调整，直至所有工作的位置都不能再移动为止。

3）调整移动的方法，设被移动工作 $i$、$j$ 分别表示工作未移动前开始和完成的那一天。若该工作右移一天，则第 $i$ 天的资源需用量将减少 $r$（该工作资源需用量）；而第 $j+1$ 天的资源需用量增加 $r$，则 $W$ 值的变化量为（与移动前的差值）为：

$$\begin{aligned}\Delta W&=(R_i-r)^2+(R_{j+1}+r)^2\\&=2r(R_{j+1}-R_i+r)\end{aligned} \tag{3-66}$$

式中　$r$——工作的资源数；

$R_i$——工作开始时间时网络图的资源数；

$R_{j+1}$——工作完成时间时网络图的资源数。

显然，$\Delta W<0$，则表示 $\delta^2$ 减少，即（$R_{j+1}-R_i+r$）$<0$，则表示 $\delta^2$ 减少，可将工作

右移一天；多次重复至不能移动（即 $\Delta W > 0$）为止。

如果 $\Delta W > 0$，则表示 $\delta^2$ 增加，此时，还要考虑右移多天（在总时差允许的范围内），计算该天（$K$）至以后各天的 $\Delta W$ 的累计值 $\sum \Delta W$，如果 $\Delta W \leqslant 0$，则将工作右移至该天。

**【例 3-8】**某工程网络计划初始方案及各工作资源数（箭线上方括号内）如图 3-88 所示，试进行工期固定，资源均衡优化。

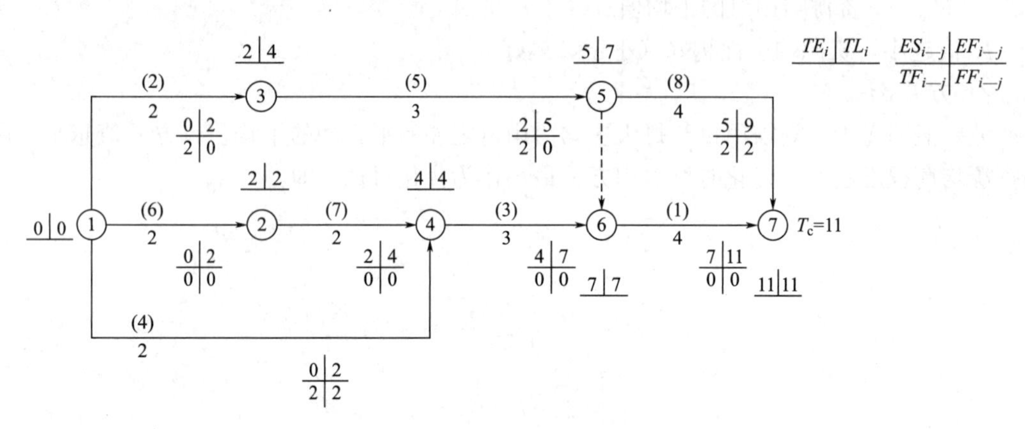


图 3-88 网络计划初始方案

**【解】**（1）计算时间参数：计算结果标注在图 3-88 上，工期 $T_c = 11$ 天，关键线路为 1—2—4—6—7。

（2）绘制初始时标网络图，标注关键线路，计算并标出初始资源动态数，如图 3-89 所示。

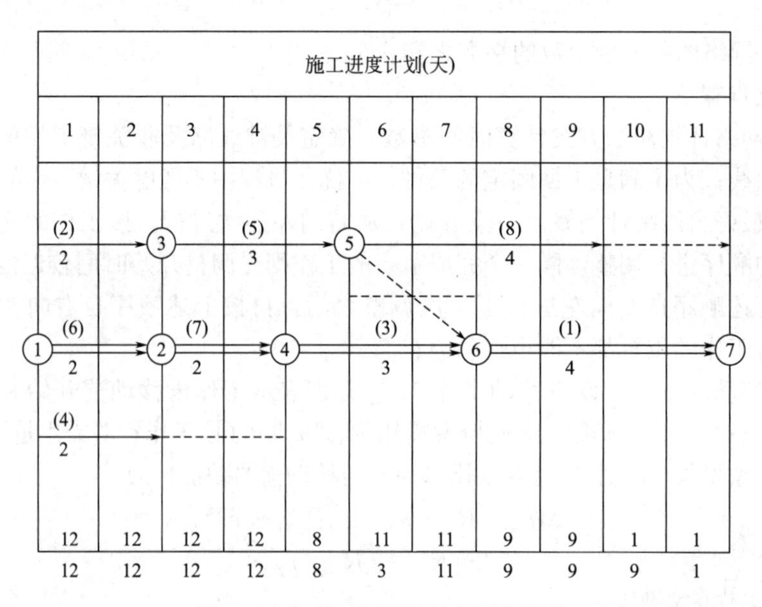


图 3-89 初始时标网络计划及资源数

（3）自终点节点开始，从右至左进行调整。

1）第一次资源调整：

A. 调整工作 5—7：该工作位于工作时段 [5, 9]，$TF_{5-7}=2$ 天，$\gamma_{5-7}=8$，若工作右移 1 天，则：

$R_{j+1}-R_i+\gamma_{i-j}=R_{10}-R_6+\gamma_{5-7}=1-11+8=-2<0$（可以右移 1 天）

在图 3-84 上注明右移 1 天的资源动态数。

B. 再调整工作 5—7：

$R_{j+1}-R_i+\gamma_{i-j}=R_{11}-R_7+\gamma_{5-7}=1-11+8=-2<0$（可以右移 1 天）

此时，由于总时差已利用完，故工作 5—7 不能再右移。画出工作 5—7 右移 2 天的时标网络图，标注资源动态数，如图 3-90 所示。

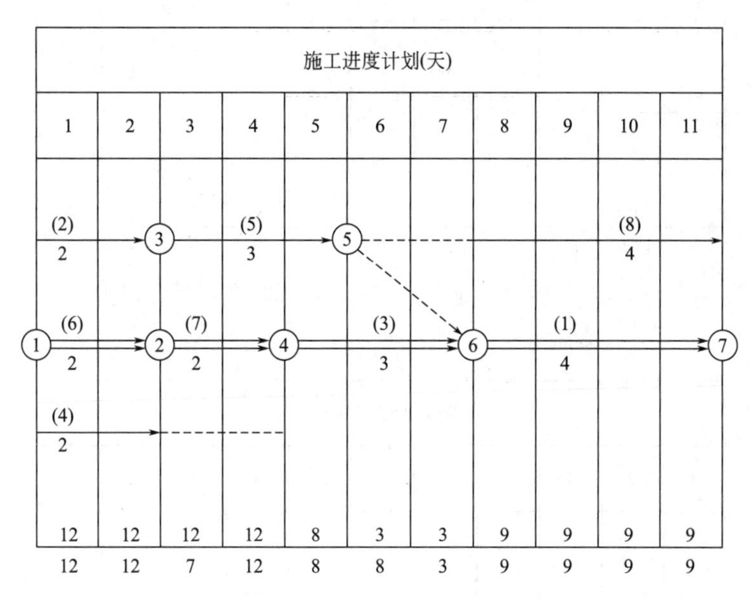


图 3-90 第一次调整（工作 5—7 右移）时标网络计划及资源数

2）第二次资源调整：

A. 调整工作 3—5：该工作位于工作时段 [3, 5]，$TF_{3-5}=2$ 天，$r_{3-5}=5$，若工作右移 1 天，则：

$R_{j+1}-R_i+\gamma_{i-j}=R_6-R_3+\gamma_{3-5}=3-12+5=-4<0$（可以右移 1 天）

在图 3-85 上注明右移 1 天的资源动态数。

B. 再调整工作 3—5：

$R_{j+1}-R_i+\gamma_{i-j}=R_7-R_4+\gamma_{5-7}=3-12+5=-4<0$（可以右移 1 天）

此时，由于总时差已利用完，故工作 3—5 不能再右移。画出工作 3—5 右移 2 天的时标网络图，标注资源动态数，如图 3-91 所示。

3）同理，依次进行第三、四次调整，最终第四次调整后的网络计划如图 3-92 所示。

观察网络图再无右移的可能，故此优化结束，优化后的时标网络图即为图 3-92 所示的网络计划。

特别提示：目前资源均衡问题还没有找到特别好的解决方法，以上方法在工程上是可以运用的。

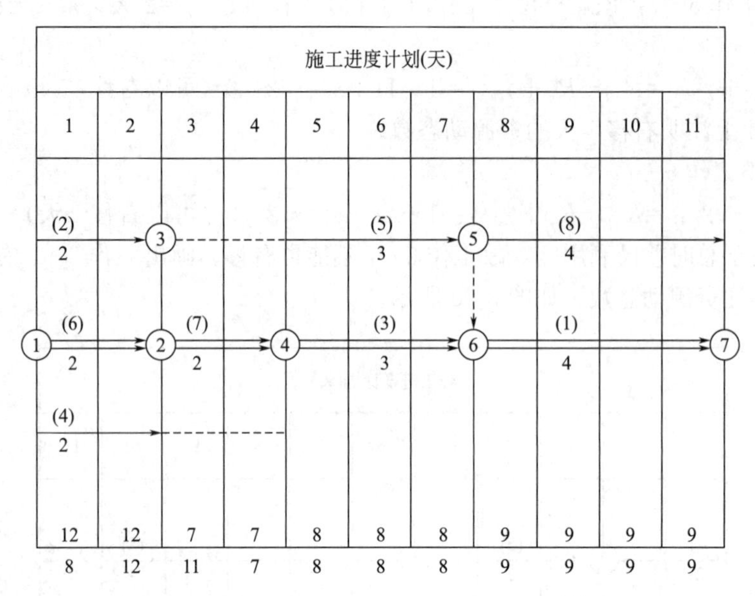


图 3-91　第二次调整（工作 3—5 右移）时标网络计划及资源数

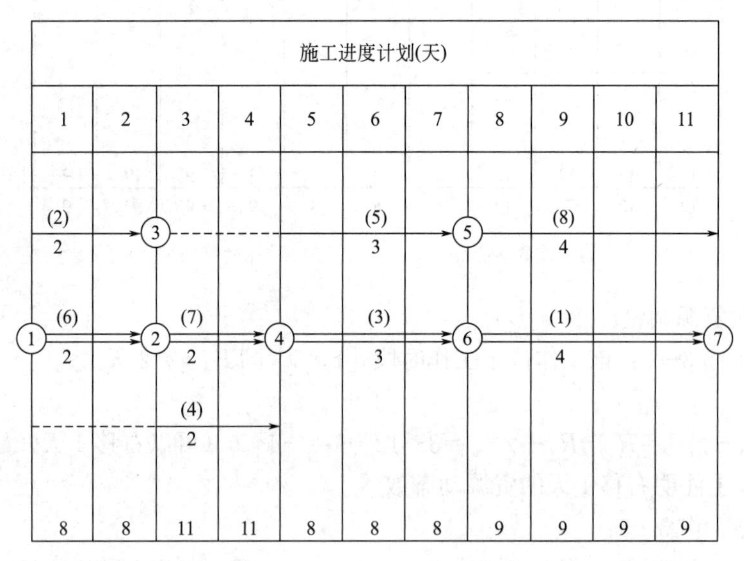


图 3-92　第四次调整（工作 1—4 右移）时标网络计划及资源数

## 3.7　网络计划的应用

网络计划在工程实践的具体应用中，由于工程大小不一，网络计划的体系也不同。对于小型建设工程来讲，可编制一个整体工程的网络计划来控制进度，无需分若干等级。而对于大中型建设工程来说，为了有效地控制大型而复杂的建设工程的进度，有必要编制多级网络计划系统，即：建设项目施工总进度网络计划，单项工程（或分阶段）施工进度网络计划，单位工程施工进度网络计划，分部工程施工进度网络计划等；从而做到系统控制，层层落实责任，便于管理，既能考虑局部，又能保证整体。

网络进度计划是施工组织设计的重要组成部分，其体系应与施工组织设计的体系相一致，有一级施工组织设计就必有一级网络计划。

在此仅介绍分部工程网络计划和单位工程网络计划的编制。

无论是分部工程网络计划，还是单位工程网络计划，其编制步骤一般为：

（1）调查研究收集资料；

（2）明确施工方案和施工方法；

（3）明确工期目标；

（4）划分施工过程，明确各施工过程的施工顺序；

（5）计算各施工过程的工程量、劳动量、机械台班量；

（6）明确各施工过程的班组人数、机械台数、工作班数，计算各施工过程的工作持续时间；

（7）绘制初始网络计划；

（8）计算各项时间参数，确定关键线路、工期；

（9）检查初始网络计划的工期是否符合工期目标，资源是否均衡，成本是否较低；

（10）进行优化调整；

（11）绘制正式网络计划；

（12）上报审批。

### 3.7.1 分部工程网络计划

按现行《建筑工程施工质量验收统一标准》GB 50300，建筑工程可划分为以下九个分部工程：地基与基础工程、主体结构工程、建筑装饰装修工程、屋面工程、建筑给水排水及供暖工程、通风与空调工程、建筑电气工程、智能建筑工程、电梯工程。

在编制分部工程网络计划时，要在单位工程对该分部工程限定的进度目标时间范围内，既考虑各施工过程之间的工艺关系，又考虑其组织关系，同时还应注意网络图的构图，并且尽可能组织主导施工过程流水施工。

1. 地基与基础工程网络计划

（1）钢筋混凝土筏形基础工程的网络计划

钢筋混凝土筏形基础工程一般可划分为：土方开挖、地基处理、混凝土垫层、钢筋混凝土筏形基础、砌体基础、防水工程、回填土七个施工过程。当划分为三个施工段组织流水施工时，按施工段排列的网络计划如图 3-93 所示。

（2）钢筋混凝土杯形基础工程的网络计划

单层装配式工业厂房，其钢筋混凝土杯形基础工程的施工一般可划分为：挖基坑、做混凝土垫层、做钢筋混凝土杯形基础、回填土四个施工过程。当划分为三个施工段组织流水施工时，按施工过程排列的网络计划如图 3-94 所示。

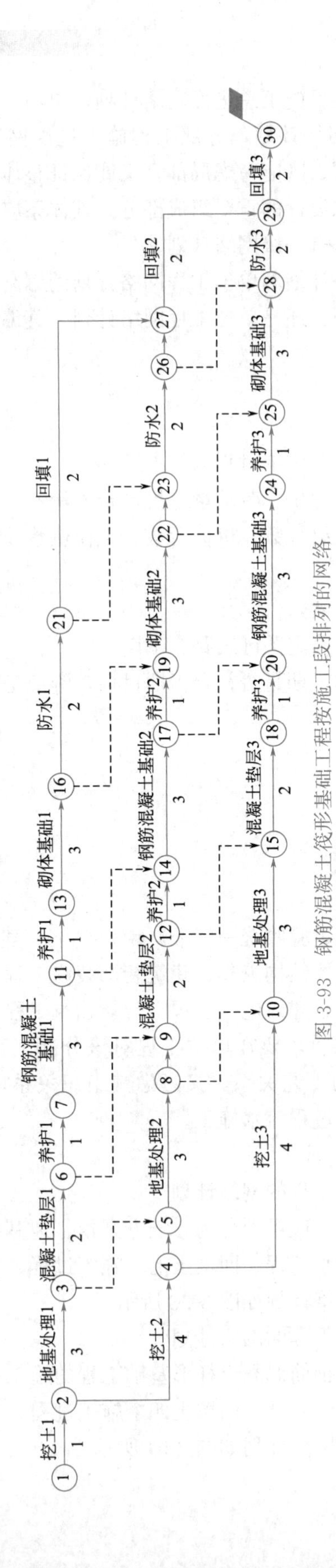


图 3-93 钢筋混凝土筏形基础工程按施工段排列的网络

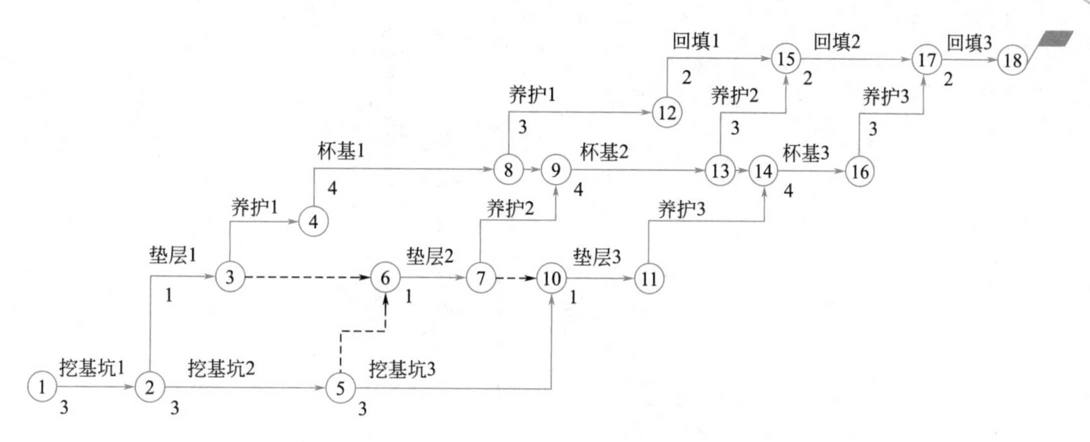


图 3-94 钢筋混凝土杯形基础工程按施工过程排列的网络图计划

2. 主体结构工程网络计划

(1) 砌体结构主体工程的网络计划

当砌体结构主体为现浇钢筋混凝土的构造柱、圈梁、楼板、楼梯时，若每层分三个施工段组织施工，其标准层网络计划可按施工过程排列，如图 3-95 所示。

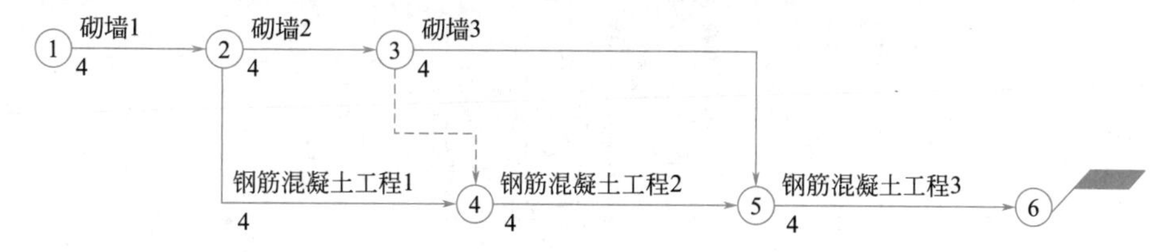


图 3-95 砌体结构主体工程标准层按施工过程排列的网络图计划

(2) 框架结构主体工程的网络计划

框架结构主体工程的施工一般可划分为：立柱筋，支柱、梁、板、楼梯模板，浇柱混凝土，绑梁、板、楼梯筋，浇梁、板、楼梯混凝土，填充墙砌筑六个施工过程。若每层分两个施工段组织施工，其标准层网络计划可按施工段排列，如图 3-96 所示。

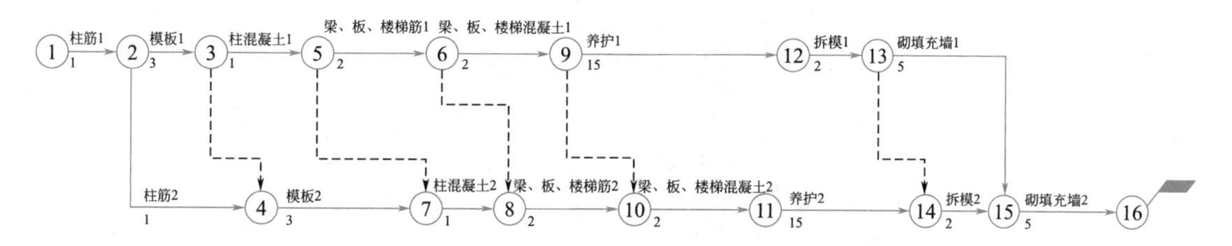


图 3-96 框架结构主体工程标准层按施工段排列的网络图计划

3. 建筑装饰装修工程的网络计划

某六层民用建筑的装饰装修工程的室内装饰装修施工，划分为六个施工过程，每层为一个施工段，按施工过程排列的网络计划如图 3-97 所示。

4. 屋面工程网络计划

没有高低层或没有设置变形缝的屋面工程，一般情况下不划分流水段，根据屋面的设计构造层次要求逐层进行施工，如图 3-98 所示。

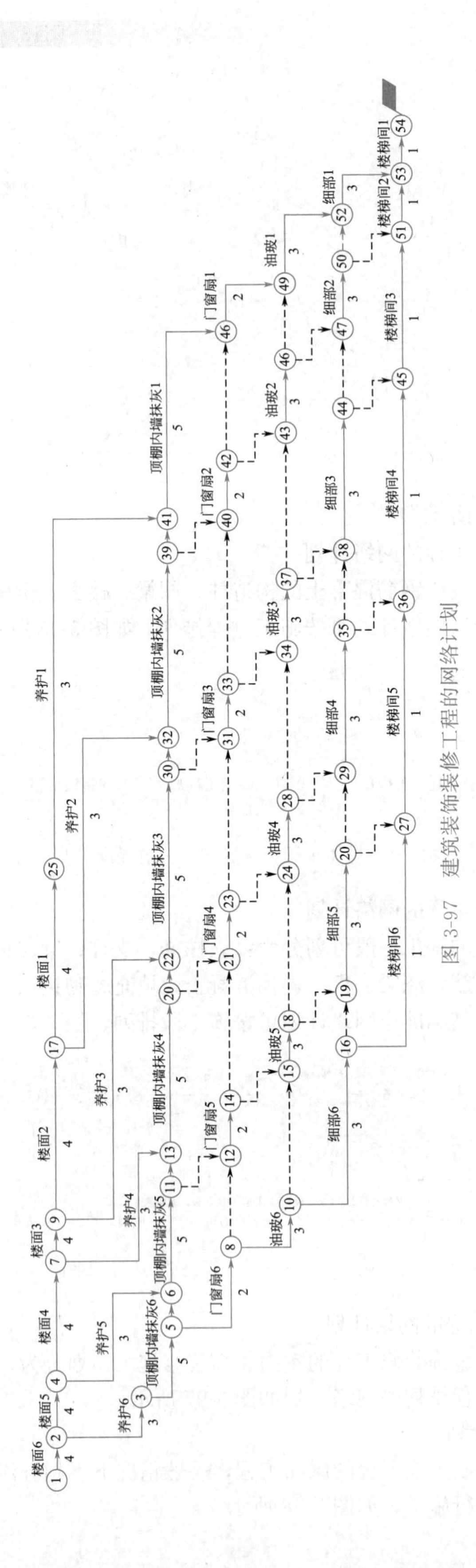


图 3-97 建筑装饰装修工程的网络计划

①—找平层 3→②—养护 2→③—保温区 4→④—找平层 2→⑤—养护 2→⑥—柔性防水层 5→⑦—保护层 2→⑧

图 3-98 柔性防水屋面工程网络计划

### 3.7.2 单位工程网络计划

在编制单位工程网络计划时，要按照施工程序，将各分部工程的网络计划最大限度地合理搭接起来，一般需考虑相邻分部工程的前者最后一个分项工程与后者的第一个分项工程的施工顺序关系，最后汇总为单位工程初始网络计划。为了使单位工程初始网络计划满足规定的工期、资源、成本等目标，应根据上级要求、合同规定、施工条件及经济效益等，进行检查与调整优化工作，然后绘制正式网络计划，上报审批后执行。

**【案例】**某15层办公楼，框架-剪力墙结构，建筑面积15730m$^2$，平面形状为矩形，地下1层，地上15层，建筑物总高度为63.1m。地基处理采用桩基，基础为钢筋混凝土筏形基础；主体为现浇钢筋混凝土框架-剪力墙结构，填充砌体为加气混凝土砌块；地下室地面为地砖地面，楼面为花岗岩楼面；内墙基层抹灰，涂料面层，局部贴面砖；顶棚基层抹灰，涂料面层，局部轻钢龙骨吊顶；外墙为基层抹灰，涂料面层，立面中部为玻璃幕墙，底部花岗岩贴面；屋面防水为卷材三层柔性防水。

本工程基础、主体均分成三个施工段进行施工，屋面不分段，内装修每层为一段，外装修自上而下依次完成。在主体结构施工至四层时，在地下室开始插入填充墙砌筑，二至十五层均砌完后再进行地上一层的填充墙砌筑；在填充墙砌筑至第四层时，在第二层开始室内装修，依次做完三至十五层的室内装修后再做底层及地下室室内装修。填充墙砌筑工程均完成后再进行外装修，安装工程配合土建施工。

该单位工程控制性网络进度计划如图3-99所示。

该单位工程控制性时标网络计划如图3-100所示。

### 3.7.3 网络计划的BIM应用

网络计划的编制应用软件很多，这里重点介绍使用品茗智绘进度计划软件进行双代号时标网络计划的编制，包括：项目设置、网络图的绘制与编辑、网络图的注释与输出等。具体见二维码资源。

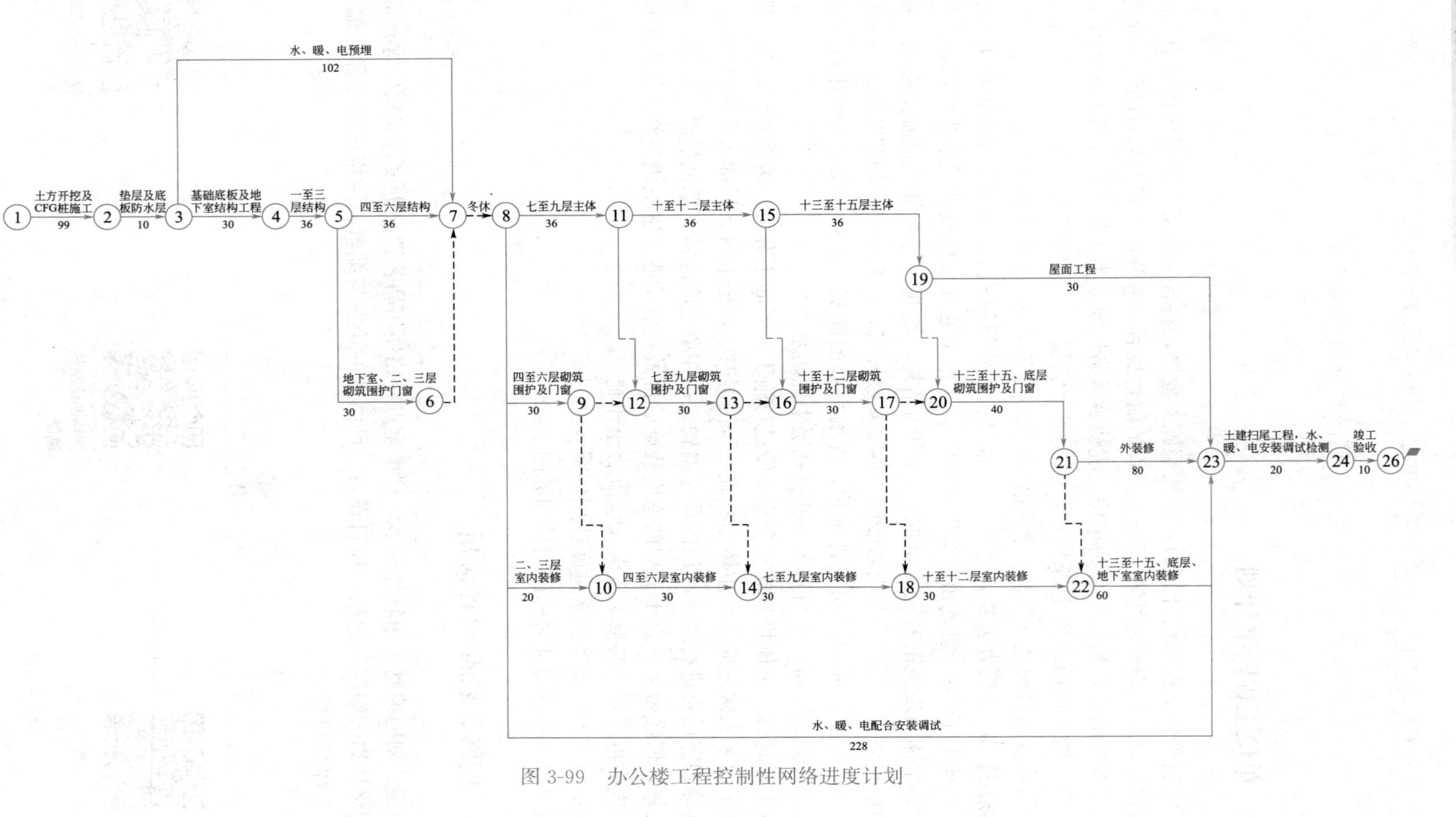


图 3-99 办公楼工程控制性网络进度计划

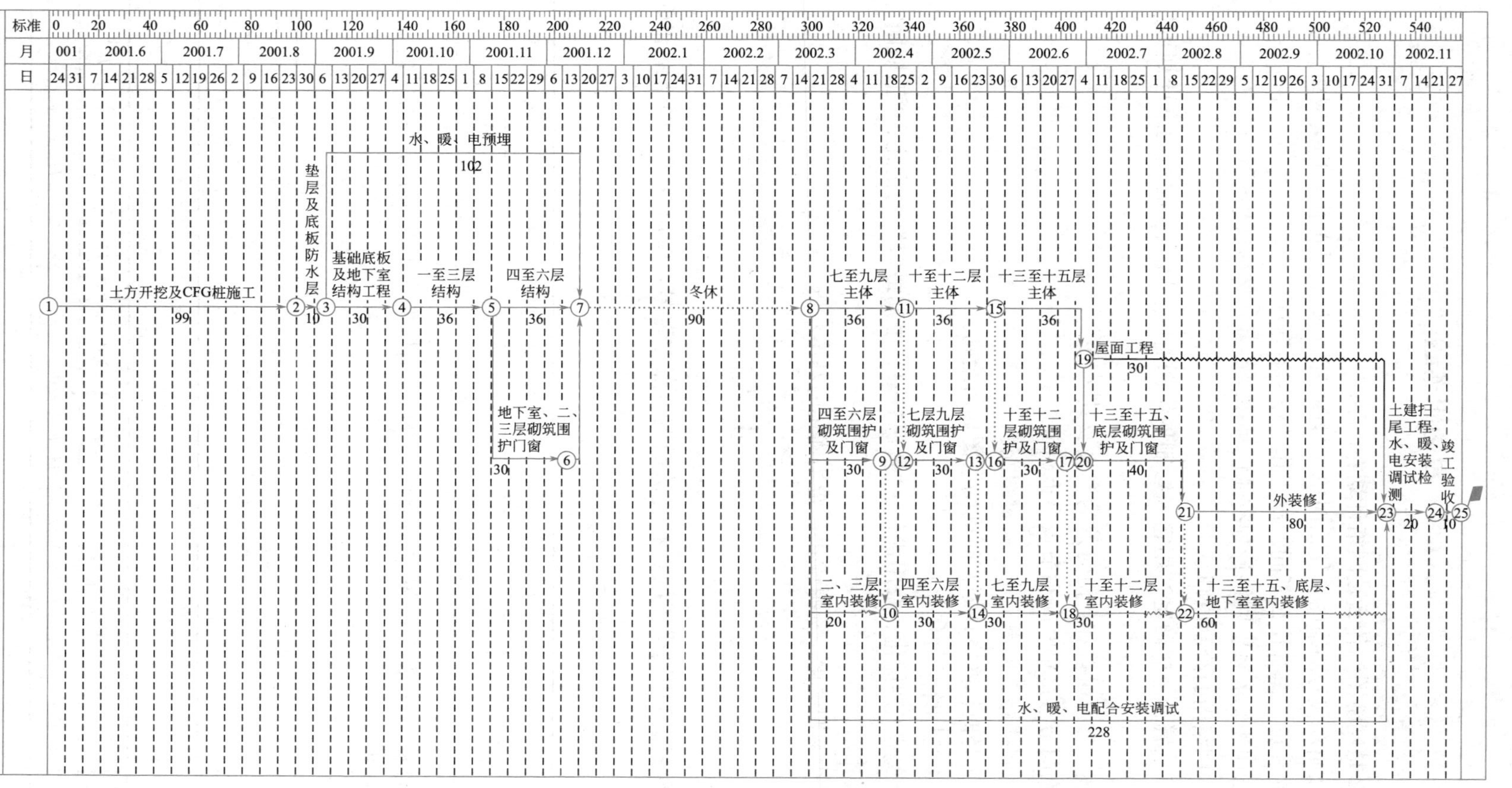


图3-100 办公楼工程控制性时标网络计划

## 复习思考题

1. 什么是网络图？什么是网络计划？

2. 什么叫双代号网络图？什么叫单代号网络图？什么是单代号搭接网络计划？

3. 工作和虚工作有什么不同？虚工作的作用有哪些？

4. 什么叫逻辑关系？网络计划有哪两种逻辑关系？有何区别？

5. 简述网络图的绘制原则。

6. 节点位置号怎样确定？用它来绘制网络图有哪些优点？时标网络计划可用它来绘制吗？

7. 试述工作总时差和自由时差的含义及其区别。

8. 什么叫节点最早时间和节点最迟时间？

9. 什么叫线路、关键工作、关键线路？

10. 什么是时标网络计划？时标网络图如何绘制？

11. 什么是网络计划优化？

12. 什么是工期优化、费用优化、“资源有限，工期最短”的优化、“工期固定，资源均衡”的优化？

13. 试述工期优化、资源优化、费用优化的基本步骤。

## 习 题

1. 根据表 3-8 中网络图的资料，试确定节点位置号，绘出双代号网络图和单代号网络图。

表 3-8

| 工作 | A | B | C | D | E | G | H |
|---|---|---|---|---|---|---|---|
| 紧前工作 | D、C | E、H | — | — | — | H、D | — |

2. 根据表 3-9、表 3-10 网络图资料，绘出只有竖向虚工作（不允许有横向虚工作）的双代号网络图。

表 3-9

| 工作 | A | B | C | D | E | G |
|---|---|---|---|---|---|---|
| 紧前工作 | — | — | — | — | B、C、D | A、B、C |

表 3-10

| 工作 | A | B | C | D | E | H | G | I | J |
|---|---|---|---|---|---|---|---|---|---|
| 紧前工作 | E | H、A | J、G | H、I、A | — | — | H、A | — | E |

3. 根据表3-11资料，绘制双代号网络图，计算六个工作时间参数，并按最早时间绘制时标网络图。

表3-11

| 工作代号 | 1—2 | 1—3 | 1—4 | 2—4 | 2—5 | 3—4 | 3—6 | 4—5 | 4—7 | 5—7 | 5—9 | 6—7 | 6—8 | 7—8 | 7—9 | 7—10 | 8—10 | 9—10 |
|---|---|---|---|---|---|---|---|---|---|---|---|---|---|---|---|---|---|---|
| 工作持续时间（天） | 5 | 10 | 12 | 0 | 14 | 16 | 13 | 7 | 11 | 17 | 9 | 0 | 8 | 5 | 13 | 8 | 14 | 6 |

4. 已知网络计划的资料见表3-12，试绘出单代号网络计划，标注出六个时间参数及时间间隔，用双箭线标明关键线路，列式算出工作$B$的六个主要时间参数。

表3-12

| 工作 | $A$ | $B$ | $C$ | $D$ | $E$ | $G$ |
|---|---|---|---|---|---|---|
| 持续时间 | 12 | 10 | 5 | 7 | 6 | 4 |
| 紧前工作 | — | — | — | $B$ | $B$ | $C$、$D$ |

5. 已知网络计划如图3-101所示，箭线下方括号外为正常持续时间，括号内为最短持续时间，箭线上方括号内为优先选择系数。要求目标工期为12天，试对其进行工期优化。

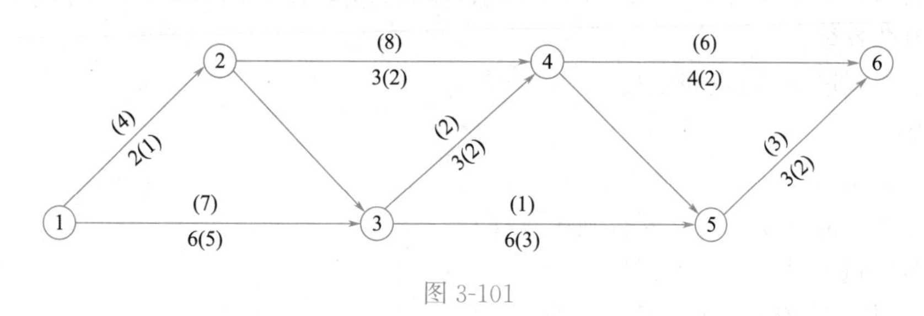


图3-101

6. 已知网络计划如图3-102所示，假定每天可能供应的资源数量为常数（10个单位）。箭线下方为工作持续时间，箭线上方为资源强度。试进行“资源有限，工期最短”的优化。

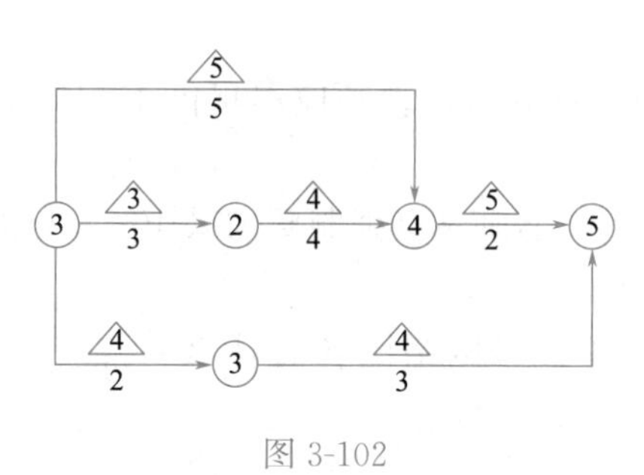


图3-102

7. 某工程双代号网络计划如图3-103所示，箭线下方为工作的正常持续时间和最短持续时间（天），箭线上方为工作的正常费用和最短费用（元）。已知间接费率为150元/天，试求出费用最少的工期。

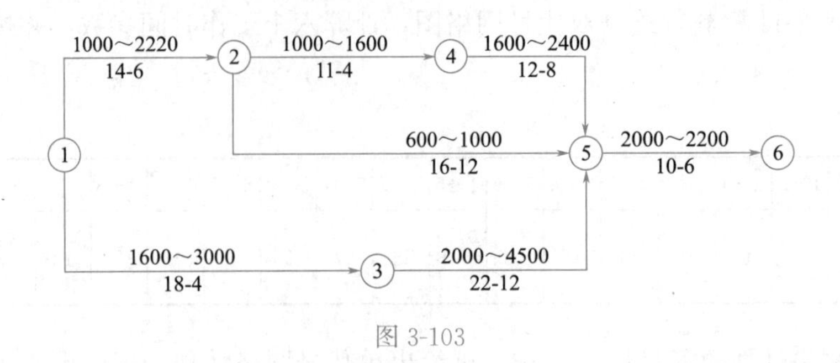


图 3-103

## 职业活动训练

针对某单位工程或复杂的分部工程项目，编制单代号网络图和双代号时标网络计划。

1. 目的

通过单代号网络图和双代号时标网络计划的编制，初步掌握网络图的绘制，尤其是双代号时标网络计划的编制，提高学生运用网络技术编制施工进度计划的能力。

2. 环境要求

（1）选择一个拟建的 10 层左右的工程项目或较为复杂的主体结构工程项目；

（2）图纸齐全；

（3）施工现场条件满足要求。

3. 步骤提示

（1）熟悉图纸；

（2）划分分部分项工程，安排施工顺序；

（3）划分施工段并计算工程量；

（4）套用施工定额，计算流水节拍；

（5）确定流水步距，组织分部工程流水施工；

（6）绘制单位工程或分部工程双代号网络图；

（7）绘制双代号时标网络计划。

4. 注意事项

（1）学生在编制施工进度计划时，教师应尽可能书面提供施工项目与业主方的背景资料。

（2）学生进行编制训练时，教师不必强制要求采用统一格式和统一施工方式。

5. 讨论与训练题

讨论：双代号网络图和单代号网络图各有什么特点？单代号网络计划能带时间坐标吗？

# 项目 4　施工组织总设计的编制

**项目岗位任务：**在单项工程开工前，施工现场技术人员应根据项目特点、工期要求、现场情况，分析施工特点，按照岗位分工要求，参与编制施工部署，编制各单位工程施工进度计划和主要资源配置计划，进行主要施工方案的选择及单位工程施工平面的布置等工作，保证项目顺利进行。

**项目知识地图：**

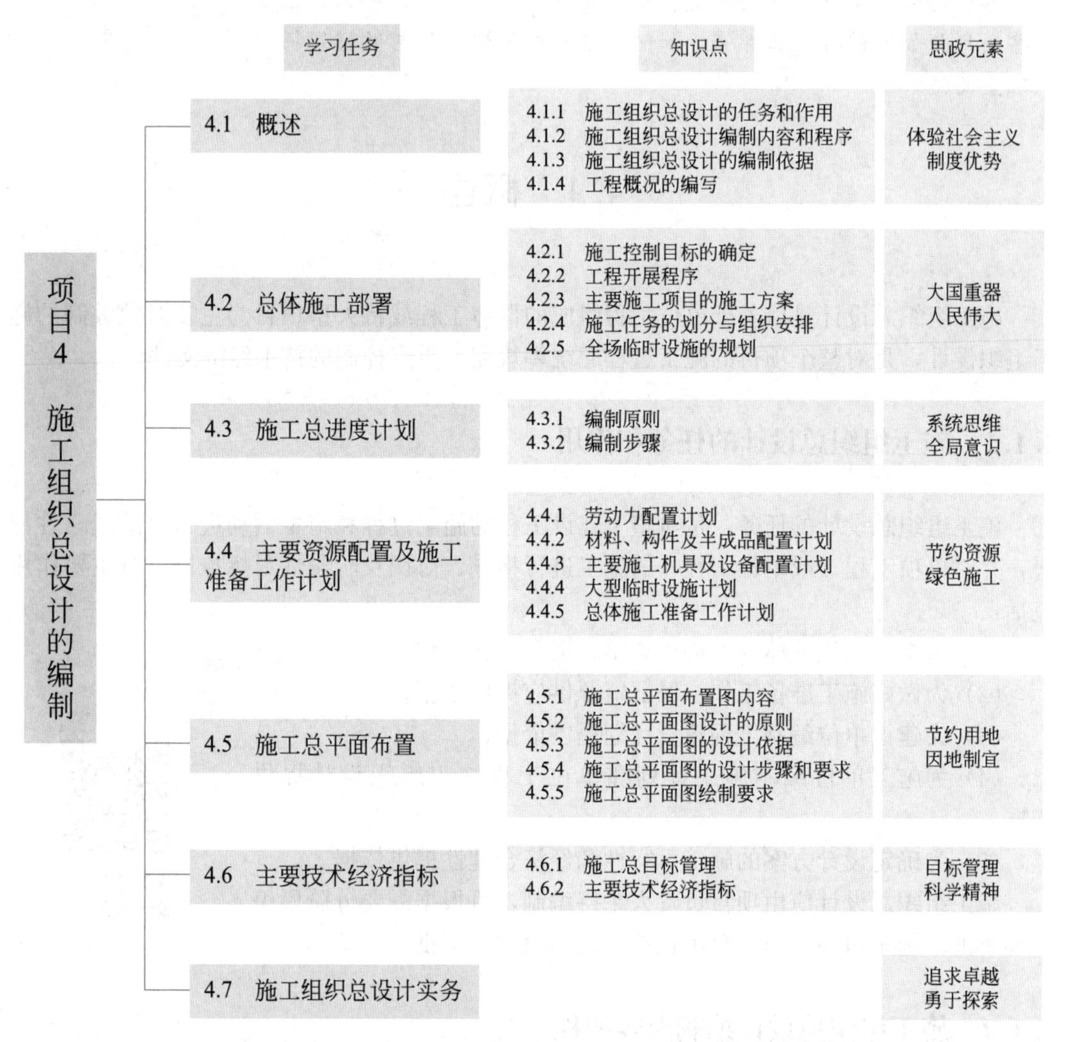


**项目素质要求：**掌握马克思主义思想方法和工作方法，感受制度优势、大国重器、人民力量。具有环境保护、节约资源、绿色施工意识。

**项目能力目标：**能够参与编制施工部署，能够编制单位工程施工进度计划和主要资源配置计划，能够进行主要施工方案的选择及单位工程施工平面的布置。

项目引导

大型和特大型工程的施工部署和其中的单位工程施工方案拟定十分重要，它直接关系到整个建设项目（或群体工程）建设的成败。建设项目新技术、新工艺、新设备和新材料“四新”的应用规划和绿色建造、智能建造及品质建造三个建造的部署也充分展现行业发展转型的关键所在。北京大兴国际机场、武汉绿地中心项目、白鹤滩水电站、港珠澳大桥等特大项目建设，创造的大型造楼机、造桥机等一大批世界级标志性成果，通过央视《大国重器》播出，见证了中国速度、中国精神、中国力量。那么，这些项目是如何进行施工部署，如何安排进度计划，如何做好现场布置的呢？

“挂在”坑壁上的五星级酒店

## 4.1 概述

施工组织总设计是以若干单位工程组成的群体工程或特大型项目为主要对象编制的施工组织设计，是对整个项目的施工过程起统筹规划、重点控制的技术经济文件。

### 4.1.1 施工组织总设计的任务和作用

施工组织总设计的任务，是对整个建设工程的施工过程和施工活动进行总的战略性部署，并对单项工程（或单位工程）的施工进行指导、协调及阶段性目标控制。其主要作用包括：

（1）为组织工程整体施工提供科学方案和实施步骤；

（2）为做好施工准备工作、保证资源供应提供依据；

（3）为建设单位编制工程建设计划提供依据；

（4）为施工单位编制施工计划和单位工程施工组织设计提供依据；

（5）为确定设计方案的施工可行性和经济合理性提供依据。

施工组织总设计应由项目负责人主持编制，可根据需要分阶段编制和审批；施工组设计应由总承包单位技术负责人审批。

施工组织总设计内容

### 4.1.2 施工组织总设计编制内容和程序

由于工程性质、规模、工期、结构的特点及施工条件不同，施工组织总设计编制的内容有所不同，一般包括下列内容：

（1）工程概况；

（2）总体施工部署；

(3) 施工总进度计划;

(4) 总体施工准备与主要资源配置计划;

(5) 主要施工方法;

(6) 施工总平面布置图和主要技术经济指标等。

施工组织总设计的编制程序如图 4-1 所示。

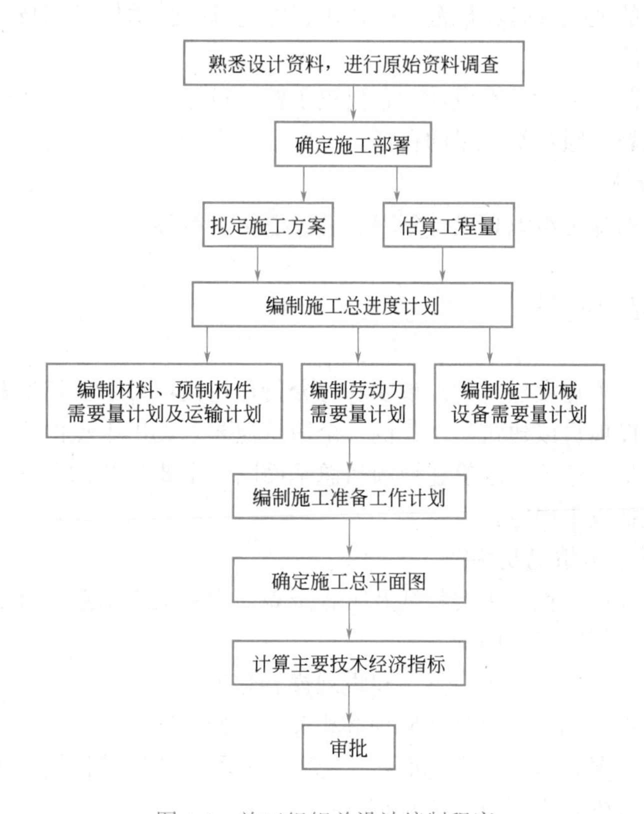


图 4-1 施工组织总设计编制程序

### 4.1.3 施工组织总设计的编制依据

为了保证施工组织总设计的编制工作顺利进行并提高编制质量，使设计文件更能结合工程实际情况，更好地发挥施工组织总设计的作用，其主要编制依据如下:

1. 计划文件及有关合同

包括国家批准的基本建设计划、可行性研究报告、工程项目一览表、分期分批施工项目和投资计划、主管部门的批件、施工单位上级主管部门下达的施工任务计划、招标投标文件及签订的工程承包合同、工程材料和设备的订货合同等。

2. 设计文件及有关资料

包括建设项目的初步设计与扩大初步设计或技术设计的有关图纸、设计说明书、建筑总平面图、建设地区区域平面图、建筑竖向设计、总概算或修正概算等。

3. 工程勘察和原始资料

包括建设地区的地形、地貌、工程地质及水文地质、气象等自然条件；交通运输、能源、预制构件、建筑材料、水电供应及机械设备等技术经济条件；建设地区的政治、经济、文化、生活、卫生等社会生活条件。

4. 现行规范、规程和有关技术规定

包括国家现行的施工及验收规范、操作规程、定额、技术规定和技术经济指标。

5. 施工组织纲要

也称投标（标前）施工组织设计，它提供了施工目标和初步的施工部署，在施工组织总设计中要深化部署，履行所承诺的目标。

6. 类似工程资料

包括类似工程的施工组织总设计资料、有关总结资料等。

### 4.1.4 工程概况的编写

工程概况是对整个建设项目的总说明和总分析，包括项目主要情况和项目主要施工条件等，是对整个建设项目或建筑群所作的一个简单扼要、突出重点的文字介绍。有时为了补充文字介绍的不足，还可以附有建设项目总平面图，主要建筑的平、立、剖示意图及辅助表格。一般应包括以下内容：

1. 工程项目的基本情况及特征

该项内容是要描述工程的主要特征及工程全貌，为施工组织总设计的编制及审核提供前提条件。因此，应写明以下内容：

（1）项目名称、性质、地理位置、建设规模、总工期；

（2）项目的建设、勘察、设计和监理等相关单位的情况；

（3）项目设计情况，包括总占地面积、总建筑面积、建筑结构类型等；

（4）项目承包范围及主要分包工程范围；

（5）施工合同或招标文件对项目施工的重点要求；

（6）其他应说明的情况。

2. 工程项目主要施工条件

工程项目主要施工条件应全面说明建设地区情况、施工基本条件、其他与施工有关的因素。主要包括：

（1）项目建设地点气象状况；

（2）项目施工区域地形地貌和工程水文地质状况；

（3）项目施工区域地上、地下管线及相邻的地上、地下建（构）筑物情况；

（4）与项目施工有关的道路、河流等情况；

（5）当地建筑材料、设备供应和交通运输等服务能力状况；当地供电、供水、供热和通信能力状况；

（6）施工企业的生产能力、技术装备、管理水平等情况；

（7）有关建设项目的决议、合同、协议、土地征用范围、数量和居民搬迁时间等情况；

（8）其他与施工有关的主要因素。

## 4.2　总体施工部署

总体施工部署是对整个建设项目全局作出的统筹规划和全面安排，主要解决影响建设项目全局的重大施工问题，对项目总体施工作出宏观部署。

总体施工部署也是对项目施工的重点和难点进行简要分析，由于建设项目的性质、规模和施工条件等不同，施工总体部署也不尽相同，其内容主要包括：

（1）确定项目施工总目标，包括进度、质量、安全、环境和成本等目标；

（2）根据项目施工总目标的要求，确定项目分阶段交付的计划；

（3）确定项目分阶段施工的合理顺序及空间组织；

（4）对于项目施工的重点和难点进行简要分析；

（5）总包单位明确项目管理组织机构形式，并宜采用框图的形式表示；

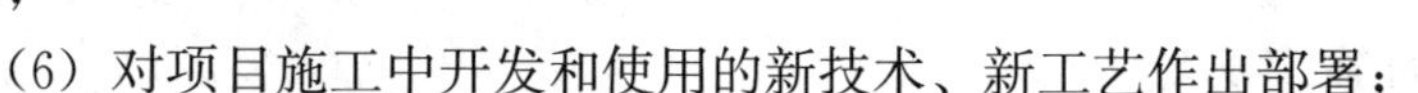

（6）对项目施工中开发和使用的新技术、新工艺作出部署；

（7）对主要分包项目施工单位资质和能力提出明确要求。

下面就工程项目的控制目标、开展程序、主要施工方案作等作简要说明。

施工部署主要内容

### 4.2.1　施工控制目标的确定

施工控制目标包括在合同文件中规定或施工组织纲要中承诺的建设项目的施工总目标，单位工程的施工目标。目标内容有工期（进度）、质量、安全、成本、环境等，其中工期、质量、成本的量化目标应列表描述（表4-1）。

施工控制目标　　表4-1

| 序号 | 单项工程名称 | 建筑面积（$m^2$） | 控制工期 | | | 控制成本（万元） | 控制质量（合格或优良等） |
|---|---|---|---|---|---|---|---|
| | | | 工期(月) | 开工日期 | 竣工日期 | | |
| 1 | | | | | | | |
| 2 | | | | | | | |
| … | | | | | | | |

### 4.2.2　工程开展程序

确定建设项目中各项工程的合理开展程序是整个建设项目尽快投产使用的关键。在确定开展程序时，应主要考虑以下几点：

（1）对于一些大中型工业建设项目，一般要根据建设项目总目标的要求，分期分批建设，既可使各具体项目尽快建成，尽早投入使用，又可在全局上实现施工的连续性和均衡性，减少临时设施工程数量，降低工程成本。至于分几期施工，每期工程包含哪些项目，则要根据生产工艺要求、建设部门要求、工程规模大小和施工难易程度、资金、技术等情况，由建设单位和施工单位共同研究确定。

（2）在统筹安排各类项目施工时，要保证重点，兼顾其他，其中应优先安排工程量大、施工难度大、工期长的项目；供施工、生活使用的项目及临时设施；按生产工艺要求，先期投入生产或起主导作用的工程项目；建设单位要求先期交付使用的项目等。

（3）一般应按照“先地下后地上、先深后浅、先干线后支线、先管线后筑路”的原则进行安排。

（4）注意资源供应与技术条件的平衡，以便合理利用资源，促进均衡施工；注意季节的影响，合理安排冬期施工。

（5）大中型居民小区，一般也应分期分批建设，除考虑住宅以外，还应考虑幼儿园、学校、商店和其他公共设施的建设，以便交付使用后能及早发挥经济效益、社会效益和环境保护效益。

（6）小型工业与民用建筑或大型建设项目的某一系统，由于工期较短或生产工艺的要求，也可不必分期分批建设，采取一次性建成投产。

### 4.2.3 主要施工项目的施工方案

施工方案的内容

对于主要的单项或单位工程及特殊的分部分项工程，应在施工组织总设计中拟定其施工方案，其目的是进行技术和资源的准备工作，也为工程施工的顺利开展和工程现场的合理布局提供依据。施工组织总设计中要拟定一些主要工程项目的施工方案，与单位工程施工组织设计中的施工方案所要求的内容和深度不同。

所谓主要单项或单位工程，是指工程量大、施工难度大、工期长，对整个建设项目的完成起关键作用的建筑物或构筑物，如生产车间、高层建筑等；全场范围内工程量大、影响全局的主要分部（分项）工程，如桩基、大跨结构、重型构件吊装、特殊外墙饰面工程等；以及脚手架工程、起重吊装工程、临时用水用电工程、季节性施工等专项工程。

施工方案的内容包括：确定施工起点流向、施工程序、主要施工方法和施工机械等。施工方法的确定要考虑技术工艺的先进性和经济上的合理性。选择大型机械应注意其可能性、适用性、经济合理性及技术先进性。可能性是指利用自有或通过租赁、购置等途径可以获得的机械；适用性是指机械的技术性能满足使用要求；经济合理性是指能充分发挥效率，所需费用较低；技术先进性是指性能好、功能多、安全可靠、便于保养和维修，大型机械应能进行综合流水作业，在同一个项目中应减少装、拆、运的次数，辅机的选择应与主机相配套。

### 4.2.4 施工任务的划分与组织安排

在明确施工项目管理体制、机构的条件下，划分参与建设的各施工单位的施工任务，明确总包与分包单位的关系，建立施工现场统一的组织领导机构及职能部门，确定综合的和专业化的施工组织，明确各施工单位之间的分工与协作关系，划分施工阶段，确定各施工单位分期分批的主导施工项目和穿插施工项目。

### 4.2.5　全场临时设施的规划

根据工程开展程序和施工项目施工方案的要求，对施工现场临时设施进行规划，主要内容包括：安排生产和生活性临时设施的建设；安排原材料、成品、半成品、构件的运输和储存方式；安排场地平整方案和全场排水设施；安排场内外道路、水、电、气引入方案；安排场区内的测量标志等。具体做法将在后续内容中阐述。

## 4.3　施工总进度计划

施工总进度计划是施工现场各项施工活动在时间上和空间上的体现。编制施工总进度计划是根据施工总体部署中的施工方案和施工项目开展的程序，对整个工地的所有施工项目作出时间上和空间上的安排。其作用在于确定各个建筑物及其主要工种、分项工程、准备工作和全工地性工程的施工期限及开工和竣工的日期，从而确定建筑施工现场上劳动力、原材料、成品、半成品、施工机械的需要数量和调配情况，以及现场临时设施的数量、水电供应数量和能源、交通、信息的需要数量等。因此，正确地编制施工总进度计划是保证各项目以及整个建设工程按期交付使用，充分发挥投资效益，降低建筑工程成本的重要条件。

### 4.3.1　编制原则

编制施工总进度计划的基本原则是：

（1）合理安排各单项工程或单位工程之间的施工顺序，优化配置劳动力、物资、施工机械等资源。保证建设工程项目在规定期限内完成，发挥投资效益。

（2）合理组织施工。保证施工的连续性、均衡性、节奏性，以加快施工速度，降低施工成本。

（3）科学安排年度施工任务。充分利用施工有利季节，尽量避免停工和赶工，从而在保证质量的同时节约费用。

### 4.3.2　编制步骤

施工总进度计划编制步骤

1. 划分工程项目并计算工程量

根据批准的总承建任务一览表，列出工程项目一览表并分别计算各项目的工程量。由于施工总进度计划主要起控制总工期的作用，因此项目划分不宜过细，可按照确定的主要工程项目的开展顺序排列，应突出主要项目，一些附属项目、辅助工程及临时设施可以合并列出。

在工程项目一览表的基础上，计算各主要项目的实物工程量。计算工程量可按照初步（或扩大初步）设计图纸，并根据各种定额手册进行计算。常用的定额资料如下：

（1）每万元、每10万元投资工程量的劳动力及材料消耗扩大指标。规定了某一种结构类型建筑，每万元或每10万元投资中，劳动力、主要材料等消耗数量。根据结构类型，即可计算出拟建工程需要的劳动力和主要材料的消耗数量。

（2）概算指标或扩大结构定额。概算指标是以建筑物每100m$^3$体积为单位，扩大结构定额是以每100m$^2$建筑面积为单位。根据各建筑物的结构类型、跨度、高度，查出拟建工程按照定额单位所需要的劳动力和各项主要材料消耗量，从而推算出拟建工程所需要的劳动力和材料的消耗数量。

（3）标准设计或已建房屋、构筑物的资料。在缺少上述几种定额手册的情况下，可采用标准设计或已建成的类似房屋实际所消耗的劳动力及材料进行类比，按比例估算。但是，由于和拟建工程完全相同的已建工程很少，因此在采用已建工程资料时，一般都要进行折算、调整。

除房屋以外，还必须计算主要的全工地性工程的工程量，如场地平整、铁路、道路和地下管线的长度等，这些都可以根据建筑总平面图来计算。

将按照上述方法计算的工程量填入统一的工程量汇总表中，如表4-2所示。

工程项目工程量汇总表　　表4-2

| 序号 | 工程项目分类 | 工程项目名称 | 结构类型 | 建筑面积 | 幢(跨)数 | 概算投资 | 场地平整 | 土方工程 | 桩基工程 | …… | 砖石工程 | 钢筋混凝土工程 | …… | 装饰工程 | …… |
|---|---|---|---|---|---|---|---|---|---|---|---|---|---|---|---|
| | | | | 1000m$^2$ | 个 | 万元 | 1000m$^2$ | 1000m$^2$ | 1000m$^2$ | | 1000m$^2$ | 1000m$^2$ | | 1000m$^2$ | |
| 1 | 全工地性工程 | | | | | | | | | | | | | | |
| 2 | 主体项目 | | | | | | | | | | | | | | |
| 3 | 辅助项目 | | | | | | | | | | | | | | |
| 4 | 永久住宅 | | | | | | | | | | | | | | |
| 5 | 临时建筑 | | | | | | | | | | | | | | |
| 6 | 合计 | | | | | | | | | | | | | | |

2. 确定各单项（单位）工程的施工期限

单项（单位）工程的施工期限的确定，应考虑工程类型、规模大小、结构特征、装饰装修的等级、工程复杂程度、施工管理水平、施工方法、机械化程度、材料供应、施工现场条件与环境等因素。但工期应控制在合同工期以内，无合同工期的工程，应按照工期定额或类似工程的经验确定。

3. 确定各单项（单位）工程的开竣工时间和相互搭接关系

根据施工部署及单项（单位）工程施工期限，就可以安排各单项（单位）工程的开、竣工时间和相互搭接关系。通常应考虑下列因素：

（1）保证重点，兼顾一般。在安排进度时，要分清主次，抓住重点，同一时期进行的项目不宜过多，以免分散有限的人力和物力。

（2）尽量组织连续、均衡的施工。应尽量使劳动力、材料和施工机械的消耗在全工地上达到均衡，减少高峰和低谷的出现，以利于劳动力的调度和材料供应。

（3）满足生产工艺要求。合理安排各个建筑物的施工顺序，以缩短建设周期，尽快发挥投资效益。

（4）充分考虑施工总平面的空间关系。应在满足有关规范要求的前提下，使各拟建临时设施布置尽量紧凑，节省占地面积；合理安排拆除项目、地下项目、绿化项目等，为顺利施工、尽早投产创造条件。

（5）考虑经济效益，减少贷款利息。尽可能将投入额度小的工程安排在前面施工，将投资额度大的安排在后面施工，以减少投资贷款的利息。

（6）全面考虑各种条件限制。在确定各建筑物施工顺序时，应考虑各种客观条件限制，如施工企业的施工力量，各种原材料、机械设备的供应情况，设计单位提供图纸的时间，各年度建设投资数量等，对各项建筑物的开工时间和先后顺序予以调整。同时，由于建筑施工受季节、环境影响较大，经常会对某些项目的施工时间提出具体要求，从而对施工的时间和顺序安排产生影响。

4. 编制施工总进度计划

施工总进度计划可以用横道图和网络图表达。由于施工总进度计划只是起控制性作用，而且施工条件复杂，因此项目划分不必过细。当用横道图表达施工总进度计划时，应尽量安排全工地性流水作业，项目的排列可按施工总体方案所确定的工程展开程序排列。横道图上应表达出各施工项目开、竣工时间及其施工持续时间，如表 4-3 所示。

施工总进度计划　　表 4-3

| 序号 | 工程项目名称 | 结构类型 | 工程量 | 建筑面积 | 总工日 | 施工进度计划 | | | | | | | | | | | | | | |
|---|---|---|---|---|---|---|---|---|---|---|---|---|---|---|---|---|---|---|---|---|
| | | | | | | ××年 | | | | | ××年 | | | | | ××年 | | | | |
| | | | | | | | | | | | | | | | | | | | | |
| | | | | | | | | | | | | | | | | | | | | |
| | | | | | | | | | | | | | | | | | | | | |
| | | | | | | | | | | | | | | | | | | | | |
| | | | | | | | | | | | | | | | | | | | | |
| | | | | | | | | | | | | | | | | | | | | |
| | | | | | | | | | | | | | | | | | | | | |
| | | | | | | | | | | | | | | | | | | | | |

注：进度线应将土建工程、设备安装工程等以不同的线条或颜色表示。

近年来，随着网络计划技术的推广，采用网络图表达施工总进度计划，已经在实践中得到广泛应用。采用时间坐标网络图表达施工总进度计划，不仅比横道图更加直观明了，而且还可以表达出各施工项目之间的逻辑关系。同时，由于网络图可以应用计算机计算和输出，便于对进度计划进行调整、优化、统计资源数量等。

5. 施工总进度计划的调整和修正

施工总进度计划表绘制完成后，将同一时期各项工程的工作量加在一起，用一定的比例画在施工总进度计划的底部，即可得出建设项目工作量的动态曲线。然后，进行全面的检查调整，内容包括：是否满足总工期及起止时间的要求、各施工项目的搭接关系是否合理、资源需要量动态曲线是否均衡等。若曲线上存在较大的高峰和低谷，则表明在该时间内各种资源的需求量变化较大，需要调整一些单位工程的施工速度或开、竣工时间，以便消除高峰和低谷，使各个时期的工作量尽可能达到均衡。经调整均符合要求后，编制正式的施工总进度计划。

## 4.4 主要资源配置及施工准备工作计划

主要资源配置计划的编制依据是施工部署和施工总进度计划，重点是确定劳动力、材料、构配件、加工品及施工机具等主要物资的需要量和时间，以便做好劳动力及物资的供应、平衡、调度和落实，保证施工总进度计划的实现。同时，也为场地布置及临时设施的规划准备提供依据。其内容一般包括以下几个方面：

### 4.4.1 劳动力配置计划

劳动力配置计划是规划临时设施工程和组织劳动力进场的依据。编制时，首先根据工程量汇总表中分别列出的各个建筑物的主要实物工程量，查预算定额或有关资料，便可得到各个建筑物主要工种的劳动量，再根据施工总进度计划表的各单项（单位）工程各工种的持续时间，即可得到某单项（单位）工程在某段时间里的平均劳动力数。按同样方法可计算出各个建筑物各主要工种在各个时期的平均工人数。将施工总进度计划表纵坐标方向上各单项（单位）工程同工种的人数叠加在一起并连成一条曲线，即为某工种的劳动力动态曲线图。其他工种也用同样方法绘成曲线图，从而根据劳动力曲线图列出主要工种劳动力配置计划，如表4-4所示。

劳动力配置计划　　表4-4

| 序号 | 工程品种 | 劳动量 | 施工高峰人数 | ××年 | | | | | ××年 | | | | | 现有人数 | 多余或不足 |
|---|---|---|---|---|---|---|---|---|---|---|---|---|---|---|---|
| | | | | | | | | | | | | | | | |
| | | | | | | | | | | | | | | | |

### 4.4.2 材料、构件及半成品配置计划

根据工程量汇总表所列各建筑物的工程量，查定额或有关资料，便可得出各建筑物所需的建筑材料、构件和半成品的需要量。然后根据施工总进度计划表，大致算出某些建筑材料在某一时间内的需要量，从而编制出建筑材料、构件和半成品的配置计划，如表4-5所示，是材料供应部门和有关加工厂准备所需的建筑材料、构件和半成品并及时供应的依据。

主要材料、构件和半成品配置计划 表 4-5

| 序号 | 工程名称 | 材料、构件、半成品名称 | | | | | | | | |
|---|---|---|---|---|---|---|---|---|---|---|
| | | 水泥 | 砂 | 砖 | …… | 混凝土 | 砂浆 | …… | 木结构 | …… |
| | | t | $m^3$ | 块 | | $m^3$ | $m^3$ | | $m^2$ | |
| | | | | | | | | | | |

## 4.4.3 主要施工机具及设备配置计划

主要施工机具及设备的配置是根据施工总进度计划、主要建筑物施工方案和工程量，并套用机具产量定额求得。辅助机具可根据建筑安装工程每 10 万元扩大概算指标求得，运输机具的需要量根据运输量计算。施工机具配置计划如表 4-6 所示。

施工机具配置计划 表 4-6

| 序号 | 机具名称 | 规格型号 | 数量 | 功率 | 需要量计划 | | | | | | | | | | | |
|---|---|---|---|---|---|---|---|---|---|---|---|---|---|---|---|---|
| | | | | | ××年 | | | | ××年 | | | | ××年 | | | |
| | | | | | | | | | | | | | | | | |
| | | | | | | | | | | | | | | | | |

## 4.4.4 大型临时设施计划

大型临时设施计划应遵循尽量利用已有的或拟建工程的原则，按照施工部署、施工方案、各种配置计划，根据业务量和临时设施计算结果进行编制。大型临时设施计划如表 4-7 所示。

大型临时设施计划 表 4-7

| 序号 | 项目 | 名称 | 常用量 | | 利用现有建筑 | 利用拟建永久工程 | 新建 | 单价（元/$m^2$） | 造价（万元） | 占地（$m^2$） | 修建时间 |
|---|---|---|---|---|---|---|---|---|---|---|---|
| | | | 单位 | 数量 | | | | | | | |
| | | | | | | | | | | | |
| | | | | | | | | | | | |
| | | | | | | | | | | | |
| 合计 | | | | | | | | | | | |

注：项目名称包括生产、生活用房、临时道路、临时用水、用电和供热系统等。

## 4.4.5 总体施工准备工作计划

为了落实各项施工准备工作，加强检查和监督，必须根据各项施工准备工作的内容、时间和人员，编制出施工准备工作计划，如表4-8所示。总体施工准备包括技术准备、现场准备和资金准备等，应满足项目分阶段（期）施工的需要。主要施工准备工作内容见项目1建筑工程施工准备工作。

施工准备工作计划　　表4-8

| 序号 | 施工准备项目 | 内容 | 负责单位 | 负责人 | 起止时间 | | 备注 |
|---|---|---|---|---|---|---|---|
| | | | | | ××年 | ××月 | |
| | | | | | | | |

## 4.5　施工总平面布置

施工总平面布置是按照施工方案和施工总进度计划的要求，将施工现场的交通道路、材料仓库、附属企业、临时房屋、临时水电管线等作出合理的规划布置，从而正确处理全工地施工期间所需各项临时设施和永久建筑以及拟建项目之间的空间关系。

施工总平面布置以总平面图的方式呈现，用以指导施工现场平面布置，实现有组织、有秩序和文明施工。

### 4.5.1　施工总平面布置图内容

BIM施工总平面布置

施工总平面布置图应包括下列内容：

（1）项目施工用地范围内的地形状况；

（2）全部拟建的建（构）筑物和其他基础设施的位置；

（3）项目施工用地范围内的加工设施、交通运输设施、车位车库、存贮设施、供电设施、网络通信设施、供水供热设施、排水排污设施、临时施工道路和办公、生活用房等；

（4）施工现场必备的安全、消防、保卫和环境保护等设施；

（5）相邻的地上、地下既有建（构）筑物及相关环境。

### 4.5.2　施工总平面图设计的原则

施工总平面图设计应符合下列原则：

（1）满足国家相关法律法规、标准规范和政策要求；

（2）平面布置科学合理，施工场地占用面积少；

（3）合理组织运输，减少二次搬运；

（4）施工区域的划分和场地的临时占用应符合总体施工部署和施工流程的要求，减少相互干扰；

（5）充分利用既有建（构）筑物和既有设施为项目施工服务，降低临时设施的建造费用；

（6）临时设施应方便生产和生活，办公区、生活区和生产区宜分离设置；

(7) 符合节能、环保、安全和消防等要求；

(8) 遵守当地主管部门和建设单位关于施工现场安全文明施工的相关规定。

施工总平面图设计时还应符合下列要求：

(1) 根据项目总体施工部署，绘制现场不同施工阶段（期）的总平面图；

(2) 施工总平面图的绘制应符合国家相关标准要求并附必要说明。

### 4.5.3 施工总平面图的设计依据

(1) 各种设计资料，包括建筑总平面图、地形图、区域规划图及已有和拟建的各种设施位置；

(2) 建设地区的自然条件和技术经济条件；

(3) 建设项目的概况、施工部署、施工总进度计划；

(4) 各种建筑材料、构件、半成品、施工机械需要量一览表；

(5) 各构件加工厂、仓库及其他临时设施情况；

(6) 现场管理及供电供水、网络通信、环境保护等方面有关文件和规范规定。

### 4.5.4 施工总平面图的设计步骤和要求

1. 绘出整个施工场地范围及基本状况

应根据规划部门批准的场地使用规划，以及建设单位使用要求和现场基本情况进行绘制，其内容包括：场地的围墙，地形地貌，已有的建筑物、道路、构筑物及其他设施的位置和尺寸。

2. 场外交通的引入

设计全工地性施工总平面图时，首先应从大宗材料、成品、半成品、设备等进入工地的运输方式入手。施工现场宜考虑设置两个以上大门。大门位置应考虑周边路网情况、转弯半径及坡度限制，大门的高度和宽度应满足车辆运输的需要，尽可能考虑与加工场地、仓库位置有效衔接。应有专用的人员进出通道和管理辅助措施。

(1) 铁路运输。当大批材料由铁路运来时，首先要解决铁路的引入问题。一般大型工业企业，厂区内都设有永久性铁路专用线，通常可将其提前修建，以便为工程施工服务。但由于铁路的引入将严重影响场内施工的运输和安全，因此，引入点宜在靠近工地的一侧或两侧。

(2) 水路运输。当大量物资由水路运入时，应首先考虑原有码头的运用和是否增设专用码头的问题。当需要增设码头时，卸货码头不应少于两个，且宽度应大于 2.5m，一般用钢筋混凝土建造。

(3) 公路运输。当大批材料是由公路运入工地时，由于汽车运输线路可以灵活布置，因此，一般先布置场内仓库和加工厂，然后再布置场外交通的引入。

3. 仓库与材料堆场的布置

通常考虑将仓库与材料堆场设置在运输方便、位置适中、运距较短及安全防火的地方，并应根据不同材料、设备和运输方式来设置。一般应接近使用地点，其纵向宜与现场临时道路平行，尽可能利用现场设施装卸货物。需要较长时间装卸货物的仓库应远离道路边。存放危险品类的仓库应远离现场单独设置，离在建工程的距离不应小于15m。

（1）当采用铁路运输时，仓库应沿铁路线布置，并且要有足够的装卸前线。如果没有足够的装卸前线，必须在附近设置转运仓库。布置铁路沿线仓库时，应将仓库设置在靠近工地一侧，避免跨越铁路运输，同时仓库不宜设置在弯道或坡道上。

（2）当采用水路运输时，一般应在码头附近设置转运仓库，以缩短船只在码头上的停留时间。

（3）当采用公路运输时，仓库的布置较灵活。一般中心仓库布置在工地中央或靠近使用的地方，也可以布置在靠近外部交通连接处。水泥、砂、石、木材等仓库或堆场宜布置在搅拌站、预制场和加工厂附近；砖、预制构件等应该直接布置在施工对象附近，避免二次搬运。工业建筑项目工地还应考虑主要设备的仓库或堆场，一般较重设备尽量放在车间附近，其他设备可布置在外围空地上。

4. 加工厂和搅拌站的布置

各种加工厂布置，应以方便使用、安全防火、运输费用少、不影响建筑安装工程施工的正常进行为原则。一般应将加工厂与相应的仓库或材料堆场布置在同一地区，且多处于工地边缘。

（1）预制加工厂。尽量利用建设地区永久性加工厂，只有在运输困难时，才考虑在建设场地空闲地带设置预制加工厂。

（2）钢筋加工厂。一般采用分散或集中布置。对于需要进行冷加工、对焊、点焊的钢筋或大片钢筋网，宜集中布置在中心加工厂；对于小型加工件，利用简单机具成型的钢筋加工，宜分散在钢筋加工棚中进行。

（3）木材加工厂。应视木材加工的工作量、加工性质和种类决定是集中设置还是分散设置。

（4）混凝土搅拌站。根据工程具体情况优先采用商品混凝土，若施工条件不允许可采用集中、分散或集中与分散相结合三种方式。当现浇混凝土量大时，宜在工地设置搅拌站；当运输条件好时，以采用集中搅拌为好；当运输条件较差时，宜采用分散搅拌。

（5）砂浆搅拌站宜采用分散就近布置。

（6）金属结构、锻工、电焊和机修等车间，由于它们在生产上联系密切，应尽可能布置在一起。

各类加工厂、作业棚等所需面积如表4-9～表4-11所示。

现场作业棚所需面积参考资料　　表4-9

| 序号 | 名称 | 单位 | 面积 | 备注 |
|---|---|---|---|---|
| 1 | 木工作业棚 | $m^2$/人 | 2 | 占地为建筑面积的2～3倍 |
| 2 | 电锯房 | $m^2$ | 80 | 863～914mm圆锯1台 |
|  | 电锯房 | $m^2$ | 40 | 小圆锯1台 |
| 3 | 钢筋作业棚 | $m^2$/人 | 3 | 占地为建筑面积的3～4倍 |
| 4 | 搅拌棚 | $m^2$/台 | 10～18 |  |
| 5 | 卷扬机棚 | $m^2$/台 | 6～12 |  |

续表

| 序号 | 名称 | 单位 | 面积 | 备注 |
|---|---|---|---|---|
| 6 | 烘炉房 | $m^2$ | 30～40 | |
| 7 | 焊工房 | $m^2$ | 20～40 | |
| 8 | 电工房 | $m^2$ | 15 | |
| 9 | 白铁工房 | $m^2$ | 20 | |
| 10 | 油漆工房 | $m^2$ | 20 | |
| 11 | 机、钳工修理房 | $m^2$ | 20 | |
| 12 | 立式锅炉房 | $m^2$/台 | 5～10 | |
| 13 | 发电机房 | $m^2$/kW | 0.2～0.3 | |
| 14 | 水泵房 | $m^2$/台 | 3～8 | |
| 15 | 空压机房(移动式) | $m^2$/台 | 18～30 | |
| | 空压机房(固定式) | $m^2$/台 | 9～15 | |

现场机运站、机修间、停放场所所需面积参考资料 表 4-10

| 序号 | 施工机械名称 | 所需场地($m^2$/台) | 存放方式 | 检修间所需建筑面积 | |
|---|---|---|---|---|---|
| | | | | 内容 | 数量($m^2$) |
| | 一、起重、土方机械类 | | | | |
| 1 | 塔式起重机 | 200～300 | 露天 | 10～20 台设 1 个检修台位(每增加 20 台增设 1 个检修台位) | 200(增 150) |
| 2 | 履带式起重机 | 100～125 | 露天 | | |
| 3 | 履带式正铲或反铲、拖式铲运机,轮胎式起重机 | 75～100 | 露天 | | |
| 4 | 推土机、拖拉机、压路机 | 25～35 | 露天 | | |
| 5 | 汽车式起重机 | 20～30 | 露天或室内 | | |
| | 二、运输机械类 | | | | |
| 6 | 汽车(室内) | 20～30 | 一般情况下室内不小于 10% | 每 20 台设 1 个检修台位(每增加 1 个检修台位) | 170(增 160) |
| | (室外) | 40～60 | | | |
| 7 | 平板拖车 | 100～150 | | | |
| | 三、其他机械类 | | | | |
| 8 | 搅拌机、卷扬机、电焊机、电动机、水泵、空压机、油泵等 | 4～6 | 一般情况下室内占 30%,露天占 70% | 每 50 台设 1 个检修台位(每增加 1 个检修台位) | 50(增 50) |

临时加工厂所需面积参考资料 表 4-11

| 序号 | 加工厂名称 | 年产量 | | 单位产量所需建筑面积 | 占地总面积($m^2$) | 备注 |
|---|---|---|---|---|---|---|
| | | 单位 | 数量 | | | |
| 1 | 混凝土搅拌站 | $m^3$ | 3200 | 0.022($m^2$/$m^3$) | 按砂石堆场考虑 | 400L 搅拌机 2 台 |
| | | $m^3$ | 4800 | 0.021($m^2$/$m^3$) | | 400L 搅拌机 3 台 |
| | | $m^3$ | 6400 | 0.020($m^2$/$m^3$) | | 400L 搅拌机 4 台 |

续表

| 序号 | 加工厂名称 | 年产量 | | 单位产量所需建筑面积 | 占地总面积($m^2$) | 备注 |
|---|---|---|---|---|---|---|
| | | 单位 | 数量 | | | |
| 2 | 临时性混凝土预制厂 | $m^3$ | 1000 | $0.25(m^2/m^3)$ | 2000 | 生产屋面板和中小型梁柱板等，配有蒸汽养护设施 |
| | | $m^3$ | 2000 | $0.20(m^2/m^3)$ | 3000 | |
| | | $m^3$ | 3000 | $0.15(m^2/m^3)$ | 4000 | |
| | | $m^3$ | 5000 | $0.125(m^2/m^3)$ | 小于 6000 | |
| 3 | 半永久性混凝土预制厂 | $m^3$ | 3000 | $0.6(m^2/m^3)$ | 9000～12000 | |
| | | $m^3$ | 5000 | $0.4(m^2/m^3)$ | 12000～15000 | |
| | | $m^3$ | 10000 | $0.3(m^2/m^3)$ | 15000～20000 | |
| 4 | 木材加工厂 | $m^3$ | 16000 | $0.0244(m^2/m^3)$ | 18000～3600 | 进行原木、大方加工 |
| | | $m^3$ | 24000 | $0.0199(m^2/m^3)$ | 2200～4800 | |
| | | $m^3$ | 30000 | $0.0181(m^2/m^3)$ | 3000～5500 | |
| | 综合木工加工厂 | $m^3$ | 200 | $0.30(m^2/m^3)$ | 100 | 加工门窗、模板、地板、屋架等 |
| | | $m^3$ | 600 | $0.25(m^2/m^3)$ | 200 | |
| | | $m^3$ | 1000 | $0.20(m^2/m^3)$ | 300 | |
| | | $m^3$ | 2000 | $0.15(m^2/m^3)$ | 420 | |
| | 粗木加工厂 | $m^3$ | 5000 | $0.12(m^2/m^3)$ | 1350 | 加工屋架、模板 |
| | | $m^3$ | 10000 | $0.10(m^2/m^3)$ | 2500 | |
| | | $m^3$ | 15000 | $0.09(m^2/m^3)$ | 3750 | |
| | | $m^3$ | 20000 | $0.08(m^2/m^3)$ | 4800 | |
| | 细木加工厂 | 万 $m^3$ | 5 | $0.140(m^2/m^3)$ | 7000 | 加工门窗、地板 |
| | | 万 $m^3$ | 10 | $0.0114(m^2/m^3)$ | 10000 | |
| | | 万 $m^3$ | 15 | $0.0106(m^2/m^3)$ | 14300 | |
| 5 | 钢筋加工厂 | t | 200 | $0.35(m^2/t)$ | 280～560 | 加工、成型、焊接 |
| | | t | 500 | $0.25(m^2/t)$ | 380～750 | |
| | | t | 1000 | $0.20(m^2/t)$ | 400～800 | |
| | | t | 2000 | $0.15(m^2/t)$ | 450～900 | |
| | 现场钢筋拉直或冷拉 | | | 所需场地(长×宽) | | 包括材料及成品堆放 3～5t 电动卷扬机一台包括材料及成品堆放包括材料及成品堆放 |
| | 拉直场 | | | $(70～80)×(3～4)(m^2)$ | | |
| | 卷扬机棚 | | | $15～20(m^2)$ | | |
| | 冷拉场 | | | $(40～60)×(3～4)(m^2)$ | | |
| | 时效场 | | | $(30～40)×(6～8)(m^2)$ | | |
| | 钢筋对焊 | | | 所需场地(长×宽) | | 包括材料及成品堆放寒冷地区应适当增加 |
| | 对焊场地 | | | $(3～40)×(4～5)(m^2)$ | | |
| | 对焊棚 | | | $15～24(m^2)$ | | |
| | 钢筋冷加工 | | | 所需场地($m^2$/台) | | |
| | 冷拔、冷轧机 | | | 40～50 | | |
| | 剪断机 | | | 30～50 | | |
| | 弯曲机 $\phi12$ 以下 | | | 50～60 | | |
| | 弯曲机 $\phi40$ 以下 | | | 60～70 | | |

续表

| 序号 | 加工厂名称 | 年产量 | | 单位产量所需建筑面积 | 占地总面积（$m^2$） | 备注 |
|---|---|---|---|---|---|---|
| | | 单位 | 数量 | | | |
| 6 | 金属结构加工（包括一般铁件） | | | 所需场地（$m^2/t$）<br>年产500t为10<br>年产1000t为8<br>年产2000t为6<br>年产3000t为5 | | 按一批加工数量计算 |
| 7 | 石灰消化 {贮灰地<br>淋灰地<br>淋灰槽} | | | $5\times3=15(m^2)$<br>$4\times3=12(m^2)$<br>$3\times2=6(m^2)$ | | 每两个贮灰池配一套淋灰池和淋灰槽，每600kg石灰可消化$1m^3$石灰膏 |
| 8 | 沥青锅场地 | | | 20～24（$m^2$） | | 台班产量1～1.5t/台 |

5. 场内运输道路的布置

根据各加工厂、仓库及各施工对象的相对位置，考虑货物运转，区分主要道路和次要道路，进行道路的规划。

(1) 合理规划临时道路与地下管网的施工程序。应充分利用拟建的永久性道路，提前修建永久性道路或先修路基和简易路面，作为施工所需的临时道路，以达到节约投资的目的。

(2) 保证运输通畅。应采用环形布置，主干道宽度单行道不小于4m，双行道不小于6m。木料场两侧应留有6m宽通道，端头处应有12m×12m的回车场，消防车道宽度不小于4m，载重车转弯半径不宜小于15m。现场条件不满足时根据实际情况处理并满足消防要求。

(3) 选择合理的路面结构。根据运输情况和运输工具的不同类型而定。一般场外与省、市公路相连的干线，宜建成混凝土路面；场区内的干线，宜采用级配碎石路面；场内支线一般为土路或砂石路。现场内临时道路的技术要求和临时路面的种类、厚度如表4-12、表4-13所示。

简易道路技术要求　　表4-12

| 指标名称 | 单位 | 技术要求 |
|---|---|---|
| 设计车速 | km/h | ≤20 |
| 路基宽度 | m | 双车道6～6.5；单车道4.4～5；困难地段3.5 |
| 路面宽度 | m | 双车道5～5.5；单车道3～3.5 |
| 平面曲线最小半径 | m | 平原、丘陵地区20；山区15；回头弯道12 |
| 最大纵坡 | % | 平原地区6；丘陵地区8；山区11 |
| 纵坡最短长度 | m | 平原地区100；山区50 |
| 桥面宽度 | m | 木桥4～4.5 |
| 桥涵载重等级 | t | 木桥涵7.8～10.4（汽-6～汽-8） |

临时道路路面种类和厚度 表 4-13

| 路面种类 | 特点及其使用条件 | 路基土 | (cm) | 材料配合比 |
|---|---|---|---|---|
| 级配砾石路面 | 雨天照常通车,可通行较多车辆,但材料级配要求严格 | 砂质土 | 10～15 | 体积比:<br>黏土∶砂∶石子＝1∶0.7∶3.5<br>重量比:<br>1. 面层:黏土 13%～15%,砂石料 85%～87%<br>2. 底层:黏土 10%,砂石混合料 90% |
| | | 黏质土或黄土 | 14～18 | |
| 碎(砾)石路面 | 雨天照常通车,碎(砾)石本身含土较多,不加砂 | 砂质土 | 10～18 | 碎(砾)石＞65%,当地土含量≤35% |
| | | 砂质土或黄土 | 15～20 | |
| 碎砖路面 | 可维持雨天通车,通行车辆较少 | 砂质土 | 13～15 | 垫层:砂或炉渣 4～5cm 底层:7～10cm 碎砖面层:2～5cm 碎砖 |
| | | 黏质土或黄土 | 15～8 | |
| 炉渣或矿渣路面 | 可维持雨天通车,通行车辆较少,当附近有此项材料可利用时 | 一般土 | 10～15 | 炉渣或矿渣 75%,当地土 25% |
| | | 较松软时 | 15～30 | |
| 砂土路面 | 雨天停车,通行车辆较少,附近不产石料而只有砂时 | 砂质土 | 15～20 | 粗砂 50%,细砂、粉砂和黏质土 50% |
| | | 黏质土 | 15～30 | |
| 风化石屑路面 | 雨天不通车,通行车辆较少,附近有石屑可利用时 | 一般土 | 10～15 | 石屑 90%,黏土 10% |
| 石灰土路面 | 雨天停车,通行车辆少,附近产石灰时 | 一般土 | 10～13 | 石灰 10%,当地土 90% |

6. 办公和生活临时设施布置

临时设施包括:办公室、汽车库、停车棚、休息室、开水房、食堂、俱乐部、浴室等。根据工地施工人数,可计算临时设施的建筑面积,应尽量利用原有建筑物,不足部分另行建造。临时房屋应尽量利用可装拆的活动房屋且满足消防要求。有条件的应使生活区、办公区和施工区相对独立。宿舍内应保证有必要的生活空间,床铺不得超过 2 层,室内净高不得小于 2.5m,通道宽度不得小于 0.9m,每间宿舍居住人员人均面积不应小于 2.5m$^2$,且不得超过 16 人。

一般全工地性行政管理用房宜设在工地入口处,以便对外联系;也可设在工地中间,便于工地管理;工人用的福利设施应设置在工人较集中的地方,或工人必经之处;生活区应设在场外,距工地 500～1000m 为宜;食堂宜布置在生活区,也可视条件设在施工区与生活区之间。如果现场条件不允许,也可以采取送餐制。临时设施的设计,应以经济、适用、拆装方便为原则,并根据当地的气候条件、工期长短确定其结构形式。临时设施建筑面积如表 4-14 所示。

7. 临时水电管网及其他动力设施的布置

当有可以利用的水源、电源、网络时,可以将水、电、网络直接接入工地。临时总变电站应设置在高压电引入处,不应放在工地中心;临时水池应放在地势较高处。

当无法利用现有水、电时,为获得电源时,可在工地中心或附近设置临时发电设备;为获得水源,可利用地下水或地上水设置临时供水设备(水塔、水池)。施工现场供水管网有环状、枝状和混合式三种形式。过冬的临时水管须埋在冰冻线以下或采取保温措施。

行政、生活、福利临时设施建筑面积参考资料（$m^2$/人） 表 4-14

| 序号 | 临时房屋名称 | 指标使用方法 | 参考指标 | 序号 | 临时房屋 | 指标使用方法 | 参考指标 |
|---|---|---|---|---|---|---|---|
| 一 | 办公室 | 按使用人数 | 3～4 | 3 | 理发室 | 按高峰年平均人数 | 0.01～0.03 |
| 二 | 宿舍 | | | 4 | 俱乐部 | 按高峰年平均人数 | 0.1 |
| 1 | 单层通铺 | 按高峰年(季)平均人数 | 2.5～3.0 | 5 | 小卖部 | 按高峰年平均人数 | 0.03 |
| 2 | 双层床 | 扣除不在工地居住人数 | 2.0～2.5 | 6 | 招待所 | 按高峰年平均人数 | 0.06 |
| 3 | 单层床 | 扣除不在工地居住人数 | 3.5～4.0 | 7 | 托儿所 | 按高峰年平均人数 | 0.03～0.06 |
| 三 | 家属宿舍 | | 16～25$m^2$/户 | 8 | 子弟学校 | 按高峰年平均人数 | 0.06～0.08 |
| 四 | 食堂 | 按高峰年平均人数 | 0.5～0.8 | 9 | 其他公用 | 按高峰年平均人数 | 0.05～0.10 |
| | 食堂兼礼堂 | 按高峰年平均人数 | 0.6～0.9 | 六 | 小型 | | |
| 五 | 其他合计 | 按高峰年平均人数 | 0.5～0.6 | 1 | 开水房 | | 10～40 |
| 1 | 医务所 | 按高峰年平均人数 | 0.05～0.07 | 2 | 厕所 | 按工地平均人数 | 0.02～0.07 |
| 2 | 浴室 | 按高峰年平均人数 | 0.07～0.1 | 3 | 工人休息室 | 按工地平均人数 | 0.15 |

消火栓应设置在易燃建筑物附近，并有通畅的出口和车道，其宽度不小于 6m，与拟建房屋的距离不得大于 25m，也不得小于 5m，消火栓间距不应大于 100m，到路边的距离不应大于 2m。临时配电线路布置与供水管网相似。工地电力网，一般 3～10kV 的高压线采用环状，沿主干道布置；380/220V 低压线采用枝状布置。通常采用架空布置，距路面或建筑物不小于 6m。

上述各设计步骤不是完全独立的，而是相互联系、相互制约的，需要综合考虑、反复修正才能确定下来。若有几种方案时，应进行方案比较。

### 4.5.5 施工总平面图绘制要求

上述布置应采用标准图例绘制在总平面图上，图幅可选用 1～2 号图纸，比例为 1∶1000 或 1∶2000。在进行各项布置后，经分析比较、调整修改，形成施工总平面图，并作必要的文字说明，标上图例、比例、指北针等。完成的施工总平面图比例要正确，图例要规范，线条粗细分明，字迹端正，图面整洁美观。许多大型建设项目的建设工期很长，随着工程的进展，施工现场的面貌及需求将不改变。因此，应按不同施工阶段分别绘制施工总平面图。

## 4.6 主要技术经济指标

### 4.6.1 施工总目标管理

施工总目标主要包括质量、进度、成本、安全、环保等各项目标的要求，建立保证体系，制定主要管理措施。

(1) 质量管理。按照施工部署中确定的施工质量目标要求，以及国家质量评定与验收标准、施工规范和规程有关要求，建立施工质量管理体系，找出影响工程质量的关部位或环节，设置施工质量控制点，制定施工质量保证措施。

(2) 进度保证。根据合同工期及工期总体控制计划，分析影响工期的主要因素，建立控制体系，制定保证工期的措施。

(3) 成本控制。根据建设项目的计划成本总指标，制定节约费用、控制成本的措施。

(4) 安全管理。确定安全组织机构，明确安全管理人员及其职责和权限，建立健全安全管理规章制度，制定安全技术措施。

(5) 文明施工及环境保护。确定建设项目施工总环保目标和独立交工项目施工环保目标，确定环保组织机构和环保管理人员，明确施工环保事项内容和措施。如现场泥浆、污水的处理和排水，防烟尘和防噪声，防爆破危害、打桩震害，地下旧有管线或文物保护，卫生防疫和绿化工作，现场及周边交通环境保护等。

## 4.6.2 主要技术经济指标

为了考核施工组织总设计的编制质量以及产生的效果，应计算并确定下列技术经济指标。

(1) 施工工期。施工工期是指建设项目从施工准备到竣工投产使用的持续时间。应确定的相关指标包括：

1) 施工准备期：从施工准备开始到主要项目开工为止的全部时间；

2) 部分投产期：从主要项目开工到第一批项目投产使用的全部时间；

3) 单项（单位）工程工期：建设项目中各单项（单位）工程从开工到竣工的全部时间。

(2) 劳动生产率。劳动生产率是指劳动者在一定时期内创造的劳动成果与其相应的劳动消耗量的比值。包括：

1) 全员劳动生产率，元/（人·年）；

2) 单位用工，工日/（$m^2$ 竣工面积）；

3) 劳动力不均衡系数：劳动力不均衡系数＝施工高峰人数/施工期平均人数。

(3) 工程质量。工程质量应满足合同要求的质量等级和施工组织设计预期达到的质量等级。

(4) 降低成本。包括：

1) 降低成本额：降低成本额＝承包成本－计划成本；

2) 降低成本率：降低成本率＝(降低成本额/承包成本额)×100％。

(5) 安全指标。安全指标以发生的安全事故频率控制数来表示，应满足安全生产目标责任的要求。

(6) 机械使用指标。包括：

1) 机械化程度：机械化程度＝机械化施工完成的工作量/总工作量；

2) 施工机械完好率；

3）施工机械利用率：施工机械利用率＝施工机械实作台日数/施工机械制度台日数。

（7）预制化施工程度。装配化施工程度＝在工厂及现场预制的工作量/总工作量。

（8）临时工程。包括：

1）临时工程投资比例：临时工程投资比例＝全部临时工程投资/建安工程总值；

2）临时工程费用比例：临时工程费用比例＝（临时工程投资－回收费＋租用费）/建安工程总值。

（9）节约成效。节约成效应分别计算节约钢材、木材、水泥三大材节约的百分比，并统计分析节水、节电节约情况。

## 4.7　施工组织总设计实务

1. 编制依据

本施工组织总设计的编制依据见表4-15。

编制依据（部分）　　表4-15

| 序号 | 类别 | 文件名称 | 编号 |
| --- | --- | --- | --- |
| 1 | 标准规范 | 《工程测量规范》 | GB 50026—2007 |
| | | 《建筑工程抗震设防分类标准》 | GB 50223—2008 |
| | | 《建筑结构荷载规范》 | GB 50009—2012 |
| | | 《混凝土结构设计规范》 | GB 50010—2010(2015年版) |
| | | 《高层建筑混凝土结构技术规程》 | JGJ 3—2010 |
| | | 《建筑地基基础设计规范》 | GB 50007—2011 |
| | | 《建筑基桩检测技术规范》 | JGJ 106—2014 |
| | | 《建筑桩基技术规范》 | JGJ 94—2008 |
| | | 《地下工程防水技术规范》 | GB 50108—2008 |
| | | 《砌体结构工程施工质量验收规范》 | GB 50203—2011 |
| | | 《混凝土结构工程施工质量验收规范》 | GB 50204—2015 |
| | | 《建筑结构荷载规范》 | GB 50009—2012 |
| | | 《屋面工程技术规范》 | GB 50345—2012 |
| | | 《屋面工程质量验收规范》 | GB 50207—2012 |
| | | 《地下防水工程质量验收规范》 | GB 50208—2011 |
| | | 《建筑地面工程施工质量验收规范》 | GB 50209—2010 |
| | | 《建筑装饰装修工程质量验收标准》 | GB 50210—2018 |
| | | 《自动喷淋灭火系统施工及验收规范》 | GB 50261—2017 |
| | | 《建筑给水排水及采暖工程施工质量验收规范》 | GB 50242—2002 |
| 2 | 地方行政文件 | | |
| | | | |

续表

| 序号 | 类别 | 文件名称 | 编号 |
|---|---|---|---|
| 3 | 国家行业规范 | 《中华人民共和国环境保护法》 | |
| | | 《中华人民共和国环境影响评价法》 | |
| | | 《中华人民共和国大气污染防治法》 | |
| | | 《中华人民共和国水污染防治法》 | |
| | | 《中华人民共和国环境噪声污染防治法》 | |
| 4 | 招标投标文件 | | |

2. 工程概况

(1) 工程建设概况

本工程建设概况见表 4-16。

建设概况　　表 4-16

<table>
<tr><td>工程名称</td><td></td><td colspan="2">工程性质</td><td>高层厂房</td></tr>
<tr><td>建设规模</td><td>20400.20 万元</td><td colspan="2">工程地址</td><td>××市××高新区</td></tr>
<tr><td>总占地面积</td><td>39005.71m²</td><td colspan="2">总建筑面积</td><td>61000.53m²</td></tr>
<tr><td>建设单位</td><td></td><td colspan="3"></td></tr>
<tr><td>设计单位</td><td></td><td rowspan="4">合同要求</td><td>质量</td><td>确保××杯,争创××杯</td></tr>
<tr><td>勘察单位</td><td></td><td>工期</td><td>2021 年 5 月～2023 年 6 月</td></tr>
<tr><td>监理单位</td><td></td><td rowspan="2">安全其他</td><td rowspan="2">××省安全文明示范工地</td></tr>
<tr><td>总承包单位</td><td></td></tr>
<tr><td>安全监督单位</td><td></td><td colspan="2">质量监督单位</td><td></td></tr>
<tr><td>工程主要功能或用途</td><td colspan="4">地下室两层车库,地上主要为厂房</td></tr>
<tr><td>项目承包范围</td><td colspan="4">包括土建工程(基坑支护及土石方工程、桩基工程、土建及装饰工程、幕墙工程)……</td></tr>
</table>

(2) 设计概况

本工程包含地基与基础、主体结构、建筑装饰装修、屋面、建筑给水排水及供暖、通风与空调、建筑电气、智能建筑、建筑节能、电梯等 10 大分部。

1) 桩基工程概况 (表 4-17)

本工程结构设计使用年限为 50 年，建筑桩基设计等级为甲级；桩基础环境类别为二 a 类。本工程桩型采用干作业旋挖桩，为端承摩擦桩。桩端支承于 (3～2) 层中风化泥岩，桩端阻力特征值为 2000kPa。桩基采用后压浆工艺，后压浆方式采用桩端、桩侧复合压浆。

桩基工程概况　　表 4-17

| 桩编号 | 桩径(mm) | 桩长(m) | 入岩深度(m) | 桩主筋 | 桩身混凝土强度 |
|---|---|---|---|---|---|
| Z-1 | 800 | ≥14 | ≥8 | 20Φ20 | C35 水下 |
| Z-2 | 800 | ≥17 | ≥11 | 13Φ18 | C35 水下 |
| Z-3 | 800 | ≥17 | ≥6 | 13Φ18 | C35 水下 |
| Z-4 | 800 | ≥14 | ≥8 | 13Φ18 | C35 水下 |

2）基坑支护工程概况

本工程设置2层地下室，基坑深度约为9.9～11.6m，采用灌注桩＋内支撑支护形式。支护桩桩径900mm，桩间距1400mm，桩长12.2～15.2m，桩身混凝土强度等级为C30水下。在支护桩顶部设置一道混凝土支撑，采用临时支撑格构柱支撑，以钻孔灌注立柱桩或结构工程桩为基础。格构柱插入立柱桩深度不小于3m，格构柱选用4-∟160×16等肢角钢，缀板均为4－420×200×12。

3）钢筋工程概况

本工程钢筋采用HPB300级普通热轧钢筋和HRB400级普通热轧钢筋。钢筋强度标准值应具有不小于95%的保证率。受力构件的预埋件锚筋应采用HPB300、HRB400钢筋，严禁采用冷加工钢筋。吊钩、吊环均采用Q235-B圆钢，严禁采用冷加工钢筋。

4）混凝土工程概况

本工程结构混凝土强度等级C15～C55，所需混凝土量用量较大、品种多。其中地下室基础、外墙、防水板、地下室顶部有覆土区域梁板均采用C35抗渗混凝土。

5）防水工程概况（略）；6）砌体工程概况（略）；7）屋面工程概况（略）；8）装饰工程简介（略）；9）节能分部（略）；10）给排水系统（略）；11）电气系统简介（略）；12）通风、防排烟系统简介（略）。

（3）项目主要施工条件

本工程的主要施工条件见表4-18。

项目主要施工条件　表4-18

| 序号 | 项目 | 施工条件情况内容 | 备注 |
|---|---|---|---|
| 1 | 工程周边环境 | 东边为三期预留厂房，南边为生产研发楼 | |
| 2 | 现场临水 | 二期北侧DN50接驳口 | |
| 3 | 现场临电 | 一期与三期交界区配电房内400A与630A接驳点 | |
| 4 | 垂直运输 | 主体施工阶段采用2台TC6015塔式起重机，二次结构施工阶段主楼采用1台施工电梯，裙楼采用1台物料提升机 | |
| 5 | 交通组织 | 项目北侧为三路，三路开设2个大门 | |
| 6 | 地下管网 | 项目红线范围内存在一期施工时预埋的给水管网、排水管网及消防管网，需在土方开挖前改道、移除 | |

3. 总体施工部署

（1）项目管理总目标

本工程管理目标见表4-19。

项目管理目标　表4-19

| 目标分类 | 目标值 |
|---|---|
| 工期 | 本工程工期要求为：工期总日历天数781天，业主初定本项目开工日期为2021年4月10日，具体开工日期以监理人签发的开工令为准 |
| 质量目标 | 1. 合格，达到国家现行施工验收规范标准；<br>2. 确保市优，争创省优 |
| 安全目标 | 1. 安全生产管理目标：争创××市建筑施工安全优良现场；<br>2. 文明施工：争创达到《××市文明样板工地》要求 |

(2) 项目管理组织

1) 项目管理组织机构(图 4-2)

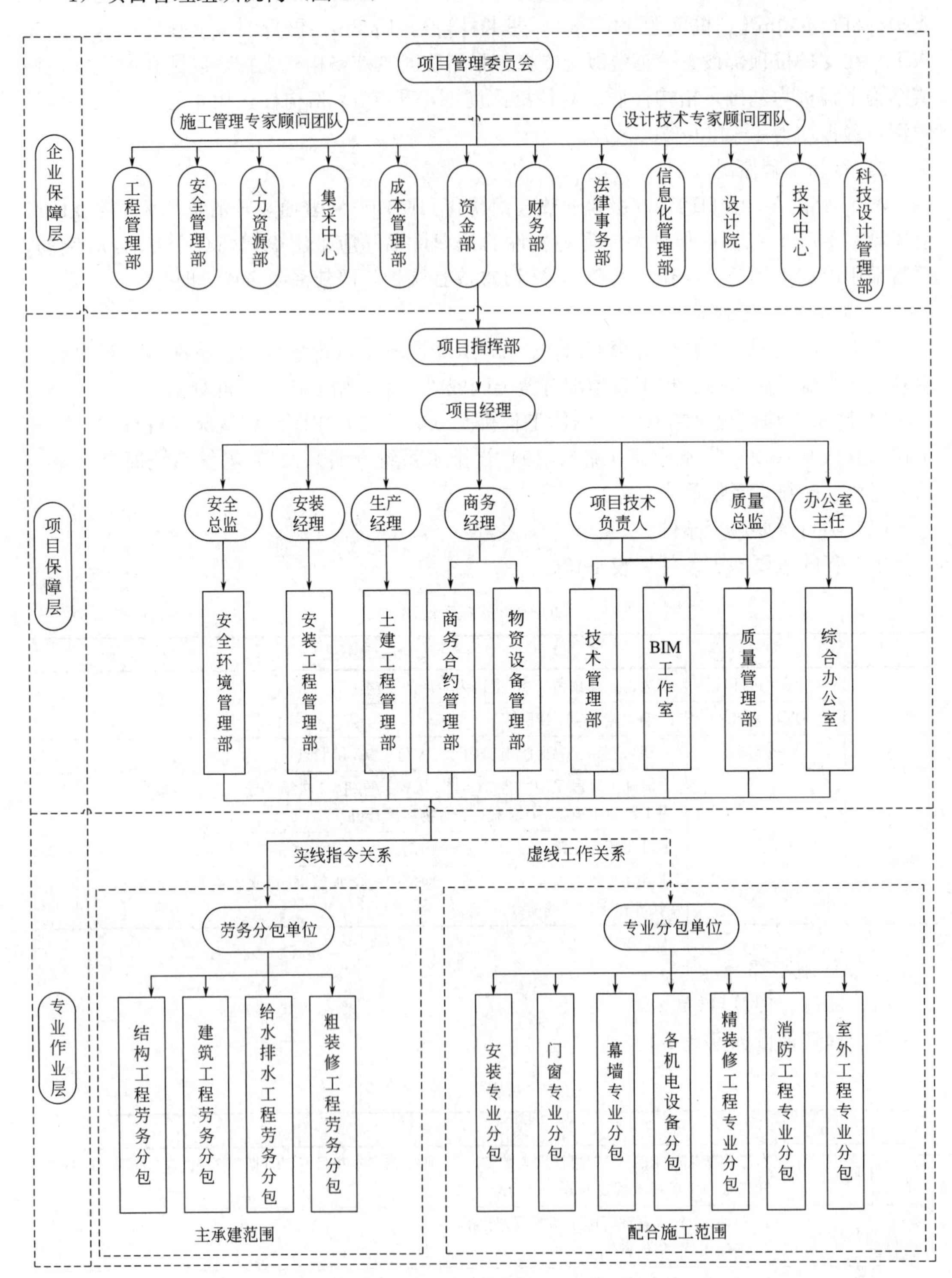


图 4-2 项目管理组织机构

2）项目管理人员及职责权限（表 4-20）

项目管理人员及职责权限（部分）　　表 4-20

| 序号 | 岗位名称 | | | 姓名 | 职称 | 职责和权限 |
|---|---|---|---|---|---|---|
| 1 | 项目班子 | 项目经理 | | | 高级工程师 | 项目总负责人 |
| 2 | | 项目总工 | | | 中级工程师 | 项目技术、质量、资料、试验主负责人 |
| 3 | | | | | | |
| 4 | | | | | | |
| 5 | | | | | | |
| 6 | 管理层 | 技术质量部 | 经理 | | 中级工程师 | 项目技术、质量、资料、试验主负责人 |
| 7 | | | 质量总监 | | 中级工程师 | 项目质量负责人，现场质量把控监督 |
| 8 | | | 试验员 | | 中级工程师 | 项目试验负责人，负责试验工作 |
| 9 | | | 测量员 | | 助理工程师 | 项目测量负责人，负责测量工作 |
| 10 | | | 资料员 | | 中级工程师 | 项目资料负责人，负责资料收集整理 |
| 11 | | | 质量工程师 | | 助理工程师 | 配合质量总监做好现场质量管理工作 |
| 12 | | | BIM 工程师 | | 助理工程师 | 进行 BIM 建模、模型平台维护及 BIM 成果制作与导出 |
| 13 | | 工程部 | 经理 | | 中级工程师 | 土建生产、安全负责人 |
| 14 | | | 专业工程师 | | 中级工程师 | 主管工长，配合生产经理施工管理 |
| 15 | | | 专业工程师 | | 助理工程师 | 主管工长，配合生产经理施工管理 |
| 16 | | 安装部 | 经理 | | 中级工程师 | 机电安装生产、安全负责人 |
| 17 | | | 专业工程师 | | 助理工程师 | 主管工长，配合机电经理施工管理 |
| 18 | | | 专业工程师 | | — | 主管工长，配合机电经理施工管理 |
| 19 | | 商务合约部 | 经理 | | 中级工程师 | 项目商务负责人，对接业主报量、签证 |
| 20 | | | 商务工程师 | | 助理工程师 | 配合商务经理商务管理工作 |
| 21 | | 安监部 | | | | |
| 22 | | | | | | |
| 23 | | 物资设备部 | | | | |
| 24 | | | | | | |
| 25 | | 综合办 | | | | |

（3）施工流水段划分

1）总体施工流程

本工程总体施工流程如图 4-3 所示。

2）地下室结构施工流水段划分

结合项目地下室结构特点及地下室后浇带及膨胀加强带位置，把地下室结构施工划分为 A、B 两个施工区，各施工区又划分了 4 个施工段。具体如图 4-4 所示。

施工顺序：A1→A2→A3→A4，B1→B2→B3→B4。

3）地上结构及装饰装修施工流水段划分

地上结构及装饰装修分为主楼和裙楼两个施工区，其中主楼以 10 层为界划分为两个

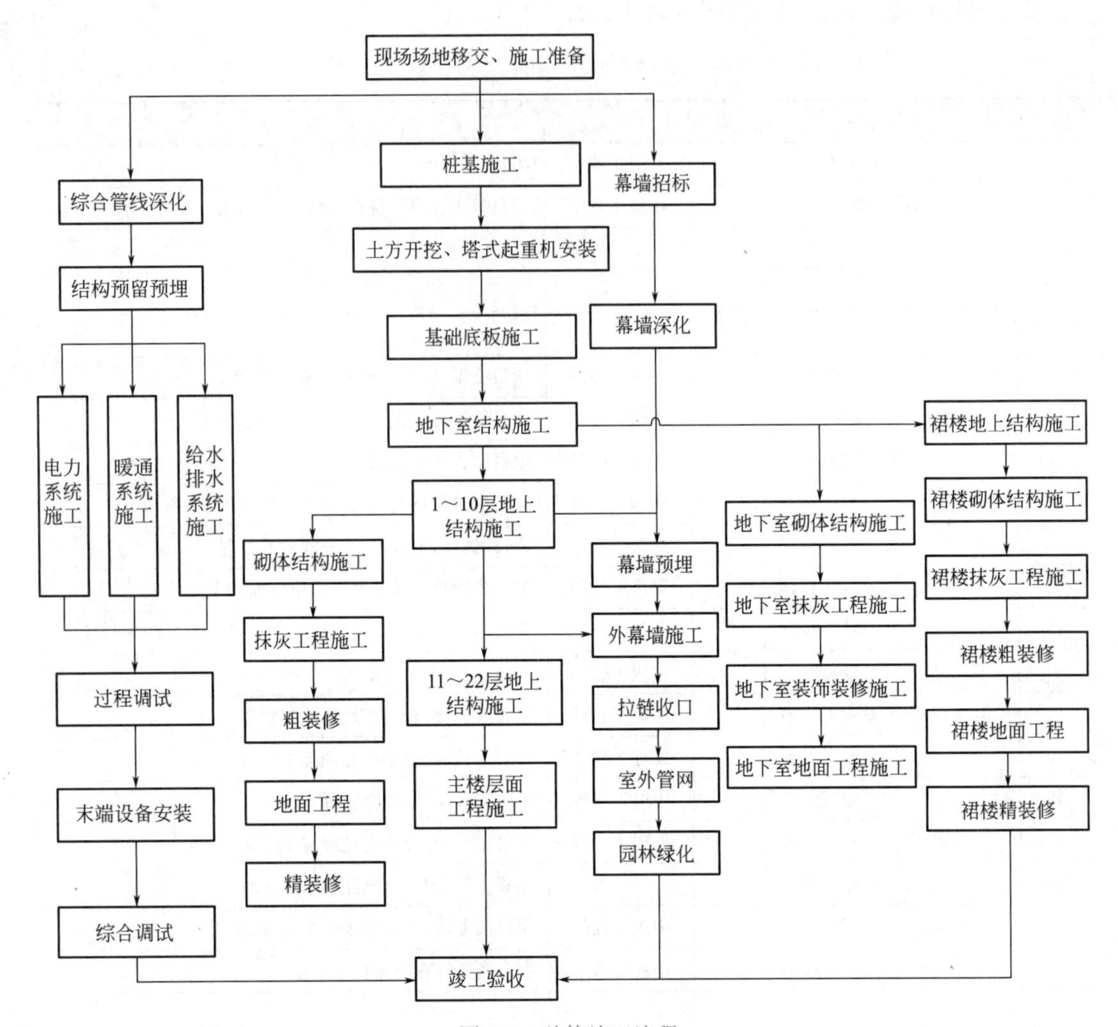


图 4-3　总体施工流程

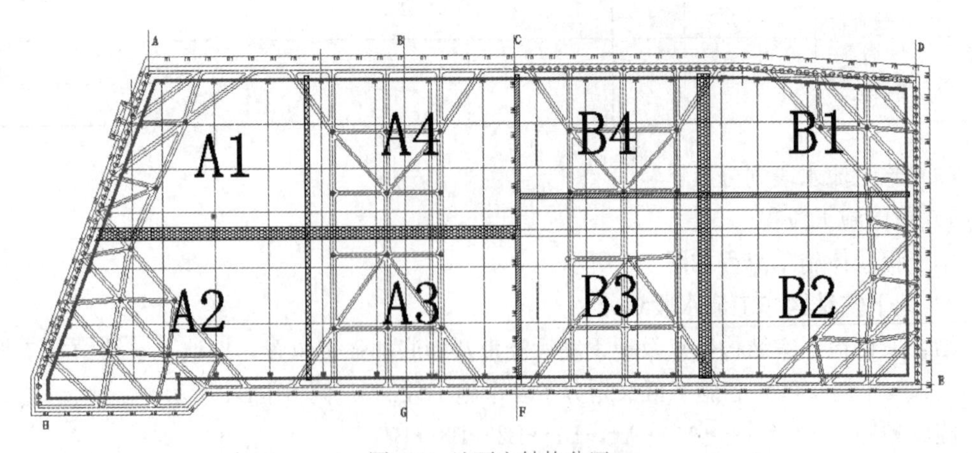


图 4-4　地下室结构分区

施工段。

4）主要施工穿插节点

本工程工序穿插主要节点见表4-21。

工序穿插主要节点（部分） 表4-21

| 序号 | 时期 | 进度现状 | 插入工序 |
|---|---|---|---|
| 1 | 2021.6.22 | 桩基施工完成、承载力试验检测完成 | 土方开挖 |
| 2 | 2021.7.10 | A1、B1块土方开挖至基底标高 | 塔式起重机安装 |
| 3 | 2021.9.10 | B2层施工完成 | 内支撑拆除 |
| 4 | 2021.10.27 | 地下室封顶30天后 | 地下室砌体、安装施工 |
| 5 | 2021.10.25 | 地上结构施工至5层 | 施工电梯安装 |
| 6 | 2021.11.30 | 地上10层内架拆除完成、10层及以下结构验收完成 | 地上砌体、幕墙施工 |

（4）项目重点和难点分析及应对措施

1）组织管理重点分析及应对措施（表4-22）

项目管理重点分析及应对措施 表4-22

| 序号 | 组织管理重点 | 具体分析 | 应对措施 | 责任人 |
|---|---|---|---|---|
| 1 | 平面组织管理 | 1)地下室占地面积小，基坑周边几无施工场地，无法形成环形通道；<br>2)现场无办公区及工人生活区搭设位置；<br>3)现场共布置2台塔式起重机，属于群塔施工；<br>4)根据各阶段动态布置是本工程重点 | 1)现场分阶段布置，尽快进行地下室土方回填，形成环形道路；<br>2)办公设施和职工生活区、工人生活区在现场附近外租场地进行搭建；<br>3)制定合理的群塔施工方案，并安排专职设备管理员监督管理；<br>4)分阶段进行现场平面布置与动态管理 | |
| 2 | 疫情管理组织 | | | |
| 3 | 深化设计 | 涉及深化设计的专业多，机电安装综合布线、精装修等工程都需要进行深化设计，在体量大、工期短的项目管理中深化设计就显得尤为重要 | 1)在项目管理机构中设置了深化设计部，配备了专业工程师，采用CAD等工程应用软件和三维虚拟施工技术全面进行对各专业工程进行深化、优化设计；<br>2)对二次设计的深化、优化进行全面的协调，并按经汇审确认后的二次设计图进行各专业施工；<br>3)编制各专业施工单位招标及深化设计与进场计划及结束时间 | |
| 4 | 劳动力组织 | 受疫情影响劳动力紧张，受限因素较多，劳动力组织安排非常重要 | 1)整个工程施工以工期管理为主线，投入充足的劳动力及资金资源，确保材料的及时供应；<br>2)进行合理工序穿插，保证各工序之间无缝衔接，制定合理的劳动力、材料、机械设备等投入计划 | |
| 5 | 系统调试与综合调试管理 | | | |

2）施工技术难点分析及应对措施（表4-23）

项目施工技术难点分析及应对措施　表4-23

| 序号 | 施工技术难点 | 具体分析 | 应对措施 | 责任人 |
|---|---|---|---|---|
| 1 | 施工测量精度控制 | 1)无论是激光垂准仪传递轴线，还是悬吊钢尺引测高程，随着传递次数的增加，均不可避免地存在较大累积误差；<br>2)风力、日照、温差、外界扰动等因素对测量精度的影响不容忽视 | 1)塔楼测量按"逐层引测，分段校核"的方法进行；<br>2)尽量选择日出前等对测量影响较小时段引测平面控制点，控制每次测量作业时间，减少阴阳面温差等环境因素变化对测量精度的影响 | |
| 2 | 施工监测 | 1)基坑周边条件复杂，对基坑安全监测、建筑物监测十分重要；<br>2)场地四周均为成熟住宅小区，减少施工噪声，降低灰尘污染等很重要 | 1)在地下室施工阶段对四周构筑物及地下水位等项目设置观测点进行周期性连续监测，确保施工安全；<br>2)对现场施工环境进行监测，对职工居住场所每天进行消毒 | |
| 3 | 机电安装工程 | 1)机电安装量大、综合管线多，深化设计量大、准确性要求高；<br>2)调试工程量大，是本工程的难点之一 | 1)对各个专业分别进行深化设计，采用机电管线三维模拟综合平衡技术；<br>2)建立预留、预埋检查验收制度，确保预留预埋位置准确 | |
| 4 | 冬雨期施工 | | | |

（5）新技术应用计划

本工程新技术应用计划见表4-24。

新技术应用计划（部分）　表4-24

| 序号 | 新技术名称 | 应用部位 | 应用要点/应用工程量 | 责任人 | 应用时间 |
|---|---|---|---|---|---|
| 1 | 灌注桩后注浆技术 | 支护桩及工程桩 | 《建筑桩基技术规范》 | | 2021.5.20 |
| 2 | 复合土钉墙支护技术 | 边坡支护 | 《建筑边坡工程技术规范》 | | 2021.6.20 |
| 3 | 轻骨料混凝土 | 屋面找坡 | 《轻集料混凝土应用技术标准》 | | 2022.7.20 |
| 4 | 纤维混凝土 | 地下室超长混凝土 | 《纤维混凝土应用技术规程》 | | 2021.8.20 |
| 5 | 混凝土裂缝控制技术 | 地下室超长混凝土 | 《建筑工程施工质量验收统一标准》 | | 2021.8.20 |
| 6 | 高强钢筋应用技术 | 主体结构 | 《建筑工程施工质量验收统一标准》 | | 2021.8.10 |
| 7 | 钢筋焊接网应用技术 | 地下室地面工程及屋面工程 | 《建筑工程施工质量验收统一标准》 | | 2022.7.30 |
| 8 | 钢(铝)框胶合板模板技术 | 核心筒主体结构 | 《建筑业10项新技术》 | | 2021.9.30 |
| 9 | 大直径钢筋直螺纹连接技术 | 主体结构 | 《建筑工程施工质量验收统一标准》 | | 2021.10.10 |
| 10 | 深化设计技术 | 幕墙工程 | 《建筑业10项新技术》 | | 2021.6.10 |
| 11 | 管线综合布置技术 | 安装工程 | 《建筑业10项新技术》 | | 2021.9.30 |
| 12 | 非金属复合板风管施工技术 | 暖通工程 | 《建筑业10项新技术》 | | 2021.12.10 |
| 13 | 薄壁金属管道新型连接方式 | 安装工程 | 《建筑业10项新技术》 | | 2021.10.10 |
| 14 | 基坑施工降水回收利用技术 | 土方开挖阶段 | 《建筑业10项新技术》 | | 2021.6.30 |

续表

| 序号 | 新技术名称 | 应用部位 | 应用要点/应用工程量 | 责任人 | 应用时间 |
| --- | --- | --- | --- | --- | --- |
| 15 | 预拌砂浆技术 | 二次结构 | 《预拌砂浆应用技术规程》 | | 2022.2.2 |
| 16 | 粘贴保温板外保温系统施工技术 | 保温工程 | 《外墙外保温工程技术标准》 | | 2022.6.11 |
| 17 | 铝合金窗断桥技术 | 幕墙工程 | 《铝合金门窗》 | | 2022.3.30 |
| 18 | 地下工程预铺反粘防水技术 | 地下室防水 | 《地下工程防水技术规范》 | | 2021.8.3 |
| 19 | 聚氨酯防水涂料施工技术 | 消防水池防水 | 《地下工程防水技术规范》 | | 2021.9.20 |
| 20 | 深基坑施工监测技术 | 土方开挖及基坑支护 | 《建筑基坑工程监测技术标准》 | | 2021.7.20 |
| 21 | 虚拟仿真施工技术 | 安装工程 | 《建筑业10项新技术》 | | 2021.5.30 |

4. 施工总进度计划

本工程计划2021年5月20日开工，2023年6月26日全部竣工，总工期776日历日。以地上主体施工为主线，群楼及地下室区域穿插施工，具体节点施工进度安排略。

5. 总体施工准备与主要资源配置计划

(1) 总体施工准备工作计划

1) 技术准备工作计划

技术准备工作总计划详见表4-25。

技术准备工作总计划　表4-25

| 序号 | 准备工作内容 | 负责人 | 协办单位 | 完成日期 |
| --- | --- | --- | --- | --- |
| 1 | 规范标准等文件配备 | | 资料室 | 2022.4.30 |
| 2 | 施工组织设计编制计划和建立台账 | | 资料室 | 2022.3.30 |
| 3 | 编制技术交底计划和建立其台账 | | 工程部 | |
| 4 | 编制深化设计计划 | | 技术部 | |
| 5 | 落实图纸会审计划 | | 技术部 | |
| 6 | 编制施工试验计划和建立其台账 | | 技术部 | |
| 7 | 编制技术复核(工程预检)计划 | | 工程部 | |
| 8 | 编制施工资料管理计划和建立其台账 | | 工程部 | |
| 9 | 测量设备配备计划编制和建立台账 | | 工程部 | |

图纸和图纸会审计划详见表4-26。

图纸和图纸会审计划　表4-26

| 序号 | 单位(项)工程名称 | 设计图纸到位时间 | 图纸会审时间 | 责任人 |
| --- | --- | --- | --- | --- |
| 1 | 大功率光纤激光器及关键器件研发基地(二期)工程 | 2022.4.25 | 2022.5.10 | |

2) 施工现场设施准备计划

具体内容详见表4-27。

主要施工现场设施准备计划　　表 4-27

| 序号 | 单位(项)工程名称 | 设施名称 | 临建设施类型 | 数量（或面积） | 规模（或可存储量） | 完成时间 | 责任人 |
| --- | --- | --- | --- | --- | --- | --- | --- |
| 1 | 大功率光纤激光器及关键器件研发基地(二期)工程 | 钢筋棚 | 生产设施 | 2 | 126m² | 2022.5.1 | |
| 2 | | 安装材料堆场工场 | 生产设施 | 1 | 164m² | | |
| 3 | | 钢筋堆场 | 生产设施 | 1 | 637m² | | |
| 4 | | 洗车槽 | 生产设施 | 2 | — | | |
| 5 | | 现场办公室 | 生产设施 | 12 间 | 178m² | | |
| 6 | | 地泵 | 生产设施 | 1 | — | | |
| 7 | | 办公区 | 生产设施 | 16 间 | 180m² | | |
| 8 | | 管理人员宿舍 | 生活设施 | 16 间 | 32 人 | | |
| 9 | | 工人宿舍 | 生活设施 | 47 间 | 282 人 | | |
| 10 | | 工人生活配套设施 | 生活设施 | 13 间 | 282 人 | | |
| 11 | | 管理人员卫生间 | 生活设施 | 2 间 | 40m² | | |

(2) 主要资源配置计划

1) 劳动力配置计划

具体内容详见表 4-28。

劳动力配置计划　　表 4-28

| 工种 | 按工程施工阶段投入劳动力情况 | | | | | | |
| --- | --- | --- | --- | --- | --- | --- | --- |
| | 施工准备阶段 | 桩基土方支护施工阶段 | 地下结构施工阶段 | 地上结构施工阶段 | 主体、二次结构及粗装修施工阶段 | 装饰装修施工阶段 | 竣工阶段 |
| 桩基机械操作工 | — | 24 | — | — | — | — | — |
| 挖机司机 | — | 6 | — | — | — | — | — |
| 自卸车司机 | — | 60 | — | — | — | — | — |
| 临时水电工 | 8 | 2 | 2 | 2 | 2 | 2 | 1 |
| 测量工 | 2 | 2 | 4 | 4 | 4 | 4 | 1 |
| 塔式起重机司机 | — | 4 | 4 | 4 | 4 | — | — |
| 信号工 | — | 6 | 6 | 6 | 6 | — | — |
| 施工电梯司机 | — | — | — | 4 | 4 | 4 | — |
| 钢筋工 | 5 | 15 | 60 | 50 | 30 | — | — |
| 木工 | 5 | 20 | 80 | 70 | 40 | — | — |
| 架子工 | — | — | 20 | 20 | 20 | — | — |
| 焊工 | — | 5 | 10 | 10 | 10 | — | — |
| 混凝土工 | 5 | 20 | 30 | 30 | 15 | — | — |
| 砌筑工 | — | — | 10 | 30 | 50 | 10 | — |
| 抹灰工 | — | — | — | — | 30 | 0 | — |

续表

| 工种 | 按工程施工阶段投入劳动力情况 | | | | | | |
|---|---|---|---|---|---|---|---|
| | 施工准备阶段 | 桩基土方支护施工阶段 | 地下结构施工阶段 | 地上结构施工阶段 | 主体、二次结构及粗装修施工阶段 | 装饰装修施工阶段 | 竣工阶段 |
| 装饰工 | — | — | — | — | 40 | 80 | 30 |
| 机电安装工 | — | — | 15 | 20 | 45 | 70 | 20 |
| 普工 | 10 | 15 | 30 | 30 | 30 | 15 | 10 |
| 合计 | 35 | 179 | 271 | 280 | 330 | 185 | 62 |

2）主要原材料需要量计划

具体内容详见表 4-29。

主材原材料需要量计划　　表 4-29

| 序号 | 单位(项)工程名称 | 材料名称 | 需要量 | | 需要时间 | | |
|---|---|---|---|---|---|---|---|
| | | | 单位 | 数量 | ×月 | ×月 | ×月 |
| 1 | 地基与基础工程 | 钢筋 | T | 730 | 2022.5 | 2022.6 | — |
| | | 混凝土 | M3 | 10765 | 2022.4 | 2022.5 | — |
| 2 | 主体工程 | 钢筋 | T | 4200 | 2022.7～2023.2 | | |
| | | 混凝土 | M3 | 32885 | 2022.7～2023.5 | | |

3）生产工艺设备需要量计划

具体内容详见表 4-30。

生产工艺设备需要量计划　　表 4-30

| 序号 | 使用单位(项)工程名称 | 设备名称 | 型号 | 规格 | 电功率(kW) | 需要量(台) | 进场时间 |
|---|---|---|---|---|---|---|---|
| 1 | 基础及主体工程 | 塔式起重机 | TC6015 | — | 63.9 | 2 | |
| 2 | 主体及装饰工程 | 施工电梯 | SC200 | — | 35 | 2 | |

4）工程施工主要周转材料配置计划

具体内容详见表 4-31。

工程施工主要周转材料配置计划　　表 4-31

| 单位(项)工程名称 | 大功率光纤激光器及关键器件研发基地(二期)工程 | | |
|---|---|---|---|
| 序号 | 材料名称 | 需用量 | 进场日期 |
| 1 | 模板 | 6.4万 $m^2$ | 2022.7.20 |
| 2 | 钢管 | 49.2万 m | |
| 3 | 木方 | 1064$m^3$ | |
| 4 | 扣件 | 28.3万个 | |
| 5 | 工字钢 | 3759m | |

5）分包项目施工安排

分包单位安排表见表4-32。

分包单位安排表　　表4-32

| 序号 | 分包项目名称 | 单位工程名称 | 分包商资质要求 | 分包方式 | 分包商选择方式 | 计划进场时间 | 责任人 |
|---|---|---|---|---|---|---|---|
| 1 | 物业服务 | 大功率光纤激光器及关键器件研发基地(二期)工程 | | 专业分包 | 公司选定 | 2022.4.30 | |
| 2 | 临建工程 | | | 劳务 | 公司选定 | | |
| 3 | 临时水电工程 | | | 包清工 | 公司选定 | | |
| 4 | 桩基及支护工程 | | | 包清工 | 公司选定 | | |
| 5 | 土石方工程 | | | 专业分包 | 公司选定 | | |
| 6 | 防水工程 | | | 专业分包 | 公司选定 | | |
| 7 | 主体结构工程 | | | 包清工 | 公司选定 | | |
| 8 | 安装工程 | | | 包清工 | 公司选定 | | |
| 9 | 消防工程 | | | 专业分包 | 公司选定 | | |
| 10 | 暖通工程 | | | 专业分包 | 公司选定 | | |
| 11 | 幕墙工程 | | | 包清工 | 公司选定 | | |
| 12 | 保温工程 | | | 包清工 | 公司选定 | | |
| 13 | 二次结构 | | | 包清工 | 公司选定 | | |
| 14 | 粗装修工程 | | | 专业分包 | 公司选定 | | |

6. 主要施工方法（部分）

（1）施工测量主要方法

1）场地平面控制网的测设

业主提供武汉测绘院根据红线册测设并移交的三个轴网控制点进行现场布控K1、K2、K3，三个点位为二级主控网。

二级控制网点的布置要求便于通视，施测简便易于操作，便于查验。

尽量避免复杂的施测方法。测角中误差5"，边长相对中误差1/40000，相邻两点间的距离误差要控制在2mm以内。为保证控制网的精度，在土方施工阶段每10天对控制网进行一次校核，在基础施工阶段每15天进行一次校核，结构主体施工期间，每60天进行一次校核。在校核后若发现桩点位移超限时，应及时修正桩点的坐标值。

在施测面上根据具体情况，可对控制网进行局部临时加密，以便于用常规方法进行细部测量。

平面控制点经我方质检部门验收并经监理复测验收合格后，方可正式使用。

2）场地标高控制网的测设

根据业主现场管理人员现场移交的N1（37.69m）、N2（35.34m）、N3（34.86m）进行现场布设水准点。

该建筑场地至少要设置三个水准点，且应闭合合格。

整个场地内，每东西或南北相距180m左右要有水准点，即在场地内任何地方安置水准仪时，都能同时后视到2个水准点，以便使用。并且使场地内各水准点构成闭合图形，以便闭合校核。

各水准点点位要设在建筑物开挖和地面沉降范围之外，水准点桩顶标高应略低于该处场地设计标高，深度以1～1.5m为宜，以便于长期保留。通常也可在平面控制网的桩顶钢板上，焊上一个小半球体作为水准点之用。

3）水准控制点的测法

水准点引测采用附合水准测法，按国家二等水准测量的精度要求进行引测。

根据业主提供的城市水准点，用精密水准仪进行引测（视距可达100m），在施工现场设3个现场水准点，联测各水准点后，到业主提供的城市水准点进行附合校对。闭合差如大于$6\sqrt{n}$mm（$n$为测站数）或$20\sqrt{L}$mm（$L$为测线长度，以km为单位）时。应按测站数成正比例进行闭合差调整。

实测时应使用精度不低于S3级的水准仪，视线长度不大于70m，且要注意前后视线等长，镜位与转点均要稳定。使用塔尺时，要尽量不抽出第二节。有条件时可用两次镜位法按后—前—前—后的次序观测，再次镜位高差要大于100mm，转点间再次镜位测得高差之差小于5mm时取其平均值。

4）检测、桩位保护与复测

整个场地内各水准点标高和±60.000水平线标高经自检及有关质量部门和甲方检测验收合格后，方可正式使用，桩位保护方法与平面控制桩的保护相同。土方施工阶段每10天进行一次复测，雨后复测一次，结构主体施工期间每60天进行一次复测（也可结合沉降观测同时进行）。

（2）桩基施工及土方开挖主要方法

1）支护桩及工程桩施工

施工流程详见图4-5。

施工方法为：

① 测量放线：准确测量桩位，桩位用直径20mm钢筋，长度为35～40cm钢筋打入地面30cm，作为桩的中心点，然后在钢筋头周围画上白灰记号，既便于寻找，又可防止机械移位时破坏桩位。

② 埋设护筒：护筒的主要作用是保持孔口稳定和定位。埋设时顶面高出地面0.3m。埋设护筒时，其周围用黏土分层夯实，采用挖坑埋设，开挖前用十字交叉法将桩中心引至开挖区外，放四个护桩，埋设时将中心引回，使护筒中心与桩位中心重合，并严格控制其垂直度，要求不大于0.1%。

③ 挖孔施工：

钻机就位：对各项准备工作包括用电线路进行检查，确认无误后进行钻机就位，SWDM22旋挖钻机采用履带自行移动对位。钻机就位后，钻机自行调整对位及钻杆垂直度，调整后锁定。钻机的钻头中心与桩位中心误差不大于10mm。在施工中，按图纸要求，采取隔三根桩打一根桩的方法进行钻孔施工。满足设计要求，相邻桩位钻孔时满足间距不小于桩径的4倍。

注入泥浆：泥浆符合要求，钻机就位准确后，用泥浆泵向护筒内注入泥浆，泥浆注到旋挖时不外溢为止。在旋挖过程中每挖一斗向孔内注入一次泥浆，使孔内始终保持一定水

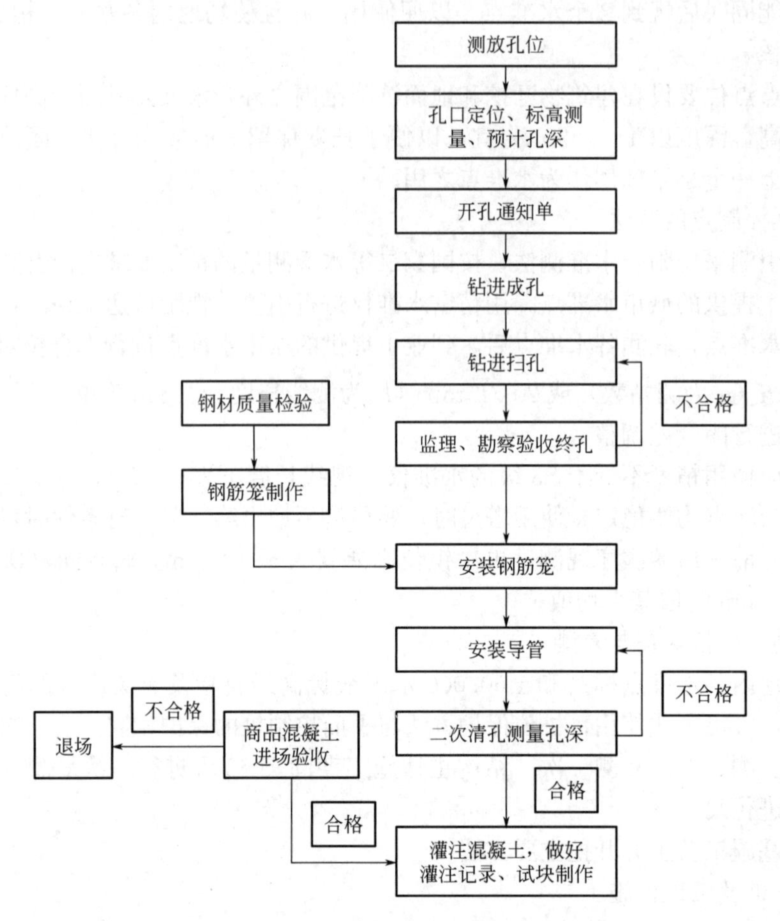


图 4-5 支护桩施工流程

头和泥浆质量稳定。

旋挖：根据地质情况，采用相应的合适钻头。护筒内注入泥浆达到要求后开始旋挖。钻机刚开始启动时旋挖速度要慢，防止扰动护筒。在孔口段 5～8m 旋挖过程中特别注意通过控制盘来监控垂直度和孔径，如有偏差及时进行纠正。在全部挖孔过程中做好钻进记录，随时根据不同地质情况调整泥浆指标和旋挖速度。旋挖过程中孔内要始终保持一定水头，每挖一斗都要及时向孔中补充泥浆。注入泥浆和旋挖要相配合，以保证成孔质量。

运弃渣及泥浆：每孔挖出的弃渣及时用挖掘机、运土车装运清理干净。

④ 终孔验收：当钻孔深度达到设计深度时，测量孔外上余钻杆长度，以计算孔内下入钻具长度，终孔验收应在机组人员自检合格并由质检人员复验的基础上，会同业主及监理、勘测单位代表共同验收，并在有关施工记录上签字认可。

⑤ 清孔：终孔验收合格后立即进行一次清孔。在钻机钻至设计孔深后，将钻头提离孔底 300～500mm，慢转，开足泵量进行一次清孔，重点是搅碎孔底较大颗粒的泥块，同时上返孔内尚未返出孔外的钻渣。时间为 1 小时左右。

⑥ 钢筋笼制作与安装：一次清孔完毕后钻机移位，进行下放钢筋笼和导管。然后，根据设计要求，确保钢筋笼质量，同时便于施工，拟把材料运到现场钢筋制作场内分段

制作。

钢筋笼制作时，主筋应校直，焊缝饱满，搭接长度符合规范要求。钢筋笼主筋焊接接头应错开布置，同一断面上接头数量不得超过50%，并符合设计要求。

为使钢筋笼不卡住导管接头，主筋接头的焊接应沿环向并列，严禁沿径向并列。

钢筋笼制作允许误差：

主筋间距：　　　　±10mm
箍筋间距：　　　　±20mm
钢筋笼直径：　　　±10mm
钢筋笼长度：　　　±100mm

针对本工程桩基配筋情况，严格控制钢筋笼制作长度，防止因钢筋笼过长，在吊装时易产生变形。分节钢筋笼制作长度不应超过9m。

钢筋笼由吊机吊入桩孔内，分节钢筋笼在孔口焊成整体后，沉入孔内。

由于施工场地为原k9项目部办公及生活区，场地内面层前期均硬化了100～200mm混凝土垫层，保证了现场车辆前进、大型机械的行走场地。4台旋挖钻机分别布置在AB、BC、CD、DE段，在施工支护桩过程中场地比较空旷，能满足吊车、混凝土罐车的布局。随着旋挖钻机的调整，相应的吊车、罐车及时调整。

钢筋笼在沉放前，必须由工地专职质检人员和业主、监理单位代表对钢筋笼的尺寸、焊接点等进行严格检验合格后方可吊运沉放。

钢筋笼保护层采用成品混凝土垫块，通过扎丝与主筋绑扎牢固，每节笼3道，沿钢筋笼周边对称布置4个，垫块厚4～5cm，确保钢筋笼保护层不小于50mm。

钢筋笼起吊时应对称吊在加强箍筋上，要对准孔位，吊直扶稳、缓缓下放，避免碰撞孔壁，下入设计要求位置后立即固定。钢筋笼的固定依靠两根与加强箍同规格的钢筋，其一端做成直径为15cm的半圆形弯钩，另一端分别对称与笼顶主筋焊接，通过工字钢等铁件固定于孔口边缘。每一桩孔钢筋笼安装完毕，必须及时会签“隐蔽工程验收记录”。

⑦ 安放导管：导管采用直径300mm的无缝钢管，每节3m。吊放导管时位置居中，轴线顺直，稳步沉放，防止卡挂钢筋笼，导管下口距孔底为0.4m，以便剪球时球塞能顺利排出管外，导管上口设漏斗和储料斗。下导管必须有专人负责，导管距离孔底30～50cm。

⑧ 二次清孔：二次清孔在安装钢筋笼和下导管之后进行，调整泥浆密度，以密度较小的泥浆注入孔中，置换孔中的沉渣和密度较大的泥浆，使泥浆密度和沉渣厚度符合规范要求，经监理工程师验收合格同意后灌注水下混凝土。

⑨ 商品混凝土的控制：

商品混凝土运送到施工现场后，由质检负责人进行性能测定。和易性坍落度符合要求后用于灌注，否则，严禁使用。

在混凝土灌注时，由专人用测绳经常测量混凝土面的上升情况，做好原始记录，质检人员及时监督检查钢筋笼情况，防止上浮或下沉。试验人员随机抽查混凝土坍落度，检验混凝土的和易性和流动度，每根桩均需制一组混凝土抗压试块，作好养护并及时做抗压强度试验。

为了保证混凝土的质量，混凝土首批灌注量必须满足导管底端能够埋入混凝土面以下0.8～1.2m。

随着混凝土的上升，根据测绳读数和导管长度，要适当提长和拆卸导管，确保导管底端埋入混凝土面的深度为2～3m，严禁把导管提出混凝土面。

提升导管时，要避免碰动钢筋笼，并应采取有效措施，防止钢筋笼的上浮和下沉。

混凝土的灌注应连续进行，不得中断，如发生堵管等事故，应及时采取有效措施。

灌注过程中，应分段控制混凝土的灌入量，其充盈系数应大于1.1。

为保证设计桩身及桩顶混凝土质量，超浇混凝土方量必须满足设计图纸要求。

⑩ 试验、检验：在浇桩过程中，单桩混凝土量不超过25$m^3$的桩，每个灌注台班不得少于1组；每组试件应留3件。试块制作由专人负责，浇筑混凝土与制作试块（15cm×15cm×15cm）同步进行并编号记录。制作好的试块在12小时后拆模，放入样块池进行标准养护。

支护桩的检测：按不少于30％的数量进行低应变检测桩身完整性。

2）挂网喷混凝土施工

采用挂网喷射混凝土结合短土钉支护形式的区段首先人工植入短土钉，网筋规格及密度为$\phi$6.5@200×200。施工前对钢筋进行拉直，操作时先编扎纵向网筋，交叉点采用隔点焊接加强筋采用1Φ16钢筋。加强筋接长采用单面电弧焊，每端搭焊长度≥10$d$（$d$=16mm），喷射混凝土采用C20细石混凝土喷射而成。水泥采用32.5MPa矿渣水泥，细石最大粒径为15mm。

土钉抗拔力检验按土钉总数1％，且不少于3根。注浆式土钉（花管）成孔深度超过设计值0.3～0.5m，浆体强度试块每100根不少于1组，水泥净浆每组6块，每项工程试块不少于2组。

3）土方开挖施工

① 施工机械配备数量的确定

该工程选用反铲履带式挖掘机配备自卸汽车进行施工。

反铲挖掘机的数量最主要考虑工作大小、土方量、施工进度要求以及经济效果等因素。自卸汽车的选择配备主要考虑，运土道路的情况、运距、工作面等因素并应与挖掘机斗容量和效率相匹配。

② 开挖方式

按照图4-6分区开挖，各分区内采用边退边挖的方式进行开挖，土方从1号大门外运。

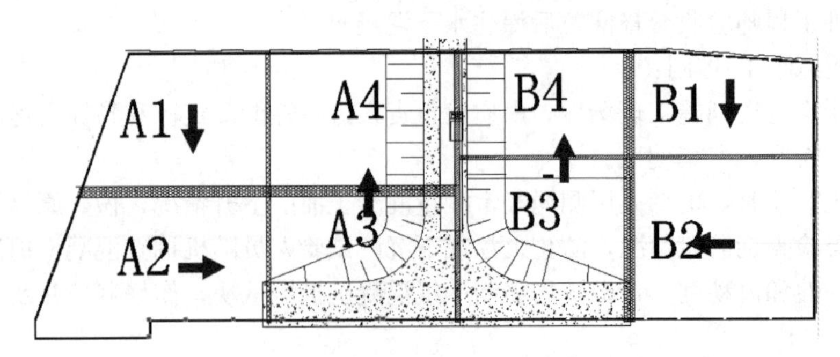


图4-6 土方开挖平面组织

③ 土方开挖施工

第一次开挖施工道路采用砖渣进行铺垫 0.5m 厚，满足机械行走的承载力要求。

先开挖支护桩外侧边坡部分土方，按设计要求进行放坡至支护桩冠梁顶，提供边坡施工作业面给边坡支护单位进行护坡处理。

为满足自卸车进入基坑运土的需要，运输主干道路采用砖渣进行铺设，铺设厚度为 1m，宽度为 8m 的运输辅道，次干道和挖土平台道路采用砖渣进行铺设，铺设厚度为 1m，宽度为 5m 的运输辅道。对现场的道路区域进行测量放白灰线，铺设砖渣，修筑临时车道，以便第二阶段挖土时，自卸车直接进入基坑进行运土。

大型反铲挖掘机挖土标高控制在基底上 30cm 处，余下土方改用小型反铲挖掘机修整至底标高，严格控制标高误差和平整度。机械挖土时，由现场专职测量员用水平仪标高引测至坑底，然后随着挖机逐步向前推进，将水平仪置于坑底，每隔 4～6m 设置一标高控制点，纵横向组成标高控制网，以准确控制基坑坑底标高。

主要施工方法还有：钢筋工程主要施工方法；模板及支撑架主要施工方法；混凝土主要施工方法；脚手架工程主要施工方法；二次结构工程主要施工方法；装饰装修工程主要施工方法；防水工程主要施工方法。

7. 施工总平面布置

(1) 桩基施工平面布置

在本工程用地北侧路上设两处大门，大门 1 主要用于大型机械进场，大门 2 主要用于材料进场，钢筋、安装等主要材料加工场地、地磅均布置于项目用地东侧。并于此处布置一座现场办公室。施工平面布置图略。

(2) 土方开挖阶段平面布置

土方开挖阶段由大门 1 出土，于大门 1 处设置一个洗车槽，由大门 1 预留 8m 宽通道，向两侧以 1∶3 比例进行放坡至底板底标高，坡道两侧采用 1∶1 放坡，挂网喷混凝土支护，坡道上回填 300mm 厚砖渣，保证渣土车车辆行驶不至于打滑，洗车槽西侧采用钢板铺筑，以便随时拆除、转运。

另外，施工现场平面布置还有：地下室结构施工阶段平面布置；地上主体结构施工阶段平面布置；地上装饰装修施工阶段平面布置；生活区平面布置。

8. 主要管理计划

(1) 绿色施工管理计划

1) 资源利用管理计划

① 资源利用管理目标如表 4-33 所示。

资源利用管理目标　表 4-33

| 序号 | 绿色施工总目标 | | 责任人 |
|---|---|---|---|
| 1 | 能源消耗指标 | 在设备能源管理方面达到同类设备领先水平 | |
| 2 | 用水量指标 | 节约用水，在保证生产需要条件下尽量节约 | |
| 3 | 材料损耗率 | 控制材料消耗，分类处理，尽量回收利用 | |

② 资源利用管理机构和职责分工：

资源利用管理组织机构如图 4-7 所示，职责分工见表 4-34，资源节约利用计划及保证措施表 4-35。

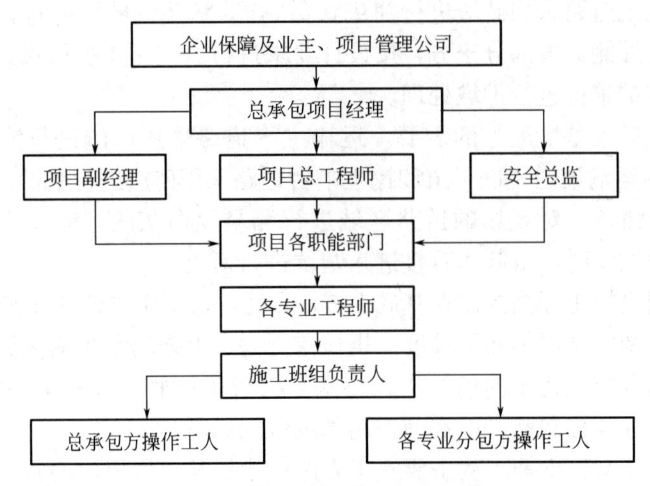


图 4-7　资源利用管理组织机构

资源利用管理职责分工　　表 4-34

| 序号 | 环境管理职责 | |
|---|---|---|
| 1 | 项目经理 | 总包项目经理是施工现场环境保护管理的第一责任人，负责建立健全项目环境保护管理体系，组织体系运行管理，并保证环境保护管理体系有效运行所需的资源；做好与业主、设计院、监理、各分包单位的环境保护协调工作 |
| 2 | 安全总监 | (1)安全总监对项目环境保护负直接领导责任；<br>(2)落实有关环境保护的规定，对进场工人进行环境保护相关教育和培训，强化职工的环境保护意识；<br>(3)组织现场环境保护管理的检查和环保监测，出现问题及时处理；<br>(4)监督项目制定并实施环境管理制度，如《固体废弃物控制制度》《环境保护奖罚制度》等 |
| 3 | 总工程师 | (1)主持编制项目环境保护管理方案、规划，落实责任并组织实施，组织项目经理部的环境意识教育和环保措施培训；<br>(2)贯彻落实国家及地方环境保护法律、法规、标准及文件规定；<br>(3)协助总承包项目经理制定环境保护管理办法和各项规章制度，并监督实施；<br>(4)组织人员进行环境因素辨识，编制重大环境因素清单和环境保护措施，组织环保措施交底并督促措施的落实；<br>(5)参加环境保护检查和监测，并根据监测结果，确定是否需要采取更为严格的防控措施，确保现场污染排放始终控制在国家及市有关环保法规的允许范围内；<br>(6)参与编制环境保护应急预案 |
| 4 | 各项目副经理 | (1)施工现场环境保护监督员，负责与政府主管部门联系和协调，做好与周边居民关系，为工程施工创造良好外部环境；<br>(2)处理、协调环境管理体系运行的有关事宜；<br>(3)监督、领导实施环境管理工作，实现预定环境目标和指标；<br>(4)负责废弃物管理，定期联系政府部门对污染物进行检测；<br>(5)保证施工过程符合环境管理的各项要求；<br>(6)负责紧急情况下环境保护应急准备及响应的实施 |

续表

| 序号 | | 环境管理职责 |
|---|---|---|
| 5 | 专业安全员 | 落实环境保护计划，负责工程项目环境保护工作的检查、监督，并参加相关验收；深入施工生产一线，调查、研究、分析环境污染发生原因及主要污染源；根据大气、水、噪声、固体废弃物、室内环境污染等对环境造成危害程度制定改进计划，配合总工程师修改相关环境保护方案；参与组织申报国家级、市级环境保护方面的奖项、荣誉称号的材料及现场准备工作，同时做好检查、验收的准备工作及资料准备工作 |
| 6 | 安全环境部 | 掌握现场施工人员的基本信息，建立施工人员档案，特别是特种作业人员的健康情况，定期进行检查并提出处理意见 |
| 7 | 总包管理部 | 负责各专业分包施工过程中对环境的保护 |
| 8 | 物资部 | 对分供商施加环境保护影响；对易燃、易爆、化学品等进场、存放进行监督和检查 |
| 9 | 合约部 | 负责各类经济合同中环境保护部分的起草、确定、评审 |
| 10 | 财务部 | 配合商务合约部，负责项目环境保护资金投入及管理工作 |
| 11 | 分包单位负责人 | 接受总承包单位对安全生产、文明施工的督促、检查和统一管理，班组长对本组人员在作业中的安全负责，认真执行安全操作规程及安全技术交底要求 |

资源节约利用计划及保证措施　　表 4-35

| 序号 | 资源名称 | 节约及利用措施 | 责任人 |
|---|---|---|---|
| 1 | 用电计划 | 合理编制施工用电施工组织设计，严禁“长明灯”，严禁机械空转 | |
| 2 | 燃料使用计划 | 准确测算现场燃料使用量，对设备及时维修保养避免浪费 | |
| 3 | 用水计划 | 选用质量好的管道、设备，避免漏水，尽量循环使用 | |
| 4 | 现场场地使用计划 | 平面布置合理紧凑，尽量利用边角 | |
| 5 | 材料使用计划 | 合理安排材料进场，多使用周转材料 | |

2）资源利用管理制度

节能的产业政策：国家实行有利于节能和环境保护的产业政策，限制发展高耗能、高污染行业，发展节能环保型产业。

国家对落后的耗能过高的用能产品、设备和生产工艺实行淘汰制度。禁止使用国家明令淘汰的用能设备、生产工艺。国家鼓励企业制定严于国家标准、行业标准的企业节能标准。

用能单位的法定义务：用能单位应当按照合理用能的原则，加强节能管理，制定并实施节能计划和节能技术措施，降低能源消耗。用能单位应当建立节能目标责任制，对节能工作取得成绩的集体、个人给予奖励。用能单位应当定期开展节能教育和岗位节能培训。

循环经济的法律要求：循环经济是指在生产、流通和消费等过程中进行的减量化、再利用、资源化活动的总称。

发展循环经济应当在技术可行、经济合理和有利于节约资源、保护环境的前提下，按照减量化优先的原则实施。在废物再利用和资源化过程中，应当保障生产安全，保证产品质量符合国家规定的标准，并防止产生再次污染。

采用太阳能、地热能等可再生能源：国家鼓励和扶持在新建建筑和既有建筑节能改造中采用太阳能、地热能等可再生能源。

新建建筑节能的规定：国家推广使用民用建筑节能的新技术、新工艺、新材料和新设备，限制使用或者禁止使用能源消耗高的技术、工艺、材料和设备。国家限制进口或者禁止进口能源消耗高的技术、材料和设备。

建设单位、设计单位、施工单位不得在建筑活动中使用列入禁止使用目录的技术、工艺、材料和设备。

既有建筑节能的规定：既有建筑节能改造，是指对不符合民用建筑节能强制性标准的既有建筑的围护结构、供热系统、采暖制冷系统、照明设备和热水供应设施等实施节能改造的活动。

实施既有建筑节能改造，应当符合民用建筑节能强制性标准，优先采用遮阳、改善通风等低成本改造措施。既有建筑围护结构的改造和供热系统的改造应当同步进行。

（2）环境管理计划

1）环境管理目标与计划

具体内容详见表 4-36。

环境管理计划　　表 4-36

| 序号 | 环境目标和指标 | 实现方法 | 责任人 | 协管部门 | 监管部门 | 实施时间 |
|---|---|---|---|---|---|---|
| 1 | 灯管、电池、墨盒、色带废弃物处理 100%回收 | 固体废弃物管理办法 | | | | 2021.4.15 |
| 2 | 油、材料消耗量不超过定额 | 管理制度 | | | | 2021.4.15 |
| 3 | 水电消耗量不超过定额 | 管理制度 | | | | 2021.4.15 |
| 4 | 污水排放达标后排放 | 管理方案 | | | | 2021.4.15 |
| 5 | 绿植被破坏、水土流失避免进一步的扩大 | 管理方案 | | | | 2021.4.15 |
| 6 | 设备油品滴漏避免环境污染 | 管理方案 | | | | 2021.4.15 |
| 7 | 施工避免产生扬尘、土体遗撒 | 管理方案 | | | | 2021.4.15 |

2）环境管理组织机构和职责分工（略）

（3）质量管理计划（略）

（4）职业健康安全管理计划（略）

## 复习思考题

1. 简述施工组织总设计的作用和编制依据。
2. 简述施工组织总设计的内容和编制程序。
3. 简述施工总平面图的内容和设计方法。
4. 设计施工总平面图应遵循什么原则？
5. 施工组织总设计中的工程概况包括哪些内容？
6. 在施工部署中应解决哪些问题？

7. 简述施工总进度计划的编制原则和内容。

8. 施工总进度计划的编制方法如何？

## 职业活动训练

针对某大型工程项目或群体工程项目，参与编制施工组织总设计，参观文明施工现场，参观智慧工地。

1. 目的

通过参与编制施工组织总设计，了解施工组织总设计编制的程序和方法，通过参观文明施工现场，熟悉施工总平面布置的方法，了解智慧工地运行情况，提高学生参与实际工作的能力。

2. 环境要求

(1) 选择一个大型工程项目或群体工程项目；

(2) 图纸齐全；

(3) 施工现场条件满足要求。

3. 步骤提示

(1) 熟悉图纸、分析工程情况；

(2) 拟定总体施工部署方案；

(3) 编制施工总进度计划；

(4) 编制总体施工准备与主要资源配置计划；

(5) 进行施工总平面布置。

4. 注意事项

(1) 学生在编制施工组织总设计时，教师应尽可能书面提供施工项目与业主方的背景资料；

(2) 学生进行编制训练时，教师要加强指导和引导。

5. 讨论与训练题

讨论1：施工总平面编制与文明施工的关系是什么？

讨论2：BIM技术在现代建筑施工工地有哪些应用？

# 项目5　单位工程施工组织设计的编制

**项目岗位任务：**在单位工程开工前，技术负责人应根据项目特点、工期要求、现场情况，分析施工特点，进行施工部署，拟定主要施工方案，编制单位工程施工进度计划表，编制施工准备工作计划及劳动力、主要材料、预制构件、施工机具需要量计划等内容，绘制单位工程施工平面图。编制单位工程施工组织设计是开工前的重要准备工作，为项目顺利进行打好基础。

**项目知识地图：**

项目5 单位工程施工组织设计的编制

| 学习任务 | 知识点 | 思政元素 |
| --- | --- | --- |
| 5.1　概述 | 5.1.1　单位工程施工组织设计的编制依据<br>5.1.2　单位工程施工组织设计的内容<br>5.1.3　单位工程施工组织设计的编制程序 | 工匠精神<br>统筹思想 |
| 5.2　工程概况与施工特点分析 | 5.2.1　工程建设概况<br>5.2.2　工程建设地点特征<br>5.2.3　设计概况<br>5.2.4　施工条件<br>5.2.5　施工特点分析 | 实事求是<br>有理有据 |
| 5.3　施工部署与主要施工方案 | 5.3.1　施工顺序的确定<br>5.3.2　施工方法和施工机械的选择<br>5.3.3　主要分部分项工程的施工方法和施工机械选择<br>5.3.4　流水施工的组织<br>5.3.5　施工方案的技术经济评价<br>5.3.6　施工方案案例 | 全局考虑<br>系统思维 |
| 5.4　单位工程施工进度计划 | 5.4.1　概述<br>5.4.2　单位工程施工进度计划的编制<br>5.4.3　施工进度计划实例 | 节约时间<br>科学统筹 |
| 5.5　资源配置与施工准备工作计划 | 5.5.1　编制资源需要量计划<br>5.5.2　编制施工准备工作计划 | 量力而行<br>反对浪费 |
| 5.6　单位工程施工平面图 | 5.6.1　单位工程施工平面图设计的意义和内容<br>5.6.2　单位工程施工平面图设计的依据和原则<br>5.6.3　单位工程施工平面图设计步骤 | 因地制宜<br>节约用地 |
| 5.7　主要施工组织管理措施 | 5.7.1　确保工程质量的技术组织措施<br>5.7.2　确保安全生产的技术组织措施<br>5.7.3　确保工期的技术组织措施<br>5.7.4　确保文明施工(环境管理)的技术组织措施<br>5.7.5　降低施工成本的技术组织措施 | 守法合规<br>不预不立<br>追求真理<br>勇于实践 |
| 5.8　单位工程施工组织设计编制实务 | | |

**项目素质要求：**掌握马克思主义思想方法和工作方法，体验制度优势、大国重器、人民力量。坚持环境保护、节约资源、绿色施工理念。

**项目能力目标：**能够参与编制施工部署，能够编制单位工程施工进度计划和主要资源配置计划，能够进行主要施工方案的选择及单位工程施工平面的布置。

**项目引导**

大型和特大型工程的施工部署和施工方案十分重要，它直接关系到整个项目建设的成败，也是展现行业发展新技术、新工艺、新设备和新材料的关键所在。武汉绿地中心项目是由世界500强企业中建三局建造的典型工程，创造的大型造楼机在央视“大国重器”节目中播出，见证了武汉成为全球新冠疫情后经济发展“风向标”的奋进历程。这个项目是如何进行施工部署，如何制定进度计划，如何做好现场布置的呢？

“大国重器”——造楼机的诞生

# 5.1 概述

单位工程施工组织设计一般由施工单位的工程项目主管工程师负责编制，并根据工程项目的大小报送公司总工程师审批或备案。它必须在工程开工前编制完成，作为工程施工技术资料准备的重要内容和关键成果。单位工程施工组织设计应由施工单位技术负责人或技术负责人授权的技术人员审批，并应经该工程监理单位的总监理工程师批准方可实施。

## 5.1.1 单位工程施工组织设计的编制依据

1. 主管部门的批示文件及有关要求

主要有上级主管部门对工程的有关指标和要求，建设单位对施工的要求，施工合同中的有关规定等。

2. 经过会审的施工图

包括单位工程的全套施工图纸、图纸、会审纪要及有关标准图。了解设备安装对土建施工的要求，设计单位对新结构、新技术、新材料和新工艺的要求。

3. 建设单位的要求与施工企业年度施工计划

建设单位在招标文件中对工程进度款质量和造价等方面的具体要求，施工合同中双方确认的有关规定。施工企业年度计划对本项目的安排和规定的有关指标，如开工、竣工时间及其他项目穿插施工的要求等。

4. 施工组织总设计

本工程是整个建设项目中的一个项目，应该把施工组织总设计作为编制依据，遵守施工组织总设计的有关部署和要求。

5. 工程预算文件及有关定额

应有详细的分部分项工程量，必要时应有分层、分段、分部位的工程量，使用的预算定额和施工定额。

6. 建设单位对工程施工可能提供的条件

主要有供水、供电、供热的情况及可借用作为临时办公、仓库、宿舍的临时用房等。

7. 施工条件

8. 施工现场的勘察资料

主要有高程、地形、地质、水文、气象、交通运输、现场障碍物等情况以及工程地质勘察报告、地形图、测量控制网。

9. 有关的规范、规程、标准

主要有《建筑工程施工质量验收统一标准》GB 50300 等 14 项建筑工程施工质量验收规范及国家相关规范、操作规程及有关定额。

10. 有关的参考资料及施工组织设计实例

### 5.1.2 单位工程施工组织设计的内容

根据工程的性质、规模、结构特点、技术复杂、难易程度及施工条件等，单位工程施工组织设计编制内容的深度和广度也不尽相同。但一般来说，应该包括下述主要内容：

1. 工程概况及施工特点分析

主要包括工程建设概况、设计概况、施工特点分析及施工条件等内容，详见 5.2 节。

2. 施工部署与主要施工方案

主要包括确定各分部分项工程的施工顺序、施工方法和选用合适的施工机械，制定主要技术组织措施，详见 5.3 节。

3. 单位工程施工进度计划表

主要确定各分部分项工程名称、计算工程量，计算劳动量和机械台班量、计算工作延续时间，确定施工班组人数及安排施工进度，编制施工准备工作计划及劳动力、主要材料、预制构件、施工机具需要量计划等内容。

4. 单位工程施工平面图

主要包括确定起重垂直运输机械、搅拌站、临时设施、材料及预制构件堆场布置，运输道路布置，临时供水、供电管线的布置等内容，详见 5.6 节。

5. 主要技术经济指标

主要包括工期指标、工程质量指标、安全指标、降低成本指标等内容。

对于结构比较简单，工程规模比较小，技术要求比较低，且采用传统施工方法组织施工的一般工业与民用建筑，其施工组织设计可以编制得简单一些，其内容一般只包括施工方案、施工进度表、施工平面图，辅以扼要的文字说明，简称为“一案一表一图”。

### 5.1.3 单位工程施工组织设计的编制程序

单位工程施工组织设计的编制程序如图 5-1 所示。

图 5-1　单位工程施工组织设计的编制程序

## 5.2　工程概况与施工特点分析

工程概况和施工特点分析包括工程建设概况、工程建设地点特征，设计概况，施工条件和施工特点分析这五个方面的内容。

1. 工程建设概况

主要介绍拟建工程的建设单位、工程名称、性质、用途和建设的目的，资金来源及工程造价，开工、竣工日期，设计单位、施工单位、监理单位，施工图纸情况，施工合同是否签订，上级有关文件或要求，以及组织施工的指导思想等。

2. 工程建设地点特征

主要介绍拟建工程的地理位置、地形、地貌、地质、水文、气温、冬雨期时间、主导风向、风力及抗震设防烈度等。

3. 设计概况

主要根据施工图纸，结合调查资料，简要概括工程全貌，综合分析，突出重点问题。对新结构、新材料、新技术、新工艺及施工的难点做出重点说明。

各专业设计应包括下列内容：

建筑设计简介应依据建设单位提供的建筑设计文件进行描述，包括建筑规模、建筑功能、建筑特点、建筑耐火、防水及节能要求等，并应简单描述工程的主要装修做法。

结构设计简介应依据建设单位提供的结构设计文件进行描述，包括结构形式、地基基础形式、结构安全等级、抗震设防类别、主要结构类型及要求等。

机电及设备安装专业设计简介应依据建设单位提供的各相关专业设计文件进行描述，包括给水排水及供暖系统、通风与空调系统、电气系统、智能化系统、电梯等各个专业系统的做法要求。

4. 施工条件

主要介绍"三通一平"的情况，当地的交通运输条件，资源生产及供应情况，施工现场大小及周围环境情况，预制构件生产及供应情况，施工单位机械、设备、劳动力的落实情况，内部承包方式、劳动组织形式及施工管理水平，现场临时设施、供水、供电问题的解决。

工程施工条件包含的内容

5. 施工特点分析

主要介绍拟建工程施工特点和施工中的关键问题、难点所在，以便突出重点、抓住关键，使施工顺利进行，提高施工单位的经济效益和管理水平。

## 5.3 施工部署与主要施工方案

施工部署是对项目实施过程做出的统筹规划和全面安排，包括项目施工主要目标、施工顺序及空间组织等等。施工方案是以分部分项工程或专项工程为主要对象编制的施工技术与组织方案，用以具体指导其施工过程。

施工部署及主要施工方案的选择是单位工程施工组织设计的重要环节，是决定整个工程全局的关键。主要施工方案选择得恰当与否，将直接影响单位工程施工效率、进度安排、施工质量、施工安全、工期长短。因此，我们必须在若干个初步方案的基础上进行认真分析比较，力求选择一个最经济、最合理的施工方案。

施工部署着重解决以下几个方面的主要问题：

(1) 工程施工目标。根据施工合同、招标文件及本单位对工程管理目标的要求确定，包括进度目标、质量目标、安全目标、环境目标和成本目标等，各项目标应满足施工组织总设计中确定的总体目标。

(2) 施工进度安排和空间组织。应符合下列规定：

1) 工程主要施工内容及其进度安排，应明确说明，施工顺序应符合工序逻辑关系。

2) 施工流水段应结合工程具体情况分段进行划分。单位工程施工阶段的划分一般包括地基基础、主体结构、装饰装修和机电设备安装三个阶段。

3) 对于工程施工的重点和难点进行分析，包括组织管理和施工技术两个方面。

4) 工程管理的组织机构形式应符合施工组织总设计的要求，并确定项目经理部的工作岗位设置及其职责划分。

5) 对于工程施工中开发和使用的新技术、新工艺进行部署，对新材料和新设备的使用提出技术和管理要求。

6）对主要分包工程施工单位的选择要求及管理方式进行简要说明。

## 5.3.1　施工顺序的确定

1. 确定施工顺序应遵循的基本原则和基本要求

确定合理的施工顺序是选择施工方案首先应考虑的问题。施工顺序是指开工后各分部分项工程施工的先后次序。确定施工顺序，既是为了按照客观的施工规律组织施工，也是为了解决工种之间的合理搭接，在保证工程质量和施工安全的前提下，充分利用空间，以达到缩短工期的目的。

在实际工程施工中，施工顺序可以有多种。不仅不同类型的建筑物的建造过程有着不同的施工顺序，而且在同一类型的建筑工程施工中，甚至同一栋房屋的施工也会有不同的施工顺序。因此，本节的基本任务就是如何在众多的施工顺序中选出既符合客观规律又经济合理的施工顺序。

（1）确定施工顺序应遵循的基本原则

1）先地下，后地上。指的是在地上工程开始之前，把管道、线路等地下设施、土方工程和基础工程全部完成或基本完成。坚固耐用的建筑需要有一个坚实的基础，从工艺的角度考虑，也必须从先地下后地上。地下工程施工时应做到先深后浅，这样可以避免对地上部分施工产生干扰，从而带来施工不便，造成浪费，影响工程质量。

"四先四后"
施工程序

2）先主体，后围护。在框架结构建筑与装配式单层工业厂房施工中，先进行主体结构施工，后完成围护工程。同时，框架主体结构与围护工程在总的施工顺序上要合理搭接。一般来说，多层建筑以少搭接为宜，而高层建筑则应尽量搭接施工，以缩短施工工期。而装配式单层工业厂房主体结构与围护结构一般不搭接。

3）先结构，后装修。这是对一般情况而言，有时为了缩短施工工期，也可以有部分合理的搭接。

4）先土建，后设备。土建施工要先于水、暖、煤、卫、电等建筑设备的施工，但它们之间更多的是穿插配合关系，尤其在装修阶段，要从保证施工质量，降低成本的角度处理好相互之间的关系。

以上原则并不是一成不变的。在特殊情况下，如在冬期施工之前，应尽可能完成土建和维护工程，以利于施工中的防寒和室内作业的开展，从而达到改善工人劳动环境、缩短工期的目的。随着我国施工技术的发展，企业经营管理水平的提高，以上原则也在进一步完善之中。

（2）确定施工顺序的基本要求

1）必须符合施工工艺的要求

"封闭式"
施工程序

建筑物在建造过程中，各分部分项工程之间存在一定的工艺顺序关系，它随着建筑结构和构造的不同而变化，应在分析建筑各分部分项工程之间的工艺关系的基础上确定施工顺序。在框架结构中，墙体作为围护或隔断，则可安排在框架结构全部或部分施工完成后进行。

2）必须与施工方法协调一致。例如，在装配式单层工业厂房施工中，如采用分件吊装法，则施工顺序是先吊装柱，再吊装梁，最后吊装各节间的屋架及屋面板等；如采用综合吊装，则施工顺序为一个节间全部构件吊装完成后，再依次吊装下一个节间，直至构件全部吊装完。

3）必须考虑施工组织的要求。例如：有地下室的高层建筑，其地下室地面工程，可以安排在地下室顶板施工前进行，也可以安排在地下室顶板施工后进行。从施工组织角度考虑，前者施工较方便，上部空间宽敞，也可以利用吊装施工机械直接将地面施工用的材料运转到地下室，而后者，地面材料运输和施工就比较困难。

4）必须考虑施工质量的要求。在合理安排施工顺序时，以保证和提高工程质量为前提。影响工程质量时，要重新安排施工顺序或采取必要的技术措施。例如，屋面防水层施工，必须等找平层干燥后才能进行，否则将影响防水工程的质量，特别是柔性防水层的施工。

5）必须考虑当地的气候条件。例如：在冬期和雨期到来之前，应尽量先做基础工程、室外工程、门窗玻璃工程，为地面和室内工程施工创造条件，这样有利于改善工人劳动环境，有利于保证工程质量。

6）必须考虑安全施工的要求。在立体交叉、水平搭接施工时，一定要注意安全问题。例如：在主体结构施工时，水、暖、煤、电、卫的安装和与构件模板、钢筋等吊装和安装不能在同一个工作面上，必要时采取一定的安全保护措施。

2. 现浇混凝土框架结构房屋的施工顺序

现浇混凝土框架结构房屋的施工，按照房屋结构各部位不同的施工特点，可分为基础工程、主体工程、屋面及装修工程三个施工阶段。如图 5-2 所示。

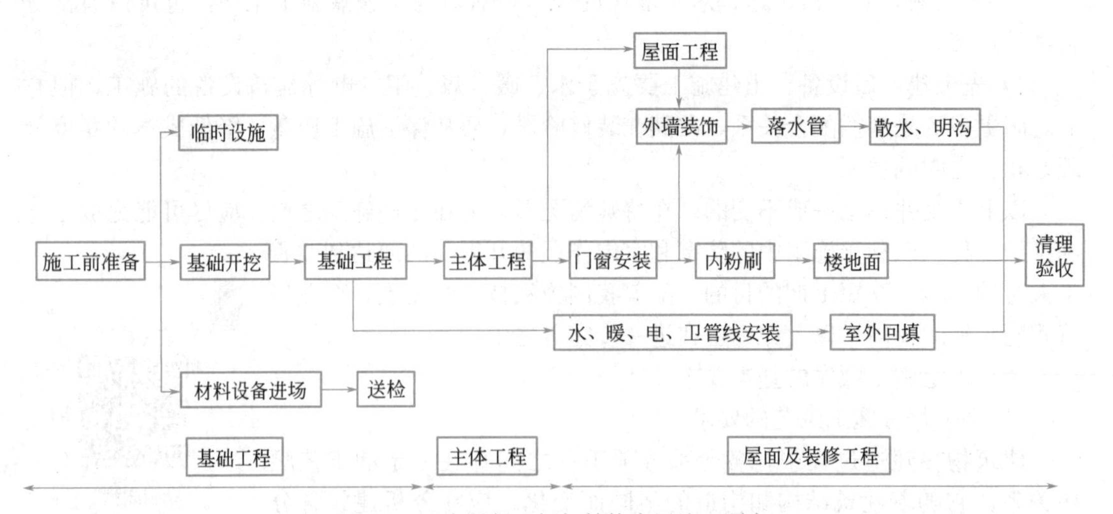


图 5-2 现浇混凝土框架结构房屋施工顺序

（1）基础工程施工顺序

基础工程是指室内地面以下的工程。

其施工顺序比较容易确定，一般是挖土方→垫层→基础→回填土。具体内容视工程设计而定。如有桩基础工程应列桩基础。如有地下室则施工过程和施工顺序一般是：挖土方→垫层→地下室底板→地下室墙、柱结构→地下室顶板→防水层及保护层→回填土。但由于地下室结构、构造不同，有些施工内容应有一定的配合和交叉，如图 5-3 所示。

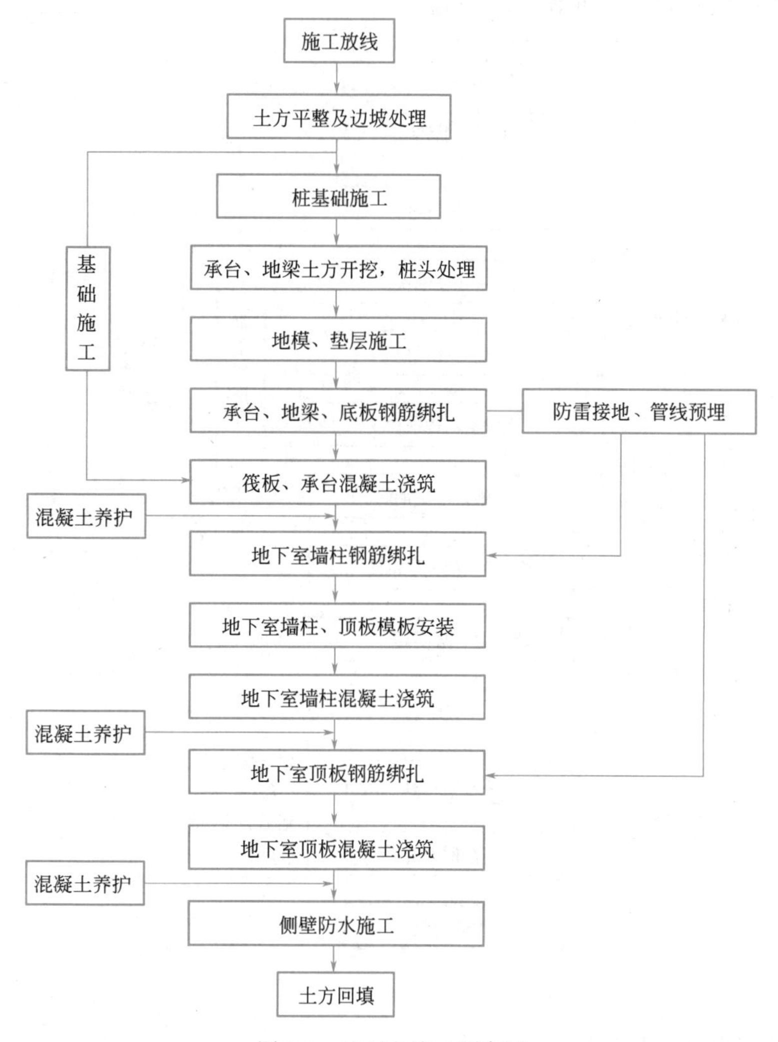


图 5-3　地下室施工顺序图

在基础工程施工阶段，挖土方和做垫层这两道工序，在施工安排上要紧凑，时间间隔不宜太长，必要时可以将挖土方和做垫层合并为一个施工过程。各种管沟的挖土、铺设等施工过程，应尽可能与基础工程施工配合，采取平行搭接施工。回填土一般在基础工程完成后，一次性分层、对称夯填，为后一道工序创造条件，避免基础受到浸泡。当回填土工程量较大且工期较紧时，也可以将回填土分段施工与主体结构搭接进行。室内回填土可以安排在室内装修施工之前进行。

（2）主体工程施工顺序

主体工程是指基础以上、屋面板以下的所有工程。这一施工阶段的施工过程主要包括：安装起重垂直运输机械设备，搭设脚手架，钢筋工程、模板工程、混凝土工程、填充墙砌筑等施工内容。模板工程往往是主体工程施工的主导施工过程，应保持匀速、连续、有节奏地进行。其他施工过程则应配合主导施工过程组织流水施工，搭接进行，如图 5-4 所示。

设备安装与土建施工同时进行

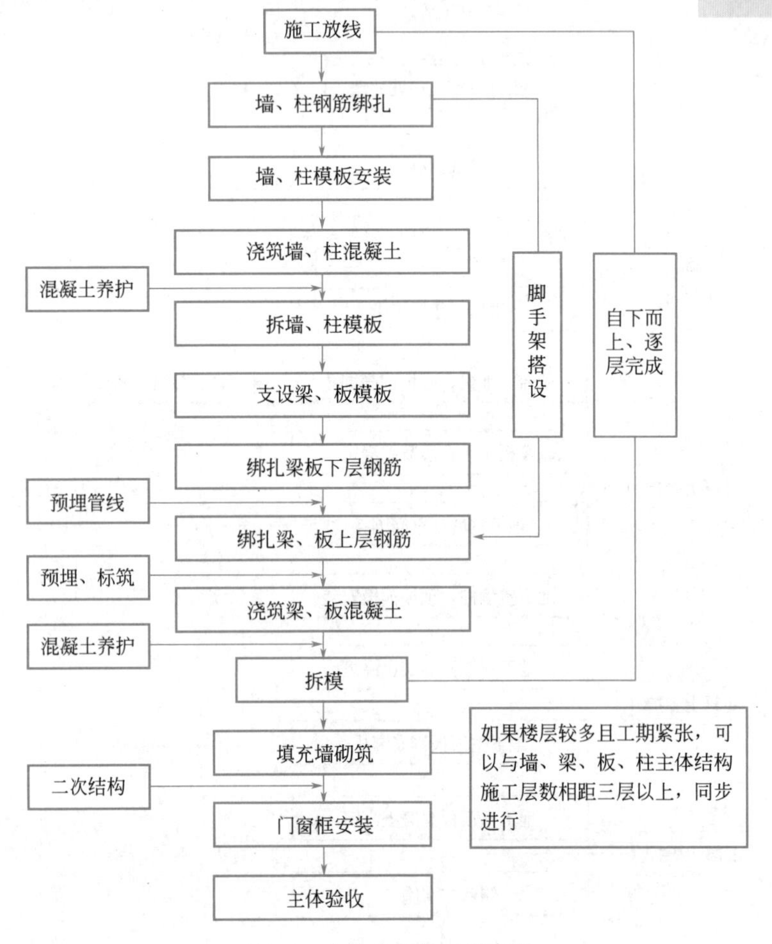


图 5-4 主体工程施工顺序图

（3）屋面及装修工程施工顺序

屋面及装修工程是指屋面板完成以后的所有工作。这一阶段的施工特点是：施工内容多、繁、杂；有的工程量大而集中，有的工程量小而分散；劳动消耗大，手工作业多，工期较长。因此，妥善安排屋面及装修工程的施工顺序，组织立体交叉，流水作业，对加快工程进度有着特别重要的现实意义。

屋面工程的施工，应根据屋面的设计要求逐层进行，例如：柔性防水屋面的施工顺序应该按照隔汽层→保温层→隔汽层→柔性防水层→隔汽保护层的顺序依次进行；刚性防水屋面按照找平层→保温层→找平层→刚性防水层→隔汽层的施工顺序依次进行。其中，细石混凝土防水层、分仓缝施工应该在主体结构完成后尽快完成，为顺利进行室内装修创造条件。为防止屋面渗漏，屋面防水在南方做成双保险，即既做刚性防水层，又做柔性防水层。为保证屋面工程质量，应精心施工，精心管理。为减少施工缝带来的漏水问题，屋面工程施工一般不划分施工段。工期紧张时，可以与装修工程搭接施工。

装修工程的施工可以分为室外装修（檐沟、女儿墙、外墙、勒脚、散水、台阶、明沟、雨水管等）和室内装修（顶棚、墙面、地面、楼面、踢脚线、楼梯、门窗、五金）两方面的内容。其中，内、外墙及楼地面的饰面是整个装修工程的施工主导过程，因此要着重解决饰面工作的空间顺序。

1）室外装修工程

室外装修工程一般采用自上而下的施工顺序，在屋面工程全部完工后，室外抹灰从顶层到底层依次逐层向下进行。其施工流向一般为水平向下，如图 5-5 所示。采用这种顺序的优点是：可以使房屋在主体结构完成后有足够的沉降和收缩期，从而可以保证装修工程质量，有利于及时拆除脚手架，减少周转材料的占用周期。

图 5-5 室外装修自上而下的施工流向

2）室内装修工程

室内装修的整体顺序可以采用自上而下或自下而上的顺序。

当工期宽松时，室内装修可以采用自上而下的顺序。自上而下是指主体工程及屋面防水层完工后，室内抹灰从顶层往底层逐层向下进行，其施工流向又可分为水平向下和垂直向下两种，通常采用水平向下的施工流向，如图 5-6 所示。采用自上而下施工顺序的优点是可以使房屋的主体结构完成后有足够的沉降和收缩期，沉降变化趋于稳定，这样可以保证房屋防水工程质量，不易产生屋面渗漏，也能保证屋面装修质量，可以避免各种工种操作互相交叉，便于组织施工，有利于施工安全，同时也很方便楼层清理。其缺点是不能与主体工程及屋面工程施工搭接，总工期相应较长。

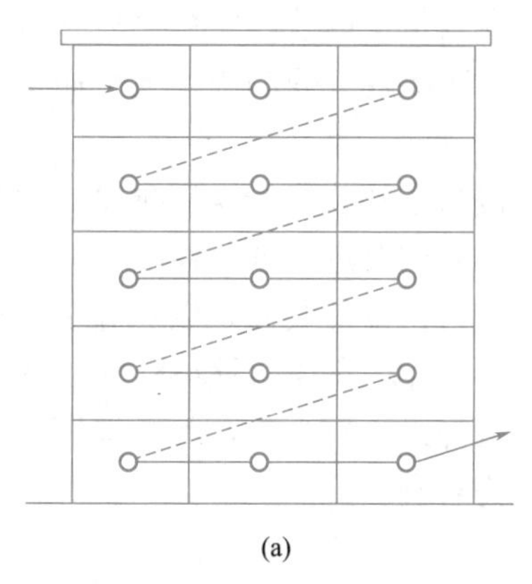

(a)

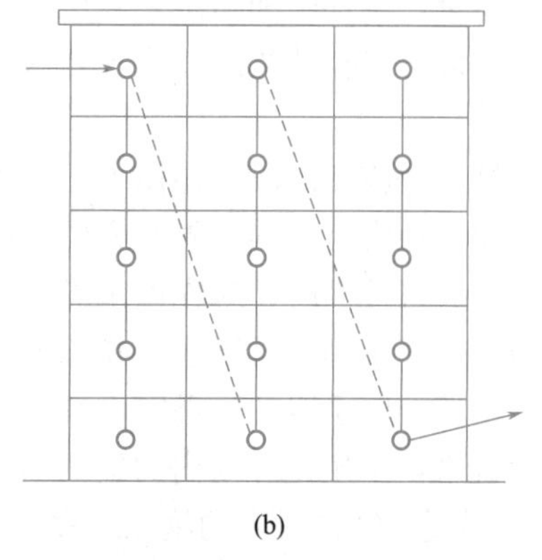

(b)

图 5-6 室内装修自上而下的施工流向（有利于保证质量，工期相对较长）

（a）水平向下；（b）垂直向下

当工期紧张时，室内装修可以采用自下而上的顺序（图 5-7）。自下而上是指主体结构施工到第三层及第三层以上时（有两层楼板，以确保底层施工安全），室内施工抹灰从底层开始逐层向上进行，一般与主体结构平行搭接施工，其施工流向又可分为水平向上和垂直向上两种，通常采用水平向上的施工流向，如图 5-7（a）所示。为了防止雨水或施工用水从上层楼板渗漏，从而影响装修质量，应先做好上层楼板的面层，再进行顶棚、墙面、楼地面的装饰。采用自下而上的施工顺序的优点是可以与主体结构平行搭接施工，从而缩短工期。其缺点是同时施工的工序多，人员多，材料供应集中，机械负担重，工序间交叉作业多，需采取必要的安全措施。

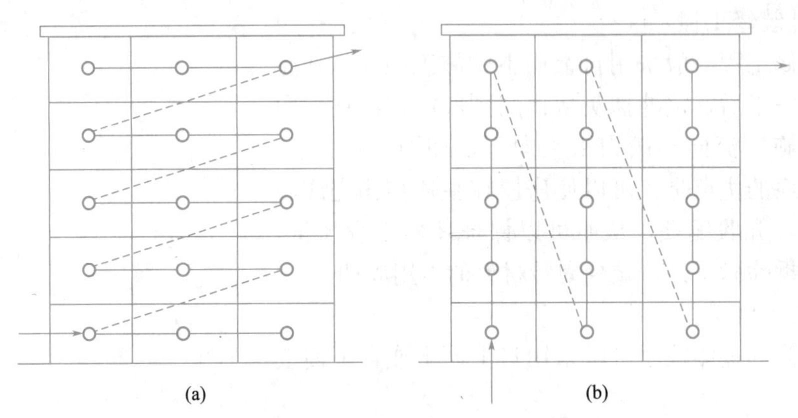


图 5-7 室内装修自下而上的施工流向（工期紧张时采用）

（a）水平向上；（b）垂直向上

室内装修的单元顺序即在同一单元楼层内顶棚、墙面、楼地面之间的施工顺序，一般有两种：楼、地面→顶棚→墙面，顶棚→墙面→楼、地面。这两种施工顺序各有利弊。前者便于清理地面基层，楼地面质量容易保证，而且便于收集地面和墙面的落地灰，从而节约材料，但要注意楼地面的成品保护，否则后一道工序不能及时进行。后者则必须在楼、地面施工之前，将落灰清扫干净，否则会影响面层与结构层之间的粘结，引起楼、地面起壳。而且楼、地面施工用水的渗漏可能会影响到下层墙面、顶棚的施工质量。

底层地面施工通常在最后进行。楼梯间和楼梯踏步，由于在施工期间易受损坏，为了保证装修工程质量，楼梯间和踏步装修往往安排在其他室内装修完成之后，自上而下统一进行。门窗的安装可以在抹灰之前或者之后进行，主要视气候和施工条件而定，但通常是安排在抹灰之后。

在装饰装修工程施工阶段，还需考虑室内装修与室外装修的先后顺序，这与施工条件和天气变化有关，通常有先内后外、先外后内、内外同时进行这三种施工顺序。

当室内有水磨石楼面时，应先做水磨石楼面，再做室外装修，以免施工时渗漏水，影响室外装修质量。当采用单排脚手架砌墙时，由于有脚手眼需要填补，应先做室外装修，拆除脚手架后，填补脚手眼，再做室内装修；当装饰工人较少时，不宜采用内外同时施工的顺序。一般说来，采用先外后内的施工顺序较为有利。

3. 装配式混凝土结构房屋的施工顺序

装配式混凝土结构房屋施工根据结构形式不同，施工顺序有所不同。以某 14 层装配式住宅为例（图 5-8），基础、梁、柱采用现浇方式，而楼板、外墙板、阳台、空调板采用预制方式。采用将构件分类、工序搭接、现浇和装配交叉作业的方式，按“先地下后地上”“先框架吊装与现浇，后外围构件安装”的施工顺序。

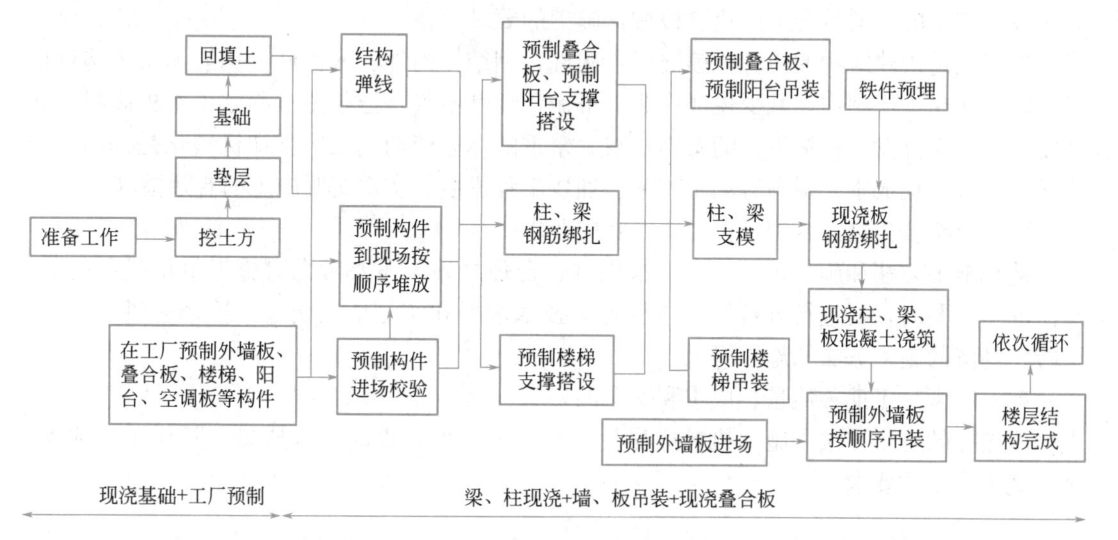


图 5-8 某装配式住宅房屋施工顺序示意图

## 5.3.2 施工方法和施工机械的选择

1. 选择施工方法和施工机械的主要依据

在单位工程施工中，施工方法和施工机械的选择主要应根据工程建筑结构特点、质量要求、工期长短、资源供应条件、现场施工条件、施工单位的技术装备水平和管理水平等因素综合考虑。

2. 选择施工方法和施工机械的基本要求

(1) 应考虑主要分部分项工程的要求

应从单位工程施工全局出发，着重考虑影响整个工程施工的主要分部分项工程的施工方法和施工机械选择。主要分部分项工程包括这几种：①在单位工程施工中工程量大、所需时间长、占工期比例大的分部分项工程；②施工技术复杂的工程或者采用新结构、新技术、新工艺的分部分项工程；③对质量起关键作用的分部分项工程、特种结构工程；④由专业施工单位施工的特殊专业工程；⑤对施工单位来说，某些结构特殊或缺乏施工经验的工程，也属于主要分部分项工程。

应该从先进、经济、合理的角度出发，选择合适的施工方法和施工机械，以实现提高工程质量、降低工程成本、提高劳动生产率和加快工程进度的预期目标。

而对于一般的、常见的、工人熟悉的、工程量小的以及对施工全局和工期无多大影响的分部分项工程，只要提出若干注意事项和要求就可以了。

如果本工程是整个建设项目中的一个项目，则其施工方法和施工机械的选择应符合组织总设计中的有关要求。

(2) 应满足施工技术的要求

施工方法和施工机械的选择，必须满足施工技术的要求。如预应力张拉方法和机械的选择应满足设计、质量、施工技术的要求。吊装机械的类型、型号、数量的选择应满足构件吊装技术和工程进度要求。

（3）应考虑如何符合工厂化、机械化施工的要求

工厂化是指建筑物的各种钢筋混凝土构件、钢结构构件、木构件、钢筋加工等构件应最大限度地在工厂制作，减少现场作业。机械化程度不仅是指单位工程施工要提高机械化程度，还要充分发挥机械设备的效率，减少繁重的体力劳动。工厂化和机械化是提高工程质量、降低工程成本、提高劳动生产率、加快工程进度、实现文明施工的有效措施。

（4）应符合先进、合理、可行、经济的要求

选择施工方法和施工机械，除要求先进、合理之外，还要考虑对施工单位是可行的、经济的。必要时，要进行分析比较，从施工技术水平和实际情况出发，选择先进、合理、可行、经济的施工方法和施工机械。

（5）应满足工期、质量、成本和安全的要求

所选择的施工方法和施工机械应尽量满足缩短工期、提高工程质量、降低工程成本、确保施工安全的要求。

### 5.3.3 主要分部分项工程的施工方法和施工机械选择

主要分部分项工程的施工方法和施工机械选择要点归纳如下：

1. 土方工程

（1）确定土方开挖方法、工作面宽度、放坡坡度、土壁支撑形式、排水措施，计算土方开挖量、回填量、外运量。

（2）选择土方工程施工所需机具型号和数量。

2. 基础工程

（1）桩基础施工中应根据桩型及工期选择所需机具型号和数量。

（2）浅基础施工中应根据垫层、承台、基础的施工要点，选择所需机械的型号和数量。

（3）地下室施工中应根据防水要求，留置、处理施工缝，明确大体积混凝土的浇筑要点、模板及支撑要求。

施工机械的选择

3. 砌筑工程

（1）砌筑工程中根据砌体的组砌方式、砌筑方法及质量要求，进行弹线、立皮数杆、标高控制和轴线引测。

（2）选择砌筑工程中所需机具型号和数量。

4. 钢筋混凝土工程

（1）确定模板类型及支模方法，进行模板支撑设计。

（2）确定钢筋的加工、绑扎、焊接方法，选择所需机具型号和数量。

（3）确定混凝土的搅拌、运输、浇筑、振捣、养护、施工缝的留置和处理，选择所需机具型号和数量。

（4）确定预应力钢筋混凝土的施工方法，选择所需机具型号和数量。

5. 结构吊装工程

（1）确定构件的预制、运输及堆放要求，选择所需机具型号和数量。

（2）确定构件的吊装方法，选择所需机具型号和数量。

6. 屋面工程

（1）确定屋面工程各层的做法、施工方法，选择所需机具型号和数量。

（2）确定屋面工程施工中所用材料及运输方式。

7. 装修工程

（1）确定各种装修的做法及施工要点。

（2）确定材料运输方式、堆放位置、工艺流程和施工组织。

8. 现场垂直、水平运输及脚手架等搭设

（1）确定垂直运输及水平运输方式、布置位置、开行路线，选择垂直运输及水平运输机具型号和数量。

（2）根据不同建筑类型，确定脚手架所用材料、搭设方法及安全网的挂设方法，选择所需机具型号和数量。

### 5.3.4　流水施工的组织

单位工程施工的流水组织，是施工组织设计的重要内容，是影响施工方案优劣程度的基本因素，在确定施工的流水组织时，主要解决施工流水段的划分和流水施工的组织方式两个方面的问题。这里只简单说明一下确定方法及考虑因素。

1. 施工流水段的划分

正确合理地划分施工流水段，是组织流水施工的关键，它直接影响到流水施工的方式、工程进度、劳动力及物资的供应等。

施工流水段的分界应尽可能与结构界限一致，宜设在伸缩缝、温度缝、沉降缝和单元分界处等，没有上述自然分区，可将其设在门窗洞口处，以减少施工缝的规模和数量，有利于结构的整体性。

框架结构或者框架剪力墙结构房屋，如果平面形状是对称的，可以在基础施工阶段按照对称轴来划分施工段。在主体施工阶段，可以将建筑标准层分为两个（或多个）施工流水段，在各个施工流水段内组织流水作业施工。主体结构施工时垂直施工流水段以楼层划分，施工缝留在柱底和板面。在整个施工过程中，安装工程的预留、预埋、安装、调试工作应始终贯穿于主体、装饰、装修、收尾工程中，在时间和空间上要充分紧凑搭接，循环推进，严格交接班制度，爱护成品，避免交叉污染。

2. 流水施工的组织方式

建筑物（或构筑物）在组织流水施工时，应根据工程特点、性质和施工条件组织全等节拍、成倍节拍和分别流水等施工方式。

若流水组中各施工过程的流水节拍大致相等，或者各主要施工过程流水节拍相等，在施工工艺允许的情况下，尽量组织流水组的全等节拍专业流水施工，以达到缩短工期的目的。若流水组中各施工过程的流水节拍存在整数倍关系（或者存在公约数），在施工条件和劳动力允许的情况下，可以组织流水组的成倍节拍专业流水施工。

若不符合上述两种情况，则可以组织流水组的分别流水施工，这是常见的一种组织流水施工的方法。

将拟建工程对象，划分为若干个分部工程（或流水组），各分部工程组织独立的流水施工，然后将各分部工程流水按施工组织和工艺关系搭接起来，组成单位工程的流水施工。

### 5.3.5 施工方案的技术经济评价

施工中发现古墓文物怎么办

施工方案的技术经济评价是在众多的施工方案中选择出快、好、省、安全的施工方案。

施工方案的技术经济评价涉及的因素多且复杂。一般来说，施工方案的技术经济评价有定性分析和定量分析两种。

1. 定性分析

施工方案的定性分析是人们根据自己的个人实践和一般的经验，对若干个施工方案进行优缺点比较，从中选择出比较合理的施工方案。如技术上是否可行、安全上是否可靠、经济上是否合理、资源上能否满足要求等。此方法比较简单，但主观随意性较大。

2. 定量分析

施工方案的定量分析是通过计算施工方案的若干相同的、主要的技术经济指标，进行综合分析比较，选择出各项指标较好的施工方案，这种方法比较客观，但指标的确定和计算比较复杂。施工方案的技术经济评价指标体系如图 5-9 所示。

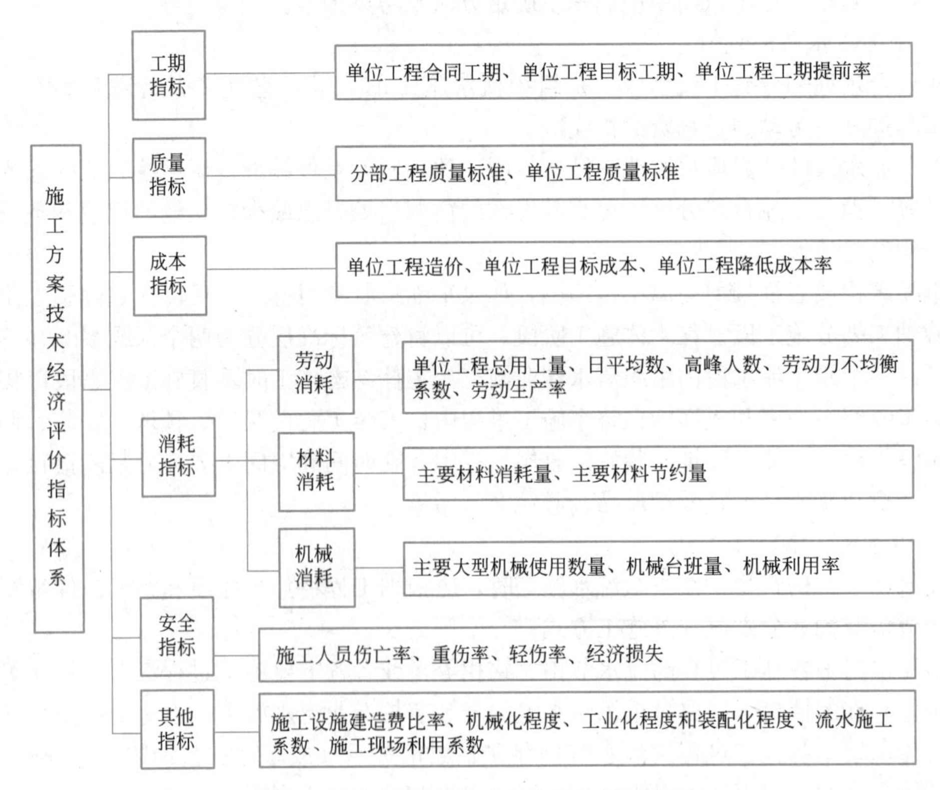


图 5-9 施工方案的技术经济评价指标体系

主要的评价指标有以下几种：

（1）工期指标：当要求工程尽快完成以便尽早投入生产或使用时，选择施工方案就要在确保工程质量、安全和成本较低的条件下，优先考虑缩短工期。在钢筋混凝土工程主体施工时，往往采用增加模板的套数来缩短主体工程的施工工期。

（2）机械化程度指标：在考虑施工方案时应尽量提高施工机械化程度，降低工人的劳动强度。积极扩大机械化施工的范围，把机械化施工程度的高低，作为衡量施工方案优劣的重要指标。

施工机械化程度＝机械完成的实物工程量/全部实物工程量×100％

（3）主要材料消耗指标：反映若干施工方案的主要材料节约情况。

（4）降低成本指标：它综合反映工程项目或分部分项工程由于采用不同的施工方案而产生不同的经济效果。其指标可以用降低成本额和降低成本率来表示。

降低成本额＝预算成本－计划成本

降低成本率＝降低成本额/预算成本×100％

### 5.3.6 施工方案案例

施工方案案例见二维码资源。

某屋面工程施工方案实例

## 5.4 单位工程施工进度计划

单位工程施工进度计划是在施工方案的基础上，根据规定的工期和技术物资供应条件，遵循工程的施工顺序，用图表形式表示各分部分项工程搭接关系及工程开工、竣工时间的一种计划安排。

### 5.4.1 概述

1. 单位工程施工进度计划的作用及分类

单位工程施工进度计划是施工组织设计的重要内容，是控制各分部分项工程施工进程及总工期的主要依据，也是编制施工作业计划及各项资源需要量计划的依据。

它的主要作用是：确定各分部分项工程的施工时间及其相互之间的衔接、穿插、平行搭接、协作配合等关系；确定所需的劳动力、机械、材料等资源用量；指导现场的施工安排，确保施工任务的如期完成。

单位工程施工进度计划根据工程规模的大小、结构的难易程度、工期长短、资源供应情况等因素考虑。根据其作用，一般可分为控制性和指导性进度计划两类。

控制性进度计划按分部工程来划分施工过程，控制各分部工程的施工时间及其相互搭接配合关系。它主要适用于工程结构较复杂、规模较大、工期较长而需跨年度施工的工程（如宾馆、体育场、火车站候车大楼等大型公共建筑），还适用于虽然工程规模不大或结构不复杂但各种资源（劳动力、机械、材料等）还未完全落实的情况，以及建筑结构等可能变化的情况。

指导性进度计划按分项工程或施工工序来划分施工过程，具体确定各施工过程的施工时间及其相互搭接、配合关系。它适用于任务具体而明确、施工条件基本落实、各项资源供应正常及施工工期不太长的工程。

单位工程横道进度计划的编制

2. 单位工程施工进度计划的表达方式及组成

单位工程施工进度计划的表达方式一般有横道图和网络图两种。横道图的表格形式见表 5-1。施工进度计划由两部分组成，一部分反映拟建工程所划分施工过程的工程量、劳动量或台班量、施工人数或机械数、工作班次及工作延续时间等计算内容；另一部分则用图表形式表示各施工过程的起止时间、延续时间及其搭接关系。

单位工程施工进度计划　　表 5-1

| 序号 | 施工过程名称 | 工程量 | | 劳动定额 | 劳动量 | | 机械 | | 每天工作班数 | 每班工人数 | 施工时间 | 施工进度 | | | | | | | | | | | | | | | |
|---|---|---|---|---|---|---|---|---|---|---|---|---|---|---|---|---|---|---|---|---|---|---|---|---|---|---|---|
| | | | | | | | | | | | | 月 | | | | | | | | | | | | | | | |
| | | 单位 | 数量 | | 定额工日 | 计划工日 | 机械名称 | 台班数 | | | | 2 | 4 | 6 | 8 | 10 | 12 | 14 | 16 | 18 | 20 | 22 | 24 | 26 | 28 | 30 | 32 |
| | | | | | | | | | | | | | | | | | | | | | | | | | | | |
| | | | | | | | | | | | | | | | | | | | | | | | | | | | |
| | | | | | | | | | | | | | | | | | | | | | | | | | | | |

3. 单位工程施工进度计划的编制依据

单位工程施工进度计划的编制依据主要包括：施工图、工艺图及有关标准图等技术资料；施工组织总设计对本工程的要求；施工工期要求；施工方案、施工定额以及施工资源供应情况。

## 5.4.2　单位工程施工进度计划的编制

单位工程施工进度计划的编制步骤及方法如下：

1. 划分施工过程

编制单位工程施工进度计划时，首先必须研究施工过程的划分，再进行有关内容的计算和设计。施工过程划分应考虑下述要求：

（1）施工过程划分的粗细程度的要求

对于控制性施工进度计划，其施工过程可以划分得粗一些，一般可按分部工程划分施工过程，如：开工前准备、打桩工程、基础工程、主体结构工程等。对于指导性施工进度计划，其施工过程的划分可以细一些，要求每个分部工程所包括的主要分项工程均应一一列出，起到指导施工的作用。

(2) 对施工过程进行适当合并，达到简明清晰的要求

施工过程划分太细，则过程越多，施工进度图表就会显得繁杂，重点不突出，反而失去指导施工的意义，并且增加编制施工进度计划的难度。因此，为了使计划简明清晰、重点突出，应将一些次要的施工过程合并到主要施工过程中去，比如基础防潮层可合并到基础施工过程内；有些虽然重要但工程量不大的施工过程也可与相邻的施工过程合并，如挖土可与垫层施工合并为一项，组织混合班组施工；同一时期由同一工种施工的施工项目也可合并在一起，如墙体砌筑，不分内墙、外墙、隔断等，直接合并为墙体砌筑一项。

(3) 施工过程划分的工艺性要求

现浇钢筋混凝土施工，一般可分为支模、绑扎钢筋、浇筑混凝土等施工过程，是合并还是分别列项，应视工程施工组织、工程量、结构性质等因素研究决定。一般现浇钢筋混凝土框架结构的施工应分别列项，而且可分得细一些，如绑扎柱钢筋、安装柱模板、浇捣柱混凝土，安装梁、板模板，绑扎梁、板钢筋，浇捣梁、板混凝土，养护、拆模等施工过程。但在现浇钢筋混凝土工程量不大的工程对象上，一般不再分细，可合并为一项。如砌体结构工程中的现浇雨篷、圈梁、厕所及盥洗室的现浇楼板等，即可列为一项，由施工班组的各工种互相配合施工。

抹灰工程一般分内、外墙抹灰，外墙抹灰工程可能有若干种装饰抹灰的做法要求。一般情况下合并列为一项，也可分别列项。室内的各种抹灰应按楼地面抹灰、顶棚及墙面抹灰、楼梯间及踏步抹灰等分别列项，以便组织施工和安排进度。

施工过程的划分，应考虑所选择的施工方案。如厂房基础采用敞开式施工方案时，柱基础和设备基础可合并为一个施工过程；而采用封闭式施工方案时，则必须列出柱基础、设备基础这两个施工过程。

住宅建筑的水、暖、煤、卫、电等房屋设备安装是建筑工程的重要组成部分，应单独列项；工业厂房的各种机电等设备安装也要单独列项，但不必细分，可由专业队或设备安装单位单独编制其施工进度计划。土建施工进度计划中列出设备安装的施工过程，表明其与土建施工的配合关系。

(4) 明确施工过程对施工进度的影响程度

施工过程对工程进度的影响程度可分为三类。第一类为资源驱动的施工过程，这类施工过程直接在拟建工程进行作业，占用时间、资源，对工程的完成与否起着决定性的作用，它在条件允许的情况下，可以缩短或延长工期。第二类为辅助性施工过程，它一般不占用拟建工程的工作面，虽需要一定的时间和消耗一定的资源，但不占用工期，故可不列入施工计划以内。如交通运输、场外构件加工或预制等。第三类施工过程虽直接在拟建工程进行作业，但它的工期不以人的意志为转移，随着客观条件的变化而变化，它应根据具体情况列入施工计划，如混凝土的养护等。

施工过程划分和确定之后，应按前述施工顺序列出施工过程的逻辑联系。

2. 计算工程量

当确定了施工过程之后，应计算每个施工过程的工程量。工程量应根据施工图纸、工程量计算规则及相应的施工方法进行计算，实际就是按工程的几何形状进行计算。计算时应注意以下几个问题：

(1) 注意工程量的计量单位

每个施工过程的工程量计量单位应与采用的施工定额的计量单位相一致。如模板工程以平方米为计量单位；绑扎钢筋工程以吨为计量单位；混凝土以立方米为计量单位等。这样，在计算劳动量、材料消耗量及机械台班量时就可直接套用施工定额，不再进行换算。

(2) 注意采用的施工方法

计算工程量时，应与采用的施工方法相一致，以便计算的工程量与施工的实际情况相符合。例如：挖土时是否放坡，是否增加工作面，坡度和工作面尺寸是多少；开挖方式是单独开挖、条形开挖，还是整片开挖等。不同的开挖方式，土方工程量相差是很大的。

(3) 正确取用预算文件中的工程量

如果编制单位工程施工进度计划时，已编制出预算文件（施工图预算或施工预算），则工程量可从预算文件中抄出并汇总。例如：要确定施工进度计划中列出的“砌筑墙体”这一施工过程的工程量，可先分析它包括哪些施工内容，然后从预算文件中摘出这些施工内容的工程量，再将它们全部汇总即可求得。但是，当施工进度计划中某些施工过程与预算文件的内容不同或有出入时（如计量单位、计算规则、采用的定额等），则应根据施工实际情况加以修改、调整或重新计算。

3. 套用施工定额

确定了施工过程及其工程量之后，即可套用施工定额（当地实际采用的劳动定额及机械台班定额），以确定劳动量和机械台班量。

在套用国家或当地颁布的定额时，必须注意结合本单位工人的技术等级、实际操作水平、施工机械情况和施工现场条件等因素，确定定额的实际水平，使计算出来的劳动量、机械台班量符合实际需要。

有些采用新技术、新材料、新工艺或特殊施工方法的施工过程，定额中尚未编入，这时可参考类似施工过程的定额、经验资料，按实际情况确定。

4. 计算劳动量及机械台班量

确定工程量采用的施工定额，即可进行劳动量及机械台班量的计算。

(1) 劳动量的计算

劳动量也称劳动工日数。凡是采用手工操作为主的施工过程，其劳动量均可按下式计算：

$$P_i = Q_i / S_i \text{ 或 } P_i = Q_i \times H_i \tag{5-1}$$

式中 $P_i$——某施工过程所需劳动量，工日；

$Q_i$——该施工过程的工程量，m、$m^2$、$m^3$、t 等；

$S_i$——该施工过程采用的产量定额，$m^3$/工日、$m^2$/工日、m/工日、t/工日等；

$H_i$——该施工过程采用的时间定额，工日/$m^3$、工日/$m^2$、工日/m、工日/t 等。

**【例 5-1】** 某砌体结构工程基槽人工挖土量为 1080$m^3$，查劳动定额得到产量定额为 3.5$m^3$/工日，计算完成基槽挖土所需的劳动量。

**【解】**

$$P = Q/S = 1080 \div 3.5 = 309 \text{ 工日}$$

当某一施工过程是由两个或两个以上不同分项工程合并而成时，其总劳动量应按下式计算：

$$P_{总}=\sum_{i=1}^{n}P_i=P_1+P_2+\cdots+P_n$$

**【例 5-2】** 某钢筋混凝土独立基础工程，其支设模板、绑扎钢筋、浇筑混凝土三个施工过程的工程量分别为 900$m^2$、6t、350$m^3$，查劳动定额，得知其时间定额分别为 0.253 工日/$m^2$、5.28 工日/t、0.833 工日/$m^3$，试计算完成钢筋混凝土基础所需劳动量。

**【解】**

$P_{模}=900\times0.253=227.7$ 工日

$P_{筋}=6\times5.28=31.7$ 工日

$P_{混凝土}=350\times0.833=291.6$ 工日

$P_{杯基}=P_{模}+P_{筋}+P_{混凝土}=227.7+31.7+291.6=550.4$ 工日（取 550 工日）

当某一施工过程是由同一工种但不同做法、不同材料的若干个分项工程合并组成时，应先按公式（5-2）计算其综合产量定额，再求其劳动量。

$$S=\frac{\sum_{i=1}^{n}Q_i}{\sum_{i=1}^{n}P_i}=\frac{Q_1+Q_2+\cdots+Q_n}{P_1+P_2+\cdots+P_n}=\frac{Q_1+Q_2+\cdots+Q_n}{\frac{Q_1}{S_1}+\frac{Q_2}{S_2}+\cdots+\frac{Q_n}{S_n}} \tag{5-2a}$$

$$\overline{H}=\frac{1}{\overline{S}} \tag{5-2b}$$

式中　$\overline{S}$——某施工过程的综合产量定额，$m^3$/工日、$m^2$/工日、m/工日、t/工日等；

$\overline{H}$——某施工过程的综合时间定额，工日/$m^3$、工日/$m^2$、工日/m、工日/t 等；

$\sum_{i=1}^{n}Q_i$——总工程量，$m^3$、$m^2$、m、t 等；

$\sum_{i=1}^{n}P_i$——总劳动量，工日；

$Q_1$，$Q_2\cdots Q_n$——同一施工过程的各分项工程的工程量；

$S_1$，$S_2\cdots S_n$——与 $Q_1$，$Q_2\cdots Q_n$ 相对应的产量定额。

**【例 5-3】** 某工程，其外墙面装饰有外墙涂料、真石漆、面砖三种做法，其工程量分别是 910.6$m^2$、623.5$m^2$、386.7$m^2$，采用的产量定额分别是 7.56$m^2$/工日、4.35$m^2$/工日、4.05$m^2$/工日。计算它们的综合产量定额及外墙面装饰所需的劳动量。

**【解】**

$$\overline{S}=\frac{Q_1+Q_2+\cdots+Q_n}{\frac{Q_1}{S_1}+\frac{Q_2}{S_2}+\cdots+\frac{Q_n}{S_n}}=\frac{910.6+623.5+386.7}{\frac{910.6}{7.56}+\frac{623.5}{4.35}+\cdots+\frac{386.7}{4.05}}$$

$$=\frac{1920.8}{120.4+143.3+95.5}=5.35m^2/\text{工日}$$

$$P_{外墙装饰}=S=\frac{\sum_{i=1}^{3}Q_i}{\overline{S}}=\frac{1920.8}{5.45}=352.4\text{工日}$$

取 $P_{外墙装饰}=352$ 工日

(2) 机械台班量的计算

凡是采用机械为主的施工过程，可按公式（5-3）计算其所需的机械台班数。

$$P_{机械}=\frac{Q_{机械}}{S_{机械}} \tag{5-3}$$

或 $$P_{机械}=Q_{机械}\times H_{机械}$$

式中 $P_{机械}$——某施工工程需要的台班数，台班；

$Q_{机械}$——机械完成的工程量，$m^3$、t、件等；

$S_{机械}$——机械的产量定额，$m^3$/台班、t/台班等；

$H_{机械}$——机械的时间定额，台班/$m^3$、台班/t 等。

在实际计算中，应根据机械的实际情况、施工条件等因素确定 $S_{机械}$ 或 $H_{机械}$，以便准确地计算需要的机械台班数。

**【例 5-4】** 某工程基础挖土采用 W-100 型反铲挖土机，挖方量为 $2156m^3$，经计算采用的机械台班产量为 $120m^3$/台班。计算挖土机所需台班量。

**【解】** $$P_{机械}=\frac{Q_{机械}}{S_{机械}}=\frac{2156}{120}=17.96\text{ 台班}$$

取 18 个台班。

5. 计算确定施工过程的延续时间

施工过程持续时间的确定方法有三种：经验估算法、定额计算法和倒排计划法。

(1) 经验估算法

经验估算法也称三时估算法，即先估计出完成该施工过程的最乐观时间、最悲观时间和最可能时间三种施工时间，再根据公式（5-4）计算出该施工过程的延续时间。这种方法适用于新结构、新技术、新工艺、新材料等无定额可循的施工过程。

$$D=\frac{A+4B+C}{6} \tag{5-4}$$

式中 $A$——最乐观的时间估算（最短的时间）；

$B$——最可能的时间估算（最正常的时间）；

$C$——最悲观的时间估算（最长的时间）。

(2) 定额计算法

这种方法是根据施工过程需要的劳动量或机械台班量，以及配备的劳动人数或机械台数，确定施工过程持续时间，其计算公式见式（5-5）、式（5-6）：

$$D=\frac{P}{N\times R} \tag{5-5}$$

$$D_{机械}=\frac{P_{机械}}{N_{机械}\times R_{机械}} \tag{5-6}$$

式中 $D$——某手工操作为主的施工过程持续时间，天；

$P$——该施工过程所需的劳动量，工日；

$R$——该施工过程所配备的施工班组人数，人；

$N$——每天采用的工作班制，班；

$D_{机械}$——某机械施工为主的施工过程的持续时间，天；

$P_{机械}$——该施工过程所需的机械台班数，台班；

$R_{机械}$——该施工过程所配备的机械台数，台；

$N_{机械}$——每天采用的工作台班，台班。

从上述公式可知，要计算确定某施工过程持续时间，除已确定的 $P$ 或 $P_{机械}$外，还必须先确定 $R$、$R_{机械}$及 $N$、$N_{机械}$的数值。

要确定施工班组人数 $R$ 或施工机械台班数 $R_{机械}$，除了考虑必须能获得或能配备的施工班组人数（特别是技术工人人数）或施工机械台数之外，在实际工作中，还必须结合施工现场的具体条件、最小工作面与最小劳动组合人数的要求以及机械施工的工作面大小、机械效率、机械必要的停歇维修与保养时间等因素考虑，才能计算确定出符合实际可能和要求的施工班组人数及机械台数。

每天工作班制确定：当工期允许、劳动力和施工机械周转使用不紧迫，施工工艺上无连续施工要求时，通常采用一班制施工，在建筑业中往往采用1.25班制，即10h。当工期较紧或为了提高施工机械的使用率及加快机械的周转使用，或工艺上要求连续施工时，某些施工过程可考虑二班甚至三班制施工。但采用多班制施工，必然增加有关设施及费用，因此，须慎重研究确定。

**【例 5-5】** 某工程基础混凝土浇筑所需劳动量为580工日，每天采用三班制，每班安排10人施工，试求完成混凝土垫层的施工持续时间。

**【解】**

$$D=\frac{P}{N\times R}=\frac{580}{3\times 10}=19.3\text{天(取 19 天)}$$

**【例 5-6】** 某墙面抹灰工程为 $6850m^2$，拟采用最新的抹灰机器人开展抹灰作业。根据测算资料得知一台抹灰机器人每台班能完成 $300m^2$ 的抹灰任务。按照一天一个工作台班安排施工，试求用两台抹灰机器人需要几天能完成该墙面抹灰任务。

**【解】**

$$D=\frac{P}{N\times R}=\frac{6850/300}{1\times 2}=11.4\text{天(取 11 天)}$$

（3）倒排计划法

这种方法是根据施工的工期要求，先确定施工过程的延续时间及工作班制、再确定施工班组人数（$R$）或机械台数（$R_{机械}$）。计算公式如下：

$$R=\frac{P}{N\times D} \tag{5-7}$$

$$R_{机械}=\frac{P_{机械}}{N_{机械}\times D_{机械}} \tag{5-8}$$

式中符号同式（5-5）、式（5-6）。

如果按上述两式计算出来的结果，超过了本部门现有的人数或机械台数，则要求有关部门进行平衡、调度及支持，或从技术上、组织上采取措施。如组织平行立体交叉流水施工，提高混凝土早期强度及采取多班组、多班制施工等。

**【例 5-7】** 某工程砌墙所需劳动量为530个工日，要求在15天内完成，采用一班制施工，试求每班工人数。

【解】

$$R=\frac{P}{N\times D}=\frac{530}{1\times 15}=35.3\text{ 人}$$

取 $R$ 为 36 人。

上例所需施工班组人数为 36 人，若配备技工 18 人，普工 18 人，其比例为 1∶1，是否有 36 个劳动人数，是否有 18 个技工，是否有足够的工作面，这些都需经分析研究才能确定。现按 36 人计算，实际采用的劳动量为 36×15×1＝540 工日，比计划劳动量 530 个工日多 10 个工日，相差不大。

6. 初排施工进度（以横道图为例）

上述各项计算内容确定之后，即可编制施工进度计划的初步方案。一般的编制方法有两种，一种是根据施工经验直接安排，另一种是按工艺组合组织流水施工。

（1）根据施工经验直接安排

这种方法是根据经验资料及有关计算，直接在进度表上画出进度线。其一般步骤是：先安排主导施工过程的施工进度，然后再安排其余施工过程。它应尽可能配合主导施工过程并最大限度地搭接，形成施工进度计划的初步方案。总的原则是应使每个施工过程尽可能早地投入施工。

（2）按工艺组合组织流水施工

这种方法就是先按各施工过程（即工艺组合流水）初排流水进度线，然后将各工艺组合最大限度地搭接起来。

无论采用上述哪一种方法编排进度，都应注意以下问题：

1）每个施工过程的施工进度线都应用横道粗实线段表示（初排时可用铅笔细线表示，待检查调整无误后再加粗）；

2）每个施工过程的进度线所表示的时间（天）应与计算确定的延续时间一致；

3）每个施工过程的施工起止时间应根据施工工艺顺序及组织顺序确定。

7. 检查与调整施工进度计划

施工进度计划初步方案编制后，应根据与建设单位和有关部门的要求、合同规定及施工条件等，先检查各施工过程之间的施工顺序是否合理、工期是否满足要求、劳动力等资源消耗是否均衡，然后再进行调整，直至满足要求，正式形成施工进度计划。总的要求是：在合理的工期下尽可能地使施工过程连续施工，这样便于资源的合理安排。

### 5.4.3 施工进度计划案例

1. 工程背景

本工程为某学院教学实验楼，位于某市某区南部。耐火等级为一级，屋面工程防水等级为Ⅱ级，设计使用年限 50 年。

本工程设 A、B、C 三段，A 段为教学楼和阶梯教室，B 段为教学楼，C 段为实验楼和阶梯教室，总建筑面积为 29327.1$m^2$，基底面积为 5865.42$m^2$，建筑总高度为 21.75m，一层层高 4.2m，二～五层层高 3.9m，楼梯间与水箱间层高 3.6m，室内外高差 0.45m。

本工程建筑物类别为丙类，结构形式为现浇混凝土框架结构，框架抗震等级为二级，基础形式为钢筋混凝土柱下独立基础，局部为肋梁式筏形基础或柱下条形基础。抗震设防烈度为 6 度，建筑物设计使用年限为 50 年。

施工区段划分情况如下：根据工程特点，划分三个施工区同时作业。A1、A2、A3 为第Ⅰ施工区，B，C2、C3 为第Ⅱ施工区，C1、C4 为第Ⅲ施工区。在每个分区内，各自按照工程自然段流水施工，如图 5-10 所示。

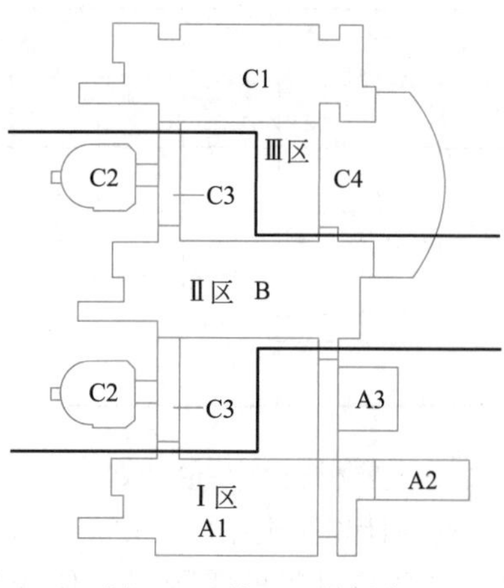

图 5-10　施工区段划分

以主体工程、装修工程为工期控制重点，并作为进度计划的关键控制线路。其他工程进行穿插、流水搭接和交叉施工。

工期目标：本工程于 2023 年 10 月 8 日开工，2024 年 7 月 5 日达到竣工验收标准，有效工期 270 天。

要求：试编制该工程的施工进度计划。

2. 施工进度计划

根据本工程实际情况，编制施工进度计划，具体步骤如下（具体内容略）：

（1）划分施工过程

（2）计算工程量

（3）套用施工定额

（4）计算劳动量及机械台班量

（5）确定施工过程的延续时间

（6）初排施工进度计划

（7）检查与调整施工进度计划

该工程施工进度计划如图 5-11 所示。

## 5.5　资源配置与施工准备工作计划

### 5.5.1　编制资源需要量计划

单位工程施工进度计划编制确定后，可以编制劳动力需要量计划；编制主要材料、预制构件、门窗等的需用量和加工计划；编制施工机具及周转材料的需用量和进场计划。它们是做好劳动力与物资的供应、平衡、调度、落实的依据，也是施工单位编制施工作业计划的主要依据之一。各计划表的编制内容及其基本要求如下：

1. 劳动力需要量计划

劳动力需要量计划反映单位工程施工中所需要的各种技术工人数、普工人数。一般要求按月分旬编制计划。主要根据确定的施工进度计划编制，其方法是按进度表上每天需要的施工人数，分工种进行统计，得出每天所需工种及人数，按时间进度要求汇总编出，见表 5-2。

劳动力需要量计划　　表 5-2

| 序号 | 工种名称 | 人数 | 月 | | | 月 | | | 月 | | | 月 | | |
|---|---|---|---|---|---|---|---|---|---|---|---|---|---|---|
| | | | 上旬 | 中旬 | 下旬 | 上旬 | 中旬 | 下旬 | 上旬 | 中旬 | 下旬 | 上旬 | 中旬 | 下旬 |
| | | | | | | | | | | | | | | |
| | | | | | | | | | | | | | | |
| | | | | | | | | | | | | | | |
| | | | | | | | | | | | | | | |

2. 主要材料需要量计划

这种计划是根据施工预算、材料消耗定额和施工进度计划编制的，主要反映施工过程中各种主要材料的需要量，作为备料、供料和确定仓库、堆场面积及运输量的依据，见表 5-3。

主要材料需要量计划　　表 5-3

| 序号 | 材料名称 | 规格 | 需要量 | | 需要时间 | | | | | | | | | 备注 |
|---|---|---|---|---|---|---|---|---|---|---|---|---|---|---|
| | | | 单位 | 数量 | 月 | | | 月 | | | 月 | | | |
| | | | | | 上旬 | 中旬 | 下旬 | 上旬 | 中旬 | 下旬 | 上旬 | 中旬 | 下旬 | |
| | | | | | | | | | | | | | | |
| | | | | | | | | | | | | | | |
| | | | | | | | | | | | | | | |
| | | | | | | | | | | | | | | |

3. 施工机具需要量计划

施工机具需要量计划是根据施工预算、施工方案、施工进度计划和机械台班定额编制的，主要反映施工所需机械和器具的名称、型号、数量及使用时间，见表 5-4。

施工机具需要量计划　　表 5-4

| 序号 | 机具名称 | 型号 | 单位 | 需用数量 | 进退场时间 | 备注 |
|---|---|---|---|---|---|---|
| | | | | | | |
| | | | | | | |

4. 预制构件需要量计划

预制构件需要量计划是根据施工图、施工方案及施工进度计划要求编制的。主要反映施工中各预制构件的需要量及供应日期，并作为落实加工单位以及按所需规格、数量和使用时间组织构件进场的依据，见表5-5。

预制构件需要量计划　　表5-5

| 序号 | 构件名称 | 编号 | 规格 | 单位 | 数量 | 进场时间 | 备注 |
|---|---|---|---|---|---|---|---|
| | | | | | | | |
| | | | | | | | |

### 5.5.2 编制施工准备工作计划

单位工程施工准备工作计划是施工组织设计的一个组成部分，一般在施工进度计划确定后即可着手进行编制，它主要反映开工前、施工中必须做的有关准备工作，是施工单位落实安排施工准备各项工作的主要依据，施工准备工作的内容主要有以下方面：建立单位工程施工准备工作的管理组织、进行时间安排，施工技术准备及编制质量计划，劳动组织准备，施工物资准备，施工现场准备，冬雨期准备，资金准备等。

为落实各项施工准备工作，加强对施工准备工作的检查监督，通常施工准备工作计划可列表表示，其表格形式见表5-6。

施工准备工作计划　　表5-6

| 序号 | 施工准备工作名称 | 准备工作内容（及量化指标） | 主办单位（主要负责人） | 协办单位（及主要协办人） | 完成时间 | 备注 |
|---|---|---|---|---|---|---|
| | | | | | | |
| | | | | | | |
| | | | | | | |
| | | | | | | |

## 5.6 单位工程施工平面图

单位工程施工平面图是根据施工需要对拟建工程的施工现场按一定规则作出的平面和空间的规划，它是单位工程施工组织设计的重要组成部分。

### 5.6.1 单位工程施工平面图设计的意义和内容

组织拟建工程的施工，施工现场必须具备一定的施工条件，除了做好必要的“三通一平”之外，还应布置施工机械、临时堆场、仓库、办公室等生产性和非生产性临时设施。这些设施均应按照一定的原则，结合拟建工程的施工特点和施工现场的具体条件，作出一个合理、适用、经济的平面布置和空间规划方案，并将这些内容表现在图纸上，这就是单位工程施工平面图。

施工平面图设计是单位工程开工前准备工作的重要内容之一。它是安排和布置施工现场的基本依据，是实现有组织、有计划和顺利地进行施工的重要条件，也是施工现场文明施工的重要保证。因此，合理地、科学地规划单位工程施工平面图，并严格贯彻执行，加强督促和管理，不仅可以顺利地完成施工任务，而且还能提高施工效率和效益。应当指出，建筑工程施工由于工程性质、规模、现场条件和环境的不同，所选的施工方案、施工机械的品种、数量也不同。因此，施工现场要规划和布置的内容也有多有少。工程施工是一个复杂多变的过程，随着工程施工的不断展开，需要规划和布置的内容也逐渐增多；随着工程的逐渐收尾，材料、构件等逐渐消耗，施工机械、施工设施逐渐退场和拆除。因此，在整个工程的不同施工阶段，施工现场布置的内容也各有侧重且不断变化。所以，工程规模较大、结构复杂、工期较长的单位工程，应当按不同的施工阶段设计施工平面图，但要统筹兼顾。近期的应照顾远期的；土建施工应照顾设备安装的；局部的应服从整体的。为此，在整个工程施工中，各协作单位应以土建施工单位为主，合理布置施工平面，做到各得其所。

规模不大的砌体结构和框架结构工程，由于工期不长，施工也不复杂。因此，这些工程往往只反映其主要施工阶段的现场平面规划布置，一般是考虑主体结构施工阶段的施工平面布置，当然也要兼顾其他施工阶段的需要。如砌体结构工程的施工，其主体结构施工阶段要反映在施工平面图上的内容最多，但随着主体结构施工的结束，现场砌块、构件等的堆场将空出来，某些大型施工机械将拆除退场，施工现场也就变得宽松了，但应注意是否增加砂浆搅拌机的数量和相应堆场的面积。

单位工程施工平面图一般包括以下内容：

(1) 单位工程施工区域范围内，将已建和拟建的地上、地下建筑物及构筑物的平面尺寸、位置标注出来，并标注出河流、湖泊等位置和尺寸以及指北针、风向玫瑰图等；

(2) 拟建工程所需的起重机械、垂直运输设备、搅拌机械及其他机械的布置位置，起重机械开行路线及方向等；

(3) 施工道路的布置、现场出入口位置等；

(4) 各种预制构件堆放及预制场地所需面积、布置位置；大宗材料堆场的面积、位置确定；仓库的面积和位置确定；装配式结构构件的就位位置确定；

(5) 生产性及非生产性临时设施的名称、面积、位置的确定；

(6) 临时供电、供水、供热等管线的布置；水源、电源、变压器位置确定；现场排水沟渠及排水方向的考虑；

(7) 土方工程的弃土及取土地点等有关说明；

(8) 劳动保护、安全、防火及防洪设施布置以及其他需要布置的内容。

### 5.6.2 单位工程施工平面图设计的依据和原则

在设计施工平面图之前，必须熟悉施工现场与周围的地理环境；调查研究、收集有关技术经济资料；对拟建工程的工程概况、施工方案、施工进度及有关要求进行分析研究，只有这样，才能使施工平面图设计的内容与施工现场及工程施工的实际情况相符合。

1. 单位工程施工平面图设计的主要依据

（1）自然条件调查资料。如气象、地形、水文及工程地质资料等。主要用于：布置地面水和地下水的排水沟；确定易燃、易爆、沥青灶、化灰池等有碍人体健康的设施位置；安排冬雨期施工期间所需设施的地点。

（2）技术经济条件调查资料。如交通运输、水源、电源、物资资源、生产和生活基地状况等资料。主要用于：布置水、电、暖、煤、卫等管线的位置及走向；交通道路、施工现场出入口的走向及位置；确定临时设施搭设数量。

（3）拟建工程施工图纸及有关资料。建筑总平面图上标明的一切地上、地下的已建工程及拟建工程的位置，这是正确确定临时设施位置，修建临时道路、解决排水等问题所必需的资料，以便考虑是否可以利用已有的房屋为施工服务或者是否拆除。

（4）一切已有和拟建的地上、地下的管道位置。设计平面布置图时，应考虑是否可以利用这些管道，或者已有的管道对施工有妨碍而必须拆除或迁移，同时要避免把临时建筑物等设施布置在拟建的管道上面。

（5）建筑区域的竖向设计资料和土方平衡图。这对于布置水、电管线、安排土方的挖填及确定取土、弃土地点很重要。

（6）施工方案与进度计划。根据施工方案确定的起重机械、搅拌机械等各种机具的数量，考虑安排它们的位置；根据现场预制构件安排要求，做出预制场地规划；根据进度计划，了解分阶段布置施工现场的要求，并考虑如何整体布置施工平面。

（7）根据各种主要原材料、半成品、预制构件加工生产计划、需要量计划及施工进度要求等资料，设计材料堆场、仓库等面积和位置。

（8）建设单位能提供的已建房屋及其他生活设施的面积等有关情况，以便决定施工现场临时设施的搭设数量。

（9）现场必须搭建的有关生产作业场所的规模要求，以便确定其面积和位置。

（10）其他需要掌握的有关资料和特殊要求。

2. 单位工程施工平面图设计原则

（1）在确保施工安全以及使现场施工能比较顺利进行的条件下，要布置紧凑，少占或不占农田，尽可能减少施工占地面积。

（2）最大限度缩短场内运距，尽可能减少二次搬运。各种材料、构件等要根据施工进度并在保证能连续施工的前提下，有计划地组织分期分批进场，充分利用场地；合理安排生产流程，材料、构件要尽可能布置在使用地点附近，要通过垂直运输者，尽可能布置在垂直运输机具附近，力求减少运距，达到节约用工和减少材料的损耗。

（3）在保证工程施工顺利进行的条件下，尽量减少临时设施的搭设。为了降低临时设施的费用，应尽量利用已有的或拟建的各种设施为施工服务；对必须修建的临时设施，尽可能采用装拆方便的设施；布置时不要影响正式工程的施工，避免二次或多次拆建；各种临时设施的布置，应便于生产和生活。

（4）各项布置内容，应符合劳动保护、技术安全、防火和防洪的要求。为此，机械设备的钢丝绳、缆风绳以及电缆、电线与管道等不要妨碍交通，保证道路畅通；各种易燃库、棚（如木工、油毡、油料等）及沥青灶、化灰池应布置在下风向，并远离生活区；炸药、雷管要严格控制并由专人保管；根据工程具体情况，考虑各种劳保、安全、消防设施；在山区雨期施工时，应考虑防洪、排涝等措施，做到有备无患。

根据上述原则及施工现场的实际情况，尽可能进行多方案施工平面图设计。综合考虑以下因素：满足施工要求的程度；施工占地面积及利用率；各种临时设施的数量、面积、所需费用；场内各种主要材料、半成品（混凝土、砂浆等）、构件的运距和运量大小；各种水、电管线的敷设长度；施工道路的长度、宽度；安全及劳动保护是否符合要求，综合这些因素进行分析比较，选择出合理、安全、经济、可行的布置方案。

### 5.6.3 单位工程施工平面图设计步骤

1. 确定起重机械的位置

起重机械的位置直接影响仓库、堆场、砂浆和混凝土搅拌站的位置，以及道路和水、电线路的布置等。因此，应予以首先考虑。

布置固定式垂直运输设备，例如井架、龙门架、施工电梯等，主要根据机械性能、建筑物的平面和大小、施工段的划分、材料进场方向和道路情况而定。其目的是充分发挥起重机械的能力并使地面和楼面上的水平运距最小。一般说来，当建筑物各部位的高度相同时，布置在施工段的分界线附近；当建筑物各部位的高度不同时，布置在高低分界线处。这样布置的优点是楼面上各施工段水平运输互不干扰。若有可能，井架、龙门架、施工电梯的位置，以布置在建筑的窗洞口处为宜，以避免砌墙留槎，也可以减少井架拆除后的修补工作。塔式起重机的布置除了应注意安全问题以外，还应该着重解决布置的位置问题。建筑物的平面应尽可能处于吊臂回转半径之内，以便直接将材料和构件运至任何施工地点，避免出现“死角”。塔式起重机的安装位置，主要取决于建筑物的平面布置、形状、高度和吊装方法等。塔机离建筑物的距离应该考虑脚手架的宽度、建筑物悬挑部位的宽度、安全距离、回转半径等内容。

现在，智慧工地可以利用全方位摄像头实现对工地现场360°实时全景监控，利用工地数字地图提升智能建造水平。利用5G塔机智能远程控制技术，塔机司机不用爬塔，只需要坐在远程操作室里，就可以实现多塔机远程控制。5G塔机智能远程控制技术改变了传统作业模式，提高塔机作业效率和安全性能，便于施工人员管理，提高施工信息化程度。如图5-12、图5-13所示。

图5-12　5G塔机智能远程控制技术

图5-13　工地数字地图

2. 确定搅拌站、仓库和材料、构件堆场以及工厂的位置

（1）搅拌站、仓库和材料、构件堆场的位置应尽量靠近使用地点或在起重机起重能力范围内，并考虑到运输和装卸的方便。

1）建筑物基础和第一施工层所用的材料，应该布置在建筑物的四周。材料堆放位置应与基槽边缘保持一定的安全距离，以免造成基槽土壁的塌方事故。

2）第二施工层以上所用的材料，应布置在起重机附近。

3）砂、砾石等大宗材料应尽量布置在搅拌站附近。

4）当多种材料同时布置时，对大宗的、重大的和先期使用的材料，应尽量布置在起重机附近；少量的、轻的和后期使用的材料，则可布置得稍远一些。

5）根据不同的施工阶段使用不同材料的特点，在同一位置上可先后布置不同的材料。

（2）根据起重机械的类型，搅拌站、仓库和堆场位置又有以下几种布置方式：

1）当采用固定式垂直运输设备时，须经起重机运送的材料和构件堆场位置，以及仓库和搅拌站的位置应尽量靠近起重机布置，以缩短运距或减少二次搬运；

2）当采用塔式起重机进行垂直运输时，材料和构件堆场的位置，以及仓库和搅拌站出料口的位置，应布置在塔式起重机的有效起重半径内。

木工棚和钢筋加工棚的位置可考虑布置在建筑物四周以外的地方，但应有一定的场地堆放木材、钢筋和成品。石灰仓库和淋灰池的位置要接近砂浆搅拌站并在下风向；沥青堆场及熬制锅的位置要离开易燃仓库或堆场，并布置在下风向。

3. 运输道路的布置

运输道路的布置主要解决运输和消防两个问题。现场主要道路应尽可能利用永久性道路的路面或路基，以节约费用。现场道路布置时要保证行驶畅通，使运输工具有回转的可能性。因此，运输线路最好绕建筑物布置成环形道路。道路宽度大于3.5m。

4. 临时设施的布置

（1）临时设施分类、内容

施工现场的临时设施可分为生产性与非生产性两大类。

生产性临时设施的内容包括：在现场加工制作的作业棚，如木工加工品、钢筋加工棚、薄钢板加工棚；各种材料库、棚，如水泥库、油料库、卷材库、沥青、石灰棚、各种机械操作棚，如搅拌机棚、卷扬机棚、电焊机棚；各种生产性用房，如锅炉房、烘炉房、机修房、水泵房、空气压缩机房等；其他设施，如变压器等。

非生产性临时设施内容包括：各种生产管理办公用房、会议室、文娱室、福利性用房、医务室、宿舍、食堂、浴室、开水房、警卫传达室、厕所等。

（2）单位工程临时设施布置

布置临时设施，应遵循使用方便、有利施工、尽量合并搭建、符合防火安全的原则；同时结合现场地形和条件、施工道路的规划等因素分析考虑它们的布置。各种临时设施均不能布置在拟建工程（或后续开工工程）、拟建地下管沟、取土、弃土等地点。

各种临时设施尽可能采用活动式、装拆式结构或就地取材。施工现场范围应设置临时围墙、围网或围笆。

5. 布置水、电管网

（1）施工用临时给水管，一般由建设单位的干管或施工用干管接到用水地点，有枝

状、环状和混合状等布置方式，应根据工程实际情况，从经济和保证供水两个方面去考虑其布置方式。管径的大小、龙头数目根据工程规模由计算确定，管道可埋置于地下，也可铺设在地面上，视气温情况和使用期限而定。工地内要设消火栓，消火栓距离建筑物应不小于5m，也不应大于25m，距离路边不大于2m。条件允许时，可利用城市或建设单位的永久消防设施。有时，为了防止供水的意外中断，可在建筑物附近设置简易蓄水池，储存一定数量的生产和消防用水。如果水压不足时，还应设置高压水泵。

（2）为了便于排除地面水和地下水，要及时修通永久性下水道，并结合现场地形，在建筑物四周设置排泄地面水和地下水的沟渠。

（3）施工中的临时供电，应在全工地性施工总平面图中一并考虑，只有独立的单位工程施工时，才根据计算出的现场用电量选用变压器或由建设单位原有变压器供电，变压器的位置应布置在现场边缘高压线接入处，但不宜布置在交通要道出入口处。现场导线宜采用绝缘线架空或电缆布置。

## 5.7 主要施工组织管理措施

### 5.7.1 确保工程质量的技术组织措施

保证工程质量的关键是明确质量目标，建立质量保证体系，对工程对象经常发生的质量通病制定防治措施。

1. 组织措施

（1）建立各级技术责任制，完善内部质保体系，明确质量目标及各级技术人员的职责范围，做到职责明确、各负其责。

（2）推行全面质量管理活动，开展质量红旗竞赛，制定奖优罚劣措施。

（3）定期进行质量检查活动，召开质量分析会议。

（4）加强人员培训工作，贯彻现行《建筑工程施工质量验收统一标准》GB 50300及相关专业工程施工质量验收系列规范。对使用“四新”或是质量通病，应进行分析讲解，以提高施工操作人员的质量意识和工作质量，从而确保工程质量。

（5）对影响质量的风险因素（如工程质量不合格导致的损失，包括质量事故引起的直接经济损失，修复和补救等措施发生的费用，以及第三者责任损失等）有识别管理办法和防范对策。

2. 技术措施

（1）确保工程定位放线、标高测量等准确无误的措施。

（2）确保地基承载力及各种基础、地下结构、地下防水、土方回填施工质量的措施。

（3）确保主体承重结构各主要施工过程质量的措施。

（4）确保屋面、装修工程施工质量的措施。

（5）依据现行《建筑工程冬期施工规程》JGJ/T 104、《冬期施工手册》等制定季节性施工的质量保证措施。

（6）解决质量通病的措施。

### 5.7.2　确保安全生产的技术组织措施

1. 组织措施

（1）明确安全目标，建立安全保证体系。

（2）执行国家、行业、地区安全法规、标准、规范，如：现行《职业健康安全管理体系 要求及使用指南》GB/T 45001、《建筑施工安全检查标准》JGJ 59 等，并以此制定本工程安全管理制度、各专业工作安全技术操作规程。

（3）建立各级安全生产责任制，明确各级施工人员的安全职责。

（4）提出安全施工宣传、教育的具体措施，进行安全思想、纪律、知识、技能和法制的教育，加强安全交底工作；施工班组要坚持每天开好班前会，针对施工中的安全问题及时提示；在工人进场上岗前，必须进行安全教育和安全操作培训。

（5）定期进行安全检查活动和召开安全生产分析会议，对不安全因素及时进行整改。

（6）需要持证上岗的工种必须持证上岗。

（7）对影响安全的风险因素（如，在施工活动中，由于操作者失误、操作对象的缺陷及环境因素等导致的人身伤亡、财产损失和第三者责任等损失）有管理办法和防范对策。

2. 技术措施

（1）施工准备阶段的安全技术措施

1）技术准备中要了解工程设计对安全施工的要求，调查工程的自然环境对施工安全及施工对周围环境安全的影响。

2）物资准备时要及时供应质量合格的安全防护用品，以满足施工需要。

3）施工现场准备中，各种临时设施、库房、易燃易爆品存放都必须符合安全规定。

4）施工队伍准备中，总包、分包单位都应持有《建筑业企业安全资格证》。

（2）施工阶段的安全技术措施

1）针对拟建工程地形、地貌、环境、自然气候、气象等情况，提出可能突然发生自然灾害时有关施工安全方面的措施，以减少损失，避免伤亡。

2）提出易燃、易爆品严格管理、安全使用的措施。

3）提出防火、消防措施，有毒、有尘、有害气体环境下的安全措施。

4）提出土方、深基坑施工、高空作业、结构吊装、上下垂直平行施工时的安全措施。

5）提出各种机械机具安全操作要求，外用电梯、井架及塔式起重机等垂直运输机具安拆要求、安全装置和防倒塌措施，交通车辆的安全管理措施。

6）提出各种电气设备防短路、防触电的安全措施。

7）提出狂风、暴雨、雷电等各种特殊天气发生前后的安全检查措施及安全维护制度。

8）提出季节性施工的安全措施。夏季作业有防暑降温措施，雨季作业有防雷电、防触电、防沉陷坍塌、防台风、防洪排水措施，冬季作业有防风、防火、防冻，防滑、防煤气中毒措施。

9）进行脚手架、吊篮、安全网的设置，提出各类洞口、临边防止作业人员坠落的措施，现场周围通行道路及居民保护隔离措施。

10）各施工部位要有明显的安全警示牌。

11）操作者严格遵照安全操作规程，实行标准化作业。

12）基坑支护、临时用电、模板搭拆、脚手架搭拆要编写专项施工方案。

13）针对新工艺、新技术、新材料、新结构，制定专门的施工安全技术措施。

### 5.7.3 确保工期的技术组织措施

1. 组织措施

（1）建立进度控制目标体系和进度控制组织系统，落实各层次进度控制人员和工作责任。

（2）建立进度控制工作制度，如检查时间、方法、协调会议时间、参加人员等，定期召开工程例会，分析研究解决各种问题。

（3）建立图纸审查、工程变更与设计变更管理制度。

（4）建立对影响进度的因素分析和预测的管理制度，对影响工期的风险因素有识别管理手法和防范对策。

（5）组织劳动竞赛，有节奏地掀起几次生产高潮，调动职工积极性，保证进度目标实现。

（6）组织流水作业。

（7）进行季节性施工项目的合理排序。

2. 技术措施

（1）采取加快施工进度的施工技术方法。

（2）规范操作程序，使施工操作能紧张而有序地进行，避免返工和浪费，以加快施工进度。

（3）采取网络计划技术及其他科学适用的计划方法，并结合进度控制软件应用，对进度实施动态控制。在发生进度延误问题时，能适时调整工作间的逻辑关系，保证进度目标实现。

### 5.7.4 确保文明施工（环境管理）的技术组织措施

1. 文明施工措施

（1）建立现场文明施工责任制等管理制度，做到随做随清、谁做谁清。

（2）定期进行检查活动，针对薄弱环节，不断总结提高。

（3）施工现场围栏与标牌设置规范，出入口交通安全，道路畅通，场地平整，安全与消防设施齐全。

（4）临时设施规划整洁，办公室、宿舍、更衣室、食堂、厕所清洁卫生。

（5）各种材料、半成品、构件进场有序，避免盲目进场或后用先进等情况，现场材料应堆放整齐，分类管理。

（6）做好成品保护及施工机械修养工作。

2. 环境保护措施

(1) 项目经理部应根据环境管理的系列标准建立项目环境监控体系，不断反馈监控信息，采取整改措施。

(2) 施工现场泥浆和污水未经处理不得直接排入城市排水设施和河流、湖泊、池塘。

(3) 除有符合规定的装置外，不得在施工现场熔化沥青和焚烧油毡、油漆，亦不得烧其他可产生有毒有害烟尘和恶臭气味的废弃物，禁止用有毒有害废弃物作土方回填。

(4) 建筑垃圾、渣土应在指定地点堆放，每日进行清理。高空施工的垃圾及废弃物应采用密闭式串筒或其他措施清理搬运。装载建筑材料、垃圾或渣土的车辆，应采取防止尘土飞扬、洒落或流溢的有效措施。施工现场应根据需要设置机动车辆冲洗设施。

(5) 在居民和单位密集区域进行爆破、打桩等施工作业前，项目经理部应按规定申请批准，还应将作业计划、影响范围、程度及有关措施等情况，向受影响范围的居民和单位通报说明，取得协作和配合；对施工机械的噪声与振动扰民，应采取相应措施予以控制。

(6) 经过施工现场的地下管线，应由发包人在施工前通知承包人，标出位置，加以保护，施工时发现文物、古迹、爆炸物、电缆等，应当停止施工保护好现场，及时向有关部门报告，按照有关规定处理后方可继续施工。

(7) 施工中需要停水、停电、封路而影响环境时，必须经有关部门批准，事先告知，在行人、车辆通行的地方施工，沟、井、坎、穴应设置覆盖物和标志。

## 5.7.5 降低施工成本的技术组织措施

制定降低成本的措施要依据三个原则，即：全面控制原则、动态控制原则、创收与节约相结合的原则。具体可采用如下措施：

(1) 建立成本控制体系及成本目标责任制，实行全员全过程成本控制，做好变更、索赔工作，加快工程款回收。

(2) 临时设施尽量利用已有的各项设施，或利用已建工程作临时设施，或采用工具式活动工棚等，以减少临时设施费用。

(3) 劳动组织合理，提高劳动效率，减少总用工数。

(4) 增强物资管理的计划性，从采购、运输、现场管理、材料回收等方面，最大限度地降低材料成本。

(5) 综合利用吊装机械，提高机械利用率，减少吊次，以节约台班费。缩短大型机械进出场时间，避免多次重复进场使用。

(6) 增收节支，减少施工管理费的支出。

(7) 保证工程质量，减少返工损失。

(8) 保证安全生产，减少事故频率，避免意外工伤事故带来的损失。

(9) 合理进行土石方平衡，以节约土方运输及人工费用。

(10) 提高模板精度，采用工具模板、工具式脚手架，加速模板等材料的周转，以节约模板和脚手架费用。

(11) 采用先进的钢筋连接技术，以节约钢筋。

(12) 砂浆、混凝土中掺外加剂或掺合料（粉煤灰等），节约水泥用量。

（13）编制工程预算时，应“以支定收”，保证预算收入；在施工过程中，要“以收定支”，控制资源消耗和费用支出。

（14）加强经常性的分部分项工程成本核算分析及月度成本核算分析，及时反馈，以纠正成本的不利偏差。

（15）对费用超支风险因素（如：价格、汇率和利率的变化，或资金使用安排不当等风险事件引起的实际费用超出计划费用）有识别管理办法和防范对策。

# 5.8 单位工程施工组织设计编制实务

## 5.8.1 高端写字楼工程概况的编制

### 5.8.1.1 建设概况

某写字楼项目位于××市××区，××路以东，××路以北。建筑总高度140m，地下3层，地上32层。总建筑面积82417.35m²。桩筏式基础，要求工期1030个日历天。

### 5.8.1.2 建筑设计概况（表5-7、表5-8）

楼层功能表 表5-7

| | 层号 | 层高(m) | 主要功能 |
|---|---|---|---|
| 每层层高及主要功能 | 32F | 4.200 | 贸易层 |
| | 29F～31F | 4.500 | 贸易层 |
| | 28F | 4.300 | 办公 |
| | 24F～27F | 4.150 | 办公 |
| | 23F | 4.200 | 设备层、避难层 |
| | 22F | 4.200 | 办公 |
| | 14F～21F | 4.150 | 办公 |
| | 13F | 4.750 | 办公 |
| | 12F | 4.200 | 设备层、避难层 |
| | 11F | 4.200 | 办公 |
| | 5F～10F | 4.150 | 办公 |
| | 4F | 4.300 | 设备层 |
| | 2F～3F | 5.000 | 商业 |
| | 1F | 5.500 | 商业 |
| | B1M(夹层) | 3.600 | 自行车停车库 |
| | B1(嵌固层) | 8.050 | 战时:常6,核6;平时:汽车库 |
| | B2 3.650战时 | 3.650 | 战时:常6,核6;平时:汽车库 |
| | B3 4.000战时 | 4.000 | 战时:常6,核6;平时:汽车库 |

建筑构造做法

表 5-8

<table>
<tr><td rowspan="4">装饰</td><td>楼面</td><td>水泥砂浆楼面、混凝土楼面等</td></tr>
<tr><td>外墙</td><td>干挂金属铝板墙面、涂料外墙、干挂天然石材墙面</td></tr>
<tr><td>内墙</td><td>薄型面砖墙面、耐擦洗涂料墙面、轻钢龙骨玻璃棉毡铝板网吸声墙面、釉面砖墙面</td></tr>
<tr><td>顶棚</td><td>轻钢龙骨造型石膏板、顶棚刮腻子喷涂、轻钢龙骨玻璃棉毡铝板网吸声顶棚</td></tr>
<tr><td>楼面做法</td><td colspan="2">玻化砖楼面、水泥砂浆楼面、防滑地砖楼面、水泥楼面、混凝土楼地面(表面金属骨料耐磨层)、不发火楼面、架空防静电地板(不锈钢)、花岗石楼面、陶瓷锦砖楼面、玻化砖楼面</td></tr>
<tr><td>屋面做法</td><td colspan="2">C20 细石混凝土面层、种植屋面等</td></tr>
<tr><td rowspan="5">防水做法</td><td>屋面</td><td>4 厚双层 SBS 改性沥青防水卷材+2 厚双面自粘型防水卷材</td></tr>
<tr><td>地下室底板</td><td>2 厚自粘聚合物改性沥青防水卷材(无胎)+4 厚 SBS 改性沥青防水卷材</td></tr>
<tr><td>地下室顶板</td><td>2 厚自粘聚合物改性沥青防水卷材(无胎)+4 厚 SBS 耐根穿刺防水卷材</td></tr>
<tr><td>地下室侧墙</td><td>4 厚 SBS 改性沥青防水卷材+2 厚自粘聚合物改性沥青防水卷材(无胎)</td></tr>
<tr><td>卫生间、厨房</td><td>1.5 厚聚氨酯涂料防水层</td></tr>
<tr><td rowspan="3">保温节能</td><td>外墙</td><td>无机轻集料保温砂浆 B 型</td></tr>
<tr><td>屋面</td><td>B1 级挤塑聚苯板保温层</td></tr>
<tr><td>门窗</td><td>断热铝合金窗、节能外门</td></tr>
</table>

#### 5.8.1.3 工程结构设计概况(表 5-9)

工程结构设计概况表

表 5-9

<table>
<tr><td>项目</td><td colspan="7">工程概况</td></tr>
<tr><td rowspan="4">地基基础</td><td rowspan="2">桩基</td><td>类型</td><td>钻孔灌注桩</td><td rowspan="2">桩长</td><td colspan="3">800mm:45m</td></tr>
<tr><td>桩径</td><td>800mm/600mm</td><td colspan="3">600mm:39m</td></tr>
<tr><td>承台</td><td colspan="6">厚度:1400mm、1600mm、1800mm</td></tr>
<tr><td>埋深</td><td>18m</td><td>持力层</td><td>⑧1 粉砂层/<br>⑧2 中砂层</td><td>承载力<br>标准值</td><td colspan="2">600mm 桩:2300kN<br>800mm 桩:4500kN</td></tr>
<tr><td rowspan="6">主体结构</td><td>框支柱</td><td colspan="6">截面尺寸(mm):600×600;700×700;800×800;900×900;1000×800;1000×1000</td></tr>
<tr><td>框支梁</td><td colspan="6">截面尺寸(mm):400×600;300×550;300×600</td></tr>
<tr><td>楼板</td><td colspan="6">厚度:150mm</td></tr>
<tr><td>墙厚度</td><td colspan="2">地下室剪力墙200mm、250mm、300mm、350mm、400mm、500mm</td><td colspan="2">地上结构剪力墙</td><td colspan="2">200mm、250mm、300mm、400mm、600mm</td></tr>
<tr><td>底板厚度</td><td colspan="6">地库底板:800mm;主楼筏板:1550mm、1950mm、2150mm、2350mm、2630mm、3150mm</td></tr>
<tr><td>顶板</td><td colspan="6">厚度:180mm</td></tr>
<tr><td rowspan="4">抗震设防烈度、混凝土强度等级及抗渗要求</td><td colspan="3">6 度</td><td colspan="2">人防等级</td><td colspan="2">六级二等人员掩蔽</td></tr>
<tr><td>基础</td><td colspan="2">垫层 C15</td><td colspan="4">基础底板、承台 C30(P8)</td></tr>
<tr><td rowspan="2">主体</td><td>剪力墙</td><td>框支梁</td><td colspan="2">框支柱</td><td>楼梯</td><td>梁板</td></tr>
<tr><td>C30、C40、C50、C60</td><td>C60</td><td colspan="2">C60</td><td>C30</td><td>C30</td></tr>
</table>

续表

| 项目 | 工程概况 | |
|---|---|---|
| 钢筋概况 | 钢筋类别 | HPB300、HRB400 |
| | 钢筋直径(mm) | 6、8、10、12、14、16、18、20、22、25、28、32 |
| | 连接形式 | 一、二级抗震等级及三级抗震等级的底层，宜采用机械连接接头 |
| | | 三级抗震等级的其他部位和四级抗震等级可采用绑扎搭接或焊接 |
| 砌体结构 | 蒸压加气混凝土砌块(B06级)，内墙墙体抗压强度≥A2.5，外墙墙体抗压强度≥A3.5 | |
| 特殊结构 | 钢结构：钢骨混凝土 | |

### 5.8.1.4 建设设备安装概况（表5-10）

建设设备安装概况表　　表5-10

| 项目 | 工程概况 | |
|---|---|---|
| 强电工程 | 高低压供电系统 | 1. 负荷分类：<br>(1)所有消防用电设备(如：消防控制室，消防水泵，消防电梯，防烟排烟设施，火灾自动报警系统，漏电火灾报警系统，自动灭火系统，应急照明，疏散指示标志和电动的防火门、窗、卷帘、阀门等)，大型商场及超市营业厅备用照明、主要通道照明，排污泵、雨水排水泵、生活水泵、客梯用电，安防系统用电，电子信息设备机房用电。(2)二级负荷：自动扶梯、大型商场及超市空调用电。(3)三级负荷：除一、二级负荷外的其余负荷。<br>2. 供电电源：低压配电系统电源为220V/380V，三相四线加PE线的接地系统(TN-S系统)。<br>3. 供电方式：低压配电采用放射式、放射式与树干式相结合的两种方式。对于容量较大的负荷和重要负荷，如水泵房、电梯机房、消防报警系统、安防监控系统等，采用放射式供电；对于一般负荷及小容量负荷，如风机、照明等，采用树干式与放射式相结合的供电方式 |
| | 配电系统照明 | 1. 照明配电：照明光源及灯具的选择一般原则是高效、节能，并注意各部分对显色性的要求。所有荧光灯均采用电子镇流器，光源采用T5三基色荧光灯管，功率因数COS2＞0.95。金卤灯均采用电子镇流器或节能电感镇流器，配电容器补偿，功率因数COS0＞0.9。镇流器流明系数≥0.95，波峰系数CF≤1.7。公楼及地下车库楼梯间照明采用声光控自熄开关；办公楼入口大堂、电梯厅、走廊，地下精品商业营业厅、车库等公共场所照明由建筑设备监控系统控制；自行车库照明采用灯具上安装感应装置自动控制方式；管理用房、机房、库房等场所采用就地多开关分路控制，公共部分应急照明火灾时由消防控制室强制点燃。车库\设备用房\办公\宿舍等处以荧光灯为主，楼梯间一般采用吸顶灯。室外雨棚\浴室\卫生间等潮湿场所选用防水防潮灯。电梯井道设永久照明，距井道最高点和最低点0.5m处各设一盏灯，中间每隔6m设一盏灯，距坑底1.5m处设检修插座(防护等级不小于IP54)。一般照明开关为距地1.3m，残疾人卫生间开关为底边距地1.0m。<br>2. 设备安装：住宅部分由公用变电站供电，竖向干线采用密集型母线配电方式，每层设插接箱，电表箱设在每层公共区域，每套住宅设户内配电箱。每4～6层设置一个应急照明配电箱，每套住宅应设置自恢复式过、欠电压保护电器 |
| | 防雷接地及安全 | 本工程低压配电接地系统采用TN-S系统。防雷接地\保护接地及弱电工作接地采用公共接地装置，接地电阻1，否则补打人工接地极。柴油发电机系统采用TN-S系统，与变电站共用接地极。低压配电系统的中性线与PE线在接地点后要严格分开，凡正常不带电而当绝缘破坏有可能对地呈现电压的一切电气设备的金属外和管线等均应可靠接地 |

### 5.8.1.5 自然条件

1. 气象条件

工程所在地属于北亚热带湿润季风气候，年平均气温16.2℃左右。第一雨期为3～7月春雨连梅雨，其中3～5月春雨量占年总雨量的26.54%，6～7月梅雨占24.52%。第二雨期为 8～9 月雨台风雨，多狂风暴雨，占 24.54%，年平均降水日数 159 天。

2. 工程地质及水文条件

工程地貌类型单一，为滨海相淤积平原地貌。位于市中心，场地范围内原均分布有建筑，现已拆迁完毕。场地地形总体较为平坦，实测各勘探孔孔口高程一般在 2.63～3.67m，局部弃土堆部位标高较高，达 4.0～5.0m。场地地貌类型属滨海相淤积平原。

3. 周边及周边地下管线

场地西侧主要分布有铸铁 DN300、铸铁 DN200 给水管线，埋深约 1.5m；塑 600×200 通信管线，埋深约 1m；钢 DN219 燃气管线，埋深约 1.2m；混凝土 DN600 雨污水管线，埋深约 2m。南侧主要分布有混凝土 DN800、球墨 $\phi$200 给水管线，埋深约 2m，钢 DN100、混凝土 1600×200 通信管线，埋深约 1.2m，塑 800×200 电力管线，埋深约 1m，DN300、DN400、DN500 雨污水管线，埋深约 2m。东侧主要分布有电力管线和通信管线，埋深约 1m。

#### 5.8.1.6 工程重点和难点分析（表 5-11）

工程重难点分析表 表 5-11

| 序号 | 工程重难点 | 重难点分析 |
|---|---|---|
| 1 | 场外交通组织及疏导 | 本工程大门位于城市中心干道，大宗设备、材料的进出场必将受到市政道路交通的影响，尤其是混凝土运输受早晚交通高峰期 3 小时限行的制约 |
| 2 | 垂直运输设备选择 | 本项目为超高层，建筑高度约 140m，专业工程众多，垂直运输设备选择合理与否将影响到各专业施工效率与进度 |
| 3 | 超高层建筑施工安全管理 | 本工程塔楼主体结构复杂，立体交叉作业过程多，高空坠落和物体打击等均为本工程重要的危险点，因此如何加强项目的安全管理，合理设置施工现场的安全防护设施是本工程的重点 |
| 4 | 施工现场消防管理 | 本工程塔楼为超高层建筑，高度高，层数多，施工专业多，各专业作业人员不集中，危险发生时高层作业人员撤离难度大，因此如何加强整个现场的消防管理，设置合理的消防设施是本工程管理的重点 |
| 5 | 地处闹市区，文明施工要求高 | 本工程地处市中心，周边居民区、商业区较多。如何在施工过程中确保安全文明、不扰民，必须引起重视 |
| 6 | 总承包管理及服务 | (1)本工程体量大，专业分包工程多，如何加强总承包管理，确保工程目标的实现是工程的重点。<br>(2)总承包如何对各专业分包进行有效的协调是重点。<br>(3)总承包为各专业分包提供全面有效的服务是重点 |
| 7 | 高大模板支撑体系施工管理 | 本工程地下一层结构高度 8m，属于高大模板支撑体系范畴，施工管理作为重点关注 |
| 8 | 深基坑施工 | 地下室为三层结构(开挖深度 17m)，集水井、电梯井等局部深坑另计。最大深坑达 24.5m。保证基坑安全是施工的重点 |
| 9 | 周边环境复杂(管线道路) | 施工场地位于市中心，周边环境复杂，管线众多，依据上述工程建设的周边环境条件，无论是从深基坑开挖深度，还是深基坑挖土卸载坑底隆起后加大周边地表沉降的考虑，对(香格里拉酒店)道路管线、周边建筑的保护，确保周边环境的绝对安全是本基坑工程实施的首要任务 |

续表

| 序号 | 工程重难点 | 重难点分析 |
| --- | --- | --- |
| 10 | 冬期施工阶段现场质量、安全及进度管理 | 冬期进行施工的过程中气温下降，负温条件下土壤、混凝土、砂浆等所含的水分冻结，建筑材料容易脆裂，给工程施工带来许多困难，做好冬期施工阶段各项保证措施是本工程的又一难点和重点 |

### 5.8.1.7 对应采取措施（表 5-12）

工程重难点采取措施表　　表 5-12

| 序号 | 工程重难点 | 对应采取措施 |
| --- | --- | --- |
| 1 | 场外交通组织及疏导 | (1)成立以项目副经理为组长的交通组织工作小组，专门负责交通组织及疏导的管理工作，负责日常对接交通、市容环卫等相关方。<br>(2)混凝土、钢材、大型设备等进场或外运必须严格实施“超前计划、提前沟通、实时协调”制度，由工程部、物资设备部等提前 10 天报送交通组织工作小组审核，然后由交通组织工作小组提前与相关方沟通，确保交通顺畅。<br>(3)大宗材料供应商确定后，大型设备、材料进场前，实地考察待选运输路线沿途交叉口、交通信号灯等的数量和分布情况，道路的宽度、路基情况等，综合确定最佳进场运输路线；必要时，在关键路口、关键路段安排专人值班，协助交通疏导，保障重要材料的及时、顺利进场。<br>(4)考虑到同一路线在不同时间段人流量、车流量的差异性，对进场材料进行分类，区别对待，尽量避开上下班高峰、节假日等特殊敏感时间段，明确各自的合理进场运输时间。<br>(5)为解决早晚高峰期混凝土罐车限行问题，拟在限行前投入足够的混凝土罐车，提前将混凝土运至现场，通过现场囤放混凝土罐车的措施来解决早晚交通高峰期混凝土运输问题 |
| 2 | 垂直运输设备选择 | 综合考虑塔式起重机覆盖范围、结构高度、施工安全、报价经济等原因，本标段工程塔式起重机分地下室和地上部分两个阶段布置，根据实际需求分布塔式起重机和施工电梯，主要用于满足塔楼人员、砌体、装饰装修、幕墙等材料的垂直运输要求 |
| 3 | 超高层建筑施工安全管理 | (1)塔楼立面从下到上设置多道防护体系，首层设置防砸棚，幕墙施工面设置交叉施工硬防护，二次结构施工在每层设置邻边防护，同时每隔 6 层设置挑网，从而保证超高层建筑施工的安全。<br>(2)通过对重要安全部位的视频监控，采取“每日一报”，每周安全专项检查及奖罚等方式，及时掌握现场的安全状态，实现对安全的无缝管理。<br>(3)现场建立安全防护管理小组，每 2 日由组长负责对塔楼安全防护措施进行分段检查，并确保在不同时期均能在 5 日内对所有安全防护措施检查一次，并形成检查报告存入安全档案 |
| 4 | 施工现场消防管理 | (1)设置先进的电话应急求救系统及消防报警广播系统，提前规划好各楼层的紧急疏散通道，并设置醒目标示。<br>(2)科学合理地对现场平面及塔楼竖向进行消防系统布置，配备足够的消防器具。<br>(3)对进入现场的易燃易爆材料单独存放，并安排专人 24 小时看护。<br>(4)将塔楼避乱层设置为临时避难层、避难区 |
| 5 | 地处闹市区，文明施工要求高 | 协调保证措施：及时取得当地政府的支持是做好与周边居民关系协调工作的基础。建立专人协调小组，对口协调相关工作。走访街道、居委会、派出所、环保、城管等部门，取得政府部门的支持、指导，会同居委会等走访周边居民，及时了解居民的困难，与他们取得沟通和一致，取得政府部门的支持和居民的理解。如居民来现场反映情况，认真做好接待安抚工作，对居民提出的合理要求做到及时整改、及时回复，对其中无理取闹者交由政府部门进行教育。 |

续表

| 序号 | 工程重难点 | 对应采取措施 |
| --- | --- | --- |
| 5 | 地处闹市区，文明施工要求高 | (1)组织专门协调小组对口协调政府部门走访居民，并做好工作记录。<br>(2)相关手续(如夜间施工等)以告示形式张贴工地大门口及相关部位。<br>(3)施工前制定文明施工和不扰民措施，向街道、居委会、居民告知并认真落实。<br>(4)开展社区共建、党建联动工作。定期召开专题会，听取居民、政府部门的意见，并落实整改、反馈，把对居民的影响降到最低。<br>(5)不定期走访居民、居委会等，将施工现场情况向居民、居委会汇报沟通取得支持。对居民提出的合理要求及时解决落实。<br>(6)一旦发生扰民事件，及时做好认真接待安抚工作，并立即启动紧急预案，报告相关政府部门，按发生扰民问题处理流程进行处理。<br>把事件影响降低到最小的施工保证措施：<br>(1)认真贯彻文明施工原则，建立文明施工管理小组，负责日常管理协调工作。<br>(2)施工前，制定出各项文明施工措施，并落实到位。<br>(3)施工现场必须按规定要求设置施工铭牌，所有施工管理、作业人员应佩戴胸卡上岗。<br>(4)要落实切实可行的施工临时排水和防汛措施，禁止向通道上排放，禁止水泥浆水未经沉淀直接排入下水道。<br>(5)施工现场平面布置合理，各类材料、设备做到有序堆放。<br>(6)安排专人对施工区域范围内以及施工主要出入口周边道路的洒水保洁工作，控制扬尘，防止泥浆外流。<br>(7)夜间施工时施工材料及施工器械做到轻拿轻放；施工道路用碎石填平，确保重型施工机械行走时噪声减至最小；施工照明应从居民侧照向施工现场，避免对居民的直接光污染 |
| 6 | 总承包管理及服务 | (1)建立部门齐全、职责明确的总承包项目管理部，健全各项总承包管理制度，通过各类专题会议，应用BIM等信息化技术，全面实现总承包对进度、质量、安全、文明施工等的管理。<br>(2)总承包自行施工内容的顺利进行将直接影响其他专业分包的穿插及进度。因此总承包对自行完成的工作需严格控制施工质量，合理安排施工流程，确保施工进度计划。<br>(3)本工程涉及的专业分包众多，各专业分包施工的作业面重叠及工序多重反复交叉，总承包单位应对各专业分包单位进行有效的协调，从整个工程施工的角度合理安排施工流程，及时提供后续工程的施工作业面，保证各专业分包单位正常地进行施工。<br>(4)总承包方无条件为各专业分包单位提供全面的服务，包括提供现有施工现场水电接驳，提供施工现场垂直运输设备和脚手架设施，提供施工现场材料堆放场地等服务，同时以“机电优先”为原则，及时、提前移交机电房，为机电各专业施工创造条件 |
| 7 | 高大模板支撑体系施工管理 | (1)工序开始前编制专项施工方案，并由公司技术科组织专家论证，严格按照专家意见进行修改，通过后现场严格按照方案实施。<br>(2)高支模施工是本工程重大风险源之一，作为工程安全管理的重点进行统一管理监督，分区分段检查、验收及监测。<br>(3)高支模搭设前进行统一交底，并落实到每位作业人员；搭设过程中跟踪复核，发现问题及隐患及时整改；混凝土浇筑前进行架体支撑验收，验收通过后方可浇筑混凝土 |
| 8 | 深基坑施工 | (1)工序开始前编制专项施工方案，并由公司技术科审批，在经过监理及业主审批通过后，现场严格按照方案实施。<br>(2)深基坑施工前进行统一交底，并落实到每位作业人员 |

续表

| 序号 | 工程重难点 | 对应采取措施 |
|---|---|---|
| 9 | 周边环境复杂（管线道路） | 施工前探明周边环境复杂(管线道路)情况，并做好标识，防止施工时对其造成破坏 |
| 10 | 冬期施工阶段现场质量、安全及进度管理 | (1)冬施前15天对冬期施工项目进行详细的分析和策划，编制出可行的冬期施工方案。提前对冬期施工所需要的保障性材料做好储备。<br>(2)本工程冬施阶段需进行场区硬化场地和道路的混凝土施工，在施工过程中采用蓄热法对冬施混凝土进行保温养护。<br>(3)冬季室内外装修工程和水暖电安装工程严格按照规范和方案要求进行施工，做好成品及半成品的保护工作。<br>(4)冬期施工加大力度保障施工项目的安全管理，将冬期施工安全管理列为本工程的重点危险源来制定相应的安全防护措施 |

#### 5.8.1.8 施工条件

动力：电源可从附近电网接入。

水源：附近可接水管至现场。

运输：可使用汽车、吊车、翻斗车，可安装龙门吊、井架。

其他：施工单位的附属企业齐全，各种小型预制构件均可在现场加工。

材料供应：混凝土统一用商品混凝土，砂浆自拌。其他材料按计划供应。

劳动力：施工队可按计划需求调度。

施工期限：33个月以内。

施工现场无旧房可利用，必须搭临时设施。

### 5.8.2 BIM技术编制高层住宅施工部署与主要施工方案

#### 5.8.2.1 施工部署总原则

按照“先地下，后地上；先结构，后装修；先土建，后专业”的总施工顺序原则进行部署，如图5-14所示。

本工程地下3层，地上32层。工程量大，作业面广，节点工期要求非常紧张，分包队伍多，总包管理复杂，施工交叉作业多，工序复杂，有鉴于此，针对工程进行如下施工部署。

项目分为三个施工阶段：地下室结构施工阶段、地上结构施工阶段、装饰施工阶段（表5-13）。水电预留、预埋，机电安装、调试工作穿插在主体结构及装修阶段进行。

本工程钢结构施工部分为地下室一层夹层及地上一层夹层。待地下二层施工完成后及时准备钢结构进场施工。

综合考虑整个工程的工期和施工顺序，现场主要分为三个施工阶段。

施工分段考虑到各段的劳动力和资源投入比较均衡，每个施工区和流水段根据单体、后浇带位置进行划分，便于施工和验收安排。

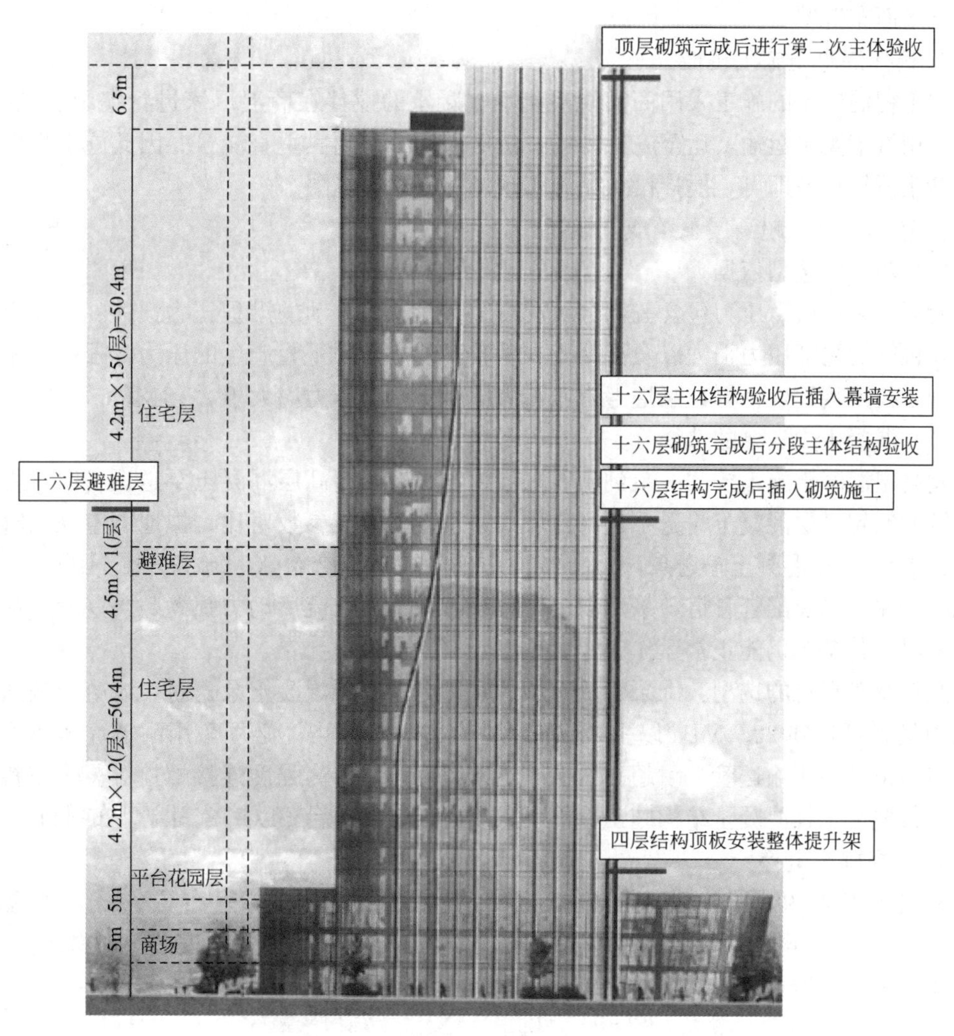


图 5-14 某办公楼施工顺序部署图

地块施工顺序示意图 表 5-13

| 施工内容 | 地下室结构施工阶段 | 地上结构施工阶段 | 装饰施工阶段 |
|---|---|---|---|
| 地下室结构施工 | | | |
| 地下室装饰施工 | | | |
| 地上结构施工 | | | |
| 地上装饰施工 | | | |

### 5.8.2.2 施工机械部署

施工机械的摆放位置在塔式起重机半径范围内，加工的半成品便于水平和垂直运输，尽量减少二次搬运。具体部署如下：

1. 选择提升设备

该工程为超高层建筑，建筑高度达到 140m，采用一台平顶塔式起重机，具体设置位置参见平面布置图。

2. 选择混凝土施工机械

本工程混凝土的施工采用商品混凝土，混凝土的搅拌在商混厂家进行集中机械搅拌，运输采用汽车灌装运输，运至施工现场，然后采用一泵到底垂直浇筑。因此施工现场只需配备砂浆搅拌设备即可，搅拌设备见施工现场总平面布置图。

3. 选择混凝土超高层泵送成套设备

（1）输送泵选型依据

混凝土泵送所需压力包含三部分：混凝土在管道内流动的沿程压力损失、混凝土经过弯管及锥管的局部压力损失以及混凝土在垂直高度方向因重力产生的压力。根据《混凝土泵送施工技术规程》计算，泵送考虑其最大混凝土输送压力应大于22.1MPa。

（2）混凝土输送泵的选择

超高层混凝土施工按“一泵到顶”来组织，在选择超高层混凝土泵送设备时，将国内外高性能的超高层混凝土输送泵进行比较。通过设备性能参数对比，拟地下室施工阶段选择2台HBT80C混凝土输送泵，地上结构施工阶段选择2台（一台备用）HBT80C超高压混凝土输送泵及配套管道，采用双动力系统，双动力合流后动力强劲，当一台柴油机出现故障时，其整机仍能正常运作。

泵管及布料机的选型：①泵管的选型。在进行超高压混凝土泵送时，混凝土输送管道内压力最大可达到22.1MPa以上，纵向将产生30t的拉力，必须采用耐超高压的管道系统，包括耐超高压输送管、耐超高压混凝土密封圈，以及高强度连接螺栓等。②布料机的选型。根据本工程混凝土结构施工性能要求，我们选择1台BLG-18固定型布料机。

4. 选择施工电梯

根据本工程的特点，塔楼的施工电梯的布置采用塔楼外附布置方式。布置两台SCD200/200施工电梯，主要满足塔楼人员，砌体、装饰装修和机电安装等材料运输。

主要施工机械见表5-14，主要试验和检测仪器设备见表5-15。

**主要施工机械表** **表5-14**

| 序号 | 设备名称 | 数量 |
|---|---|---|
| 1 | 塔式起重机 | 1台 |
| 2 | 施工电梯 | 2台 |
| 3 | 布料机 | 1台 |
| 4 | 挖掘机 | 2台 |
| 5 | 土方车 | 5台 |
| 6 | 混凝土输送泵 | 2台 |
| 7 | 插入式振捣棒 | 7根 |
| 8 | 钢筋调直机 | 2台 |
| 9 | 钢筋切断机 | 2台 |
| 10 | 钢筋弯曲机 | 2台 |
| 11 | 直螺纹滚丝机 | 1台 |
| 12 | 对焊机 | 1台 |

续表

| 序号 | 设备名称 | 数量 |
|---|---|---|
| 13 | 电焊机 | 1台 |
| 14 | 木工电锯 | 2台 |
| 15 | 单级离心泵 | 2台 |
| 16 | 搅拌机 | 1台 |

主要试验和检测仪器设备表　　表5-15

| 序号 | 仪器设备名称 | 数量 |
|---|---|---|
| 1 | 全站仪 | 1台 |
| 2 | 水准仪 | 2台 |
| 3 | 数字水准仪 | 1台 |
| 4 | 激光垂准仪 | 1台 |
| 5 | 电子经纬仪 | 1台 |
| 6 | 大棱镜 | 2台 |
| 7 | 小棱镜 | 2台 |
| 8 | 塔尺 | 4把 |
| 9 | 钢卷尺 | 10个 |
| 10 | 对讲机 | 6个 |
| 11 | 天平 | 2个 |
| 12 | 温湿度自控器 | 1个 |
| 13 | 坍落度桶 | 2个 |
| 14 | 混凝土模具 | 30套 |
| 15 | 抗渗模具 | 20套 |
| 16 | 环刀 | 2把 |
| 17 | 砂浆模具 | 8套 |
| 18 | 坍落度标尺 | 2把 |
| 19 | 测湿计 | 2个 |
| 20 | 温度计 | 2个 |
| 21 | 数字回弹仪 | 1台 |
| 22 | 红外线测距仪 | 2台 |
| 23 | 楼板测厚仪 | 1台 |
| 24 | 红外线水平仪 | 1台 |
| 25 | 千分尺 | 2把 |
| 26 | 游标卡尺 | 2把 |
| 27 | 水平尺 | 2把 |
| 28 | 楔形塞尺 | 4个 |
| 29 | 靠尺 | 2台 |

以上仪器设备经检查合格，并在规定使用期限内。

### 5.8.3 编制大型公共项目单位工程施工进度计划

施工总进度计划是整体施工过程的总控制计划，其他所有的施工计划均要满足其编制的节点，具有指导、规范其他各级计划的作用。

本工程的施工总进度计划是依据合同中关于总工期要求及工程总体施工工艺流程编制的。本工程总进度计划为1006天，开工日期为2021年12月23日，竣工日期为2024年9月23日。

节点目标分别为：

2021.12.23 施工准备阶段开始；

2022.09.07 地下三层施工完毕；

2023.12.21 主体结构验收完毕；

2024.09.23 竣工验收及备案。

施工过程中，对进度节点目标进行动态调整。本项目的进度计划表如图5-15所示。通过扫二维码可以获取施工进度模拟动画图。

### 5.8.4 BIM技术编制单位工程施工平面图

施工进度模拟动画

#### 5.8.4.1 施工总平面布置依据

(1) 本工程红线图、施工图纸。

(2) 本工程施工部署和主要施工方案。

(3) 施工总进度计划、施工总质量计划和施工总成本计划。

(4) 施工总资源计划和施工设施计划。

(5) 施工用地范围和水电源位置，以及项目安全施工和防火标准。

(6) 施工场地及周边道路等实际情况。

(7) 公司CI策划要求、公司施工现场安全防护标准化图册要求。

#### 5.8.4.2 施工总平面图的绘制及施工阶段布置（表5-16）

各施工阶段布置表　　表5-16

| 序号 | 阶段 | 布置要点 |
|---|---|---|
| 1 | 地下室施工阶段 | (1)根据现场实际情况，增设钢筋加工房、木工加工房及周转材料堆场，对基坑坡顶堆载进行控制；<br>(2)根据地下室结构施工实际情况，设置下人跑梯；<br>(3)对基坑周边防护进行完善，考虑在大门入口处设门卫室对进出人员及车辆进行规范管理 |
| 2 | 主体施工阶段 | (1)根据现场实际进度，安装施工电梯两台；<br>(2)根据塔式起重机、施工电梯、钢筋机械、小型机械用电需用量，在地下室阶段的临电布置基础上，更改部分供电线路；<br>(3)确定消防水池位置及供水路线 |
| 3 | 装修施工阶段 | (1)确定成品、半成品装修材料堆场；<br>(2)规划玻璃幕墙、设备安装、消防等分包材料堆场，对场地使用进行总体协调 |

#### 5.8.4.3 现场出入口及围墙

1. 围墙：用4.5～6m钢板围挡重新将整个场区进行封闭。

2. 出入口：由于本工程处于闹市之中，为了防止施工车辆出入影响周边居民，现场在豫源街一侧设置两个出入口，东南方向设置一个出入口。现场大门采用标准化门楼式大门。大门处设置警卫室，设置门禁系统，对出入现场的人员加强管理。在工地大门口设置消防柜及消防器材，同时在大门出入口处设置洗车槽，配备高压冲洗水枪，以免车辆出入带泥，引起扬尘污染。

#### 5.8.4.4 现场施工道路及排水

1. 现场临时道路

本工程人行道路布置成环形道，规范现场交通运输。现场所有临时道路根据现场施工阶段不同，进场后可根据具体情况变更调整。

2. 临时排水

(1) 总平面排水

现场布置排水暗沟、积水井，经沉淀池后与市政排污井连通。四周硬化道路斜面排水至排水沟。出入口设洗车槽，外运车辆进行清洗，减少车辆带尘。施工现场的各类排水必须经过沉淀处理，达标后排入城市排水管网。

(2) 生活排污

施工现场设置三座厕所，分别满足管理人员和工人使用。现场的临时厕所排污排至化粪池，化粪池定期抽排处理。厕所排污专人定期清理，保证干净清洁。

(3) 施工排水

设沉淀池与市政管网连接。

为方便施工车辆的出入，将现场施工道路设置为环形，并充分利用其间空隙，使场地部署更加合理；给水管道由室外管网接入，连接施工区和生活区，为其提供水源；施工区及生活区所产生的污水通过污水管道流入市政污水井。

#### 5.8.4.5 现场材料加工、堆放场地

1. 土方及地下室施工阶段

由于该阶段施工场地有限，为充分利用场地，在基坑边设置有钢筋加工房、木工加工房及其他堆场，并且为后续的土方回填也留有较大面积，保证了场地的合理化和空间利用的最大化。

2. 主体施工阶段

该阶段场地可用率增加，但为减少二次搬运带来的不必要经济消耗，在保证原有加工房及材料堆场不变的情况下增加新的堆场以满足建筑需求。

#### 5.8.4.6 现场办公区、生活区

设置成独立的院区。办公区主要为建设方、监理方、总承包单位提供办公用房，包括办公室、职工宿舍、食堂和男女卫生间等。各房间均经过简单装修并配备办公座椅等，在办公区内设置花坛种植花草进行绿化。工程完工后将办公区拆除。

施工现场平面布置图的绘制及动态调整见图5-16～图5-18。

图 5-16　地下室结构阶段三维施工平面布置图

图 5-17　地上结构阶段三维施工平面布置图

图 5-18　装饰阶段三维施工平面图

### 5.8.5　主要施工组织管理措施的编制

主要施工组织管理措施包括：5.8.5.1　质量保证措施；5.8.5.2　技术保证措施；

5.8.5.3　工期保证措施；5.8.5.4　安全消防保证措施；5.8.5.5　施工现场环境保护措施；5.8.5.6　绿色环保施工方案等。

## 复习思考题

1. 什么叫单位工程施工组织设计？
2. 试述单位工程施工组织设计的编制依据和程序。
3. 单位工程施工组织设计包括哪些内容？
4. 工程概况及施工特点分析包括哪些内容？
5. 施工方案包括哪些内容？
6. 确定施工顺序应遵循的基本原则和基本要求是什么？
7. 试述多层砌体结构民用房屋及框架结构的施工顺序。
8. 试述装配式单层工业厂房的施工顺序。
9. 选择施工方法和施工机械应满足哪些基本要求？
10. 试述技术组织措施的主要内容。
11. 单位工程施工进度计划可分几类？分别适用于什么情况？
12. 单位工程施工进度计划的编制步骤是怎样的？
13. 施工过程划分应考虑哪些要求？
14. 工程量计算应注意什么问题？
15. 如何确定施工过程的劳动量或机械台班量？
16. 如何确定施工过程的持续时间？
17. 资源需要量计划有哪些？

## 职业活动训练

针对某中小型工程项目，编制单位工程施工组织设计。

1. 目的

通过编制中小型单位工程项目施工组织设计，了解施工组织设计编制的程序和方法，熟悉施工进度计划及施工平面布置的方法。

2. 环境要求

（1）选择一个中小型工程项目；

（2）图纸齐全；

（3）施工现场条件满足要求。

3. 步骤提示

（1）熟悉图纸，分析工程情况；

（2）拟定施工部署方案；

（3）编制施工进度计划；

（4）编制施工准备与主要资源配置计划；

（5）进行施工平面布置。

4. 注意事项

(1) 学生在编制施工组织设计时，教师应尽可能书面提供施工项目与业主方的背景资料；

(2) 学生进行编制训练时，教师要加强指导和引导。

5. 讨论与训练题

讨论 1：单位工程施工组织设计与施工组织总设计的关系是什么？

讨论 2：如果你是该项目的施工员，应该如何履职尽责？

# 项目 6 施工方案的编制

**项目岗位任务：** 编制分部（分项）工程或专项工程施工方案，并进行技术交底。

**项目知识地图：**

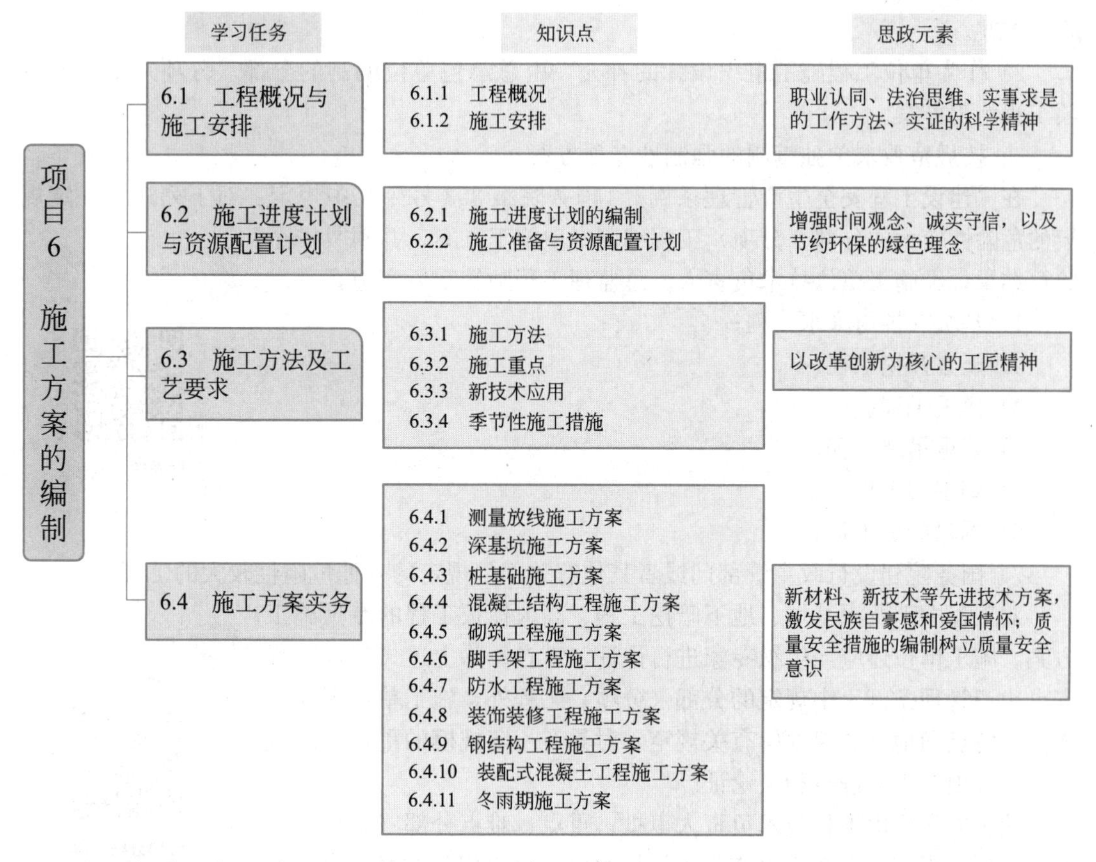


**项目素质要求：** 树立安全意识、风险意识、责任意识；通过专项方案的编制感受工匠精神、科学精神和职业操守的真谛。

**项目能力目标：** 能编制分部（分项）工程或专项工程施工方案。

**项目引导**

某市住房和城乡建设局作出住建罚决〔2022〕28号处罚决定书，处罚某建设有限公司未按要求编制专项施工方案施工的行为，依据《危险性较大的分部分项工程安全管理规定》第三十四条第（三）项，处罚款人民币壹万壹仟元整的行政处罚。对于施工单位未按规定编制、实施专项方案的，住房和城乡建设主管部门应当依据有关法律法规予以处罚。那么施工方案如何编制？包含哪些内容呢？

施工方案是以分部（分项）工程或专项工程为主要对象编制的施工技术与组织方案，用以具体指导其施工过程。施工方案在某些时候也被称为分部（分项）工程或专项工程施工组织设计，但考虑到通常情况下施工方案是施工组织设计的进一步细化，是施工组织设计的补充。

施工方案的编制内容：工程概况、施工安排、施工进度计划、施工准备与资源配置计划、施工方法及工艺要求。施工方案包括下列三种情况：

1）专业承包公司独立承包（分包）项目中的分部（分项）工程或专项工程所编制的施工方案。

2）作为单位工程施工组织设计的补充，由总承包单位编制的分部（分项）工程或专项工程施工方案。

3）按规范要求单独编制的强制性专项方案。

在《建设工程安全生产管理条例》（国务院第393号令）中规定：对下列达到一定规模的危险性较大的分部（分项）工程编制专项施工方案，并附具安全验算结果，经施工单位技术负责人、总监理工程师签字后实施：

1）基坑支护与降水工程；

2）土方开挖工程；

3）模板工程；

4）起重吊装工程；

5）脚手架工程；

6）拆除爆破工程；

7）国务院建设行政主管部门或者其他有关部门规定的其他危险性较大的工程。

白鹤滩水电站

对工程中涉及深基坑、地下暗挖工程、高大模板工程的专项施工方案，施工单位还应当组织专家进行论证、审查。除上述《建设工程安全生产管理条例》中规定的分部（分项）工程外，施工单位还应根据项目特点和地方政府部门有关规定，对具有一定规模的重点、难点分部（分项）工程进行相关论证。

分部分项工程施工方案

施工方案应由项目技术负责人审批；重点、难点分部（分项）工程和专项工程施工方案应由施工单位技术部门组织相关专家评审，施工单位技术负责人批准；由专业承包单位施工的分部（分项）工程或专项工程的施工方案，应由专业承包单位技术负责人或技术负责人授权的技术人员审批；有总承包单位时，应由总承包单位项目技术负责人核准备案；规模较大的分部（分项）工程和专项工程的施工方案应按单位工程施工组织设计进行编制和审批。

有些分部（分项）工程或专项工程，如主体结构为钢结构的大型建筑工程，其钢结构分部规模很大且在整个工程中占有重要的地位，需另行分包，遇有这种情况的分部（分项）工程或专项工程，其施工方案应按施工组织设计进行编制和审批。

在施工阶段，有些分部（分项）工程或专项工程，如超高层的外装饰工程，其幕墙分部规模很大且在整个工程中占有重要的地位，需另行分包，遇有这种情况的分部（分项）工程或专项工程，其施工方案应按施工组织设计进行编制和审批。

# 6.1 工程概况与施工安排

## 6.1.1 工程概况

专项工程工程概况

施工方案的工程概况一般比较简单，有些内容已经包含在单位工程施工组织设计中，应对工程主要情况、设计简介和工程施工条件等重点内容加以说明。

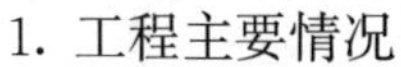

1. 工程主要情况

工程主要情况应包括分部（分项）工程或专项工程名称，工程参建单位的相关情况，工程的施工范围、施工合同、招标文件或总承包单位对工程施工的重点要求等。

2. 设计简介

设计简介应主要介绍施工范围内的工程设计内容和相关要求。

3. 工程施工条件

工程施工条件应重点说明与分部（分项）工程或专项工程相关的内容。

专项工程施工安排

## 6.1.2 施工安排

专项工程的施工安排包括专项工程的施工目标、施工顺序与施工流水段、施工重难点分析及主要管理与技术措施、工程管理组织机构与岗位职责等内容。施工安排是施工方案的核心，关系到专项工程实施的成败。

1. 工程施工目标

工程施工目标包括进度、质量、安全、环境和成本等目标，各项目标应满足施工合同、招标文件和总承包单位对工程施工的要求。

（1）质量目标

1）按照项目具体要求确定质量目标并进行目标分解，质量指标应具有可测量性。

2）建立项目质量管理的组织机构并明确职责。

3）制定符合项目特点的技术保障和资源保障措施，通过可靠的预防控制措施，保证质量目标的实现。

（2）安全目标

1）确定项目重要危险源，制定项目职业健康安全管理目标。

2）建立有管理层次的项目安全管理组织机构并明确职责。

3）根据项目特点，进行职业健康安全方面的资源配置。

4）工程示例。例如某装饰工程的安全、消防目标为：

① 无重大人员伤亡事故和重大机械设备事故，轻伤频率控制在1.5‰以内。

② 消除现场消防隐患，无火灾事故，无违法犯罪案件。

③ 防止食物中毒、积极预防传染病。

(3) 环境目标

1) 确定项目重要环境因素，制定项目环境管理目标。

2) 建立项目环境管理的组织机构并明确职责。

3) 根据项目特点进行环境保护方面的资源配置。

(4) 成本目标

1) 根据项目施工预算，制定项目施工成本目标。

2) 根据施工进度计划，对项目施工成本目标进行阶段分解。

3) 建立施工成本管理的组织机构并明确职责，制定相应管理制度。

2. 施工顺序及施工流水段

(1) 施工顺序及施工流水段的确定

分部分项工程施工顺序及施工流水段的确定原则和方法与单位工程基本相同，这里不再赘述。主要是确定施工工艺流程，其确定原则和方法与单位工程基本相同。

为保证工程的施工质量，一般采取样板先行。在工程大面积施工前，先做出样板，等施工做法无误、质量达到优良后，对各种做法进行总结，形成标准，才开始大面积施工。

(2) 工程示例

下面以桩基础施工工艺为例加以说明：

桩基础类型不同，施工工艺也不一样。通常按施工工艺桩基础分为预制桩和灌注桩两种。

预制桩的施工工艺为：桩的制作→弹线定桩位→打桩→接桩→截桩→桩承台和承台梁施工。桩承台和承台梁的施工顺序又为：土方开挖→做垫层→绑扎钢筋→支模板→浇筑混凝土→养护→拆模→回填土。预制桩可以在现场预制，也可以向厂家购买。桩基础施工前应充分做好准备工作，如预制桩在弹线定桩位前要进行场地清理、桩的检查等。

灌注桩的施工工艺为：弹线定桩位→成孔→验孔→吊放钢筋笼→浇筑混凝土→桩承台和承台梁施工。桩承台和承台梁施工的施工顺序又为：土方开挖→做垫层→绑扎钢筋→支模板→浇筑混凝土→养护→拆模→回填土。灌注桩钢筋笼的绑扎可以和灌注桩成孔同时进行。如果采用人工挖孔桩，还要进行护壁的施工，护壁与成孔时挖土交替进行。

3. 重点难点分析与主要管理技术措施

(1) 工程重点和难点分析

针对工程的重点和难点进行分析，设置工程施工重点，作出有效的施工安排是专项施工方案的重要一环。工程的重点和难点设置的原则，是根据工程的重要程度，即质量特征值对整个工程质量的影响程度来确定。设置工程的重点和难点时，首先要对施工的工程对象进行全面分析、比较，以明确工程的重点和难点，而后进一步分析所设置的重点和难点在施工中可能出现的问题或造成质量安全隐患的原因，针对隐患的原因相应的提出实施对策，用以预防。

专项施工方案的技术重点和难点应该是：有设计、有计算、有详图、有文字说明。

(2) 主要管理和技术措施

任何一个工程的施工，都必须严格执行现行的建筑安装工程施工及验收规范、建筑安装工程质量检验及评定标准、建筑安装工程技术操作规程、建筑工程建设标准强制性条文等有关法律法规，并根据工程特点、施工中的难点和施工现场的实际情况，制定相应技术组织措施。

1）技术措施

对采用新材料、新结构、新工艺、新技术的工程以及高耸、大跨度、重型构件等特殊工程，在施工中应制定相应的技术措施。其内容一般包括：要表明的平面、剖面示意图以及工程量一览表；施工方法的特殊要求、工艺流程、技术要求；冬雨期施工措施；材料、构件和机具的特点，使用方法及需用量。

2）保证和提高工程质量的措施

保证和提高工程质量的措施，可以按照各主要分部分项工程施工质量要求提出，也可以按照工程施工质量要求提出。主要可以从以下几个方面考虑：保证定位放线、轴线尺寸、标高测量等准确无误的措施；保证分部工程施工质量的措施；保证采用新材料、新结构、新工艺、新技术的工程施工质量的措施；保证和提高工程质量的组织措施，如现场管理机构的设置、人员培训、质量检验制度的建立等。

3）确保施工安全的措施

加强劳动保护保障安全生产，是国家保障劳动人民生命安全的一项重要政策，也是进行工程施工的一项基本原则。为此，应提出有针对性的施工安全保障措施，从而杜绝施工中安全事故的发生。例如装饰工程施工安全措施，可以从以下几个方面考虑：脚手架、吊篮、安全网的设置及各类洞口防止人员坠落措施；外用电梯、井架及塔式起重机等垂直运输机具的拉结要求和防倒塌措施；安全用电和机电设备防短路、防触电措施；易燃、易爆、有毒作业场所的防火、防爆、防毒措施；季节性安全措施。如雨季的防洪、防雨，夏季的防暑降温，冬季的防滑、防火、防冻措施等；现场周围通行道路及居民安全保护隔离措施；确保施工安全的宣传、教育及检查等组织措施。

4）降低工程成本措施

根据工程具体情况，按分部分项工程提出相应的节约措施，计算有关技术经济指标，分别列出节约工料数量与金额数字，以便衡量降低工程成本的效果。其内容一般包括：综合利用吊装机械，减少吊次，以节约台班费；砂浆中掺加外加剂或掺混合料，以节约水泥；采用先进的钢材焊接技术以节约钢材；构件及半成品采用预制拼装、整体安装的方法，以节约人工费、机械费等。

5）现场文明施工措施

现场文明施工措施包括：施工现场设置围栏与标牌，出入口交通安全，道路畅通，场地平整，安全与消防设施齐全；临时设施的规划与搭设应符合生产、生活和环境卫生要求；各种建筑材料、半成品、构件的堆放与管理有序；散碎材料、施工垃圾的运输及防止各种环境污染；及时进行成品保护及施工机具保养。

（3）工程示例

例如，某深基坑工程施工重点分析和对策：

本工程基坑开挖深度达 14.20m，开挖深度深，根据现场实地勘察及建设单位提供的基坑支护设计方案图可知，周边建筑物多且距离基坑较近，其中基坑西侧为主要交通道路，东侧南段某小学教学楼距基坑挡土桩外侧 1.2m 左右，东侧北段有一幢 12 层住宅楼距离基坑挡土桩外侧8m左右，西侧距基坑挡土桩外侧0.35～1.25m处有一电缆沟，宽1.20m。本工程基坑深度深、周边建筑物多且距离基坑较近，需确保基坑安全，因此如何在基坑开挖过程中做好基坑支护施工，避免基坑坍塌或造成周边道路管线沉降和倾斜等，将是本工程施工中的控制重点。

施工对策：

1）根据建设单位提供的岩土工程勘察报告及对现场踏勘的实际情况，利用土力学理论知识，通过建立与现场实际情况相吻合的模拟模型，按照安全第一、经济合理及技术可行的原则，对基坑支护、降水、土方开挖进行科学计算和优化设计。

2）雨期土方开挖过程中，在基坑内沿四周设置排水沟和集水井，集水井内的积水要随使用水泵排出，保证基坑内干燥。为配合基坑预应力锚索施工，土方采用分段分层开挖方式。

3）在基坑边壁布置水平位移监测点、边壁测斜管，在周边建筑物上布置竖向位移监测点，利用信息化管理技术，对各项监测数据进行分析，反馈修改设计及采取加强措施，保障了基坑安全。制定基坑应急方案，一旦出现异常，立即对基坑采取相对应的应急措施。

4. 组织机构及岗位职责

工程管理的组织机构及岗位职责应在施工安排中确定并应符合总承包单位的要求。根据分部（分项）工程或专项工程的规模、特点、复杂程度、目标控制和总承包单位的要求设置项目管理机构，该机构各种专业人员应配备齐全。完善项目管理网络，建立健全岗位责任制。

（1）项目经理岗位职责

项目经理是工程质量第一责任人，负责项目施工管理的全面工作。制定工程的质量目标，并组织实施；认真贯彻执行国家和上级部门颁发的有关质量的政策、法规和制度。

1）实施项目经理负责制，统一领导项目施工并对工程质量负全面责任。

2）组建、保持工程项目质量保证体系并对其有效运行负责。

3）按施工组织设计组织施工，对施工全过程进行有效控制，确保工程质量、进度、安全符合规定要求。

4）合理调配人、财、物等资源，对施工生产中出现的问题进行决策，满足施工生产需要。

5）组织进行工程试运转及交付工作，确保工程质量符合设计规定和合同内容，满足顾客要求。

（2）项目副经理岗位职责

1）负责施工管理，合理组织施工，对施工全过程进行有效控制。

2）协助项目经理调配人、财、物等资源，解决施工生产中存在的问题，满足施工生产需要。

3）组织进行工程试运转及交付工作，确保工程质量符合设计规定和合同要求。

（3）项目总工（技术负责人）

1）负责项目技术工作，对施工质量安全生产技术负责。

2）组织编制项目施工组织设计，并对其实施效果负责。

3）组织编制并审核交工技术资料，对其真实性、完整性负责。

4）组织技术攻关，处理重大技术问题，具有质量否决权。

（4）施工员、技术员岗位职责

1）严格按规定组织开展施工技术工作，并对其过程控制和施工质量负责，认真学习图纸和设计说明、熟悉设计要求，参加图纸会审并在施工中严格遵照执行，组织各工种工人严格按图纸及有关施工规范进行施工。

2）编制有关施工技术文件，进行技术交底，办理设计变更文件。

3）负责确定施工过程控制点的控制时机和方法，负责对产品标识与追溯、工程防护的实施；随时检查施工方案和施工质量是否符合图纸及施工验收规范的要求，坚持质量“三检”制度，做到文明施工管理。

4）发现不合格品或由违章操作或出现不合格品时，有权停止施工并采取措施进行纠正，有权进行不合格品的标识、记录、隔离和处置，并对纠正（预防）措施的实施效果负责。

5）合理安排各施工班组之间工序搭接，工种之间的交叉配合，组织进行隐蔽工程验收及分项、分部工程质量验评等。

6）记好施工日志和各项技术资料，做到内容完整、真实、数据准确并按时上交，及时办理现场经济签证，并参加工程竣工验收工作。

（5）质检员岗位职责

1）对工程项目实施全过程监督并进行抽查。

2）发现不合格品或有违章操作，有权暂停施工并责令进行纠正。

3）跟踪监督、检查不合格品处置及纠正和预防措施的实施。

4）参加隐蔽工程验收及其他检验、试验工作，把好质量关。

5）参加工程验评，即竣工验收工作，检验工程质量结果。

6）做好专检记录，及时反馈质量信息。

（6）安全员岗位职责

1）认真落实国家、地方、企业有关安全生产工作规程、安全施工管理规定和有关安全生产的批示要求，在上级领导和安监部门领导下，做好本职工作。

2）负责监督、检查所管辖施工现场的安全施工、文明施工，对查出的事故隐患，应立即督促班组整改。

3）制止违章违纪行为，有权对违章违纪人员进行经济处罚。遇有严重隐患、冒险施工时，有权先行停工，并报告领导研究处理。

4）参加现场各项目开工前的安全交底，检查现场开工前安全施工条件，监督安全措施落实。认真执行检查周、安全日活动，督促班组进行每天班前安全讲话。

5）参加现场生产调度会和安全会议，协助领导布置安全工作，参加现场安全检查，对发现的问题按“三定”原则督促整改。

6）按“四不放过”的原则，协助现场领导，组织事故的调查、处理、记录工作。

（7）材料员岗位职责

1）根据施工进度计划，编制顾客提供产品和自行采购材料分批分期进厂计划。

2）负责对送检物资的报送工作。

3）根据批准的采购范围所确定的零星物资采购计划，开展采购工作。

4）负责顾客提供产品的调拨和外观验证。

5）负责仓储物资管理和标识。

6）负责施工生产用料的发放和回收管理。

7）负责物资质量证明文件的登录和保管工作。

8）参加不合格物资的评审处置。

（8）资料员岗位职责

1）负责现场的图纸、设计变更、规范、标准的管理。

2）负责收集、整理、汇总、装订工程竣工资料。

3）负责与公司、监理、建设单位、设计单位联系，及时传递文件。

## 6.2 施工进度计划与资源配置计划

### 6.2.1 施工进度计划的编制

施工进度计划与资源配置计划

分部（分项）工程或专项工程施工进度计划应按照施工安排，并结合总承包单位的施工进度计划进行编制。施工进度计划可采用网络图或横道图表示，并附必要说明。

施工进度计划的编制应内容全面、安排合理、科学实用，在进度计划中应反映出各施工区段或各工序之间的搭接关系，施工期限和开始、结束时间。同时，施工进度计划应能体现和落实总体进度计划的目标控制要求；通过编制分部（分项）工程或专项工程进度计划进而体现总进度计划的合理性。

进度计划的实施与落实，不是仅仅施工单位一家所能控制和实现的，而是由总承包与分包、施工单位与业主、施工单位与设计单位紧密配合协调，共同努力才能得以实施。为此施工方案中将以施工总进度计划为推算依据，并请业主和相关单位按时做好施工进场前必要的施工手续，为工程施工创造必备的条件。

### 6.2.2 施工准备与资源配置计划

1. 施工准备的主要内容

（1）技术准备

技术准备包括施工所需技术资料的准备、图纸深化和技术交底的要求、试验检验和测试工作计划、样板制作计划以及与相关单位的技术交接计划等。

专项工程技术负责人认真查阅设计交底、图纸会审记录、变更洽商、备忘录、设计工作联系单、甲方工作联系单、监理通知等，是否与已施工的项目有出入，发现问题立即处理。

组织管理人员进行有关工程方面的规范、规程、标准的学习，及时掌握有关标准、规范要求。

施工方案针对的是分部（分项）工程或专项工程，在施工准备阶段，除了要完成本项工程的施工准备外，还需注重与后工序的相互衔接。

（2）现场准备

现场准备包括生产、生活等临时设施的准备以及与相关单位进行现场交接的计划等。

（3）资金准备

编制资金使用计划等。

2. 资源配置计划的主要内容

（1）劳动力配置计划

根据工程施工计划要求确定工程用工量并编制专业工种劳动力计划表，见表6-1。

某桩基工程劳动力计划　　表6-1

| 项目 | 工种 | 人数 |
|---|---|---|
| 桩基工程 | 机长 | 17 |
| | 钻工 | 68 |
| | 混凝土灌注工 | 20 |
| | 电焊工 | 5 |
| | 测量工 | 5 |
| | 机修工 | 4 |
| | 水电工 | 4 |
| | 其他人员 | 22 |
| | 合计 | 145 |

（2）物资配置计划

物资配置计划包括工程材料和设备配置计划、周转材料和施工机具配置计划以及计量、测量和检验仪器配置计划等。见表6-2。

某桩基工程主要施工机具及测量检验仪器配置计划表　　表6-2

| 序号 | 机具名称 | 型号 | 单位 | 数量 | 单位功率 | 进场时间 |
|---|---|---|---|---|---|---|
| 1 | 混凝土输送泵 | HBT60C | 台 | 1 | 110kW | 开工后3天 |
| 2 | 风镐 | | 支 | 20 | | 开工后30天 |
| 3 | 空压机 | KY-80 | 台 | 1 | 30kW | 开工后30天 |
| 4 | 插入式振捣器 | JQ221-2 | 支 | 15 | 1.1kW | 开工后3天 |
| 5 | 电焊机 | XD1-185 | 台 | 5 | 12kVA | 开工后2天 |
| 6 | 潜水泵 | QY-25 | 台 | 50 | 2.2kW | 开工时 |
| 7 | 水准仪 | S3-d | 台 | 2 | | 开工时 |
| 8 | 经纬仪 | J2 | 台 | 2 | | 开工时 |
| 9 | 检测工具 | 多功能 | 套 | 2 | | 开工时 |

续表

| 序号 | 机具名称 | 型号 | 单位 | 数量 | 单位功率 | 进场时间 |
|---|---|---|---|---|---|---|
| 10 | 50m 钢尺 | | 把 | 3 | | 开工时 |
| 11 | 混凝土试件模 | 15cm×15cm×15cm | 组 | 3 | | 开工时 |
| 12 | 冲孔钻机 | ZK8000 | 台 | 6 | | 开工时 |
| 13 | 冲击钻机 | ZK5000 | 台 | 11 | | 开工时 |
| 14 | 泥浆车 | | 辆 | 2 | | 开工时 |
| 15 | 渣土车 | | 辆 | 2 | | 开工时 |

## 6.3 施工方法及工艺要求

### 6.3.1 施工方法

施工方法是工程施工期间所采用的技术方案、工艺流程、组织措施、检验手段等，直接影响施工进度、质量、安全以及工程成本。专项工程施工方案应明确施工方法并进行必要的技术核算，对主要分项工程（工序）明确施工工艺要求。

施工方法及工艺要求

专项工程施工方案的施工方法应比施工组织总设计和单位工程施工组织设计的相关内容更细化。

### 6.3.2 施工重点

专项工程施工方案对易发生质量通病、易出现安全问题、施工难度大、技术含量高的分项工程（工序）等应做出重点说明。

主要分部分项工程的施工方法和施工机械在建筑施工技术中已有详细叙述，这里仅将需重点拟定的内容和要求归纳如下：

1. 土石方与地基处理工程

1）挖土方法。根据土方量大小，确定采用人工挖土还是机械挖土，当采用人工挖土时，应按进度要求确定劳动力人数，分区分段施工。当采用机械挖土时，应选择机械挖土的方式，再确定挖土机的型号、数量，机械开挖方向与路线，人工如何配合修整基底、边坡。

2）地面水、地下水的排除方法。确定排水沟渠、集水井、井点的布置及所需设备的型号、数量。

3）挖深基坑方法。应根据土壤类别及场地周围情况确定边坡的放坡坡度或土壁的支撑形式和打挖方法，确保安全。

4）土石方施工。确定石方的爆破方法，所需机具材料。

5）地形较复杂的场地平整，进行土方平衡计算，绘制平衡调配表。

6）确定运输方式、运输机械型号及数量。

7）土方回填的方法，填土压实的要求及机具选择。

8）地基处理的方法（换填地基、夯实地基、挤密桩地基、注浆地基等）及相应的材料机具设备。

2. 基础工程

1）浅基础。明确其中垫层、钢筋混凝土基础施工的技术要求。

2）地下防水工程。应根据其防水方法（混凝土结构自防水、水泥砂浆抹面防水、卷材防水、涂料防水），确定用料要求和相关技术措施等。

3）桩基。明确施工机械型号，入土方法和入土深度控制、检测、质量要求等。

4）基础的深浅不同时，应确定基础施工的先后顺序、标高控制、质量安全措施等。

5）各种变形缝。确定留设方法及注意事项。

6）混凝土基础施工缝。确定留置位置、技术要求。

3. 混凝土和钢筋混凝土工程

1）模板的类型和支模方法的确定。根据不同的结构类型，现场施工条件和企业实际施工装备，确定模板种类、支承方法和施工方法，并分别列出采用的项目、部位、数量，明确加工制作的分工，选用隔离剂，对于复杂的还需进行模板设计及绘制模板放样图。模板工程应向工具化方向努力，推广“快速脱模”，提高周转利用率。采取分段流水工艺，减少模板一次投入量。同时，确定模板供应渠道（租用或内部调拨）。

2）钢筋的加工、运输和安装方法的确定。明确构件厂或现场加工的范围（如成型程度是加工成单根、网片或骨架）；明确除锈、调直、切断、弯曲成型方法；明确钢筋冷拉、加预应力方法；明确焊接方法（如电弧焊、对焊、点焊、气压焊等）或机械连接方法（如锥螺纹、直螺纹等）；明确钢筋的运输和安装方法；明确相应机具设备型号、数量。

3）混凝土搅拌和运输方法的确定。若当地有商品混凝土供应时，首先应采用商品混凝土，否则，应根据混凝土工程量大小，合理选用搅拌方式，是集中搅拌还是分散搅拌；选用搅拌机型号、数量；进行配合比设计；确定掺合料、外加剂的品种数量；确定砂石筛选，计量和后台上料方法；确定混凝土运输方法。

4）混凝土的浇筑。确定浇筑顺序、施工缝位置、分层高度、工作班制、浇捣方法、养护制度及相应机械工具的型号、数量。

5）冬季或高温条件下浇筑混凝土。应制定相应的防冻或降温措施，落实测温工作，明确外加剂品种、数量和控制方法。

6）浇筑厚大体积混凝土。应制定防止温度裂缝的措施，落实测量孔的设置和测温记录等工作。

7）有防水要求的特殊混凝土工程。应事先做好防渗等试验工作，明确用料和施工操作等要求，加强检测控制措施，保证质量。

8）装配式单层工业厂房的牛腿柱和屋架等大型的在现场预制的钢筋混凝土构件。应事先确定柱与屋架现场预制平面布置图。

4. 砌体工程

1）砌体的组砌方法和质量要求，皮数杆的控制要求，施工段和劳动力组合形式等。

2）砌体与钢筋混凝土构造柱、梁、圈梁、楼板、阳台、楼梯等构件的连接要求。

3）配筋砌体工程的施工要求。

4）砌筑砂浆的配合比计算及原材料要求，拌制和使用时的要求。

5. 结构安装工程

1）选择吊装机械的类型和数量。需根据建筑物外形尺寸，所吊装构件外形尺寸、位置、重量、起重高度，工程量和工期，现场条件，吊装工地拥挤的程度与吊装机械通向建筑工地的可能性，工地上可能获得吊装机械的类型等条件来确定。

2）确定吊装方法，安排吊装顺序、机械位置和行驶路线以及构件拼装办法及场地。

3）有些跨度较大的建筑物的构件吊装，应认真制定吊装工艺，设定构件吊点位置，确定吊索的长短及夹角大小，起吊和扶正时的临时稳固措施，垂直度测量方法等。

4）构件运输、装卸、堆放办法，以及所需的机具设备（如平板拖车、载重汽车、卷扬机及架子车等）型号、数量和对运输道路的要求。

5）吊装工程准备工作内容，起重机行走路线压实加固；各种吊具、临时加固、电焊机等的要求以及吊装有关的技术措施。

6. 屋面工程

1）屋面各个分项工程，包括：卷材防水屋面，一般有找坡找平层、隔汽层、保温层、防水层、保护层或使用面层等分项工程；刚性防水屋面，一般有隔离层、刚性防水层等分项工程。明确各分项工程各层材料特别是防水材料的质量要求、施工操作要求。

2）屋盖系统的各种节点部位及各种接缝的密封防水施工。

3）屋面材料的运输方式。

7. 装饰装修工程

1）明确装修工程进入现场施工的时间、施工顺序和成品保护等具体要求，结构、装修、安装穿插施工，缩短工期。

2）较高级的室内装修应先做样板间，通过设计、业主、监理等单位联合认定后，再全面开展工作。

3）对于民用建筑需提出室内装饰环境污染控制办法。

4）室外装修工程应明确脚手架设置，饰面材料应有防止渗水、防止坠落、金属材料防锈蚀的措施。

5）确定分项工程的施工方法和要求，提出所需的机具设备的型号、数量。

6）提出各种装饰装修材料的品种、规格、外观、尺寸、质量等要求。

7）确定装修材料逐层配套堆放的数量和平面位置，提出材料储存要求。

8）保证装饰工程施工防火安全的方法。如：材料的防火处理、施工现场防火、电气防火、消防设施的保护等。

8. 脚手架工程

1）明确内外脚手架的用料、搭设、使用、拆除方法及安全措施，外墙脚手架大多从地面开始搭设，根据土质情况，应有防止脚手架不均匀下沉的措施。高层建筑的外脚手架，应每隔几层与主体结构作固定拉结，以便脚手架整体稳固；且一般不从地面开始一直向上，应分段搭设，一般每段5～8层，大多采用工字钢或槽钢作外挑或组成钢三脚架外挑的做法。

2）明确特殊部位脚手架的搭设方案。如施工现场的主要出入口处，脚手架应留有较大的空间，便于行人或车辆进出，空间两边和上边均应用双杆处理，并局部设置剪刀撑，加强与主体结构的拉结固定。

3）室内施工脚手架宜采用轻型的工具式脚手架，装拆方便省工、成本低。高度较高、跨度较大的厂房屋顶顶棚喷刷工程宜采用移动式脚手架，省工又不影响其他工程。

4）脚手架工程还需确定安全网挂设方法，做好“四口、五临边”防护方案。

9. 现场水平垂直运输设施

1）确定垂直运输量，有标准层的需确定标准层运输量。

2）选择垂直运输方式及其机械型号、数量、布置、安全装置、服务范围、穿插班次，明确垂直运输设施使用中的注意事项。

3）选择水平运输方式及其设备型号、数量。

4）确定地面和楼面上水平运输的行驶路线。

10. 特殊项目

1）采用四新（新结构、新工艺、新材料、新技术）的项目及高耸、大跨、重型构件，水下、深基、软弱地基，冬期施工等项目，均应单独编制如下内容：选择施工方法，水下、深基、施工进度，阐述工艺流程，需要的平立剖示意图，技术要求，质量安全注意事项，劳动组织，材料构件及机械设备需要量。

2）对于大型土石方、打桩、构件吊装等项目，一般均需单独提出施工方法和技术组织措施。

例如，某基坑工程防护措施为：

本工程依据施工经验及现场土质情况，为了保证施工的安全，拟采取以下防护措施：

① 开挖土方时采用分阶段开挖，每阶段分层开挖的方式进行。

② 挖土放坡时东、西、南、北四面基坑上部 2.40m 用 1∶0.33 放坡开挖，平整 1.5m 宽安全工作平台，下部继续用 1∶0.33 放坡开挖至要求标高。

③ 由于基坑较深，为保证施工人员安全，基坑边及安全平台采用钢管防护栏杆，每隔 3m 左右设一钢管立杆，打入土内深度 70cm，并离基坑边口距离 60cm，防护栏杆上杆距地 1.2m，下杆离地 0.6m，水平搭设好扶手栏杆，挂好标示牌，严禁任意拆除。

④ 基坑周边 3m 以内严禁堆放重物，如砂、石材料等。基础施工时每天派专人检查基坑边坡，当发现坡顶地面出现裂缝时及时采取灌浆处理。

⑤ 加快施工进度，争取在雨季来临之前回填完毕。基坑内设排水明沟及积水坑，并配备 3 台污水泵，如遇较大降水可以保证及时排出。

### 6.3.3 新技术应用

对开发和使用的新技术、新工艺以及采用的新材料、新设备应通过必要的试验或论证并制定计划。

对于工程中推广应用的新技术、新工艺、新材料和新设备，可以采用目前国家和地方推广的，也可以根据工程具体情况由企业创新；对于企业创新的技术和工艺，要制定理论和试验研究实施方案，并组织鉴定评价。

### 6.3.4 季节性施工措施

对季节性施工应提出具体要求。根据施工地点的实际气候特点，提出具有针对性的施工措施。在施工过程中，还应根据气象部门的预报资料，对具体措施进行细化。

例如，某装饰工程冬期施工安全措施：

1）入冬前组织项目部职工和施工队伍进行冬施安全教育。

2）冬季脚手架必须采取防滑措施，搭设上下斜道，定防滑条，设防护栏杆，雪天脚手架走道及时打扫干净。

3）切实做好防火工作，架设的火炉必须设专人看护，禁止随便点火取暖，现场的乙炔瓶、氧气瓶等易燃物品要分类堆放，集中管理，在仓库、木工车间、易燃物品等处设置灭火器、水源等灭火物品。

4）对于各种线路、电器重新检查、维修，按安全用电的标准进行线路布置，严禁乱拉乱接。大风、雪天后，必须检查线路，防止电线短路，发生火灾。

5）机械设备所用的润滑油、柴油、机油、液压油、水按冬季规定使用掺加防冻剂或使用冬季特种油品。机器没有掺加防冻液的冷却水在机械使用完后立即放空冷却水。

## 6.4 施工方案实务

### 6.4.1 测量放线施工方案

某厂房工程测量放线施工方案中施工测量基本要求示例：

本工程由项目技术部专业测量人员成立测量小组，根据甲方给定的坐标点和高程控制点进行工程定位，建立轴线控制网。按规定程序检查验收，对施测组全体人员进行详细的图纸交底及方案交底，明确分工，所有施测的工作进度及逐日安排，由组长根据项目的总体进度计划进行安排。施工测量的基本要求如下：

施工方案实例

1. 施测原则

1）严格执行测量规范；遵守先整体后局部的工作程序，先确定平面控制网，后以控制网为依据，进行各局部轴线的定位放线。

2）必须严格审核测量原始数据的准确性，坚持测量放线与计算工作同步校核的工作方法。

3）定位工作执行自检、互检合格后再报检的工作制度。

4）测量方法要简捷，仪器使用要熟练，在满足工程需要的前提下，力争做到省工省时省费用。

5）明确为工程服务，按图施工，质量第一的宗旨。紧密配合施工，发扬团结协作、实事求是、认真负责的工作作风。

2. 准备工作

(1) 全面了解设计意图，认真熟悉与审核图纸

施测人员通过对总平面图和设计说明的学习，了解工程总体布局、工程特点、周围环境、建筑物的位置及坐标，其次了解现场测量坐标与建筑物的关系、水平点的位置和高程以及首层±0.000的绝对标高。熟悉图纸，着重掌握轴线的尺寸、层高，对比基础、楼层平面，建筑、结构之间轴线的尺寸，查看其相关之间的轴线及标高是否吻合，有无矛盾存在。

(2) 测量仪器的选用

测量中所用的仪器和钢尺等器具，根据有关规定，送具有仪器校验资质的检测单位进行校验，检验合格后方可投入使用。见表6-3。

现场测量仪器一览表 表6-3

| 序号 | 器具名称 | 型号 | 单位 | 数量 |
|---|---|---|---|---|
| 1 | 经纬仪 | DJ6 | 台 | 1 |
| 2 | 水准仪 | DS3 | 台 | 1 |
| 3 | 钢尺 | 50m | 把 | 1 |
| 4 | 盒尺 | 5m | 把 | 2 |
| 5 | 塔尺 | 5m | 个 | 1 |
| 6 | 墨斗 | | 只 | 2 |

3. 测量的基本要求

测量记录必须原始真实、数字正确、内容完整、字体工整；测量精度要满足要求。根据现行测量规范和有关规程进行精度控制。

根据工程特点及《工程测量标准》GB 50026—2020，此工程设置精度等级为二级，测角中误差20″，边长相对误差1/5000。

## 6.4.2 深基坑施工方案

某深基坑土钉支护施工方案中施工工艺示例：

本工程采用土钉支护，在开挖过程中，按开挖宽度2.5m放坡，打入钢筋采用HRB400，网片采用钢板网40×40（4×2），水泥采用32.5级普通硅酸盐水泥，碎石采用0.5～1.0cm石子，砂采用干净细砂。喷射面板混凝土厚度80mm。喷射混凝土配合比——水泥：碎石：干净细砂＝1：2：2；喷射混凝土强度等级C20，护顶混凝土外延2000mm，强度同面板。喷射混凝土土钉支护施工工艺如下：

1. 支护施工工艺流程

测量放线修坡→打入插筋→挂钢筋网→焊接加强筋→焊接锚头→喷射混凝土→养护→监测。

2. 支护施工工艺

1) 基坑开挖和放线修坡：为保证施工过程中边坡的稳定性，基坑土方要自上而下分层进行，每层挖深2m左右，千万不可一挖到底，每层开挖纵向长度20m左右，随开挖随

支护，跟进作业。工作面开挖出来后，要放线修整边坡，使之平整。

2）打入钢筋：按照设计的钢筋长度、直径、间距将钢筋打入斜坡内，预留 100mm 作为井字筋焊接点。

3）挂钢板网：在边坡坡面上，按设计方案要求铺上钢板网，网筋之间用扎丝扎牢，网片之间搭接要牢固，在地表距边坡 2.0m 处打一排深约 1m 的短钢筋，各钢筋之间用 $\phi$10 钢筋焊接起来，便于挂网，基坑上边边缘修成比较平缓的弧面，便于雨水流过。

4）焊接井字筋：在钢筋端部之间用 $\phi$14 钢筋焊接井字形状加强筋，压住钢板网，使钢筋、钢板网成为一个整体。

5）喷射混凝土面层施工如下：

① 喷射前准备：采用高压风吹冲受喷面，清理坡面上的杂物；埋设边坡喷射混凝土厚度的标志；喷射作业前应对机械设备、风水管路、输料管路和电缆线路进行全面检查及试运转。

② 喷射作业：喷射顺序为自下而上分片依次进行；分层喷射时，后一层喷射应在前一层终凝后进行；送料操作应为送风，再送料。结束时，应将干料喷射完后再关风；喷头与受喷面应垂直，并保持在 0.8～1.0m 的距离。

6）养护：要求在喷过的混凝土终凝 2h 后，养护 3～7d，防止出现裂缝。若气温低于 5℃，则按冬期施工进行。

7）监测：在施工期间要经常目测边坡的稳定性，必要时可设置测点，定期观测。

### 6.4.3 桩基础施工方案

某桩基工程施工方案中确保工程质量的技术措施示例：

本工程为高层住宅楼，层数 16 层，主体高度 49.6m，工程结构为现浇钢筋混凝土剪力墙结构（局部框支转换）。工程场地地下水位较高，且存在较厚的淤泥和粉细砂层。局部地段软硬互层带比较发育。工程采用泥浆护壁冲孔灌注桩基础。确保工程质量的技术措施如下：

1. 准备阶段

1）严格按施工程序组织管理施工。工程开工前作好图纸资料准备，组织好设计交底、图纸自审工作。施工中按国家的施工技术标准和设计施工规范组织好技术交底。

2）各类原材料必须有出厂合格证及复试报告，否则，不得使用。

3）对机械设备要设专人维修、保养，对主要机具要有备用，保证施工的连续进行。

2. 成孔

1）校核桩位、埋设护筒。

2）钻机就位后，必须平整、稳固，确保在施工中不发生倾斜、移动。钻机加设扶正器，确保垂直偏差控制在 0.3%以内。为准确控制成孔深度，每桩施工前均作水平测量，并在桩架上作控制深度的标记，以便在施工中进行观测、记录。

3）钻进时应注意钻进速度，应根据不同的土层结构调整钻进、密切注意软硬交接层的修孔工作，以避免孔走偏。

3. 清孔

清孔分二次进行，确保灌注前的泥浆指标及沉渣厚度符合规范要求。第一次清孔是在成孔后利用钻孔设备逐步稀释泥浆，使返还泥浆浓度控制在 1.05～1.10 之间，第一次清孔完毕。第二次清孔是在钢筋笼及导管安放完毕后利用导管进行清孔。

4. 钢筋笼的制作与安放

1）所用钢材必须是符合设计及规范的厂家生产，且具有出厂合格证及复验报告的方可进场使用。

2）钢筋笼分段制作，每段长度 3.7～9m，其接头采用焊接，接头相互错开，同一断面接头不得超过 50%。

3）钢筋笼在运输和安装过程中应采用加固措施，以加大刚度防止变形。

4）钢筋笼的安放应对准孔位，垂直缓慢放入孔里，严禁重压以免入孔碰撞孔壁，钢筋笼放入孔里后，应立即利用标高定位杆固定好位置，并复核标高。

5. 灌注水下混凝土

1）混凝土搅拌站务必做好原材料计量工作，安排专职计量员从根本上保证混凝土的强度。

2）贯彻执行混凝土的灌筑命令制度。混凝土浇灌前，工程的施工自检、专检、隐蔽检查记录、测量结果、原材料、半成品检查证等手续资料齐备，并对现场各项机具、材料、水电、人员等检查核实后方可浇灌。

3）为保证混凝土浇筑能连续进行，应多配一台搅拌机备用。

4）在灌注过程中应用测锤测定混凝土的灌注高度，并适时提升，逐级卸导管，避免出现返水现象。

5）严格控制导管的埋深，以保证桩身混凝土的连续均匀，防止出现断桩现象。

6）混凝土灌注的上升速度不得小于 2m/h，灌注时间必须控制在埋入导管中的混凝土不丧失流动性的时间内。

7）桩顶混凝土浇筑时，应探测桩顶面的实际标高，桩顶的混凝土灌注标高应增加 2.0m 左右，以便清除桩顶部的浮浆层。

8）按规范规定做好混凝土试块，组织好养护、试压等管理工作。

### 6.4.4　混凝土结构工程施工方案

某工程混凝土均采用商品混凝土泵送浇筑，施工方案中安全措施示例：

1）进入施工现场要戴安全帽，不得酒后和带病进行作业。

2）泵车后台及臂下严禁站人，操作人员按要求操作，泵车支撑要牢固。

3）雨天施工现场注意防滑，及时清理钢筋上、模板内及脚手板、马凳上的泥块。

4）振捣操作人员必须穿胶鞋戴绝缘手套，以防触电。

5）所有配电箱均设漏电保护器。振捣器转移时电动机的电线应有足够的长度，严禁拖拉电源线。

6）作业前检查电源线路有无破损，漏电保护装置是否灵活可靠，机具连接紧固。

7）泵车浇筑混凝土，泵车外伸支腿底部应设木板或钢板支垫，以保稳定；布料杆伸长时，其端头到高压电缆之间的最小安全距离应不小于 8m。

8）泵车严禁利用布料杆作起重使用。

9）泵送混凝土作业过程中，软管末端出口与浇筑面应保持一定距离，防止埋入混凝土内，造成管内瞬时压力增高，引起爆管伤人。

10）泵车应避免经常处于高压下工作，泵车停歇后再启动时，要注意表压是否正常，预防堵管和爆管。

11）拆除管道接头时，应先进行多次反抽，卸除管道内混凝土压力，以防混凝土喷出伤人。

12）清管时，管端应设安全挡板，并严禁在前方站人，以防喷射伤人。

13）清洗管道可用压力水冲洗或压缩空气冲洗，但二者不得同时使用。在水洗时，可中途改用气洗，但气洗中途严禁转换为水洗。在最后应将泵压或压缩机压力缓慢减压，防止出现大喷爆伤人。严禁用压缩空气清洗布料杆。

14）浇筑无板框架结构的梁或墙上的圈梁时，应有可靠的脚手架，严禁站在模板上操作。浇筑挑檐、阳台、雨篷等混凝土时，外部应设安全网或安全栏杆。

15）楼面上的预留孔洞应设盖板或围栏。所有操作人员应戴安全帽，高空作业应系安全带，夜间作业应有足够的照明。

16）振捣器不得放在初凝的混凝土、楼板、脚手架、道路和干硬的地面上进行试振。如检修或作业间断时，切断电源。

17）插入式振捣器软轴的弯曲半径不得小于 50cm，并不得多于两个弯；操作时振捣棒自然垂直地插入混凝土，不得用力硬插、斜推或使钢筋夹住棒头，也不得全部插入混凝土中。

18）振捣器保持清洁，不得有混凝土粘结在电动机外壳上妨碍散热。发现温度过高时，停歇降温后方可使用。

19）作业转移时，电动机的电源线应保持有足够的长度和松度，严禁用电源线拖拉振捣器。

20）电源线路要悬空移动，注意避免电源线与地面和钢筋相摩擦及车辆的碾压。经常检查电源线的完好情况，发现破损立即进行处理。

21）用绳拉平板振捣器时，拉绳干燥绝缘，移动或转向不得用脚踢电动机。

22）振捣器与平板保持紧固，电源线必须固定在平板上，电器开关装在手把上。

23）作业后，必须切断电源，做好清洗、保养工作。振捣器要放在干燥处，并有防雨措施。

24）高空作业范围内预留洞口施工通道需要满足人行、车行的要求，必须在通道上部安装防护网，确保施工时掉落的部件、水泥块等能被防护网接住不砸伤下部行走人员、设备。同时施工现场配置专职安全员，进行交通及施工指挥，现场施工作业必须遵照专职安全员的指挥进行施工。

25）混凝土浇筑尽量安排在白天进行，必须夜间施工时必须先征得业主和城管部门的同意，施工中尽量控制噪声。

26）大门口设置冲洗槽，车辆进出门口及时冲洗，防止将泥沙带出现场。道路每天及时清扫，保持整洁，维护工地形象。

### 6.4.5 砌筑工程施工方案

某砌筑工程施工方案中施工准备工作示例：

1. 技术准备

1）砌筑前，应认真熟悉图纸，核实门洞口位置及洞口尺寸，明确预埋、预留位置，算出窗台及过梁顶部标高，熟悉相关构造及材料要求。

2）施工前，施工员结合设计图纸及实际情况，向作业队进行砌筑方案的技术交底。

3）由试验室出具完整的砌筑砂浆配合比试验报告。

2. 材料要求

1）本工程200mm厚（外墙，内墙）及100mm厚（部分内墙）墙体采用煤矸石空心砖。砖品种、规格、强度等级必须符合图纸设计要求，规格尺寸应一致，质量等级应符合标准要求。进场时应有出厂合格证并按规定进行复试。

2）现场施工时采用预拌砂浆。

3）其他材料

① $\phi$6.5墙体拉结钢筋。

② 门、窗及洞口预制钢筋混凝土过梁，按计划要求专人预制按规格尺寸堆放。

3. 作业条件

1）砌筑部位的灰渣、杂物清除干净，并浇水湿润。

2）在墙转角处、楼梯间及内外墙交接处，已立好皮数杆，并办好预检手续。

3）脚手架、垂直运输机具准备就绪。

4. 施工组织及人员准备

1）砌体工程施工前由施工员负责砌体工程施工任务的划分、人员的安排、现场安全文明管理。

2）专职质检员应在施工过程中进行质量旁站监督检查，进行质量验收，对满足质量要求的部位进行标识。

3）班组砌筑工人要求中、高级工不少于70％。

4）施工前组织作业队工长、质量员、工人学习有关的技术措施和质量要点，组织操作人员进行详细的技术交底，引导质量意识，明确质量目标。

### 6.4.6 脚手架工程施工方案

某工程脚手架搭设和拆除施工工艺示例：

结合本工程结构形式、实际施工特点，建筑物四周搭设落地式、全高全封闭的扣件式双排钢管脚手架。此架为一架三用，既用于结构施工和装修施工，同时兼作安全防护。荷载按装修荷载考虑，要求三层同时作业。根据设计单位提供的顶板承载极限值（活荷载5kN/m$^2$、恒荷载65kN/m$^2$）进行顶板承载验算，若不满足要求，则须在地下1～2层的相应部位设回撑用的碗扣式钢管脚手架支撑。

脚手架搭设采用双排双立杆。立杆距结构外沿0.35m，排距（横距）为1.1m、柱距为 1.55mm，大横杆步距为 1.8m。

1. 落地式钢管脚手架搭设施工工艺

落地式钢管脚手架搭设工艺流程为：场地平整、夯实→基础承载实验、材料配备→定位设置通长脚手板、钢底座→纵向扫地杆→立杆→横向扫地杆→小横杆→大横杆→剪刀撑→连墙杆→铺脚手板→扎防护栏杆→扎安全网。

1）根据构造要求在建筑物四角用尺量出内、外立杆离墙距离，并做好标记；分出立杆位置，并用小竹片点出立杆标记；垫板、底座应准确地放在定位线上，垫板必须铺放平稳，不得悬空；双管立柱应采用双管底座，底座下垫枕木，并垂直于墙面设置。

2）在搭设首层脚手架的过程中，沿四周每框架格内设一道斜支撑，拐角处双向增设。当脚手架操作层高出连墙件两步时，应采取临时稳定措施，直到连墙件搭设完毕后方可拆除。

3）双排架宜先立里排立杆，后立外排立杆。每排立杆宜先立两头的，再立中间的一根，互相看齐后，立中间部分各立杆，双排架内、外排两立杆的连线要与墙垂直。立杆接长时，先立外排，后立内排。

4）其余构件的搭设要求参见构造要求。

2. 悬挑式钢管脚手架的搭设施工工艺

悬挑式钢管脚手架的搭设顺序为：水平挑杆→纵向扫地杆→立杆→横向扫地杆→……其后的搭设顺序与落地架相同。

3. 卸料平台的施工工艺

1）卸料平台加工制作完毕经验收合格后方可吊装。

2）吊装时，先挂好四角的吊钩，传发初次信号，但只能稍稍提升平台，放松斜拉钢丝绳，方可正式吊装，吊钩的四条引绳应等长，保证平台在起吊过程中平稳。

3）吊装至预定位置后，先将平台工字钢与预埋件固定后，再将钢丝绳固定，紧固螺母及钢丝绳卡子，完毕后方可松吊钩，卸料平台安装完毕并经验收合格后方可使用，卸料平台的限重牌应挂在平台附近的明显位置。

4）要求提升一次验收一次。

4. 脚手架的拆除施工工艺

1）拆架程序应遵守由上而下，先搭后拆的原则，即先拆拉杆、脚手板、剪力撑、斜撑，而后拆小横杆、大横杆、立杆等（一般的拆除顺序为：安全网→栏杆→脚手板→剪刀撑→小横杆→大横杆→立杆）。

2）不准分立面拆架或在上下两步同时进行拆架。做到一步一清，一杆一清，拆立杆时，要先抱住立杆再拆开最后两个扣。拆除大横杆、斜撑、剪刀撑时，应先拆中间扣件，然后托住中间，解两端头扣，所有连墙杆等高差不应大于 2 步，如高差大于 2 步，应增设连墙件加固。

3）拆除后架体的稳定性不被破坏，如附墙杆被拆除前，应加设临时支撑防止变形，拆除各标准节时，应防止失稳。

4）当脚手架拆至下部最后一根长钢管的高度（约 6.5m）时，应先在适当位置搭临时抛撑加固，后拆连墙件。

### 6.4.7 防水工程施工方案

某防水工程施工方案示例：

该工程地下室防水等级为二级，选用 1mm 厚水泥基渗透结晶型防水涂料［配料比为粉：水=1：0.3（质量比）］、2mm 厚合成高分子防水卷材。屋面防水等级为二级，两道防水设防，采用 3mm 厚高聚物改性沥青防水卷材、2mm 厚合成高分子防水涂料。为确保工程质量和施工安全，配合工程进度，特制定以下施工方案。

1. 施工程序

（1）防水涂料

基层检查及处理→节点和特殊部位附加增强处理→涂刷基层处理剂→涂刷防水涂膜→防水层清理与检查整修→检查清理→淋水试验→保护层施工。

（2）卷材

基层检查及处理→节点和特殊部位附加增强处理→涂刷基层处理剂→涂刷基层胶粘剂→粘贴防水卷材→涂刷卷材接缝→卷材末端接头处理。

2. 施工方法

（1）防水涂料

1）基层要求：所有防水部位的基层应干燥，表面应清干净，无浮砂、浮尘等杂物，而且有一定的强度，所有阴阳角、管道周边、女儿墙（30cm）与屋面交接应按规定抹成圆弧，管件排水口安装必须牢固，接口严密，收口圆滑。下水必须畅通，不得有积水现象。

2）节点和特殊部位附加增强处理，在屋面细部节点（如天沟檐口、檐沟、女儿墙根部、天窗根部、烟囱根部、立管周围、阴阳角等）均应加铺附加层。水落口四周与檐沟交接处应先用密封材料密封处理，再加铺附加层，附加层涂膜伸入水落杯的深度不得少于 50mm。

3）配料与搅拌：涂料混合时，应先将 A 料（即液料）放入搅拌容器内，然后开始用搅拌器搅拌，一边搅拌一边均匀地加入 B 料（即粉料），严格按照生产厂家提供的配合比配制，确保工程质量，确保材料充分搅拌均匀，无疙瘩，浓度一致。

4）涂刷涂料及铺设玻纤布：将搅拌好的涂料倒在处理好的基层上，涂膜应做到平整均匀。

5）涂刷第二遍防水涂料：首先必须检查前一道防水层是否干燥，涂层是否有气泡、露底、漏刷、胎体增强材料皱折、翘边、杂物混入等现象，检查完毕才能进行下道涂层涂刷，各道涂层之间的涂刷应相互垂直，以提高防水层的整体性和均匀性。涂刷层间的接槎，应每刷退槎 50～100mm，避免搭接处发生渗漏，以此类推，达到规范要求。

6）养护：防水施工完毕设专人看管保护，防水层未固化前，不允许上人和放置物品，固化后，不得用硬角碰和在其上推车。

7）淋水试验：等防水层固化后 24h，进行淋水试验，大面积淋水 2h，待 12h 后无渗漏为合格，合格后方可进行下道工序施工。

8）水泥砂浆保护层：在防水层上浇筑保护层时，必须采取有效措施，严防损坏防水层，避免留下渗漏隐患。

（2）防水卷材

1）基层检查处理：首先检查基层必须牢固，裂缝要少，没有松动、鼓包、凹坑、起砂掉灰等缺陷，基层表面必须平整光滑，均匀一致，基层与突起屋面结构（女儿墙、变形缝、烟囱、管道等）相连接的阴角应一律做成均匀一致、平整光滑的弧角或八字角。女儿墙收头部应留深5cm，宽5cm槽沟。基层必须干燥，一般含水率小于10%为宜。

2）节点和特殊部位附加增强处理，在屋面细部节点（如天沟檐口、檐沟、女儿墙根部、天窗根部、烟囱根部、立管周围、阴阳角等）均应加铺附加层。水落口四周与檐沟交接处应先用密封材料密封处理，再加铺附加层，附加层涂膜伸入水落杯的深度不得少于50mm。

3）涂刷基层处理剂：为增强涂料与基层的粘结，在涂刷涂膜前，必须在基层涂刷冷底子油一道，要求用力薄涂，使涂料尽量刷进基层表面的毛细孔中，并将基层可能留下来的少量灰尘无机杂质像填充料一样混入底涂中，使之与基层牢固结合。

4）粘结防水卷材：将基层表面尘土清除干净，用长柄滚刷蘸粘合剂，在基层和卷材面上同时迅速涂抹，包括搭接部位。涂抹时不能在同一处反复多次涂刷以免将底胶咬起胶块形成凝胶，影响施工质量，复杂部位因滚刷不易，可改用板刷涂抹均匀。一般手感不粘手时才能粘贴卷材。

5）卷材的铺贴：为了减少阴角和接头，应将卷材顺长方向进行配置，根据卷材配置的部分从流水的下坡开始。弹出标准线，并使卷材的长向与流水坡垂直；卷材展开与铺贴，将卷材一端粘贴固定在预定部位，再沿着标准粘贴，卷材不要接得过紧而要在松弛的状态下隔离1～2m左右对准线，以此顺序继续铺贴卷材，铺贴卷材时不允许拉伸和不得有皱折存在；排除空气压实卷材，每当铺完一段卷材后，应立即用干净而松软的长柄滚刷从卷材一端开始朝卷材的横向有力滚压一遍，以彻底排除卷材粘结间的空气，要边铺边压实；卷材与基层之间、卷材与卷材之间粘贴牢固，不允许有皱折、翘边现象存在。水口周围和突起屋面结构的卷材收头处理必须封固严实，边角部位不得有空鼓。

6）卷材搭接宽度为8～10cm，要用手持铁压辊压贴牢，不允许有气泡或皱折现象存在。

7）卷材末端收头处理，防止末端脱落或渗水，收头部位必须用封口胶或其他密封材料，女儿墙部位要留有槽沟，将卷材卧在槽内并用水泥砂浆抹住。

### 6.4.8 装饰装修工程施工方案

某工程吊顶施工工艺与质量标准示例：

1. 施工工艺

1）工艺流程：基层弹线→安装吊杆→安装主龙骨→安装次龙骨→安装铝板→饰面清理。

2）弹线：根据楼层标高水平线，按照设计标高，沿墙四周弹顶棚标高水平线，找出房间中心点，并沿顶棚的标高水平线，以房间中心点为中心在墙上画好龙骨分档位置线。

3）安装主龙骨吊杆：在弹好顶棚标高水平线及龙骨位置线后，确定吊杆下端头的标高，安装预先加工好的吊杆，吊杆焊接固定在预埋件上，吊杆选用 $\phi$8 圆钢，吊筋间距控制在 1200mm 范围内。

4）安装主龙骨：主龙骨一般选用轻钢龙骨，间距控制在 1200mm 范围内。安装时采用与主龙骨配套的吊件与吊杆连接。

5）安装边龙骨：按天花净高要求在墙四周用水泥钉固定 25mm×25mm 烤漆龙骨，水泥钉间距不大于 300mm。

6）安装次龙骨：根据铝板的规格尺寸，安装与板配套的次龙骨，次龙骨通过吊挂件吊挂在主龙骨上。当次龙骨长度需多根延续接长时，用次龙骨连接件，在吊挂次龙骨的同时，将相对端头相连接，并先调直后固定。

7）安装金属板：铝板安装时在中间位置垂直次龙骨方向拉一条基准线，对齐基准线向两边安装。安装时，轻拿轻放，必须顺着翻边部位顺序将方板两边轻压，卡进龙骨后再推紧。

8）清理：安装结束后，需用布把板面全部擦拭干净，不得有污物及手印等。

2. 质量标准

1）吊顶标高、尺寸、起拱和造型应符合设计要求。

2）饰面材料的材质、品种、规格、图案和颜色应符合设计要求。

3）暗龙骨吊顶工程的吊杆、龙骨和饰面材料的安装必须牢固。

4）吊杆、龙骨的材质、规格、安装间距及连接方式应符合设计要求。金属吊杆、龙骨应经过表面防腐处理，木吊杆、龙骨应进行防腐、防火处理。

5）饰面材料表面应洁净、色泽一致，不得有翘曲、裂缝及缺损。压条应平直、宽窄一致。

6）饰面板上的灯具、烟感器、喷淋头、风口箅子等设备的位置应合理、美观，与饰面板的交接应吻合、严密。

7）金属吊杆、龙骨的接缝应均匀一致，角缝应吻合，表面应平整，无翘曲、锤印。木质吊杆、龙骨应顺直，无劈裂、变形。

8）吊顶内填充吸声材料的品种和铺设厚度应符合设计要求，并应有防散措施。暗龙骨吊顶工程安装的允许偏差和检验方法应符合现行《建筑装饰装修工程质量验收标准》GB 50210 的规定。

### 6.4.9 钢结构工程施工方案

某钢结构工程吊装方案示例：

1）本工程钢结构吊装均采用综合吊装法。起重设备为汽车式起重机。

2）钢柱、钢梁、檩条、屋面板采用现场汽车式起重机运输，采用两点起吊方法起吊，具体根据场地情况确定，在吊装过程中应在现场有明确标识及专人负责，初步计算可以满足 25t 吊车的行驶及吊装。但吊装过程中应注意，吊车的每个支撑点上均应放置枕木，且应尽量压在结构梁上，以最大程度保证楼板的结构安全。特别强调，厂房内如仓库等金刚砂做法的地面，要对地面的成品保护给予充分的重视，这些区域禁止堆放钢构件，且应在吊装、施工中派专人负责、监督，尽量避免对地面的破坏。

3）吊装时如不采用焊接吊耳，在构件本身用钢丝绳绑扎时对构件及钢丝绳进行保护，方法如下：

① 在构件四角做包角（用半圆钢管内夹角钢）以防止钢丝绳刻断。

② 在绑扎点处为防止工字形或 H 形钢柱局部挤压破坏，可加一加强肋板，吊装格构柱，绑扎点处设支撑杆。

③ 屋面板和墙面板水平运输采用人工抬运方法。施工人员从两侧抬运，间距约 3m，为保护施工人员的手不被划伤，施工人员通过胶梆从板底抬运，搬运过程施工人员必须戴防护手套。

④ 零星材料为散件，包括固定座、隔热垫、泛水、保温棉、高强螺栓等使用吊篮垂直运输。

### 6.4.10 装配式混凝土工程施工方案

某工程叠合楼板吊装工艺示例：

1. 竖向支撑搭设

安装叠合板时底部必须做临时竖向支撑架，竖向支撑采用扣件式脚手架支撑，安装楼板前调整支撑标高与两侧墙预留标高一致。

1）支架立杆搭设位置应按布置方案放线确定，不得任意搭设。

2）支架水平方向搭设，首先应根据立杆位置的要求布置可调底座，应按先立杆后水平杆再斜杆的顺序搭设，形成基本的架体单元，应以此扩展搭设成整体支架体系。

3）可调底座和垫板应准确地放置在定位线上，并保持水平，垫板应平整、无翘曲，不得采用已开裂垫板。

4）立杆应根据楼层净高选用整根立杆（首层选用 3m 标准立杆，标准层选用 2m 标准立杆），首层水平杆步距 1.5m（三道）、标准层水平杆步距 2m（两道），水平杆扣接头与连接盘通过插销连接，应采用榔头击紧插销，保证水平杆与立杆连接可靠。

5）每搭完一步架体后，应及时校正水平杆步距，立杆的纵、横距，立杆的垂直偏差与水平杆的水平偏差。控制立杆的垂直偏差不应大于 $H/500$，且不得大于 50mm。

6）支架搭上应设置顶托，顶托上放置木枋/工字梁，铺设方向与叠合板拼缝垂直。

7）建筑楼板多层连续施工时，应保证上下层支撑立杆在同一轴线上。

8）支架搭设完成后混凝土浇筑前，应由项目技术负责人组织相关人员进行验收，符合专项施工方案后方可浇筑混凝土。

9）架体拆除时应按施工方案设计的拆除顺序进行。拆除作业必须按先搭后拆，后搭先拆的原则，从顶层开始，逐层向下进行，严禁上下层同时拆除。拆除时的构配件应通过楼层传递孔人工传递至施工楼层面，并按照要求在指定位置成堆堆放，不得随意乱放。

2. 构件复核

1）根据施工图纸，核对构件尺寸、质量、数量等情况，查看所进场构件编号，构件上的预留管线以及预留洞口是否有无偏差，并做好详细记录。

2）叠合楼板挂钩起吊：叠合板长≤4m 时采用 4 点挂钩（4 点挂钩时可不用钢扁担），＞4m 时采用 8 点挂钩，吊钩或卸扣对称（左右、前后）固定于预埋在叠合板中的吊环上。

挂钩时应确保各吊点均匀受力。

3. 构件安装

1）将构件吊离地面，观测构件是否基本水平，各吊点是否受力，构件基本水平、吊点全部受力后起吊。

2）根据图纸所示构件位置就位，就位同时观察楼板预留孔洞与水电图纸的相对位置。

3）构件安装时短边深入梁/剪力墙上10mm，构件长边与梁或板与板拼缝按设计图纸要求安装。

4）具体安装流程及要求：

① 缓缓将预制板吊起，待板的底边升至距地面500mm时略作停顿，再次检查吊挂是否牢固，板面有无污染破损，若有问题必须立即处理。确认无误后，继续提升使之慢慢靠近安装作业面。

② 叠合板要从上垂直向下安装，在作业层上空20cm处略作停顿，施工人员手扶楼板调整方向，将板的边线与墙上的安放位置线对准，注意避免叠合板上的预留钢筋与墙体钢筋碰撞，放下时要停稳慢放，严禁快速猛放，以避免冲击力过大造成板面震折裂缝。6级风以上时应停止吊装。

③ 调整板位置时，要垫以小木块，不要直接使用撬棍，以避免损坏板边角，要保证搁置长度，其允许偏差不大于5mm。

④ 楼板安装完后进行标高校核，调节板下的可调支撑。

4. 固定复核

1）复核构件的水平位置、标高，使误差控制在规范允许范围内。

2）检查下面支撑及板的拼缝，使所有支撑杆件受力基本一致，板底拼缝高低差小于3mm，确认后取钩。

### 6.4.11　冬雨期施工方案

某工程冬期施工测温方案示例：

1. 冬期施工的测温范围

冬期施工的测温范围：大气温度，水泥、水、砂子、石子等原材料的温度，混凝土、棚室内温度，混凝土或砂浆出罐温度、入模温度，混凝土入模后初始温度和养护温度等。

2. 测温人员的职责

1）每天记录大气温度，并报告工地负责人；

2）测量混凝土拌合料的温度、混凝土出仓温度、混凝土入模温度；

3）混凝土养护温度的测量：按要求布置测量温孔，绘制测温孔分布图及编号。按要求测量混凝土养护初始温度、大气温度等。控制混凝土养护的初始温度和时间。

3. 冬期施工测温的准备工作

（1）人员准备

设专人负责测温工作，并于开始测温前组织培训和交底。

（2）准备好必需的工具

测温计：测量大气温度、环境温度及原材料温度采用玻璃液体温度计。各种温度计在使用前均应进行校验。

(3) 测温孔的设置

1) 测温孔布置及深度要绘制平面和立面图，各孔按顺序编号。

2) 各类结构物测温孔设置要求：测温孔一般选在温度变化较大、容易散失热量、构件易遭冻结的部位设置。

4. 测温方法和要求

根据测温点布置图，测温孔可采用预埋内径 12mm 金属套管制作。注意留孔时要有专人看管，以防施工踩（压）实测温孔。

测温时按测温孔编号顺序进行。温度计插入测温孔后，堵塞住孔口，留置在孔内 3～5min，然后迅速从孔中取出，使温度计与视线成水平，仔细读数，并记入测温记录表，同时将测温孔用保温材料按原样覆盖好。现场测温安排见表 6-4。

现场测温安排　　表 6-4

| 测温项目 | 测温条件 | 测温次数 | 测温时间 |
|---|---|---|---|
| 混凝土养护温度 | 4MPa 前 | 昼夜 12 次 | 每 2h 一次（根据浇筑混凝土时间） |
| | 4MPa 后 | 昼夜 4 次 | 每 6h 一次 |
| 大气温度 | | 昼夜 4 次 | 2:00、8:00、14:00、20:00 各一次 |
| 工作环境温度，水泥、水、砂、石温度，混凝土、砂浆出仓温度，混凝土入模温度 | | 每昼夜 3 次<br>每工作班 2 次 | 7:00、15:00、21:00 各一次，上下午开盘各一次 |

现场测温结束时间：混凝土达到临界强度，且拆模后混凝土表面温度与环境温差不超过 15℃、混凝土的降温速度不超过 5℃/h、测温孔的温度和大气温度接近。

5. 测温管理

1) 施工现场施工人员在技术人员的指导下，负责工程的测温、保温、掺加外加剂等工作，每天要看测温记录，发现异常及时采取措施并汇报有关领导及技术负责人。

2) 项目技术人员要每日查询测温、保温、供热的情况和存在的问题，及时向主管领导汇报并协助现场施工管理人员解决冬期施工疑难问题。

3) 施工测温人员在每层或每段停止测温时交一次测温记录，平时发现问题应及时向现场管理人员和技术人员汇报，以便立即采取措施。

4) 每天 24h 都应有测温人员上岗，并实行严格的交接班制度。测温人员要分区、项填写测温记录并妥善保管。

5) 测温记录要交给技术人员归档备查。

## 复习思考题

1. 哪些情况下需要编制危险性较大的工程的专项施工方案？
2. 简述施工方案的编制依据。
3. 施工方案的工程概况包括哪些内容？
4. 施工方案的准备工作有哪些？

5. 选择施工机械主要考虑哪些因素？

## 职业活动训练

针对某分部分项工程或专项工程项目，编制施工方案。

1. 训练目的

通过编制施工方案，掌握施工方案的编制方法和内容，提高学生分析问题、解决问题的能力。

2. 环境要求

（1）为分部分项工程或专项工程项目；

（2）具备完整的施工图；

（3）施工现场条件满足要求。

3. 步骤提示

（1）熟悉图纸、分析工程情况；

（2）进行施工安排；

（3）编制施工进度计划与资源配置计划；

（4）确定施工方法及工艺要求。

4. 注意事项

（1）学生在编制施工组织方案时，教师应尽可能书面提供施工项目与业主方的背景资料；

（2）学生分组进行编制训练时，教师要加强指导。

5. 讨论与训练题

讨论1：施工方案与单位工程施工组织设计的关系是什么？

讨论2：作为施工技术员应具备哪些素质和能力才能胜任本职工作？

# 项目 7　主要施工管理计划的编制

**项目岗位任务：**编制单位工程质量管理计划、进度管理计划、成本管理计划、安全管理计划、环境管理计划等。

**项目知识地图：**

项目7 主要施工管理计划的编制

| 学习任务 | 知识点 | 思政元素 |
| --- | --- | --- |
| 7.1　质量管理与保证措施 | 7.1.1　质量管理计划的编制依据<br>7.1.2　质量管理计划及相应的措施 | 质量第一<br>追求精品 |
| 7.2　进度管理与保证措施 | 7.2.1　进度管理的依据<br>7.2.2　进度管理保证措施 | 科学统筹<br>好中求快 |
| 7.3　成本管理与控制措施 | 7.3.1　成本管理计划<br>7.3.2　成本控制的相关措施 | 奉行节约<br>反对浪费 |
| 7.4　安全与消防保证措施 | 7.4.1　安全管理计划<br>7.4.2　安全与消防保证的相关措施 | 安全第一<br>预防为主 |
| 7.5　建筑工程施工资料管理 | 7.5.1　施工资料管理要求<br>7.5.2　施工资料及时规范管理的相关措施 | 细心严谨<br>实事求是 |
| 7.6　环境保护管理及措施 | 7.6.1　环境管理计划<br>7.6.2　环境管理的相关措施 | 爱护环境<br>呵护健康 |
| 7.7　文明施工措施及企业形象 | 7.7.1　文明施工相关措施<br>7.7.2　企业形象(CI) | 以人为本<br>注重形象 |
| 7.8　施工管理计划编制实例 | 某写字楼项目施工管理计划编制 | 勇于实践<br>探索求真 |

**项目素质要求：** 树立质量意识、精品意识和科学的管理理念；通过管理计划的编制感受管理的力量。

**项目能力目标：** 结合实际工程项目的工程背景，编制主要施工管理计划。

**项目引导**

凡事预则立不预则废。某项目施工前，已经明确了项目质量、进度、成本、安全、环保等各方面的目标，现在需要制定相应的管理计划，并落实相应措施，以保证项目顺利完成。请问应该制定哪些管理计划？采取哪些保证措施？

为确保项目目标得以实现，必须围绕目标精心制定相应的施工管理计划。编制施工管理计划是施工组织设计必不可少的部分，一般应包括质量管理计划、进度管理计划、成本管理计划、安全管理计划、环境管理计划以及其他管理计划等内容。各项管理计划的制定，可根据工程的具体情况加以取舍。在编制施工组织设计时，各项管理计划可单独成章，也可穿插在施工组织设计的相应章节中。

某项目管理措施

## 7.1　质量管理与保证措施

质量管理应按照PDCA循环模式，加强过程控制，通过持续改进提高工程质量。根据工程质量形成的时间阶段，工程质量管理可分为事前管理、事中管理和事后管理，质量管理的重点应放在事前管理。

项目经理部应根据项目质量管理目标，制定质量管理计划，并落实相应的措施。主要包括：确立组织机构、进行职责分工、制定相应的措施、进行资源配置等。

工程质量事故案例

### 7.1.1　质量管理计划的编制依据

施工单位应按照现行《质量管理体系 要求》GB/T 19001建立本单位的质量标准管理体系文件。针对具体项目如何开展质量管理，项目经理部可以根据项目特点，在本单位所制定的质量标准管理体系文件框架下单独编制本项目的质量计划，也可以在本项目的施工组织设计中编制质量计划的章节。

### 7.1.2　质量管理计划及相应的措施

（1）设立项目质量管理总体目标及分解目标。制定项目质量目标，不应低于工程合同明示的要求。质量目标应尽可能地量化和层层分解到最基层，建立阶段性目标。质量目标应具有可测性。

（2）建立项目质量管理的组织机构，明确岗位职责。应明确质量管理组织机构中各重要岗位的职责，与质量管理有关的各岗位人员应具备与职责要求相匹配的经验。

（3）确定质量控制点，分析质量管理重点和难点，确定关键过程和特殊过程。

（4）制定符合项目特点的技术保障和资源保障措施。

通过对影响质量的4M1E五要素（人、材料、机械、方法、环境）采取有效措施，确保项目质量目标的实现。这些措施包含但不局限于：原材料、构配件、机具的质量要求和检验；主要的施工工艺、主要的质量标准和检验方法；夏期、冬期和雨期施工的技术措施；关键过程、特殊过程、重点工序的质量保证措施；成品、半成品的保护措施；工作场所环境以及劳动力和资金保障措施等。

（5）制定现场质量管理制度。现场质量管理制度包括：培训上岗制度；质量否决制度；成品保护制度；质量文件记录制度；工程质量事故报告及调查制度；工程质量检查及验收制度；样板引路制度；自检、互检和专业检查的“三检”制度；分包工程质量检查，基础、主体工程验收制度；单位（子单位）工程竣工检查验收；原材料及构件试验、检验制度；分包工程（劳务）管理制度等。

（6）建立质量过程检查制度，并对质量事故的处理做出相应规定。

按质量管理八项原则中的过程方法要求，将各项活动和相关资源作为过程进行管理，建立质量过程检查、验收以及质量责任制等相关制度，对质量检查和验收标准做出规定，采取有效的纠正和预防措施，保障各工序和过程的质量。

## 7.2 进度管理与保证措施

在施工进度计划执行过程中，往往会因为各方面条件发生变化，导致实际进度脱离原计划，这就需要施工管理者随时掌握工程施工进度，检查和分析进度计划的实施情况，及时进行必要的调整，保证施工进度目标的完成。

进度管理计划是保证实现项目施工进度目标的管理计划，包括编制进度计划、检查进度计划、分析进度偏差、调整进度计划、采取赶工措施等。

### 7.2.1 进度管理的依据

项目施工进度管理应按照项目施工的技术规律和合理的施工顺序，保证各工序在时间上和空间上的顺利衔接，以便实现项目进度目标。

### 7.2.2 进度管理保证措施

针对不同施工阶段的特点，制定进度管理的相应措施。

（1）组织措施

建立施工进度管理组织机构，明确职责，制定相应管理制度。

施工进度管理的组织机构是实现进度计划的组织保证，它既是施工进度计划的实施组织，又是施工进度计划的控制组织；既要承担进度计划实施赋予的生产管理和施工任务，又要为进度目标控制负责。因此，需要科学设置负责进度管理的组织机构，优选进度管理负责人，精心制定有关管理制度并严格落实。

（2）技术措施

采用流水施工原理，科学制定合理的进度计划。

不同的工程项目其施工技术规律和施工顺序不同。即使是同一类工程项目，其施工顺序也难以做到完全相同。因此必须根据工程特点，按照施工的技术规律和合理的组织关系，解决各工序在时间和空间上的先后顺序和搭接问题，在保证质量和安全的前提下，达到充分利用空间、争取时间、经济合理的目的。

在施工活动中，通常是通过对最基础的分部（分项）工程的施工进度控制来保证各个单项（单位）工程或阶段工程进度控制目标的完成，进而实现项目施工进度控制总体目标。因此，在制定进度计划时，应将总体进度目标进行逐级分解，从总体到细部、从高层次到基础层次层层分解，一直分解到在施工现场可以直接调度控制的分部（分项）工程或施工作业过程为止。

（3）管理措施

进度计划制定后，要在工程实施过程中从上到下、自始至终地贯彻执行，投入足够的劳动力，加强材料计划的及时性，做好进度日检查、周汇报、月分析，确保工程按期完成。

通过定期不定期的进度计划检查和会议沟通制度，对施工进度进行动态管理。当实际进度比计划进度超前或落后时，分析偏差产生的原因，采取相应的措施，调整原来的进度计划，使施工活动在新的起点上按调整后的计划继续运行，如此循环，直到实现预期目标。

（4）经济措施

将进度要求分解纳入分包合同中，约定经济方面的奖惩措施，确保工程如期完成。

## 7.3　成本管理与控制措施

由于建筑产品生产周期长，风险因素多，施工成本控制难度较大。成本管理的基本原理就是把计划成本作为施工成本的目标值，在施工过程中定期地进行实际值与目标值的比较，通过比较找出实际支出额与计划成本之间的差距，分析产生偏差的原因，并采取有效的措施加以控制，以保证目标值的实现或减小差距。

### 7.3.1　成本管理计划

项目的成本、进度、质量三大目标之间是既对立又统一的关系。在成本管理中，要协调好与进度、质量、安全和环境等的关系，不能片面强调控制成本。

成本管理计划是保证实现项目施工成本目标的管理计划，包括成本预测、实施、分析、采取的必要措施和计划变更等。成本管理计划应以项目施工预算和施工进度计划为依据编制。

### 7.3.2 成本控制的相关措施

成本控制和其他施工目标管理类似，开始于确定目标，继而进行目标分解，组织人员配备，落实相关管理制度和措施，并在实施过程中进行纠偏，以实现预定目标。可以采取的措施如下：

（1）根据项目施工预算，制定项目施工成本目标；

（2）根据施工进度计划，对项目施工成本目标进行阶段分解；

（3）建立施工成本管理的组织机构并明确职责，制定相应管理制度；

（4）采取合理的技术、组织和合同等措施，控制施工成本；

（5）确定科学的成本分析方法，制定必要的纠偏措施和风险控制措施。

## 7.4 安全与消防保证措施

建筑工程施工安全管理应贯彻“安全第一、预防为主”的方针。施工现场的大部分伤亡事故是由于没有安全技术措施、缺乏安全技术知识、不做安全技术交底、安全生产责任制不落实、违章指挥、违章作业造成的。因此，必须建立完善的施工现场安全生产保证体系，才能确保施工的安全和健康。

### 7.4.1 安全管理计划

安全管理计划可参照现行《职业健康安全管理体系 要求及使用指南》GB/T 45001，在施工单位安全管理体系的框架内编制。

目前，大多数施工单位基于现行《职业健康安全管理体系 要求及使用指南》GB/T 45001 通过了职业健康安全管理体系的认证，建立了企业内部的安全管理体系。项目经理部应在施工企业安全管理体系的框架内，结合实际情况编制安全管理计划。安全管理计划是保证实现项目施工职业健康安全目标的管理计划，包括设立安全管理机构、明确安全管理职责、确立安全管理工作程序、制定安全管理措施、配置安全管理资源等。

### 7.4.2 安全与消防保证的相关措施

（1）建立安全与消防管理责任制度。

建立有管理层次的项目安全和消防管理组织机构，并明确职责。如某项目成立由项目经理、HSE 总监和各专业承包现场消防管理负责人组成的消防管理领导机构，负责施工现场消防工作的领导与协调。施工总承包与各专业承包签订防火责任书，专业承包也要与劳务队签订消防责任书，使消防工作层层负责，责任落实到人。

（2）建立易燃易爆物品管理制度。

（3）根据项目特点，合理配置保障职业健康安全所需资源。

安全资源包括安全帽、安全带、安全网等防护用品和绝缘电阻仪、接地电阻仪等安全检测器具。

起重事故

（4）建立具有针对性的安全生产管理制度和职工安全教育培训制度。

施工现场安全生产管理制度包含：安全检查制度、安全教育培训制度、设备设施验收制度、班前安全活动制度、安全值班制度、特种作业人员管理制度、安全生产责任制、安全生产责任制考核制度、安全生产责任目标考核制度、事故报告制度、安全防护费用与准用证管理制度、安全技术交底制度等。

（5）针对项目重要危险源，制定相应的安全技术措施；对达到一定规模的危险性较大的分部（分项）工程和特殊工种的作业制定专项安全技术措施的编制计划。

火灾事故

安全保证措施包括：防火、防毒、防爆、防洪、防尘、防雷击、防触电、防坍塌、防物体打击、防机械伤害、防高空坠落和防交通事故，以及防寒、防暑、防疫等措施。

（6）根据季节、气候的变化制定相应的季节性安全施工措施。

（7）建立现场安全检查制度，并对安全事故的处理做出相应规定。

建筑施工安全事故（危害）通常分为七大类：高处坠落、机械伤害、物体打击、坍塌倒塌、火灾爆炸、触电、窒息中毒。安全管理计划应针对项目具体情况，设立安全管理组织，制定相应的安全管理目标、管理制度、管理措施和应急预案等。现场安全管理应符合国家和地方政府的要求。

项目安全计划经有关部门批准后，由专职安全管理人员进行现场监督实施。对结构复杂、施工难度大、专业性强的项目，必须制定项目总体、单位工程或分部、分项工程的安全措施；对高空作业等非常规性的作业，应制定单项职业健康安全技术措施和预防措施，并对管理人员、操作人员的安全作业资格和身体状况进行合格审查，对危险性较大的工程作业，应编制专项施工方案，并进行安全验证；临街脚手架、临近高压电缆以及起重机臂杆的回转半径达到项目现场范围以外的，均应按要求设置安全隔离设施。

## 7.5 建筑工程施工资料管理

施工资料是重要文件，对于施工项目管理有重要的意义。施工资料在工程施工过程中逐步形成，记录并反映工程实体质量，也是施工企业综合管理水平的直接体现。能为工程价款调整提供重要依据，是工程维修、管理、使用、改扩建等工作的重要依据。

### 7.5.1 施工资料管理要求

施工资料应及时准确、真实全面、规范系统。必须严格按照有关工程标准、规范以及法规对施工技术资料进行填写整理，同时进行规范分类，实现工程技术资料的标准化、规范化、系统化。

### 7.5.2 施工资料及时规范管理的相关措施

（1）安排专人负责资料管理工作，建立各部门资料管理分工协调机制。项目部技术负责人统筹，并对项目部资料相关人员进行交底。加强对资料管理人员的业务素养培训，加强监管部门的监管力度。

（2）从源头做起。及时搜集各种原材料的质量文件证明、各项分部工程质量评定等原始记录，并及时归类存档，根据建筑工程档案资料的归档范围将施工资料所包含内容分类建立档案盒并贴上标识，保证施工技术资料与工程进展同步进行。

（3）借助信息系统进行资料归档管理。在建筑企业全过程的资料管理过程中引进先进的信息化管理系统，可以提升资料的管理工作效率，减少出错概率。

## 7.6 环境保护管理及措施

建筑工程施工过程中不可避免地会产生施工垃圾、粉尘、污水以及噪声等环境污染，建设工程项目环境管理的目的就是保护生态环境，使社会的经济发展与人类的生存环境相协调。施工现场环境管理越来越受到建设单位和社会各界的重视，同时各地方政府也不断出台新的环境监管措施。

### 7.6.1 环境管理计划

制定环境管理计划就是要通过可行的管理和技术措施，使环境污染降到最低。环境管理计划是保证实现项目施工环境目标的管理计划，包括设立环境管理机构、明确环境管理职责、确立环境管理工作程序、制定环境管理措施、配置环境管理资源等。

很多施工单位参照现行《环境管理体系 要求及使用指南》GB/T 24001，设立了企业环境管理体系，并通过了认证。施工项目的环境管理计划应在企业环境管理体系的框架内，针对项目的实际情况编制。主要内容包括控制作业现场的各种粉尘、废水、废气、固体废弃物以及噪声、振动对环境的污染和危害，考虑能源节约和避免资源的浪费。

### 7.6.2 环境管理的相关措施

（1）识别影响项目环境的重要因素，制定项目环境管理目标。

环境因素识别主要有以下几个方面：

1）废水排放（造成水污染问题）：如生活污水排放、生产废水排放等；

2）废气排放（造成大气污染问题）：工艺废气、汽车尾气排放、扬尘、餐饮油烟气等；

3）废物排放（造成固体废物污染问题）：危险固废、工业废渣、办公垃圾等；

4）土地污染（源于废水排放、固废堆放、化学品渗漏、自然沉降等过程）：例如因为油的渗漏，导致地面被油浸渍，土壤被污染；

5）原材料及资源、能源消耗（包括节能降耗等方面问题）：如节约用水用电，杜绝铺张浪费等；

6）噪声污染、辐射污染等。

应根据建筑工程各阶段的特点，依据分部（分项）工程进行环境因素的识别和评价，并制定相应的管理目标、控制措施及应急预案。

（2）建立项目环境管理的组织机构并明确职责。

（3）根据项目特点进行环境保护方面的资源配置。

施工项目需要的环境保护资源包括：洒水车、覆盖膜、粉尘测定仪、噪声测定仪以及有毒气体测定仪等。

（4）制定现场环境保护措施。

现场环境保护措施包括：现场泥浆、污水和排水的合理排放措施；现场爆破危害防止措施；现场打桩振害防止措施；现场防尘和防噪声措施；现场地下旧有管线或文物保护措施；现场熔化沥青及其防护措施；现场及周边交通环境保护措施；现场卫生防疫和绿化工作措施。

（5）绿色建造与环境管理。

组织应建立项目绿色建造与环境管理制度，确定绿色建造与环境管理的责任部门，明确管理内容和考核要求。组织应制定绿色建造与环境管理目标，实施环境影响评价，配置相关资源，落实绿色建造与环境管理措施。项目管理过程应采用绿色设计，优先选用绿色技术、建材、机具和施工方法。施工管理过程应采取环境保护措施，控制施工现场的环境影响，预防环境污染。

（6）建立现场环境管理制度，并对环境事故的处理做出相应的规定。

现场环境管理制度包括：施工现场卫生管理制度，现场化学危险品管理制度，现场有毒有害废弃物管理制度，现场消防管理制度，现场用水、用电管理制度以及节水、节电、人力资源节约等。现场环境管理应符合国家和地方政府部门的要求。

## 7.7 文明施工措施及企业形象

### 7.7.1 文明施工相关措施

1. 施工现场标牌

现场出入口挂设“九牌一图”，施工标志牌公示：工程规模、性质、用途，发包人、设计、监理、施工总承包名称，施工起止年月等。

现场入口的醒目处公示：安全纪律牌、防火须知牌，标牌规范整齐。设置施工总平面图、总承包组织架构及主要管理人员姓名岗位框图等。

2. 施工现场道路及场地

（1）现场道路管理

规定施工现场道路硬化要求、临时设施场地硬化要求、运输车辆出入提示等内容。

（2）现场场地排水管理

施工现场设置排水沟、集水井、沉沙池等保障系统，做到现场施工废水、雨水有效排放。不定期全面检查，清理排水沟。

（3）施工区管理

现场临建及各种成品、半成品、机械设备按照施工总平面布置图堆放。

现场管材、模板、砌块、散材等材料堆场分区布置，堆放场地内挂设明显的材料标示牌（品种、规格型号、进出场时间、产地等），材料堆放高度符合规定。

施工垃圾集中堆放，及时清理。

易燃易爆物品分类分区存放并由丰富消防经验的专人看护，严把进出场关，加强责任制管理，配备齐全的消防设施。

机具每天使用完应清洁干净，做好日常保养，小型机具入库。

（4）治安综合治理

设置各种科学刊物，普及日常急救常识，有专人负责定期更换、保护并负责对工人进行文明施工、环保知识等教育。聘请专职保安队伍，负责现场 24 小时保安管理。在施工现场出入口及关键施工区域设置视频监控摄像头，对出入人员、车辆及关键部位的施工进行实时监控管理。

3. 保健急救

现场设置医务室，配备专职医务人员。选派人员参加安全急救培训合格后与医务室成员组成项目应急救援小组。项目配备急救药箱及药品，并定期检查更换过期药品。项目定期开展卫生防疫宣传教育、高温或流行病传播季节预防药品发放等活动。

4. 办公区

办公区室内地面清洁，洗手间卫生，墙面清洁，上下水管通畅，地面无存水，无异味。

5. 生活区食堂

明确职工宿舍、厕所、浴室的清洁标准，做好清扫规定及检查。严格按照施工总平面图设置生活区消防器材，正常情况下不得挪用或随意搬运。

加强生活区防火巡查和卫生检查，落实各项管理制度。

建立食堂卫生防疫管理制度，实行卫生许可证制度。

6. 文明施工检查

确定检查时间、检查内容、检查方法及罚款措施。

### 7.7.2 企业形象（CI）

施工现场是施工企业展示形象的重要场所。施工企业可在施工组织设计文件中安排章节编制施工现场 CI 管理方案，也可以专门编制施工现场 CI 管理方案。根据公司的企业标志及相关要求，对于在项目部现场，对大门、围墙、现场标牌、现场办公室及会议室、现场宿舍、现场食堂、现场卫生间、现场机械设备、人员着装形象、楼面形象做出相应的管理规定。

现场使用的企业标志，在制作和使用等方面都要遵循企业的相关制作、使用规范，参考企业形象设计相关资料，采用扫描件按照比例放大的形式制作。对于企业标志的图样和颜色都做出了统一的规定。

企业标志的使用范围包括：围墙宣传；现场大门；企业宣传；施工图牌；配电箱、柜等中、小型机械设备；项目经理部铭牌；现场导向牌；安全帽；工作装、胸卡等。

## 7.8 施工管理计划编制实例

某写字楼项目位于××市××区，建筑总高度 140m，地下 3 层，地上 32 层。总建筑面积 82417.35$m^2$。桩筏式基础，要求工期 1030 个日历天。

试编制该项目的质量管理计划和进度管理计划。

### 7.8.1 质量管理计划

#### 7.8.1.1 质量保证措施

本项目将建立由公司过程考核、检查、控制，项目经理领导，项目总工程师策划并组织实施，专业责任工程师检查和监控的管理系统，形成从项目经理部到各分承包方、各专业化公司和作业班组的质量管理网络。

根据组织保证体系图（图略），建立岗位责任制和质量监督制度，明确分工职责，落实施工质量控制责任，各岗位各行其职。

#### 7.8.1.2 质量目标及分解

1. 质量目标：本工程质量达到国家施工质量验收规范合格标准，争创“××奖”“××杯”。

2. 质量目标分解

1）项目质量目标人员分解（略）

2）项目质量目标分解一览表（表 7-1）

质量目标分解一览表 表 7-1

| 部门 | 质量目标 |
| --- | --- |
| 项目经理 | 确保承包合同履约 |
| 项目总工程师 | 确保项目施工组织设计、专项施工方案满足施工技术要求；确保项目每个管理人员均接受施工组织设计及方案交底 |
| 工程部 | 确保主管的单项工程的一次交验合格率 100%；确保无质量事故；确保每道工序均经过交底；确保关键工序、特殊过程经过鉴定认可满足施工 |

续表

| 部门 | 质量目标 |
| --- | --- |
| 技术部 | 对图纸、施工方案、工艺标准进行确定并及时下发，指导工程的施工生产。<br>负责结构预控验算、结构变形监测、工程测量和各项试验检测工作。<br>对工程技术资料进行收集管理，确保施工资料与工程进度同步。开展以提高工程质量为目的的科学、技术研究，组织工程项目开展技术攻关工作，结合工程项目施工特点，积极采用先进的施工技术、工艺和材料，并积极推广工程质量科研成果 |
| 商务部 | 确保项目每个管理人员明确自己的合同管理职责，了解合同的质量要求内容 |
| 物资部 | 确保提供满足工程质量要求的材料，确保各种材料能提供质量保证的依据。<br>严格按物资采购程序进行采购，对购入的各类生产材料、设备等产品质量负责，严把进场物资的质量关，使其性能必须符合国家有关标准、规范和工程设计的质量要求。采购资料及时收集、整理。<br>组织对工程物资的验证，办理书面手续，开展进场物资的报验工作，对检验不合格的物资及时进行封存或退场处理，以防误用。<br>负责进场物资库存管理，制定库存物资管理办法，做好各类物资的标识工作 |
| 质监部 | 确保每道工序均接受四检制，每个检验批均经过检验合格后进入下道工序。 |

3）工程质量目标分解计划表（略）

（1）模板工程标准

（2）钢筋工程标准

（3）混凝土工程标准

（4）砌体工程标准

（5）防水工程标准

（6）安装工程标准

4）检验批优质目标

5）分项工程优质目标

6）分部（子分部）工程优质目标

7）日常质量检查工作目标

3. 总包对分包单位管理办法

1）施工前的质量技术控制

2）施工过程中的质量技术控制

（1）对指定供应商材质的控制

（2）对关键工序的控制

（3）对质量通病的控制

3）施工过程后的质量控制

（1）对质量检验评定的控制

（2）对技术资料的控制

#### 7.8.1.3 组织保证措施

1. 施工方案或作业指导书编制审批制度

2. 技术交底制度

3. 材料进场检验制度
4. 样板引路制度
5. 施工挂牌制度
6. 三检制度
7. 质量十不准
8. 质量否决制度
9. 成品保护制度
10. 质量文件记录制度
11. 竣工服务承诺制度
12. 培训上岗制度
13. 工程质量事故报告及调查制度
14. 质量会诊制度

#### 7.8.1.4 材料、半成品、成品检验、计量、试验

1. 原材及复试
2. 钢筋连接
3. 混凝土及砂浆试验
4. 施工记录
(1) 隐检记录
(2) 预检记录
(3) 质量评定
(4) 设计洽商变更
(5) 成品保护管理措施

#### 7.8.1.5 采购控制

公司物资《采购手册》、物资采购流程图(略)

#### 7.8.1.6 工程质量过程控制及管理措施

1. 工程质量预控
2. 预控质量管理要点
(1) 外露结构及混凝土施工
(2) 防水工程施工
(3) 冬雨期施工
3. 加强过程控制,创“过程精品”
(1) 加强对图纸、规范的学习
(2) 严格按方案施工
(3) 严格材料供应商的选择,加强材料进厂检验
4. 各分项工程质量控制
(1) 测量放线质量控制
(2) 土方工程质量控制
(3) 钢筋工程质量控制

（4）模板工程质量控制
（5）混凝土工程质量控制
（6）防水工程质量控制
（7）安装工程质量控制

#### 7.8.1.7 成品保护

1. 测量定位
2. 土方工程
3. 地下防水工程
4. 砌筑工程
5. 地面与楼地面工程
6. 门窗工程
7. 墙、顶棚涂料
8. 钢筋工程
9. 模板工程
10. 竣工阶段

#### 7.8.1.8 质量控制要点和创优亮点

1. 地基基础质量控制要点
2. 主体结构质量控制要点
3. 防水工程质量控制要点

#### 7.8.1.9 技术保证措施

1. 技术投入
2. 技术资料管理

（1）职责
（2）工程技术资料管理程序
（3）工程质量技术资料收集
（4）工程质量技术资料的填写
（5）装订归档

### 7.8.2 进度管理计划

#### 7.8.2.1 项目进度管理组织机构

本项目将建立由公司过程考核、检查、控制，项目经理领导，项目总工程师策划并组织实施，专业责任工程师检查和监控的管理系统，形成从项目经理部到各分承包方、各专业化公司和作业班组的管理网络。

根据组织保证体系图（图略），建立岗位责任制，明确分工职责，落实施工质量控制责任，各岗位各行其职。

#### 7.8.2.2 进度目标及分解（略）

#### 7.8.2.3 保证工期的技术措施

1. 采用先进、良好的施工机械设备。

2. 采用先进的施工技术。

#### 7.8.2.4 选择信誉好、素质高的劳务施工队伍

1. 施工队伍的素质是保证施工进度和质量的关键因素。经过多年的施工与实践，选用高素质的整建制承包队伍，是保证工程质量和工期达到预期目的的重要条件。

2. 按照“优胜劣汰”的原则精选劳务队伍，第一具备自我管理机制的队伍；第二要取得过优质工程质量的队伍。承包费用与质量挂钩，奖优罚劣。承包合同中明确质量目标，同人工单价挂钩，实行优质优价。对分包队伍严格管理，使其置于总包的质量控制之下。

3. 每周均组织劳务队伍进行互检，评出本周质量优良的队伍进行表扬，同时与奖励挂钩。对于质量存在问题和质量下降的班组和个人提出批评，以至罚款。

#### 7.8.2.5 优化工序组织

在总工期规定的时间前提下，合理安排各施工工序及施工周期，在有限的施工工期内最大限度地交叉安排施工工艺，为工程竣工赢得时间。

#### 7.8.2.6 定期生产例会及每周碰头协调会制度

定期召开由总包商组织，各劳务分包及各专业分包参加的生产例会，及时解决施工中出现的进度、质量、文明施工等问题，为下一步生产工作提前做好准备。检查落实当天计划、完成情况、未完成计划原因，及时解决。

#### 7.8.2.7 组织措施

1. 建立以项目经理为主的工期保证体系，编制周密的施工综合进度计划和季度、月度生产计划，均衡组织生产。

2. 项目经理部根据月度生产计划的要求，制定分项工程的旬作业计划，旬作业计划要保证完成月度生产计划。

3. 合理部署，科学组织流水施工。

4. 签订风险承包责任状，以工期、质量为主要考核项目，由项目经理部到施工班组，层层签订，层层落实，有奖有罚，多劳多得，调动各方的积极性，组织开展以优质高速施工为目的的劳动竞赛。

5. 现场建立生产例会制度，迅速解决各种矛盾，针对现场存在的问题，提出有预见的措施提前排除，以保证工程顺利进行。

6. 为加快进度，分阶段验收，安装工程及时插入。

#### 7.8.2.8 进度管理

1. 除日常计划、统计、协调外，每周召开生产例会，协调各专业之间的关系，落实施工准备，创造施工条件，及时排除影响生产的障碍。

2. 每月召开由项目经理或生产副经理主持的生产调度会，调动项目范围内的力量，

保障工程顺利进行。

3. 充分尊重监理单位的意见，与监理人员一道为本工程做出各自的贡献。定期向建设单位及监理呈报工程进度简报和施工部署安排。及时维护与各协作单位的工作关系。

## 复习思考题

1. 施工管理计划包括哪几个方面?
2. 进度管理有哪些方面的措施?
3. 安全管理有哪些方面的措施?

## 职业活动训练

针对某中小型工程项目，编制单位工程施工管理计划。

1. 目的

通过编制中小型单位工程项目施工管理计划，熟悉施工质量管理计划、进度管理计划等各类管理计划的主要内容及编制方法。

2. 环境要求

(1) 选择一个中小型工程项目;

(2) 图纸齐全;

(3) 施工现场条件满足要求。

3. 步骤提示

(1) 熟悉图纸、分析工程特征;

(2) 拟定施工部署方案;

(3) 编制施工进度、施工现场平面布置等计划;

(4) 编制施工管理计划。

4. 注意事项

(1) 学生在编制施工管理计划时，教师应尽可能书面提供施工项目与业主方的背景资料;

(2) 学生进行编制训练时，教师要加强指导和引导。

5. 讨论与训练题

讨论 1: 质量目标应该怎样分解?

讨论 2: 为保证实现成本目标，应采取哪些方面的措施?

# 项目8　建筑施工进度计划的调整与控制

**项目岗位任务：**施工进度计划的检查、调整与控制。

**项目知识地图：**

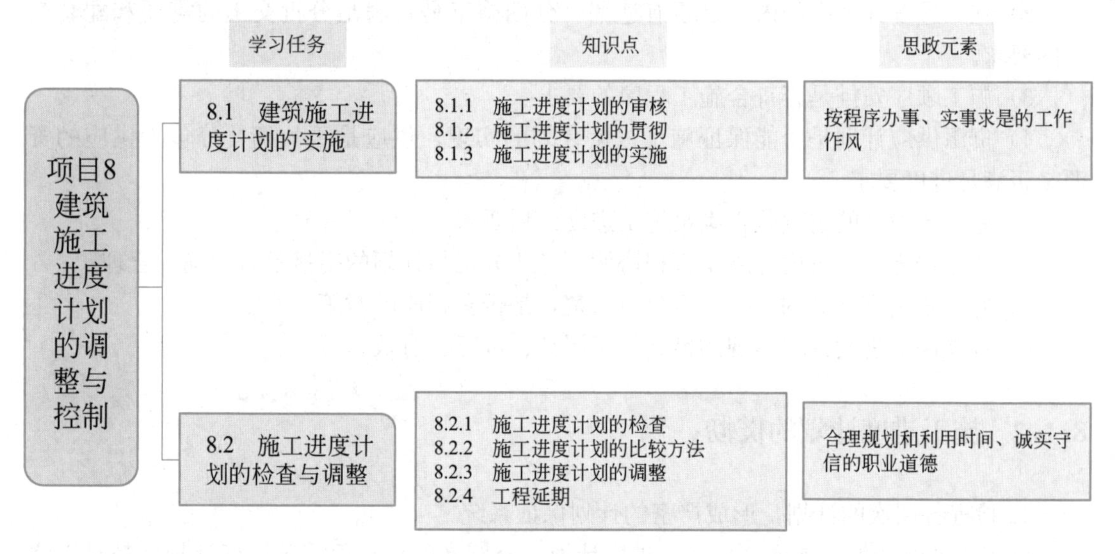


**项目素质要求：**树立科学的管理理念和实事求是的工作作风，增强职业规范和按制度办事按程序办事的意识。

**项目能力目标：**能够进行施工进度计划的检查、调整与控制。

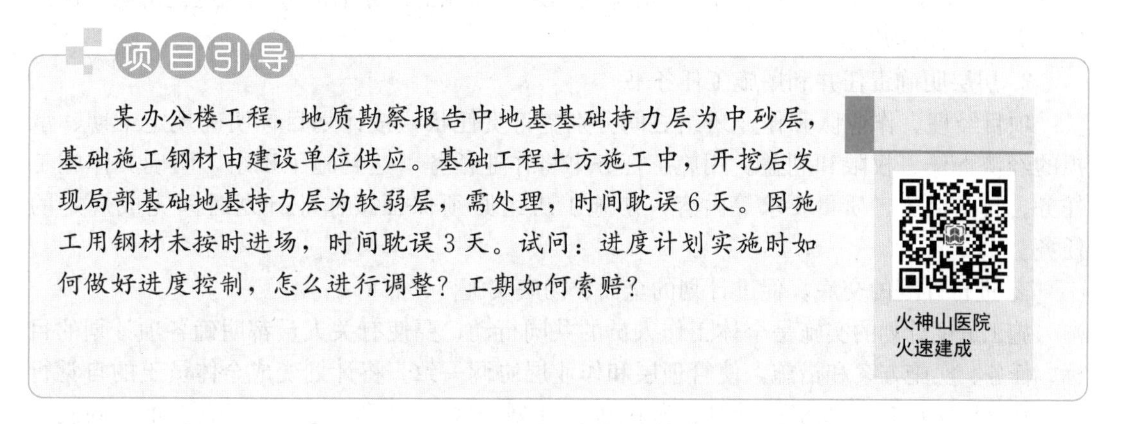


某办公楼工程，地质勘察报告中地基基础持力层为中砂层，基础施工钢材由建设单位供应。基础工程土方施工中，开挖后发现局部基础地基持力层为软弱层，需处理，时间耽误6天。因施工用钢材未按时进场，时间耽误3天。试问：进度计划实施时如何做好进度控制，怎么进行调整？工期如何索赔？

## 8.1　建筑施工进度计划的实施

施工进度计划的实施就是施工活动的开展，也就是用施工进度计划指导施工活动、落实和完成计划。

### 8.1.1 施工进度计划的审核

项目经理应进行施工进度计划的审核，其主要内容包括：

1）进度安排是否符合施工合同确定的建设项目总目标和分目标的要求，是否符合其开、竣工日期的规定。

2）施工进度计划中的内容是否有遗漏，分期施工是否满足分批交工的需要和配套交工的要求。

3）施工顺序安排是否符合施工程序的要求。

4）资源供应计划是否能保证施工进度计划的实现，供应是否均衡，分包人供应的资源是否满足进度要求。

5）施工图设计的进度是否满足施工进度计划要求。

6）总分包之间的进度计划是否相协调，专业分工与计划的衔接是否明确、合理。

7）对实施进度计划的风险是否分析清楚，是否有相应的对策。

8）各项保证进度计划实现的措施是否周到、可行、有效。

### 8.1.2 施工进度计划的贯彻

1. 检查各层次的计划，形成严密的计划保证系统

施工总进度计划、单位工程施工进度计划、分部（项）工程施工进度计划，都是围绕一个总任务而编制的，它们之间关系是高层次计划为低层次计划提供依据，低层次计划是高层次计划的具体化。在其贯彻执行时，应当首先检查是否协调一致，计划目标是否层层分解、互相衔接，组成一个计划实施的保证体系，以施工任务书的方式下达施工队，保证施工进度计划的实施。

2. 层层明确责任并利用施工任务书

项目经理、作业队和作业班组之间分别签订责任状，按计划目标明确规定工期、承担的经济责任、权限和利益。用施工任务书将作业任务下达到施工班组，明确具体施工任务、技术措施、质量要求等内容，使施工班组必须保证按作业计划时间完成规定的任务。

3. 进行计划的交底，促进计划的全面、彻底实施

施工进度计划的实施是全体工作人员的共同行动，要使有关人员都明确各项计划的目标、任务、实施方案和措施，使管理层和作业层协调一致，将计划变成全体员工的自觉行动，在计划实施前可以根据计划的范围进行计划交底工作，以使计划得到全面、彻底的实施。

### 8.1.3 施工进度计划的实施

1. 编制月（旬）作业计划

为了实施施工进度计划，将规定的任务结合现场施工条件，如施工场地的情况、劳

动力机械等资源条件和施工的实际进度，在施工开始前和过程中不断地编制本月（旬）作业计划，这是使施工计划更具体、更实际和更可行的重要环节。在月（旬）计划中要明确：本月（旬）应完成的任务；所需要的各种资源量；提高劳动生产率和节约措施等。

2. 签发施工任务书

编制好月（旬）作业计划以后，将每项具体任务通过签发施工任务书的方式下达班组进一步落实、实施。施工任务书是向班组下达任务，实行责任承包、全面管理和原始记录的综合性文件，施工班组必须保证指令任务的完成，它是计划和实施的纽带。

施工任务书应由施工员按班组编制并下达。在实施过程中要作好记录，任务完成后回收，作为原始记录和业务核算资料。

施工任务书包括施工任务单、限额领料单和考勤表。施工任务单包括：分项工程施工任务、工程量、劳动量、开工日期、完工日期、工艺、质量和安全要求。限额领料单是根据施工任务单编制的控制班组领用材料的依据，应具体列明材料名称、规格、型号、单位和数量、领用记录、退料记录等。

3. 做好施工进度记录，填好施工进度统计表

在计划任务完成的过程中，各级施工进度计划的执行者都要跟踪做好施工记录，及时记载计划中的每项工作开始日期、每日完成数量和完成日期，记录施工现场发生的各种情况、干扰因素的排除情况；跟踪做好进度、工程量、总产值、耗用的人工、材料和机械台班等的数量统计与分析，为施工项目进度检查和控制分析提供反馈信息。

4. 做好施工中的调度工作

施工中的调度是组织施工中各阶段、环节、专业和工种的互相配合、进度协调的指挥核心。调度工作是使施工进度计划实施顺利进行的重要手段。其主要任务是掌握计划实施情况，协调各方面关系，采取措施，排除各种矛盾，加强各薄弱环节，实现动态平衡，保证完成作业计划和实现进度目标。

调度工作内容主要有：监督作业计划的实施，调整协调各方面的进度关系；监督检查施工准备工作；督促资源供应单位按计划供应劳动力、施工机具、运输车辆、材料构配件等，并对临时出现问题采取调配措施；按施工平面图管理施工现场，结合实际情况进行必要的调整，保证文明施工；了解气候、水、电、气、网络的情况，采取相应的防范和保证措施；及时发现和处理施工中各种事故和意外事件；调节各薄弱环节；定期、及时地召开现场调度会议，贯彻施工项目主管人员的决策，发布调度令。

## 8.2　施工进度计划的检查与调整

### 8.2.1　施工进度计划的检查

在工程项目的实施过程中，为了进行进度控制，进度控制人员应经常地、定期地跟踪检查施工实际进度情况，主要是收集工程项目进度材料，进行统计整理和对比分析，确定

实际进度与计划进度之间的关系，其主要工作包括：

1. 跟踪检查工程实际进度

跟踪检查工程实际进度是项目进度控制的关键措施，其目的是收集实际施工进度的有关数据。跟踪检查的时间和收集数据的质量，直接影响控制工作的质量和效果。一般检查的时间间隔与工程项目的类型、规模、施工条件和对进度执行要求的程度有关。通常可以确定每月、半月、旬或周进行一次。若在施工中遇到天气、资源供应等不利因素的严重影响，检查的时间间隔可临时缩短，次数应频繁，甚至可以每日进行检查，或派人员驻现场督阵。检查和收集资料的方式一般采用进度报表方式或定期召开进度工作汇报会。根据不同需要，检查的内容包括：

1）检查期内实际完成和累计完成工程量；

2）实际参加施工的劳动力、机械数量和生产效率；

3）窝工人数、窝工机械台班数及其原因分析；

4）进度管理情况；

5）进度偏差情况；

6）影响进度的特殊原因及分析。

2. 整理统计跟踪检查数据

收集到的工程项目实际进度数据，要进行必要的整理，按计划控制的工作项目要进行统计，形成与计划进度具有可比性的数据、相同的量纲和形象进度。一般可以按实物工程量、工作量和劳动消耗量以及累计百分比整理和统计实际检查的数据，以便与相应的计划完成量相对比。

3. 对比实际进度与计划进度

将收集的资料整理和统计成与计划进度具有可比性的数据后，用工程项目实际进度与计划进度的比较方法进行比较（比较方法后述）。通过比较得出实际进度与计划进度一致、超前、拖后三种情况。

4. 施工进度检查结果的处理

按照检查报告制度的规定，将工程项目进度检查结果，形成进度控制报告向有关主管人员和部门汇报。

进度控制报告是把检查比较结果，有关施工进度现状和发展趋势，提供给项目经理及各级业务职能负责人的最简单的书面形式报告。进度控制报告是根据报告对象不同，确定不同的编制范围和内容而分别编写的。一般分为项目概要级进度控制报告、项目管理级进度控制报告和业务管理级进度控制报告。

项目概要级进度控制报告是报给项目经理、企业经理或业务部门以及建设单位或业主的，它是以整个工程项目为对象说明进度计划执行情况的报告。项目管理级进度控制报告是报给项目经理及企业业务部门的，它是以单位工程或项目分区为对象说明进度计划执行情况的报告，业务管理级进度控制报告是就某个重点部位或重点问题为对象编写的报告，供项目管理者及各业务部门为其采取应急措施而使用的。

进度控制报告由计划负责人或进度管理人员与其他项目管理人员协作编写。报告时间一般与进度检查时间相协调，也可按月、旬、周等间隔时间进行编写上报。

通过检查应向企业提供月度进度报告的内容主要包括：

1）项目实施概况、管理概况、进度概要的总说明。

2）项目施工进度、形象进度及简要说明。

3）施工图纸提供进度；材料、物资、构配件供应进度；劳务记录及预测；日历计划。

4）对建设单位、业主和施工者的工程变更指令、价格调整、索赔及工程款收支情况。

5）进度偏差状况和导致偏差的原因分析；解决问题的措施；计划调整意见等。

## 8.2.2 施工进度计划的比较方法

常用的施工进度比较方法有横道图、S形曲线、“香蕉”形曲线、前锋线和列表比较法等。其中横道图比较法主要用于比较工程进度计划中工作的实际进度与计划进度情况，S形曲线和“香蕉”形曲线比较法可以从整体角度比较工程项目的实际进度与计划进度情况，前锋线和列表比较法既可以比较工程网络计划中工作的实际进度与计划进度情况，还可以预测工作实际进度对后续工作及总工期的影响程度。

1. 横道图比较法

横道图比较法是把在项目施工中检查实际进度收集的信息，经整理后直接用横道线并列标于原计划的横道线，进行直观比较的方法，如图8-1所示。

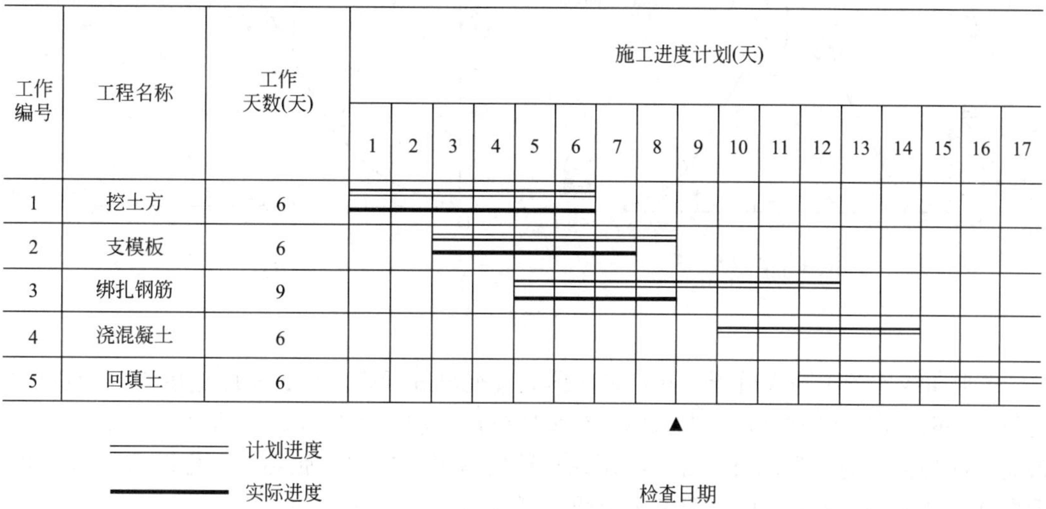

| 工作编号 | 工程名称 | 工作天数(天) | 施工进度计划(天) | | | | | | | | | | | | | | | | |
|---|---|---|---|---|---|---|---|---|---|---|---|---|---|---|---|---|---|---|---|
| | | | 1 | 2 | 3 | 4 | 5 | 6 | 7 | 8 | 9 | 10 | 11 | 12 | 13 | 14 | 15 | 16 | 17 |
| 1 | 挖土方 | 6 | | | | | | | | | | | | | | | | | |
| 2 | 支模板 | 6 | | | | | | | | | | | | | | | | | |
| 3 | 绑扎钢筋 | 9 | | | | | | | | | | | | | | | | | |
| 4 | 浇混凝土 | 6 | | | | | | | | | | | | | | | | | |
| 5 | 回填土 | 6 | | | | | | | | | | | | | | | | | |

计划进度

实际进度

检查日期

图8-1 某钢筋混凝土基础工程施工实际进度与计划进度比较表

完成任务量可以用实物工程量、劳动消耗量和工作量三种量表示。为了比较方便，一般用它们实际完成量的累计百分比与计划应完成量的累计百分比进行比较。这里主要介绍匀速施工横道图比较法。

匀速施工是指项目施工中，每项工作的施工进展速度都是匀速的，即在单位时间内完成的任务量都是相等的，累计完成的任务量与时间成直线变化。

匀速施工横道图比较法的步骤为：

1）编制横道图进度计划；

2）在进度计划上标出检查日期；

3）将检查收集的实际进度数据，按比例用涂黑的粗线标于计划进度线的下方；

4）比较分析实际进度与计划进度：涂黑的粗线右端与检查日期相重合，表明实际进度与施工计划进度相一致；涂黑的粗线右端在检查日期的左侧，表明实际进度拖后；涂黑的粗线右端在检查日期的右侧，表明实际进度超前。

必须指出，该方法只适用于工作从开始到完成的整个过程中，其施工速度是不变的，累计完成的任务量与时间成正比。

2. S形曲线比较法

S形曲线比较法是以横坐标表示进度时间，纵坐标表示累计完成任务量，绘制出一条按计划时间累计完成任务量的曲线，将施工项目的各检查时间实际完成的任务量与S形曲线进行实际进度与计划进度相比较的一种方法。

从整个工程项目的施工全过程而言，一般是开始和结尾阶段，单位时间投入的资源量较少，中间阶段单位时间投入的资源量较多，与其相关，单位时间完成的任务量也是呈同样变化的，如图 8-2（a）所示，而随时间进展累计完成的任务量，则应该呈S形变化，如图 8-2（b）所示。

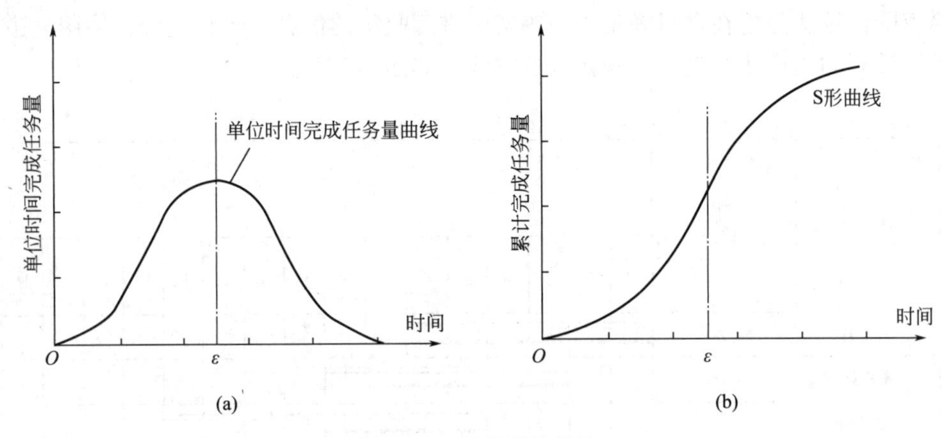


图 8-2　S形曲线比较法

S形曲线比较法同横道图一样，是在图上直观地进行施工项目实际进度与计划进度的比较。一般情况，计划进度控制人员在计划实施前绘制S形曲线。在项目施工过程中，按规定时间将检查的实际完成情况，绘制在与计划S形曲线同一张图上，可得出实际进度S形曲线，如图 8-3 所示。比较两条S形曲线可以得到如下信息：

① 项目实际进度与计划进度比较。当实际工程进展点落在S形曲线左侧，则表示此时实际进度比计划进度超前；若落在其右侧，则表示拖后；若刚好落在其上，则表示二者一致。

② 项目实际进度比计划进度超前或拖后的时间。如图 8-3 所示，$\Delta T_a$ 表示 $T_a$ 时刻实际进度超前的时间；$\Delta T_b$ 表示 $T_b$ 时刻实际进度拖后的时间。

③ 项目实际进度比计划进度超前或拖后的任务量。如图 8-3 所示，$\Delta Q_a$ 表示 $T_a$ 时刻超前完成的任务量；$\Delta Q_b$ 表示在 $T_b$ 时刻拖后的任务量。

④ 预测工程进度。如图 8-3 所示，后期工程按原计划速度进行，则工期拖延预测值为 $\Delta T_c$。

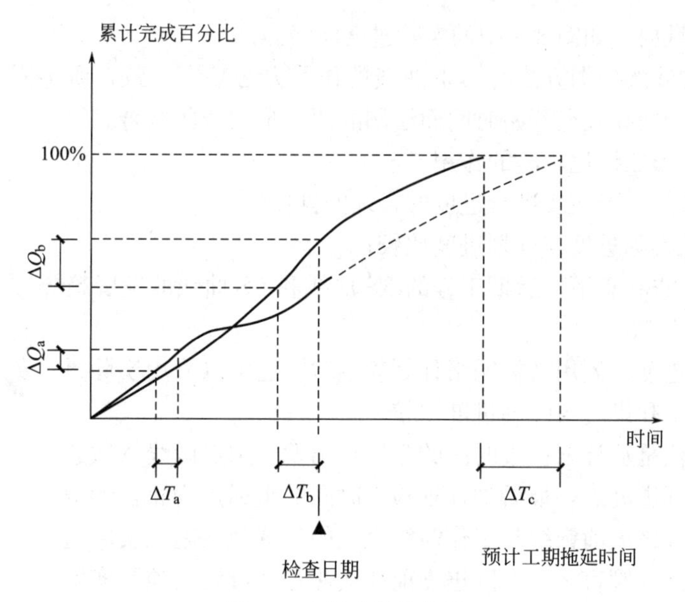


图 8-3　S形曲线比较图

3. “香蕉”形曲线比较法

(1)“香蕉”形曲线的绘制

从S形曲线比较法中得知，按某一时间开始的工程项目的进度计划，其计划实施过程中进行时间与累计完成任务量的关系都可以用一条S形曲线表示。对于一个工程项目的网络计划，在理论上总是分为最早和最迟两种开始与完成时间的。因此，一般情况，任何一个工程项目的网络计划，都可以绘制出两条曲线。一是计划以各项工作的最早开始时间安排进度而绘制的S形曲线，称为ES曲线；二是计划以各项工作的最迟开始时间安排进度，而绘制的S形曲线，称LS曲线。两条S形曲线都是从计划的开始时刻开始和完成时刻结束，因此两条曲线是闭合的。“香蕉”形曲线就是两条S形曲线组合成的闭合曲线，如图 8-4 所示。

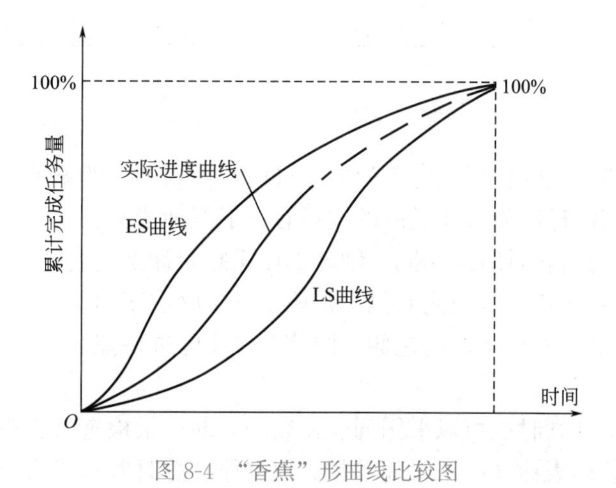


图 8-4　“香蕉”形曲线比较图

在项目实施中进度控制的理想状况是任一时刻按实际进度描绘的点，应落在该“香蕉”形曲线的区域内。如图 8-4 中的实际进度曲线。

“香蕉”形曲线的作图方法与 S 形曲线的作图方法基本一致，所不同之处在于它是分别以工作的最早开始和最迟开始时间而绘制的两 S 形曲线的结合。

（2）“香蕉”形曲线比较法的作用

1）利用“香蕉”形曲线进行进度的合理安排；

2）进行施工实际进度与计划进度比较；

3）确定在检查状态下，后期工程的 ES 曲线和 LS 曲线的发展趋势。

4. 前锋线比较法

施工项目的进度计划用时标网络计划表达时，还可以采用实际进度前锋线法进行实际进度与计划进度比较。

前锋线比较法是从计划检查时间的坐标点出发，用点画线依次连接各项工作的实际进度点，最后到计划检查时间的坐标点为止，形成前锋线。根据实际进度前锋线与工作箭线交点的位置判定施工实际进度与计划进度偏差。简言之，实际进度前锋线法是通过施工项目实际进度前锋线，判定施工实际进度与计划进度偏差的方法。

前锋线比较法适用于时标网络计划。如图 8-5 所示。

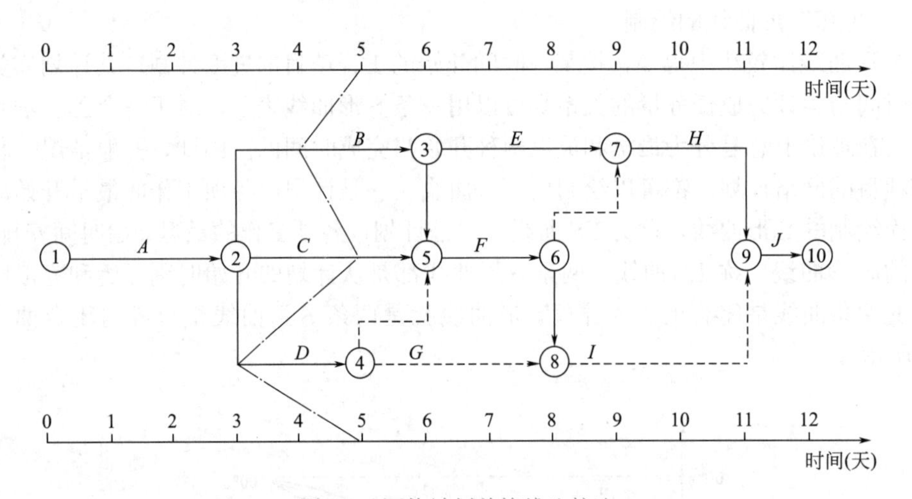


图 8-5 网络计划前锋线比较法

按前锋线与箭线交点的位置判定工程实际进度与计划进度的偏差。前锋线明显地反映出检查日有关工作实际进度与计划进度的关系有以下三种情况：

1）实际进度点与检查日时间相同，则该工作实际与计划进度一致；

2）实际进度点位于检查日时间右侧，则该工作实际进度超前；

3）实际进度点位于检查日时间左侧，则该工作实际进展拖后。

5. 列表比较法

当采用时标网络计划时也可以采用列表比较法，即记录检查时正在进行的工作名称和已进行的天数，然后列表计算有关时间参数，根据原有总时差和尚有总时差，判断实际进度与计划进度的比较方法。

如表 8-1 所示，分析工作实际进度与计划进度的偏差，填在⑦栏内，可能有以下几种情况：

1）若工作尚有总时差与原有总时差相等，则说明该工作的实际进度与计划进度一致；

2）若工作尚有总时差小于原有总时差，但仍为正值，则说明该工作的实际进度比计划进度拖后，产生偏差值为二者之差，但不影响总工期；

3）若尚有总时差为负值，则说明对总工期有影响，应当调整。

列表比较法　表 8-1

| 工作代号 | 工作名称 | 检查计划时尚需作业天数 | 到计划最迟完成时尚有天数 | 原有总时差 | 尚有总时差 | 情况判断 |
|---|---|---|---|---|---|---|
| ① | ② | ③ | ④ | ⑤ | ⑥ | ⑦ |

### 8.2.3 施工进度计划的调整

1. 施工进度偏差的原因分析

由于工程项目的施工特点，尤其是较大和复杂的工程项目，工期较长，影响进度因素较多。编制计划、执行和控制工程进度计划时，必须充分认识和估计这些因素，才能克服其影响，使工程进度尽可能按计划进行，当出现偏差时，应考虑有关影响因素，分析产生的原因。其主要影响因素有：

（1）工期及相关计划的失误

1）计划时遗漏部分必需的功能或工作。

2）计划值（例如计划工作量、持续时间）不足，相关的实际工作量增加。

3）资源或能力不足，例如计划时没考虑到资源的限制或缺陷，没有考虑如何完成工作。

4）出现了计划中未能考虑到的风险或状况，未能使工程实施达到预定的效率。

网络计划的调整方法

5）在现代工程中，上级（业主、投资者、企业主管）常常在一开始就提出很紧迫的工期要求，使承包商或其他设计人、供应商的工期太紧。而且许多业主为了缩短工期，常常压缩承包商做标期和前期准备的时间。

（2）工程条件的变化

1）工作量的变化。可能是由于设计的修改、设计的错误、业主新的要求、修改项目的目标及系统范围的扩展造成的。

2）外界（如政府、上层系统）对项目新的要求或限制，设计标准的提高可能造成项目资源的缺乏，使工程无法及时完成。

3）环境条件的变化。工程地质条件和水文地质条件与勘察设计不符，如地质断层、地下障碍物、软弱地基、溶洞，以及恶劣的气候条件等，都对工程进度产生影响、造成临时停工或破坏。

4）发生不可抗力事件。实施中如果出现意外的事件，如战争、内乱、拒付债务、工人罢工等政治事件；地震、洪水等严重的自然灾害；重大工程事故、试验失败、标准变化等技术事件；通货膨胀、分包单位违约等经济事件都会影响工程进度计划。

（3）管理过程中的失误

1）计划部门与实施者之间，总分包商之间，业主与承包商之间缺少沟通。

2）工程实施者缺乏工期意识，例如管理者拖延了图纸的供应和批准，任务下达时缺少必要的工期说明和责任落实，拖延了工程活动。

3）项目参加单位对各个活动（各专业工程和供应）之间的逻辑关系（活动链）没有清楚地了解，下达任务时也没有作详细的解释，同时对活动必要的前提条件准备不足，各单位之间缺少协调和信息沟通，许多工作脱节，资源供应出现问题。

4）由于其他方面未完成项目计划规定的任务造成拖延。例如设计单位拖延设计、运输不及时、上级机关拖延批准手续、质量检查拖延、业主不果断处理问题等。

5）承包商没有集中力量施工，材料供应拖延，资金缺乏，工期控制不紧。这可能是由于承包商同期工程太多，力量不足造成的。

6）业主没有集中资金的供应，拖欠工程款，或业主的材料、设备供应不及时。

（4）其他原因

由于采取其他调整措施造成工期的拖延，如设计的变更、质量问题的返工、实施方案的修改等。

2. 分析进度偏差的影响

通过进度比较方法，如果判断出现进度偏差时，应当分析偏差对后续工作和对总工期的影响。进度控制人员由此可以确认应该调整产生进度偏差的工作和调整偏差值的大小，以便确定采取调整措施，获得符合实际进度情况和计划目标的新进度计划。

1）若出现偏差的工作为关键工作，则无论偏差大小，都对后续工作及总工期产生影响，必须采取相应的调整措施，若出现偏差的工作不为关键工作，需要根据偏差值与总时差和自由时差的大小关系，确定对后续工作和总工期的影响程度。

2）分析进度偏差是否大于总时差。若工作的进度偏差大于该工作的总时差，说明此偏差必将影响后续工作和总工期，必须采取相应的调整措施；若工作的进度偏差小于或等于该工作的总时差，说明此偏差对总工期无影响，但它对后续工作的影响程度，需要根据比较偏差与自由时差的情况来确定。

3）分析进度偏差是否大于自由时差。若工作的进度偏差大于该工作的自由时差，说明此偏差对后续工作产生影响。应该如何调整，应根据后续工作允许影响的程度而定；若工作的进度偏差小于或等于该工作的自由时差，则说明此偏差对后续工作无影响，因此，原进度计划可以不作调整。

3. 施工进度计划的调整方法

（1）增加资源投入

通过增加资源投入，缩短某些工作的持续时间，使工程进度加快，并保证实现计划工期。这些被压缩持续时间的工作是位于由于实际进度的拖延而引起总工期增长的关键线路和某些非关键线路上的工作，同时这些工作又是可压缩持续时间的工作。它会带来如下问题：

1）造成费用的增加，如增加人员的调遣费用、周转材料一次性费用、设备的进出场费用；

2）由于增加资源造成资源使用效率的降低；

3）加剧资源供应的困难，如有些资源没有增加的可能性，加剧项目之间或工序之间对资源激烈的竞争。

（2）改变某些工作间的逻辑关系

在工作之间的逻辑关系允许改变的条件下，可改变逻辑关系，达到缩短工期的目的。例如，可以把依次进行的有关工作改成平行的或互相搭接的工作，以及分成几个施工段进行流水施工等，都可以达到缩短工期的目的。这可能产生如下问题：

1）工作逻辑上的矛盾性；

2）资源的限制，平行施工要增加资源的投入强度；

3）工作面限制及由此产生的现场混乱和低效率问题。

（3）资源供应的调整

如果资源供应发生异常，应采用资源优化方法对计划进行调整，或采取应急措施，使其对工期影响最小。例如，将服务部门的人员投入生产中去，投入风险准备资源，采用加班或多班制工作。

（4）增减工作范围

包括增减工作量或增减一些工作包（或分项工程）。增减工作内容应做到不打乱原计划的逻辑关系，只对局部逻辑关系进行调整。在增减工作内容以后，应重新计算时间参数，分析对原网络计划的影响。当对工期有影响时，应采取调整措施，保证计划工期不变。但这可能产生如下影响：

1）损害工程的完整性、经济性、安全性、运行效率，或提高项目运行费用。

2）必须经过上层管理者，如投资者、业主的批准。

（5）提高劳动生产率

改善工具器具以提高劳动效率；通过辅助措施和合理的工作过程，提高劳动生产率。要注意如下问题：

1）加强培训，且应尽可能提前；

2）注意工人级别与工人技能的协调；

3）工作中的激励机制，例如奖金、小组精神发扬、个人负责制、目标明确；

4）改善工作环境及项目的公用设施；

5）项目小组时间上和空间上合理的组合和搭接；

6）多沟通，避免项目组织中的矛盾。

（6）将部分任务转移

如分包、委托给另外的单位，将原计划由自己生产的结构构件改为外购等。当然这不仅有风险，产生新的费用，而且需要增加控制和协调工作。

（7）将一些工作包合并

特别是在关键线路上按先后顺序实施的工作包合并，与实施者一道研究，通过局部地调整实施过程和人力、物力的分配，达到缩短工期。

4.施工进度控制的措施

工程项目进度控制采取的主要措施有组织措施、技术措施、合同措施、经济措施和信息管理措施等。

1）组织措施主要是指落实各层次进度控制的人员、具体任务和工作责任；建立进度控制的组织系统；按工程项目的结构、进展的阶段或合同结构等进行项目分解，确定其进度目标，建立控制目标体系；确定进度控制工作制度，如检查时间、方法、协调会议时间、参加人等；对影响进度的因素进行分析和预测。

2）技术措施主要是采取加快工程进度的技术方法。

3）合同措施是指与分包单位签订工程合同的合同工期要与有关进度计划目标相协调。

4）经济措施是指实现进度计划的资金保证措施。

5）信息管理措施是指不断地收集工程实际进度的有关资料进行整理统计与计划进度比较，定期地向建设单位提供比较报告。

5. 施工进度控制的总结

项目经理部应在进度计划完成后，及时进行工程进度控制总结，为进度控制提供反馈信息。总结时应依据以下资料：

1）施工进度计划；

2）施工进度计划执行的实际记录；

3）施工进度计划检查结果；

4）施工进度计划的调整资料。

施工进度控制总结应包括：

1）合同工期目标和计划工期目标完成情况；

2）施工进度控制经验；

3）施工进度控制中存在的问题；

4）科学的施工进度计划控制方法的应用情况；

5）施工进度控制的改进意见。

### 8.2.4 工程延期

1. 承包商申报工程延期的条件

由于下列原因导致工程拖延，承包商有权提出延长工期的申请，经监理工程师按合同规定批准后延期。

1）监理工程师发出工程变更指令导致工程量增加。

2）合同所涉及的任何可能造成工程延期的原因，如延期交图、工程暂停、对合格工程的剥离检查及不利的外界条件等。

3）异常恶劣的气候条件。

4）由业主造成的任何延误、干扰或障碍，如未及时提供施工场地、未及时付款等。

5）除承包商自身以外的其他任何原因。

2. 工程延误的处理方法

如果由于承包商自身的原因造成工期拖延，而承包商又未按照监理工程师的指令改变延期状态时，通常可以采用下列手段进行处理：

1）拒绝签署付款凭证；

2）误期损失赔偿；

3）取消承包资格。

工程延误有可能造成业主的索赔（或罚款）。因此，应引起项目经理的足够重视，及时处理。

**【案例】** 某办公楼工程，框架结构，独立柱基础，上设承台梁，独立柱基础埋深为1.8m，地质勘察报告中地基基础持力层为中砂层，基础施工钢材由建设单位供应。基础工程施工分为两个施工流水段，组织流水施工，根据工期要求编制了工程基础项目的施工进度计划，并绘出施工双代号网络计划图，如图8-6所示。

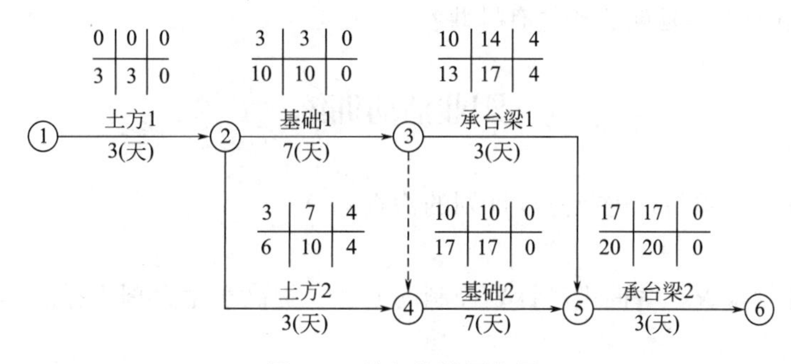


图8-6　某办公楼网络图

在工程施工中发生如下事件：

事件一：土方2施工中，开挖后发现局部基础地基持力层为软弱层需处理，时间耽误6天。

事件二：承台梁1施工中，因施工用钢材未按时进场，时间耽误3天。

事件三：基础2施工时，因施工总承包单位原因造成工程质量事故，返工致使时间耽误5天。

**【问题】**

1）指出基础工程网络计划的关键线路，写出该基础工程计划工期。

2）针对本案例上述各事件，施工总承包单位是否可以提出工期索赔？分别说明理由。

3）针对以上事件，此工程的工期可以顺延几天？工期延误几天？实际工期是多少天？

**【答案】**

1）网络计划的关键线路为①→②→③→④→⑤→⑥；该基础工程的计划工期为20天。

2）事件一：能提出工期索赔，索赔天数为（6－4）＝2天。理由：地基持力层存在软弱层，与地质勘察报告中提供的持力层为中砂层不符，为施工单位不可预见原因造成的工期延误。虽然土方2工作不是关键工作，但延误的时间已经超了总时差，故可以提出工期索赔，能索赔（6－4）＝2天。

事件二：施工总承包单位提出工期索赔不成立。理由：因为基础工程钢材为业主方提供，由于钢材未按时进场导致工期延误，由业主方承担，所以可以提出工期索赔。只是本项工作存在4天总时差，实际延误时间为3天，对总工期没有影响，所以工期索赔不成立。

事件三：施工总承包单位不可以提出工期索赔。理由：基础2施工工期延误5天是由于施工总承包单位原因造成工程质量事故的返工而造成的，属于施工总承包单位应承担的责任。

3）工程可以延期 2 天。工程延误 5 天。本工程实际工期为 20＋2＋5＝27 天。

## 复习思考题

1. 施工进度计划的实施应做好哪些工作？
2. 影响施工进度的因素有哪些？
3. 进度计划的比较方法主要有哪些？施工进度计划如何检查与调整？
4. 承包商申请工程延期的条件有哪些？

## 职业活动训练

针对某实际工程项目，进行进度计划的检查。

1. 训练目的

通过进度计划检查，掌握进度计划控制的方法，提高学生合理安排时间、解决实际问题的能力。

2. 环境要求

（1）在建的单位工程或分部分项工程；

（2）完整的施工图；

（3）施工进度计划。

3. 步骤提示

（1）跟踪检查施工实际进度，收集有关施工进度的信息；

（2）整理统计信息资料，使其具有可比性；

（3）施工实际进度与计划进度对比，确定偏差数量；

（4）根据施工实际进度的检查结果，提出进度控制报告。

4. 注意事项

（1）学生在进行进度检查时，教师应尽可能书面提供施工项目实际进度情况；

（2）学生多跟项目技术人员沟通交流。

5. 讨论与训练题

讨论 1：进度出现偏差如何进行调整？

讨论 2：作为施工技术员应采取哪些措施进行进度有效控制？

# 项目9　BIM技术在建筑施工组织中的综合应用

**项目岗位任务：** 运用施工项目管理软件，编制工程施工方案、进度计划、施工平面图。

**项目知识地图：**

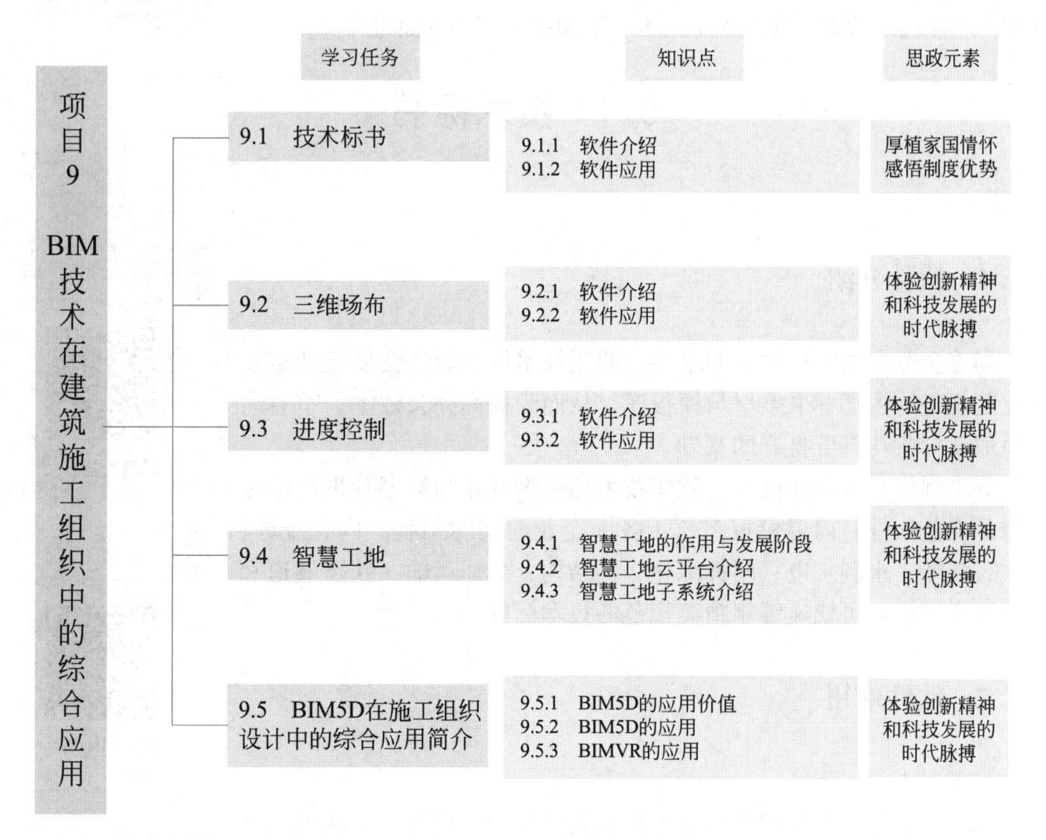


**项目素质要求：** 厚植家国情怀，感悟制度优势，体验创新精神和科技发展的时代脉搏。

**项目能力目标：** 具备熟练运用施工项目管理软件，编制某工程施工方案、进度计划、施工平面图的能力。

## 项目引导

随着5G技术的应用，BIM技术的逐渐成熟，其应用已贯穿于规划、设计、施工和运营的建筑全生命周期。而且国家推行绿色、品质、环保、智能、智慧等一系列有关建筑新概念的提出，给建筑设计和施工也提出了更高的要求，对BIM的运用要求越来越强烈。例如，举世瞩目的特大工程——港珠澳大桥，不仅创造了世界桥梁史上多项第一，成为桥梁建设的丰碑，而且，在BIM技术的研发应用上也成果丰硕。那么，BIM技术在建筑施工组织中究竟有哪些应用？我们应该如何掌握这些建筑前沿技术呢？

从BIM技术的应用领域上看，国外已经将BIM技术应用在建筑工程的设计阶段、施工阶段以及建成后的维护和管理阶段。在我国，绝大部分项目在不同阶段和不同程度上使用了BIM技术，有的项目全程使用信息技术进行施工组织与项目管理。如上海中心大厦项目对项目设计、施工和运营的全过程BIM应用进行了全面规划，成为第一个由业主主导，在项目全生命周期中应用BIM的标杆。

BIM技术在港珠澳大桥中的应用

如何将BIM技术运用到施工阶段，从而提高设计质量，加快施工进度，增强施工管理，降低施工成本。下面将从五个方面进行介绍。

## 9.1 技术标书

### 9.1.1 软件介绍

项目设置

随着企业参加竞标次数的增多，使用技术标书软件会使企业逐步建立起规范的内部标书素材与模板库，从而为提高办公效率、节省时间争取竞标成功打下良好的基础。

标书制作与管理软件是一款集技术标标书制作与标书管理功能于一身的专业软件，内置模板来自于各大企业的实际工程。内含土建、市政、装饰、水利水电、园林绿化、钢结构、交通运输、铁路隧道和其他九大模块，可快速编制精美规范的技术标标书。

网络图绘制与编辑

### 9.1.2 软件应用

1. 新建标书

标书模板库已经按照招标流程将各类模板分门别类，直接点击选用类似标书。如图9-1所示。

网络图注释与输出

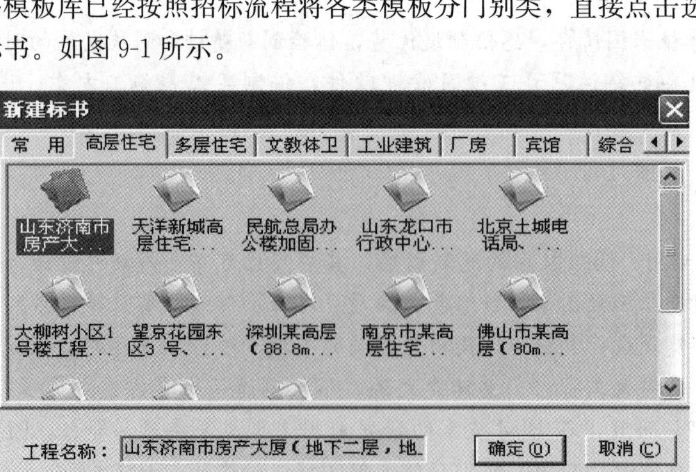
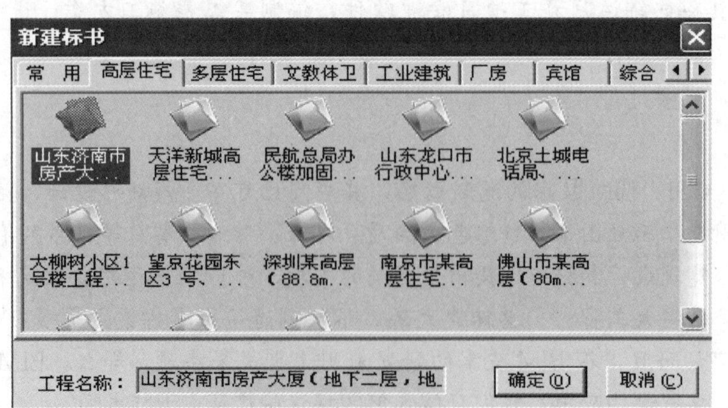


图9-1 新建标书

2. 标书编辑

首先按照招标书要求对左边目录树进行标书结构梳理然后从右边素材库中选用需要的文档，直接用鼠标拖到相应位置即可。如图 9-2 所示。

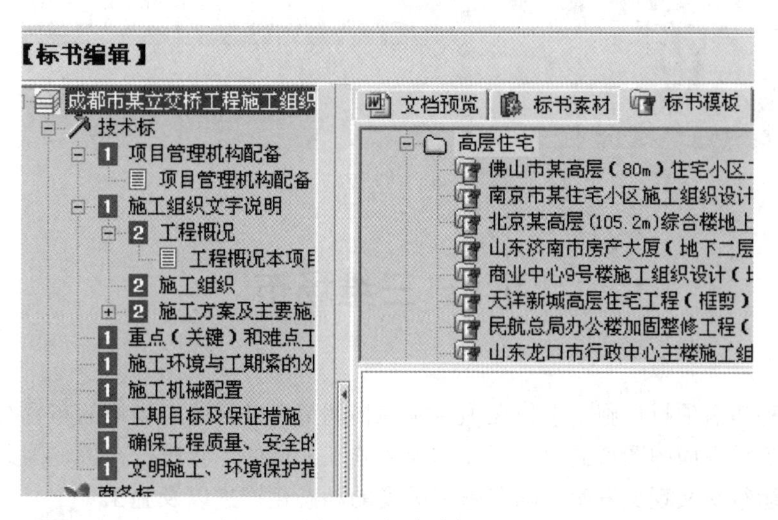


图 9-2 标书编辑

素材库中有大量素材可随意选用，彻底将过去痛苦的“写标书”工作转换到现在轻松“编标书”的状态，加快标书的编辑，实现已有工程的资源共享。

3. 文档编辑

双击需要修改和补充的个别文档进行编辑。如图 9-3 所示。

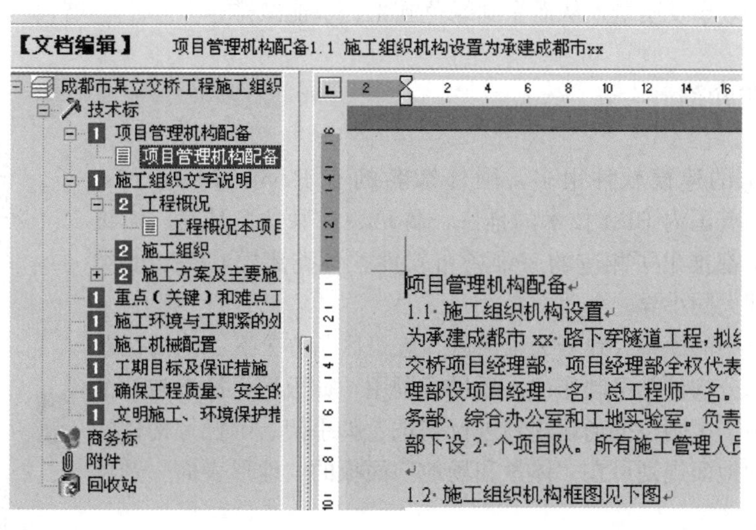


图 9-3 文档编辑

4. 生成标书

完成之后点击上面的“保存”按钮，就可以存为 Word 文档。如图 9-4 所示。

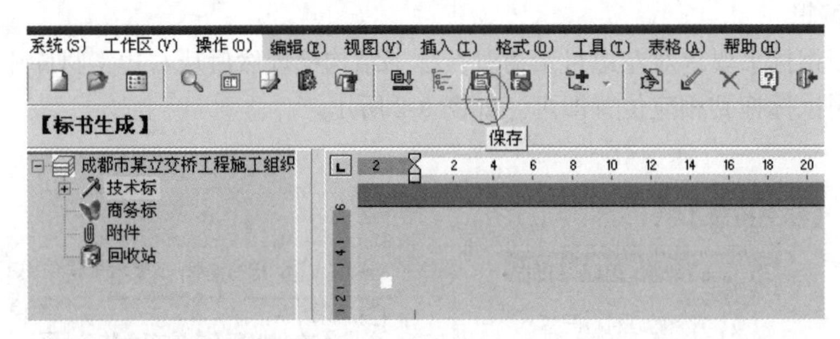


图 9-4 生成标书

# 9.2 三维场布

不论何种建筑项目，施工单位在项目实施初期都会进行施工场地的布置与优化。传统方法是依据二维平面图图纸的尺寸标注和现场施工人员的经验进行布置，因此设备与操作区域等时有运行交叉现象发生。随着施工进度的动态化推进以及施工场地的日趋减小，施工过程中空间冲突时有发生，传统的布置方法已不能满足施工需要。基于 BIM 模型及理念，运用 BIM 技术可进行三维施工空间布置，即通过 3D 模型以动态方式对施工现场的临时设施、各生产操作区域和大型设备进行合理布局，分析并确定最佳方案；通过虚拟交底使施工人员对各施工区域及建设项目准备情况有切实了解，并对优化选择的施工方案进行模拟预演，为后续施工奠定基础，提高施工效率及质量，从而做到绿色施工、节能减排。

新建工程与图纸导入

## 9.2.1 软件介绍

临时设施绘制

BIM 技术的建模软件很多，国外知名的有 Revit、MagiCAD、XSteel 等，随着国内 BIM 技术的推广，鲁班、广联达、品茗、斯维尔等多家公司都推出了相应的三维场布软件。各类建模软件功能类似，操作原理大同小异。

三维场布中的模型大致分为生活区、施工区与办公区。生活区及办公区的大部分构件都可制作载入后进行调用，如板房、洗漱池、消防设备等；施工区则根据场地规划进行基坑、脚手架、围栏等构件的绘制；整体的地面规划可在“体量和场地”面板的“地形表面”选项中进行设置。

基坑及相关施设绘制

## 9.2.2 软件应用

三维场布区别于传统二维场布最直接的特点是立体化展示，其模型应用也更为丰富。三维施工现场布置主要包括模型建立、施工部署、精细化设计等。主要用于碰撞检查、虚拟漫游、技术交底等方面。如图 9-5、图 9-6 所示。

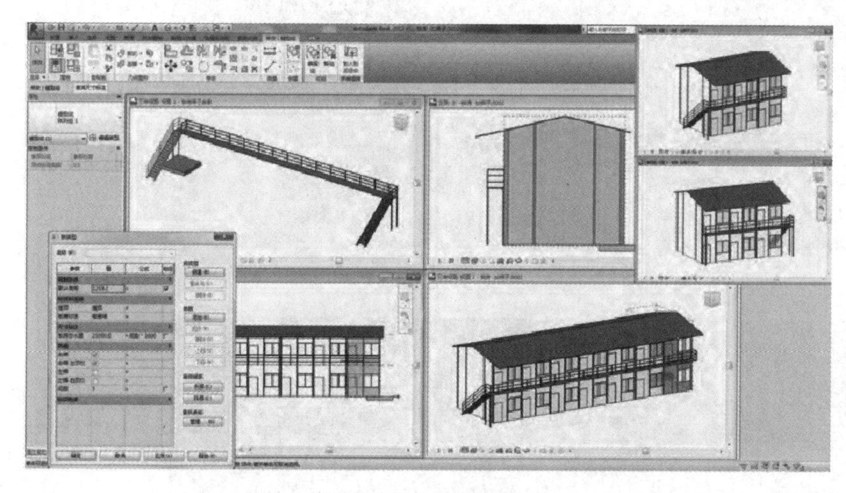

图 9-5　Revit 板房建模

土方阶段场地布置

结构及装修阶段场地布置

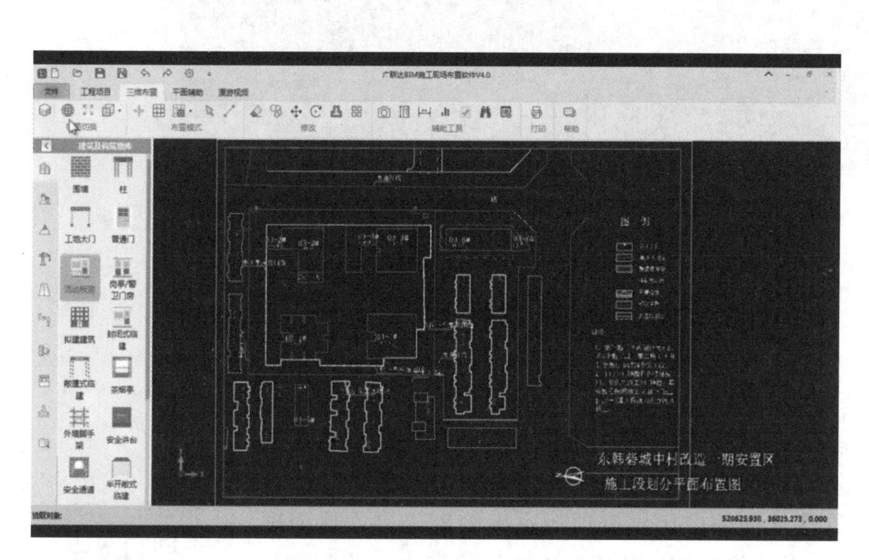

图 9-6　广联达三维场布

三维场布的技术经济效果。三维场布在施工阶段的实践表明，三维场布具有以下技术经济效果：

（1）使用 BIM 技术可提高现场机械设备的覆盖率，降低运输费用及材料二次搬运成本；

（2）提升管理人员对施工现场各施工区域的了解，提高沟通效率，确保施工进度；

（3）提升对现场布局规划的合理性、科学性，达到绿色施工、节能减排的预期目标。

如图 9-7、图 9-8 所示。

图 9-7　场地漫游展示

图 9-8　项目场布模型

# 9.3　进度控制

项目进度管理是项目管理中的一项关键内容，直接关系到项目的经济效益和社会效益，具有举足轻重的地位。网络计划等管理技术和Project、P6 等项目管理软件的应用提升项目进度管理水平，然而项目进度管理中的大量问题依靠传统的技术和工具无法解决。随着 BIM 技术出现并不断发展成熟，目前国内又开发了大量施工阶段的 BIM 运用软件，如斑马·梦龙网络计划、B5D 等，可以大大提高项目管理水平。因此将 BIM 技术引入项目进度管理中，有助于提高进度管理效率。

BIM进度控制

## 9.3.1　软件介绍

工程项目进度管理中，Project、斑马·梦龙网络计划等以进度控制为核心功能的专业软件能够为项目管理者提供极大的帮助。进度管理中引入 BIM 技术的应用同样离不开相关软件系统的支持，而且并非单一软件能够完成。多种 BIM 相关软件间的综合应用，促成以 BIM 为基础的多功能实现。以三维建筑信息模型所构建的 BIM 信息平台是进度管理 BIM 技术应用的核心与基础；四维建筑信息模型的建立是进度管理 BIM 技术核心功能实现的关键；另外，施工进度信息的创建也是进度管理必不可少的环节。4D、5D 等关键技术与功能的实现为进度管理中 BIM 技术的应用做好准备。同时 3D 建筑信息模型以及施工进度数据的创建是 4D、5D 建筑信息模型建立的前序工作和实现基础。

1. 斑马·梦龙网络计划

网络计划技术，是用于工程项目的计划与控制的一项管理技术。采用这种技术来制定计划和实时控制，在缩短建设周期，提高工效，降低造价以及提高企业管理水平方面都能取得显著的效果。

该软件完全采用拟人化操作，用户可以直接用鼠标在屏幕上画网络图。软件将智能建立工作间的紧前、紧后逻辑关系，节点编号以及关键线路都会实时自动生成。同时，用户操作本软件不需要很多的网络计划知识，仅懂工程和能看懂网络图，就可以轻松、快速、准确地做网络图。如图 9-9、图 9-10 所示。

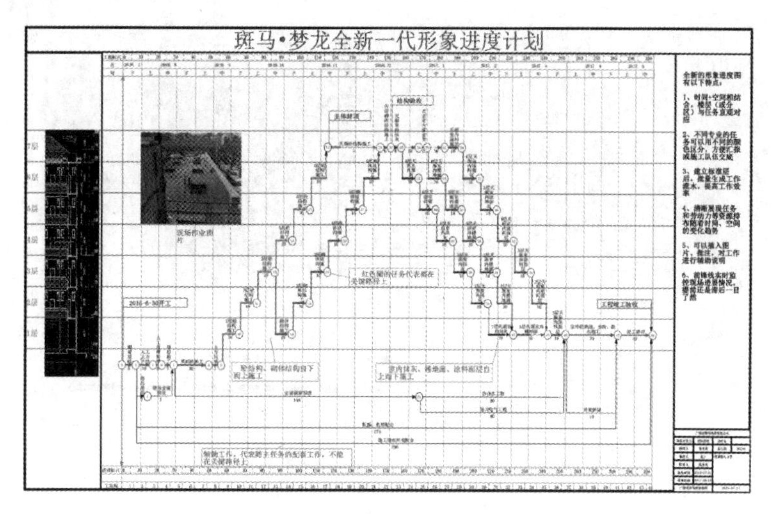


图 9-9 斑马·梦龙网络计划软件

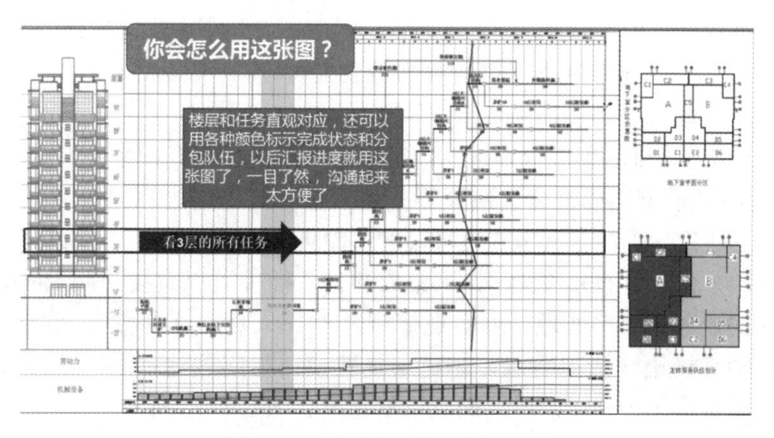


图 9-10 全新楼层形象进度计划

2. 4D 建筑模型

其基本思想来源于建筑产品模型和施工过程模型的整合，也就是在 3D 模型的基础上集成时间维度，实现 4D 模型。4D 模型中既包含了 3D 模型的设计信息，也包含了施工信息。其核心思想是通过信息技术手段集成设计与施工信息，进而实现建设过程的集成。应用 4D 模型可以模拟施工过程，也可进行施工过程的分析，并支持参与方之间的充分交流与协作。4D 信息模型应用于大型复杂建设项目的进度管理，有利于项目计划与控制，实现项目实时动态监控，提高项目管理水平，在一定程度上提升建筑生产效率。信息系统集成主要有基于数据交换的信息集成和基于同一数据模型的信息集成两种。同样，4D 信息模型的实现主要有两种思路，第一种是通过兼容协议制定开发具有单一因素功能的软件，如 Autodesk 公司的 Navisworks 软件，与已建立的 3D 模型整合，从而在功能上实现 4D 的建模，完成项目的集成化管理。如图 9-11 所示。

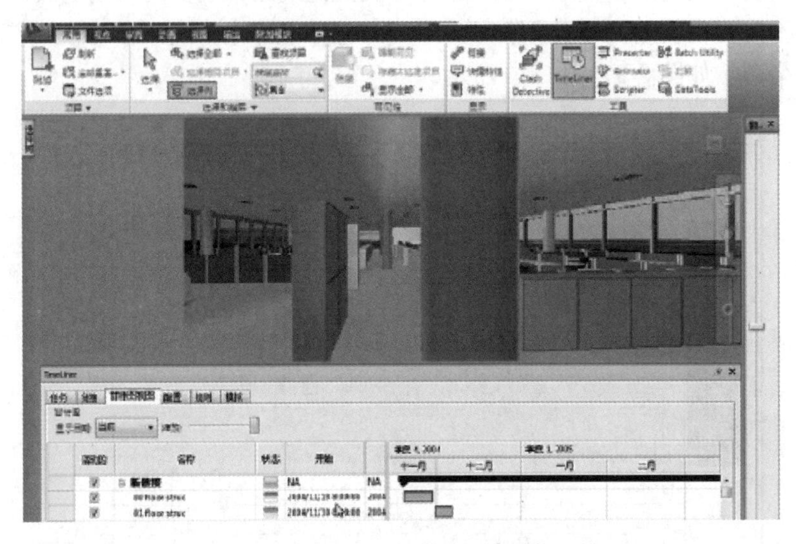

图 9-11 Navisworks 创建四维建筑信息模型

Navisworks 能够导入 BIM 三维建筑信息模型，并对其进行全面的分析和交流，协助项目人员预测施工流程。软件将设计师和工程师完成的不同专业模型进行整合，形成单一、同步的最优化信息模型。Navisworks 产品提供模型文件和数据整合、照片级可视化、动画、4D 模拟、碰撞和冲突检测和实时漫游等功能。

3. 5D 建筑模型

即在 4D 模型的基础上集成成本维度，实现 5D 模型。BIM5D 是基于 BIM 的施工过程管理工具通过 BIM 模型集成进度、预算等关键信息，对施工过程进行模拟，及时为施工过程中的技术、生产、商务等环节提供准确的形象进度、物资消耗、过程计量、成本核算等核心数据平台。该软件直接在 Revit 上集成插件，插件可以直接访问 Revit 的原始建模信息，做深入的业务和数据处理。可实现模型文件导入后，几何数据 0 损失，属性 0 损失，使设计模型直接用于施工阶段，避免重复建模；与广联达 BIM 算量产品无缝对接，使招标投标模型直接用于施工阶段，避免重复建模。如图 9-12 所示。

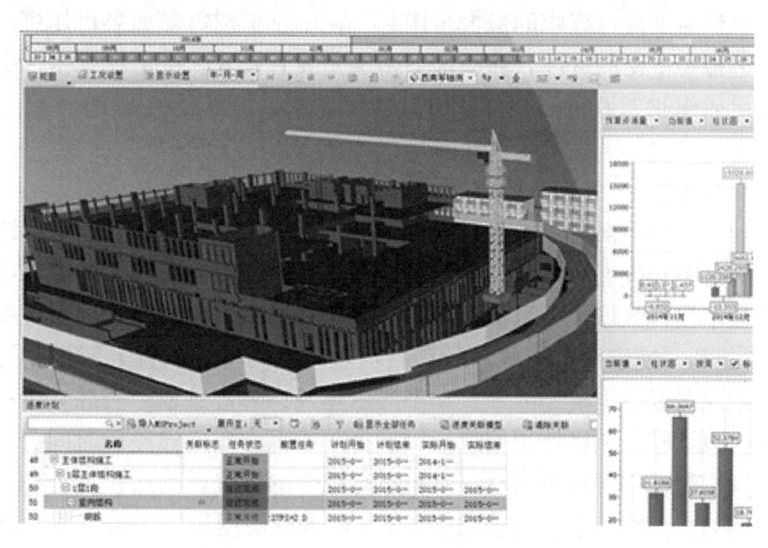

图 9-12　BIM5D 进行模型关联进度优化

## 9.3.2　软件应用

无论计划制定得如何详细，都不可能预见到全部的可能性，项目计划实施中仍然会产生偏差。跟踪项目进展，控制项目变化是实施阶段的主要任务。基于 BIM 的进度计划结束后，进入项目实施阶段。实施阶段主要包括跟踪、分析和控制三项内容。跟踪作业进度，实际了解分配的资源何时完成任务；检查原始计划与项目实际进展之间的偏差，并预测潜在的问题；采取必要的纠偏行动，保证项目在完成期限和预算的约束下稳步向前发展。进度计划阶段，在基于 BIM 的进度管理系统下，综合应用 WBS、横道图、网络计划、BIM 等多种技术，完成进度安排，分配资源并预算费用。在实施阶段，可以使用基于 BIM 的进度管理系统提供的进度曲线、甘特图、4D、5D 模拟等功能进行项目进度的跟踪与控制。

1. 项目进度跟踪

(1) 管理目标计划

经过分析并调整后的项目计划，实现了范围、进度和成本间的平衡，可以作为目标计划。项目作业均定义了最早开始时间、最晚开始时间等进度信息，所以系统可提供多个目标计划，以利于进度分析。项目目标计划并不能一成不变，伴随项目进展，需要发生变化。在跟踪项目进度一定时间后，目标进度与实际进度间偏差会逐渐加大，此时原始目标计划将失去价值，需要对目标计划作出重新计算和调整。在系统中输入相应进度信息后，项目计划会自动计算并调整，形成新的目标计划。

基于 BIM 的进度管理系统提供目标计划的创建与更新，还可将目标计划分配到每项工作。更新目标计划时，可以选择更新所有作业，或利用过滤器来更新符合过滤条件的作业，还可以指定要更新的数据类型。对目标计划做出更新后，系统会自动进行项目进度计算，并平衡资源分配，确保资源需求不超过资源可用量。平衡过程中，系统将所有已计算作业的资源需求作为平衡过程中的最大可用量。在作业工期内，如果可用资源太少，则该作业将延迟。选择要平衡的资源，并添加平衡优先级后，可以指定在发生冲突的情况下将优先平衡的项目或作业。另外，对资源信息进行更改后，需要根据 BIM 模型提供的工程量重新计算费用，以便得到正确的作业费用值。

（2）创建跟踪视图

在项目计划创建后，需要继续跟踪项目进展。基于 BIM 的进度管理系统提供项目表格、甘特图、网络图、进度曲线、四维模型、资源曲线与直方图等多种跟踪视图。项目表格以表格形式显示项目数据；项目横道图以水平“横道图”格式显示项目数据；项目横道图/直方图以栏位和“横道图”格式显示项目信息，以剖析表或直方图格式显示时间分摊项目数据；四维视图以三维模型的形式动态显示建筑物建造过程；资源分析视图以栏位和“横道图”格式显示资源/项目使用信息，以剖析表或直方图格式显示时间分摊资源分配数据。所有跟踪视图都可用于检查项目，首先进行综合的检查，然后根据工作分解结构、阶段、特定 WBS 数据元素来进行更详细的检查。还可以使用过滤与分组等功能，以自定义要包含在跟踪视图中的信息的格式与层次。如图 9-13、图 9-14 所示。

图 9-13　施工进度模拟跟踪截图

（3）更新作业进度

在项目实施阶段，需要向系统中定期输入作业实际开始时间、形象进度完成百分比、实际完成时间、计算实际工期、实际消耗资源数量等进度信息，有时还需要调整工作分解结构，删除或添加作业，调整作业间逻辑关系。项目进展过程中，更新进度很重要，实际工期可能与原定估算工期不同，工作一开始，作业顺序就可能更改。此外，还可能需要添加新作业和删除不必要的作业。定期更新进度并将其与目标计划进度进行比较，可以确保有效利用资源，参照预算监控项目费用，及时获得实际工期和费用，以便在必要时实施应变计划。

2. 进度分析与偏差

实施阶段，在维护目标计划、更新进度信息的同时，需要不断跟踪项目进展，对比计划与实际进度，分析进度信息，发现偏差和问题，通过采取相应的控制措施，解决已发生

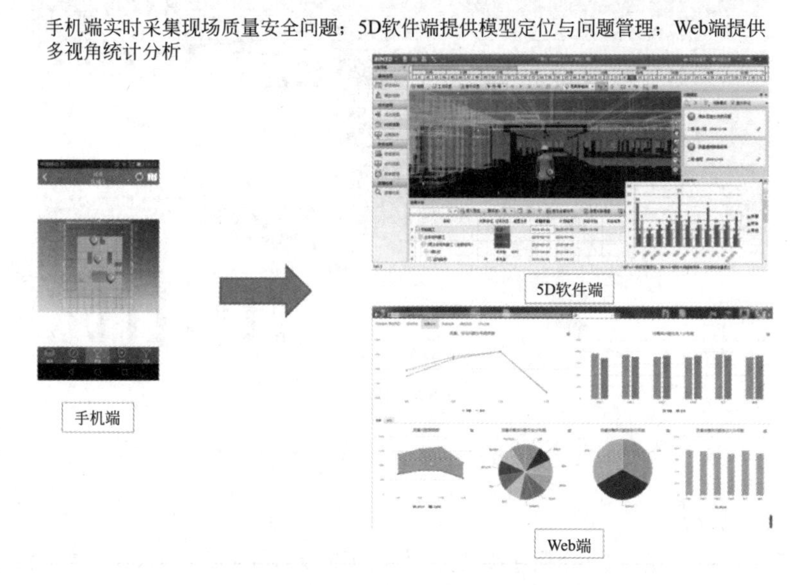


图 9-14　工程质量安全问题跟踪图

问题，并预防潜在问题。基于 BIM 的进度管理体系从不同层次提供多种分析方法，实现项目进展全方位分析。实施阶段需要审查进度情况、资源分配情况和成本费用情况，使项目发展与计划趋于一致。如图 9-15 所示。

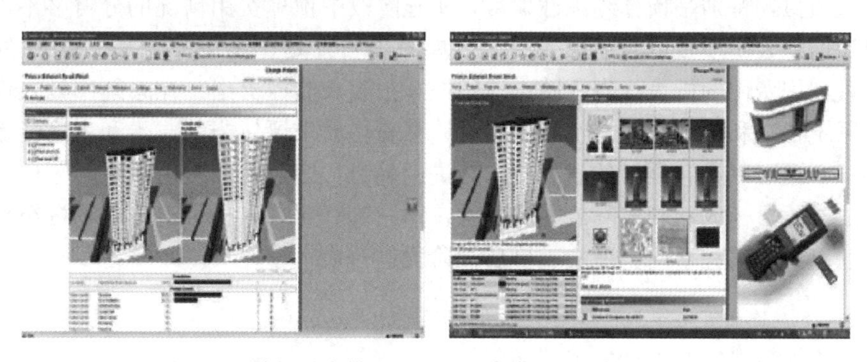

图 9-15　计划进度模型、实际进度模型、现场状况对比

（1）进度情况分析

进度情况分析主要包括里程碑控制点影响分析、关键路径分析以及计划与实际进度的对比分析。通过查看里程碑计划以及关键路径，并结合作业实际完成时间，可以查看并预测项目进度是否按照计划时间完成。关键路径分析，可以利用系统中横道视图或者网络视图进行。如图 9-16 所示。

关于计划进度与实际进度的对比一般综合利用横道图对比、进度曲线对比、模型对比完成。系统可同时显示三种视图，实现计划进度与实际进度间的对比，见图 9-16。可以设置视图的颜色实现计划进度与实际进度的对比。另外，通过项目计划进度模型、实际进度模型、现场状况间的对比，可以清晰地看到建筑物的成长过程，发现建造过程中的进度情况和其他问题。

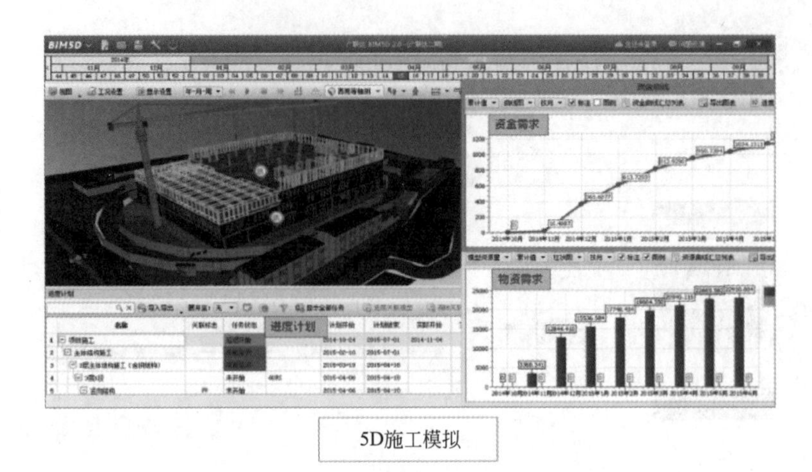


图 9-16　计划进度模型、实际进度模型对比

（2）资源情况分析

项目进展中，资源情况的分析主要是在审查工时差异的基础上，查看资源是否存在分配过度或分配不足的情况。基于 BIM 的进度管理体系，可通过系统中提供资源剖析表、资源直方图或资源曲线进行资源分配情况分析。资源视图可结合甘特图跟踪视图显示资源在选定时间段中的分配状况和使用状况，并及时发现资源分配问题。

（3）费用情况分析

大多数项目，特别是预算约束性项目，实施阶段中预算费用情况的分析必不可少。如果实际进展信息表明项目可能超出预算，需要对项目计划作出调整。基于 BIM 的进度管理系统，可利用费用剖析表、直方图、费用控制报表来监控支出。在系统中输入作业实际信息后，系统自动利用计划值、实际费用，计算赢得值来评估当前成本和进度绩效。长期跟踪这些值，还可以查看项目的过去支出与进度趋势，以及未来费用预测。

概算成本、目标成本和实际成本的比较，即三算对比。可提供清单与物资级别的节点三算对比功能，对工程事前、事中、事后三阶段进行成本管控（图 9-17）。

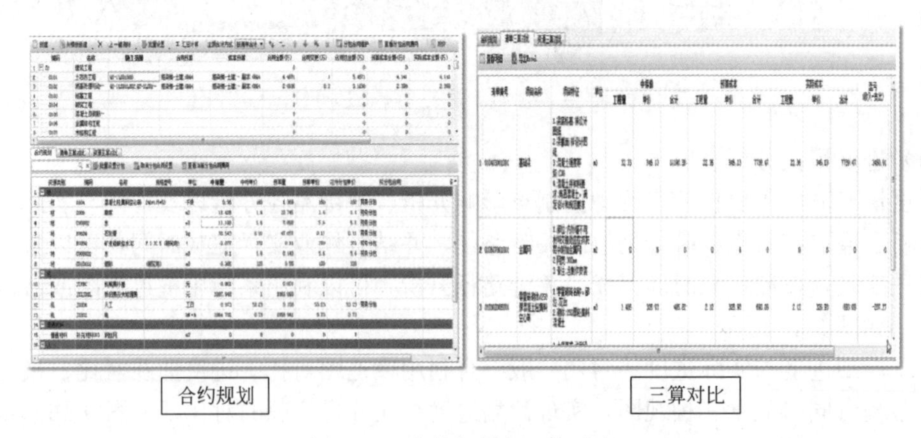


图 9-17　合约规划与三算对比

3. 纠偏与进度调整

在系统中输入实际进展信息后，通过实际进展与项目计划间的对比分析，可发现较多

偏差，并指出项目中存在的潜在问题。为避免偏差带来的问题，项目过程中需要不断地调整目标，并采取合适的措施解决出现的问题。项目时常发生完成时间、总成本或资源分配偏离原有计划轨道的现象，需要采取相应措施，使项目发展与计划趋于一致。若项目发生较大变化或严重偏离项目进程，则需重新安排项目进度并确定目标计划，调整资源分配及预算费用，从而实现进度平衡。项目进度的纠偏可以通过赶工等改变实施工作的持续时间来实现，但通常需要增加工时消耗等资源投入，要利用工期—资源或工期—费用优化来选择工期缩短、资源投入少、费用增加少的方案。另一种途径是通过改变项目实施工作间的逻辑关系或搭接关系来实现，不改变工作的持续时间，只改变工作的开始时间和结束时间。如果这两种途径难以达到工期缩短的目的，而出现工期拖延太严重的情况，需要重新调整项目进度，更新目标计划。项目进展中，资源分配的主要纠偏措施为：调整资源可用性；调整分配，如增加资源、替换资源、延迟工作或分配等；拆分工作以平衡工作量；调整项目范围。成本纠偏的主要措施为：重新检查预算费用设置，如资源的每次使用成本、作业的固定成本等；缩短作业工期或调整作业依赖性降低成本；适当添加、删除或替换资源降低成本；缩小项目范围降低成本。对进度偏差的调整以及目标计划的更新，均需考虑资源、费用等因素，采取合适的组织、管理、技术、经济等措施，这样才能达到多方平衡，实现进度管理的最终目标。

BIM 模型的应用为进度计划减轻了负担，计划编制过程中可实时利用模型数据信息。除总进度要求和里程碑进度要求外，计划安排的重要依据是工程量。一般通过手工完成，烦琐复杂且不精确，而应用 BIM 系统，简单易行，只需将数据整理，便可精确计算出各阶段所需的人员、材料和机械用量，从而提高工作时间估计的精确度，以及资源分配的合理化。另外，在工作结构分解和活动定义时，已完成与模型信息的关联，为模拟功能的实现做好准备。通过可视化环境，可从宏观和微观两个层面，对项目整体进度和局部进度进行 4D、5D 反复模拟及动态优化分析，调整施工顺序，配置足够资源，得出更为合理的施工进度计划。

## 9.4 智慧工地

建筑工程施工工地作业现场分散，管理复杂，既要管理人员、设备，又要组织培训、检查等。工地现场有许多危险性工作，且部分劳务人员安全意识不足，风险较大。施工过程会产生粉尘悬浮物、噪声、施工废弃物等污染。

传统施工管理方式主要是依赖于人工现场的巡查。管理方式粗放，人力投入成本高，效率低；质量安全管理不到位，安全问题无法预警，污染问题无法定量监测。

随着我国信息技术迅速发展，建筑行业转型升级，智慧工地应运而生，其技术与应用均走在世界前列。智慧工地就是建筑行业管理结合互联网的一种新的管理系统，通过在施工作业现场安装各类传感、监控装置，结合 IoT 物联网、人工智能、云计算及大数据等技术，对施工现场的人、机、料、法、环等资源进行集中管理，构建智能监控和项目管理体系。

### 9.4.1 智慧工地的作用与发展阶段

2018年颁布的《建筑工程施工现场监管信息系统技术标准》JGJ/T 434—2018，明确了智慧工地相关要求。各地也相继制定了地方标准，如深圳市制定了《深圳市工地扬尘在线监测信息系统建设实施方案》《深圳市建设工程项目人员实名制管理办法》《深圳市建筑工程智慧工地实施技术要求》等，并在《2019年“智慧工地”建设技术标准》中规定，建设内容主要包括：人员实名制管理、视频监控、扬尘噪声监测、施工升降机安全监控、塔式起重机安全监控、危险性较大的分部分项工程安全管理、工程监理报告、工程质量验收管理等“智能化应用”。

1. 智慧工地的核心价值

智慧工地能够提升效率，做到自动采集、智能分析、远程可视化；能够提供安全保障，做到实时监测、事前预警、及时处理；实现绿色施工，做到自动监测、超标告警、自动调节。

智慧工地具有以下核心价值：

（1）劳务管理方面，可以杜绝不相关人员进场，有效解决劳务纠纷问题，实时掌控项目人员信息，及时决策。

（2）机械管理方面，智能吊装机械、智能加工机械等让特种作业人员管理有了机制保障，同时大幅度提升效率。

（3）材料管理方面，提前制定出耗用资源计划，高效寻找到更合适的价格采购，进出数量高效控制以防控项目成本风险。

（4）方案与工法管理方面，更可视、更精准、更及时地制定方案，有效预控风险，工法视频化更有效地指导作业。

（5）生产与环境管理方面，用APP能及时掌握环境信息，现场任务管理切实受控，进度目标得到保障。

2. 智慧工地的发展阶段

（1）感知阶段：借助人工智能技术，起到扩大人的视野、扩展感知能力以及增强人的某部分技能的作用。例如“塔机安全监控管理系统”通过物联网传感器来感知设备的运行状况、施工人员的安全行为等，借助物联网等技术来增强施工人员的技能等。

（2）替代阶段：研发人工智能技术来部分替代人，帮助完成以前无法完成或是风险很大的工作。例如“吊钩视频监控系统”能够实时地检测、查看到吊钩的运行轨迹，替代了传统的地面指挥人员，从而减少意外伤害的发生。

（3）智慧阶段：随着技术的不断进步，未来优化的产品中将融入“类人”思考能力，大面积替代人在建筑生产过程和管理过程的参与，由一部“建造大脑”来指挥和管理智能机具、设备完成建筑的整个建造过程，形成强大的“自我进化”能力。

### 9.4.2 智慧工地云平台介绍

1. 智慧工地管理系统

智慧工地管理系统前端通过现场智能感知设备采集安全、进度、环境等相关信息，平台根据提前录入的项目管理组织架构、流程，自动派单流转，减少人工干预，提供工地数字化、可视化、远程智能化的管理工具，为管理方提供辅助决策的依据。

2. 智慧工地应用的项目管理价值

（1）进度管理方面：BIM+智慧工地平台的应用推进了进度精细化管理，将责任落实到人，使进度可控。

（2）质量管理方面：云平台可以准确制定人员、材料和机械设备配置计划，对管理和运行情况进行自动化、全天候、多维度监控分析，有效管控各类风险，全面排查治理隐患，提高资源利用效率，提高管理效率，保证施工质量。

（3）成本管理方面：BIM+智慧工地平台的应用，降低了用工风险，推进精细化成本控制，同时利用自动化的数据沉淀，逐步减少人工成本投入，进一步推进工人产业化发展。

（4）安全管理方面：通过智慧工地运用，掌握项目安全生产责任制落实情况，重大危险源自动化监测，减少人为干预的失误情况，对安全问题高发区域和隐患类型，可以根据分析结果进行辅助决策，积累安全生产工作经验，持续规范施工安全生产管理，降低安全风险。

**【案例】** 斯维尔智慧工地云平台介绍

斯维尔智慧工地云平台作为典型的 SaaS 模式产品，提供云端部署，也可以为客户架设私有云，有灾备，确保数据安全；同时 SaaS 模式的云端服务，确保了用户在任何地点使用 PC、手机等多种移动终端可以便捷登录、管理智慧工地云平台承载的项目。斯维尔智慧工地云平台由 7 大系统，23 项子系统组成，适用于 Web 端和移动端，实现工程管理干系人与施工现场的智能整合，形成一种崭新的施工现场一体化管理模式。

斯维尔智慧工地云平台亮点设计包括：

（1）为了便于对人员管理、环境监测、泥土车工效、材料设备管理等更加深化，数字工地设置三层结构，分为数据面板、数据列表以及数据详情三个层级，可由管理面、线、点逐级细致下探。

（2）通过 BIM 模型的轻量化浏览，对工地的计划进度与实际进度进行比对，从而使管理者即时了解整个项目进度情况，合理安排人、机、料等生产要素分配，辅助管理。

（3）项目管理模块自定义编排，根据施工进度，将涉及安全、进度、质量相关的子系统模块调整于关键位置，方便日常管理，紧扣施工关键环节。

### 9.4.3 智慧工地子系统介绍

1. 智慧工地人员管理

（1）劳务实名子系统。以信息化为手段，解决传统管理模式下的劳务人员合同备案混乱、工资发放数额不清等难题。从员工进场到退场，考勤到发薪，打造劳务管理闭环，并应用指纹、人脸等识别设备，智能化管理劳工进出场，降低劳务管理成本。

（2）人员定位子系统。劳务人员通过佩戴带有芯片的安全帽，实现现场施工人员的定位，管理者可以更加高效地查看人员所处的位置和分布，目前能设备现场声光报警，联动短信预警，对人员进入危险区域提前预警提示。

2. 智慧工地设备管理

(1) 塔机监控子系统。通过监控平台进行管控，实现塔机作业数据的在线监控，应用于塔机防超载、特种作业人员管理、塔机群塔作业时的防碰撞等方面，降低安全生产事故发生，最大限度杜绝人员伤亡。

(2) 升降机监控子系统。基于传感器技术、嵌入式技术、数据采集技术、生物识别技术等，重点针对施工升降机非法人员操控、维保不及时和安全装置易失效等安全隐患进行防控，有效防范升降机安全事故的发生。

(3) 卸料平台监控子系统。基于物联网、大数据云服务等技术，实现了对施工现场卸料的超载超限问题的实时监控，当出现过载时发出报警，提醒操作人员规范操作，防止危险事故发生，为用户提供更为安全的施工环境。

(4) 配电箱监控子系统。通过安装智能锁杜绝非特种作业人员随意开启电箱，引起危险事故发生，并实时监测电线温度、电气线路表面温度、电气线路剩余电流强度等数值，实现施工现场与监管方有效联动，达到工程周期中的监测数据可追溯，可前期预防，及时预警。

3. 智慧工地车辆管理

(1) 车辆道闸监控子系统。通过在工地车辆出入口架设车辆采集设备，抓拍进出车辆的车牌，并记录出入时间，使得车辆车牌可识别、可追溯。整个过程无需人工干预，具备数据防篡改功能，便于现场的安全管理。

(2) 地磅检测子系统。利用自动计量、传感等技术，使整个称重过程达到数据自动采集、自动判别、自动指挥、自动处理、自动控制，最大限度地降低人工操作所带来的弊端和工作强度，提高了系统的信息化、自动化程度。

4. 智慧工地视频管理

(1) 视频监控子系统。全过程、多方位地对施工进展实施监控，对于作业人员起到一定的约束作用，对人的不安全行为能有效取证，对工地的防盗、防危提供智能化保障；同时，建设单位管理人员可以随时远程对工地进度监控，提升了管理效能，节约成本。

(2) 视频会议子系统。运用远程视频会议系统，减少内部培训、交流、会议等时间成本，能加快信息传递速度，缩短决策周期和执行周期，优化施工现场的沟通模式。

5. 智慧工地危大工程

(1) 高支模监测子系统。通过安装在模板支架顶部的传感器，实时监测模板支架的钢管承受的压力、架体的竖向位移和倾斜度等数据，系统将对监测数据进行计算、分析，并及时将支模架的危险状态通过声光报警提示作业人员。

(2) 基坑监测子系统。通过土压力盒、锚杆应力计、孔隙水压计等智能传感设备，实时监测在基坑开挖阶段、支护施工阶段、地下建筑施工阶段及竣工后周边相邻建筑物、附属设施的稳定情况。

(3) 边坡监测子系统。通过 TDR、渗压计、固定式测斜仪、雨量计等传感设备，有效掌握边坡岩石移动状况，对边坡稳定状态及时预报，确保作业的人、机、物安全，确保基坑周边建（构）筑物安全。

(4) VR 安全教育子系统。利用前沿成熟的 VR & AR 技术，充分考量工程施工中各个阶段的安全隐患，以纯三维动态的形式逼真模拟出“安全事故场景”，使得施工人员感受到安全教育的沉浸体验，提升安全意识，预防安全事故。

6. 智慧工地绿色施工

(1) 环境监测（TSP）子系统。对 $PM_{2.5}$、$PM_{10}$、噪声、风速、风向、空气温湿度等的数据进行实时采集、监控，一旦出现数值超标，可实现远程控制自动喷淋、雾炮除尘，有效控制环境污染，起到预防环境恶化的作用。

(2) 喷淋灭尘子系统。有效与扬尘监测子系统形成联动，一旦阈值超标可实现自动喷淋，同时，在绿化区域内布置湿度传感器，感应绿化地的干湿度，达到启动阀值后自动启动喷淋系统为绿化地洒水，传感器的干湿度达到关闭阈值后自动关闭系统，节约工地用水。

7. 智慧工地其他管理系统

(1) 智能广播子系统。运用于办公区、生活区、施工现场等，管理者通过远程安全教育、通知广播、紧急疏散等操作，有效提升现场管理效能，并且该系统可以与部分子系统进行联动，一旦遇到紧急情况将自动触发广播，实现真正的智能。

(2) 水电监测子系统。通过对工地现场水表、电表计量数据实时上传，方便施工企业对工程能源消耗的监控，优化现场用水、用电管理，减少水电资源的浪费，节约成本。

## 9.5 BIM5D 在施工组织设计中的综合应用简介

施工阶段是一个项目最为重要而复杂的阶段，BIM 技术的出现，使施工变得简单快捷，从而大幅降低施工成本、简化施工程序、提高施工质量、缩短工期。而 BIM5D 平台产品更是将 BIM 的可视化、集成性、关联性等优势发挥到极致。基于 BIM5D 平台可以在整合的三维模型基础上，任意维度看到进度、资源、资金、成本的情况，实现项目的动态精细化管理。

BIM5D模型创建

### 9.5.1 BIM5D 的应用价值

广联达 BIM5D 以 BIM 平台为核心，能够集成多类型 BIM 软件产生的模型，并以集成模型为载体，关联施工过程中的进度、合同、成本、质量、安全、图纸、物料等信息，为项目提供数据支撑，实现有效决策和精细管理，最终达到减少施工变更、缩短工期、控制成本、提升质量的目的。

BIM5D 在施工组织设计中的价值，主要体现在以下几个方面。

(1) 基于 BIM5D 的施工组织设计结合三维模型对施工进度相关控制节点进行施工模拟，直观展示不同的进度控制节点、工程各专业的施工进度。

(2) 在对相关施工方案进行比选时，通过创建相应的三维模型对不同的施工方案进行三维模拟，并自动统计相应的工程量，为施工方案选择提供参考。

BIM质量巡检与协同管理

（3）基于BIM5D的施工组织设计为劳动力计算、材料、机械、加工预制品等统计提供了新的解决方法，在进行施工模拟的过程中，将资金以及相关材料资源数据录入到模型中，在进行施工模拟的同时也可以查看在不同的进度节点相关资源的投入情况。

### 9.5.2 BIM5D的应用

施工组织设计是以施工项目为对象编制的用以指导施工的技术、经济和管理的综合性文件，下面结合BIM5D平台及某办公大厦项目，从施工组织设计的基本内容方面进行具体应用说明。

BIM安全管理

1. 工程概况

工程概况包括本项目的性质、规模、建设地点、结构特点、建设期限、分批交付使用的条件、合同文件，本地区的地形、地质、水文和气象情况，施工力量、劳动力、机具、材料、构件等资源供应情况，施工环境及施工条件等。

基于BIM5D平台可以将项目概况、开竣工日期、参建单位全部录入系统平台，项目参建各方想要获取有关数据，可以直接登录BIM5D平台进行查阅。

BIM成本控制

2. 施工部署

根据工程项目情况，结合人力、材料、机械设备、资金、施工方法等条件，全面部署施工任务，合理安排施工顺序，确定主要工程的施工方案。

在施工部署应用方面，BIM5D平台主要从组织管理、模型集成数据准备等方面进行管理。

（1）组织管理。BIM5D平台主要是从组织机构、权限分配方面来进行现场人员职能及职责的管理，通过清晰明了的页面管理和授权管理使项目进行有效的运转。项目利用BIM5D搭建数据与信息共享平台，各部门各岗位通过平台积累并调用过程数据，获取多维度信息，辅助业务管理决策；同时各部门数据互通共享，大大提升信息获取的效率和准确性，从而提高管理效率和质量，实现多部门多岗位的协同管理机制。

BIM资料管理

（2）模型集成数据准备。BIM5D平台可将土建算量软件、钢筋算量软件、施工场地布置软件等BIM工具软件建立的模型数据加载，并将进度计划软件编制的进度文件，以及其他图纸、质量安全、成本等业务数据与模型挂接，形成办公大厦项目BIM数据中心与协同应用平台，保证了多部门、多岗位协同应用，为项目精细化管理提供支撑。

3. 施工方案

对拟建工程可能采用的几个施工方案进行定性、定量的分析，通过技术经济评价，选择最佳施工方案。

在施工方案应用方面，BIM5D平台主要从可视化展示、深化设计前后对比展示、复杂部位工序模拟、重要部位筛查等方面进行管理。

(1) 可视化展示。利用BIM模型可视化的特点进行直观立体的感官展示，不仅可以在PC端浏览模型全景及细节，还可以通过Web端、移动端进行查阅，实现模型的多手段展示。

(2) 深化设计前后对比展示。BIM5D平台可以利用BIM模型进行深化设计模型的版本应用管理，在管综模型的基础上进行深化设计，并以动画形式展示深化前后模型的对比，利用深化后的模型有效指导现场施工。

(3) 复杂部位工序模拟。在BIM5D平台中通过施工模拟手段预演项目复杂部位的施工过程，交底形象生动，提高技术交底质量的同时有效指导现场工人施工，减少现场的返工问题，有效保证质量。

(4) 重要部位筛查。对于项目中的大跨度梁，可以轻松通过专项方案查询功能快速筛选出项目中需要关注的梁的个数、位置，通过利用导出的具体数据信息，便于开会沟通，及时制定有效的专项方案，指导施工。

4. 进度计划

施工进度计划反映了最佳施工方案在时间上的安排，采用计划的形式，使工期、成本、资源等方面，通过计划和调整达到最优配置，以便符合项目目标的要求。

目前，我国的施工进度管理主要是采用工程管理软件对施工进度计划进行管理，以横道图的形式展示项目进展情况，管理模式停留在二维平面上较多，对于标段多、工序复杂的建设工程，对施工进度的管理难以达到全面、统筹、精细化的动态管理。

在进度计划应用方面，BIM5D平台主要从进度模拟、进度校核、进度优化等方面进行管理。

(1) 进度模拟。基于BIM5D平台的可视化与集成化特点，在已经生成的进度计划前提下利用BIM5D等软件可进行精细化施工模拟。从基础到上部结构，对所有的工序都可以提前进行预演，提前找出施工方案和组织设计中的问题，进行修改优化，达到高效率、优效益的目的。项目进度模拟如图9-18所示。

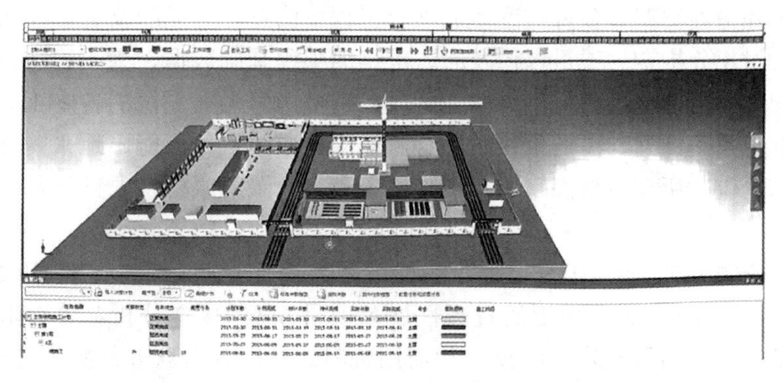

图9-18 项目进度模拟

(2) 进度校核。基于BIM5D平台可以实现项目计划时间与实际时间的清晰对比，以三维模型进度模拟过程中不同颜色展示滞后情况，方便直接对现场进度情况进行分析诊断，警示技术人员采取有效措施，及时调整进度安排，有效进行进度管控。在实际实施过程中，可以利用 PC 端录入进度计划，移动端更新现场进度情况，实现现场数据与模型数据的有效对接，保证数据的真实有效性。项目进度校核如图 9-19 所示。

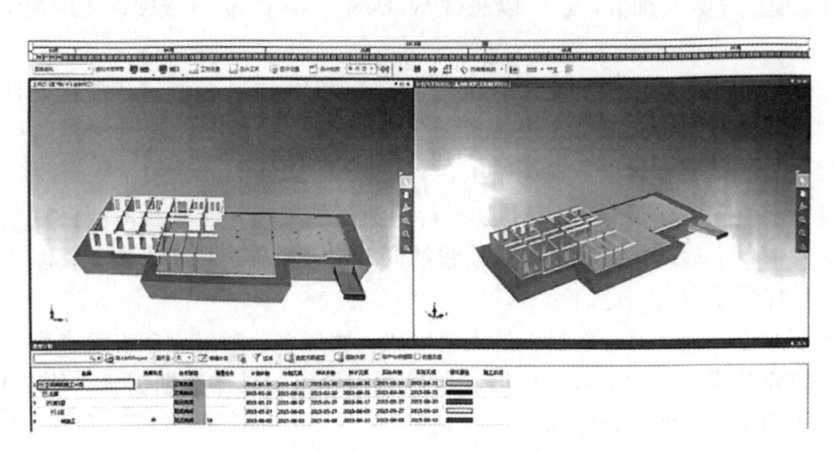

图 9-19 项目进度校核

（3）进度优化。基于 BIM5D 平台进度校核发现的进度问题，可以采取多种方案进行过程纠偏，比如将进度对接到斑马·梦龙网络计划中，通过分析形象进度计划及所涉及的相关资源信息，可快速对现场进度进行最优的处理方案，并快速反馈到 BIM5D 平台，实现模型的联动修改。基于此流程可实现多次高效快捷地对现场进度情况的实时把控和纠偏。

5. 资源配置

为了使工序有效地进行，使工期、成本、资源等通过优化调整达到既定目标，在此基础上编制相应的人力和时间安排计划、资源需求计划和施工准备计划。

在资源配置应用方面，BIM5D 平台可以从多维度物资查询、资金资源分析、阶段报量核量展示等方面进行管理。

（1）多维度物资查询。基于 BIM5D 平台中的三维数字模型，可以根据时间范围、进度计划、楼层和构件类型等多种维度生成项目工程量信息，生成的物资量表可以与现场反馈的数据进行对比分析，为项目提供及时、准确的工程基础数据，为工程造价、项目管理以及进度款管理的精细化决策提供可能。最后物资部门可根据提供的各施工区段原材用量及市场行情制定采购计划，在低价位时综合考虑储存成本，尽可能多地采购原材，做到市场原材处在高价位时所存原材满足施工需求，避免高价采购原材。项目物资查询如图 9-20 所示。

（2）资金资源分析。将 BIM5D 平台中的模型与进度计划、成本文件相关联，形成数字化的 5D 模型，利用可视化模拟的直观性展示项目 5D 的成本分析，针对形成的资源资金曲线可清晰地获知项目各阶段的投入和需用资料。最后针对获取的数据进行优化分析，实现项目资源的合理分配，最终实现项目的集约管理，控制项目成本。项目资金资源分析如图 9-21 所示。

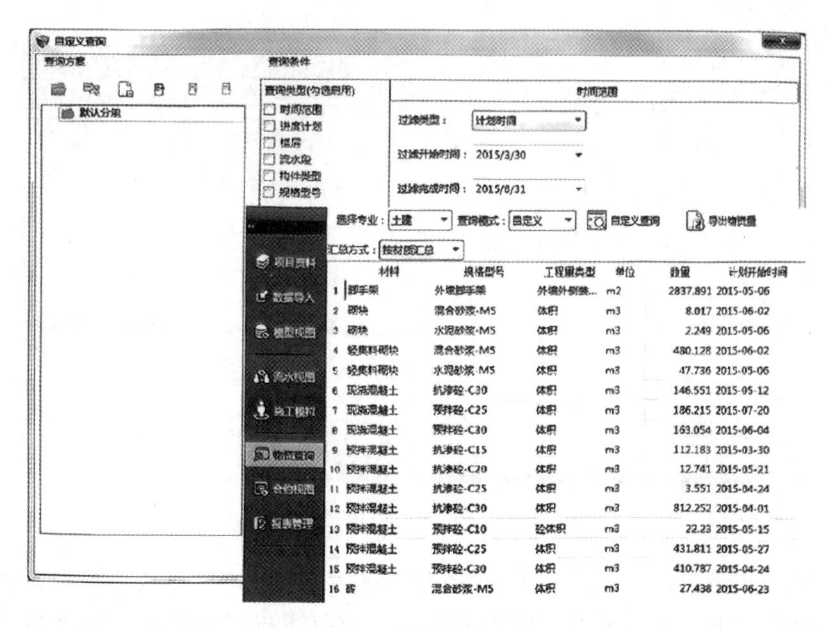


图 9-20　项目物资查询

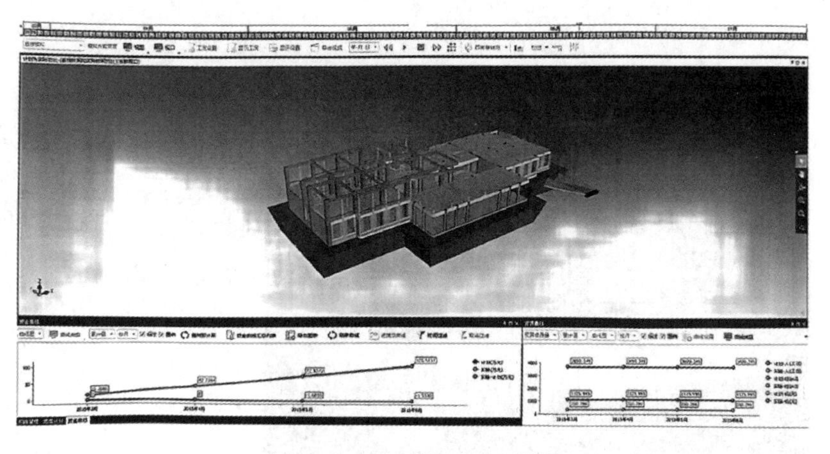

图 9-21　项目资金资源分析

（3）阶段报量核量展示。在 BIM5D 平台中，可以根据现场实际施工情况来划分流水段，对需要施工的流水段在相应模型中提取出混凝土工程量，进行混凝土浇筑申请，可严格控制混凝土工程量，减少混凝土的浪费；提取出钢筋工程量可以指导钢筋采购计划，保证物资丰富。项目阶段报量核量展示如图 9-22 所示。

6. 施工现场布置图

施工现场布置图是施工方案及施工进度计划在空间上的全面安排，它把投入的各种资源、材料、构件、机械、道路、水电供应网络、生产和生活活动场地及各种临时工程设置合理地布置到施工现场，使整个现场能有组织地进行文明施工。

在施工现场布置图布置应用方面，BIM5D 平台主要从可视化漫游展示、模拟现场生产环境等方面进行管理，具体内容如下。

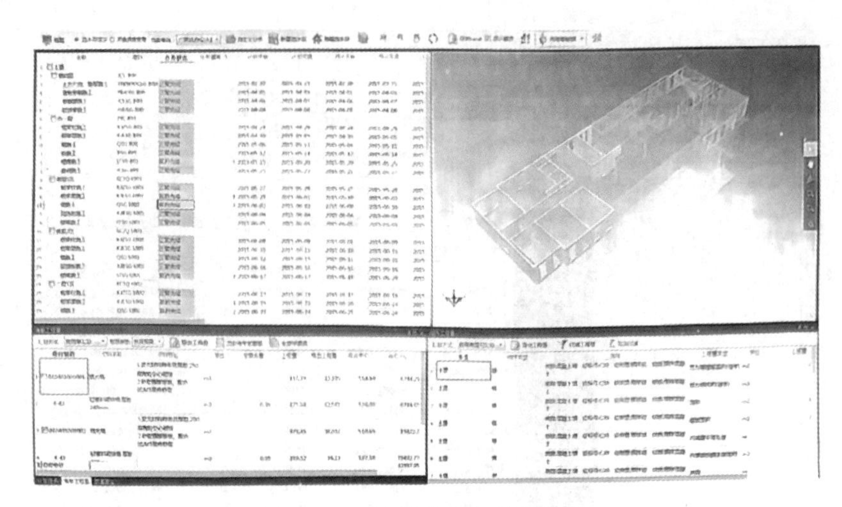

图 9-22 项目阶段报量核量展示

（1）可视化漫游展示。基于 BIM5D 平台可将场地模型与实体模型进行整合，在此基础上进行整体的漫游展示，可以及时发现施工现场存在的安全问题或现场布置不到位、不合理的问题，提醒现场人员及时整改，避免危险发生。项目可视化漫游展示如图 9-23 所示。

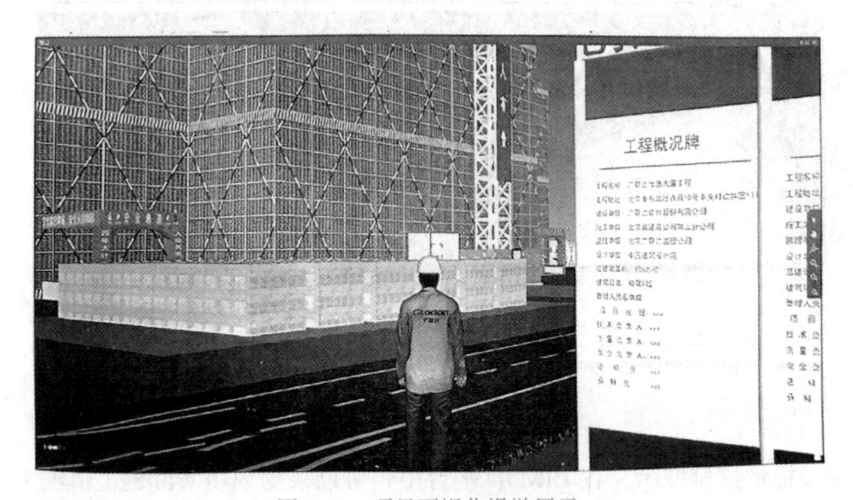


图 9-23 项目可视化漫游展示

（2）模拟现场生产环境。基于 BIM5D 平台可将场地模型与施工机械设备进行有机结合，模拟现场塔式起重机、卡车、挖掘机、施工电梯等机械设备运行的合理性，以此判断施工现场布置的合理性。项目现场生产环境模拟如图 9-24 所示。

### 9.5.3 BIMVR 的应用

BIMVR 是将 BIM（建筑信息模型 Building Information Modeling）和 VR（虚拟现实 Virtual Reality）结合起来的一种技术手段。BIM 技术解决了基于模型的信息管理和信息

图 9-24　项目现场生产环境模拟

沟通的问题，BIMVR 则解决了 BIM 模型视觉效果表现不理想的问题，VR 能将 BIM 模型的外观渲染得非常逼真，交互体验更接近生活实际，为工程应用带来巨大的价值。

1. BIMVR 的应用场景

BIMVR 通过沉浸式的交互方式给人带来不同的体验感受，通过 BIMVR 表达建筑未来场景。基于 VR 技术研发的 BIMVR 系统允许用户通过虚拟及现实交互结合，从现实的场景中进入虚拟的空间，看到每一个展示细节及体会到现场实际感受。

我们可以通过 BIMVR 进行施工现场、施工过程、施工进度、施工工艺模拟。BIMVR 的关键点不仅是效果展示及体验的方面，更是 BIM 进度管理、BIM 成本管理、BIM 安全管理等管理的综合平台。在建筑模型设计完成后，能在 BIMVR 的 VR 体验中快速体验到实际场景感受，同时能够在 VR 中进行施工进度模拟、施工变更管理和查看，对已经建成的建筑进行 BIM 运维。相比于传统的管理过程，BIMVR 的体验方式会更加灵活、真实。机电管道运行场景 VR 模拟如图 9-25 所示。

图 9-25　机电管道运行场景 VR 模拟

当项目管理人员利用BIMVR体验到一个个具有详细细节的项目时，他们就能够得到他们想要的和不想要的内容，这意味着他们有了更多的方案可供选择，通过真实场景模拟，对项目技能改造升级提出了新要求。建筑整体效果VR体验如图9-26所示。

图9-26　建筑整体效果VR体验

2. BIMVR应用落地方式

虚拟现实设计平台VDP如图9-27所示。

图9-27　虚拟现实设计平台VDP

虚拟现实设计平台VDP结合虚拟现实（VR）、增强现实（AR）等技术具有的沉浸感、互动感、真实感的技术优势，组合相关硬件与软件，围绕着相关人员的识图能力、制图与表现能力、设计能力、施工组织与管理能力，构建以工作过程为导向、以任务为驱动的应用落地方案，解决企业落地应用和生活生产应用面临的诸多难题。

VDP平台支持常用的草图大师、3ds Max、Revit等BIM模型设计软件，打通GCL、

GGJ、广联达 BIM5D、广联达 BIM 施工现场布置、广联达模板脚手架、MagiCAD 等相关软件，通过后台生成 AR、VR 场景。对企业而言，用户可以通过 AR 进行项目展示、比选、讲解等操作，同时一键生成 VR 方案，沉浸式体验真实的项目场景。

# 参考文献


［1］ 危道军．建筑施工组织［M］．5版．北京：中国建筑工业出版社，2022.

［2］ 危道军．工程项目管理［M］．5版．武汉：武汉理工大学出版社，2022.

［3］ 危道军．建筑施工技术［M］．3版．北京：科学出版社，2022.

［4］ 全国一级建造师职业资格考试用书编写委员会．建筑工程管理与实务［M］．北京：中国建筑工业出版社，2022.

［5］ 全国一级建造师职业资格考试用书编写委员会．建设工程施工管理［M］．北京：中国建筑工业出版社，2022.

［6］ 李忠富．建筑施工组织与管理［M］．4版．北京：机械工业出版社，2021.

［7］ 雷平．建筑施工组织与管理［M］．北京：中国建筑工业出版社，2019.

［8］ 李思康，李宁，冯亚娟．BIM施工组织设计［M］．北京：化学工业出版社，2020.